高效办公

Excel 函数与公式从入门到精通

（微课视频版）

278 个实例应用+310 集视频讲解+手机扫码看视频+素材源文件+在线交流

精英资讯　编著

中国水利水电出版社
www.waterpub.com.cn

·北京·

内 容 简 介

《Excel 函数与公式从入门到精通（微课视频版）》是一本系统讲述 Excel 中公式与函数的各种实用技巧的图书，具体内容包含 Excel 中的公式，公式中数据源的引用，公式错误修正的常用技巧，公式中各种函数的应用，包括逻辑函数、文本函数、数学函数、统计函数、日期与时间函数、财务函数、引用与查找函数、信息函数等，以及函数在辅助人事数据管理、加班考勤数据统计、工资核算以及财务和固定资产数据的核算中的应用等。在具体介绍中，重要的常用函数均配有实例步骤与图解操作，并配有视频讲解，简单易懂，一学即会。

《Excel 函数与公式从入门到精通（微课视频版）》一书配有极其丰富的学习资源，其中配套资源包括：1. 310 集同步视频讲解，扫描二维码，可以随时随地看视频，超方便；2. 全书实例的源文件，跟着实例学习与操作，效率更高。另外本书附赠电子版学习资源包：1. 2000 多套办公模板，如 Excel 官方模板，Excel 财务管理、市场营销、人力资源、行政、文秘、医疗、保险、教务模板等；2. 37 小时的教学视频，包括 Excel 范例教学视频、Excel 技巧教学视频等。

《Excel 函数与公式从入门到精通（微课视频版）》面向需要提高 Excel 应用水平的各层次的读者使用，包括初涉职场或将进入职场的新手，也包括希望掌握 Excel 核心技能以提升管理运营技能的职场专业人士。本书亦可做为计算机培训机构的办公类培训教材。本书在 Excel 2016 版本的基础上编写，适用于 Excel 2019/2016/2013/2010/2007/2003 等各个版本。

图书在版编目（CIP）数据

Excel 函数与公式从入门到精通: 微课视频版: 高效办公/
精英资讯编著. -- 北京 ：中国水利水电出版社，
2019.9（2022.9 重印）
　ISBN 978-7-5170-7329-1

　Ⅰ. ①E... Ⅱ. ①精... Ⅲ. ①表处理软件 Ⅳ.
①TP391.13

　中国版本图书馆 CIP 数据核字（2019）第 009671 号

丛 书 名	高效办公
书　　名	Excel 函数与公式从入门到精通（微课视频版） Excel HANSHU YU GONGSHI CONG RUMEN DAO JINGTONG
作　　者	精英资讯　编著
出版发行	中国水利水电出版社 （北京市海淀区玉渊潭南路 1 号 D 座　100038） 网址：www.waterpub.com.cn E-mail：zhiboshangshu@163.com 电话：（010）62572966-2205/2266/2201（营销中心）
经　　售	北京科水图书销售有限公司 电话：（010）68545874、63202643 全国各地新华书店和相关出版物销售网点
排　　版	北京智博尚书文化传媒有限公司
印　　刷	三河市龙大印装有限公司
规　　格	185mm×235mm　16 开本　24.75 印张　549 千字　2 插页
版　　次	2019 年 9 月第 1 版　　2022 年 9 月第 4 次印刷
印　　数	13001—15000 册
定　　价	79.80 元

前 言

PREFACE

Excel 是微软办公软件套装 Office 的一个重要组成部分，是一款简单易学、功能强大的数据处理软件，广泛应用于各类企业的日常办公中，也是目前应用最广泛的数据处理软件之一。Excel 不仅具有强大的制表和绘图功能，而且还内置了数学、财务、统计和工程等多种函数，提供了强大的数据处理、统计分析与辅助决策的功能。

但是，很多用户应用 Excel 仅限于表格制作和进行简单的计算，对于 Excel 在财务、审计、营销、统计、金融、工程、管理等领域的应用知之甚少。其实，Excel 提供了功能齐全的公式应用与函数计算，如果能够将其熟练地应用于工作与管理中，必将获得更为精准的信息和实现精细化管理，从而大大地提高工作效率、节约经营成本和增强企业的竞争力。

为了帮助广大读者快速掌握 Excel 公式与函数应用的核心技能，我们组织了多位在 Excel 应用方面具有丰富实战经验的专家精心编写了本书。

本书知识点与实例相结合，操作步骤与图示相配合，辅以视频讲解，简单易学，重点难点一网打尽。熟练掌握 Excel 这个办公利器，必将使你工作高效、胜人一筹！

本书特点

视频讲解：本书录制了 310 集视频，包含了 Excel 函数与公式中的常用操作功能讲解及实例分析，手机扫描书中二维码，可以随时随地看视频。

内容详尽：本书涵盖了 Excel 函数与公式的各种使用方法和技巧，介绍过程中结合小实例辅助理解，科学合理，好学好用。

实例丰富：一本书若只讲理论，难免会让你昏昏欲睡；若只讲实例，又怕落入"知其然而不知其所以然"的困境。所以本书结合大量实例对 Excel 的函数与公式的功能和使用方法进行详细解析的同时又对重点常用函数的应用进行了验证，读者可以举一反三，活学活用。

图解操作：本书采用图解模式逐一介绍各个功能及其应用技巧，清晰直观、简洁明了、好学好用，希望读者朋友可以在最短时间里学会相关知识点，从而快速解决办公中的疑难问题。

在线服务：本书提供 QQ 交流群，"三人行，必有我师"，读者可以在群里相互交流，共同进步。

本书资源列表及获取方式

↘ 配套资源
本书配套 310 集同步视频，并提供相关的素材及源文件

↘ 拓展学习资源
2000 多套办公模板文件

Excel 官方模板 117 个	Excel 财务管理模板 90 个
Excel 市场营销模板 61 个	Excel 人力资源模板 51 个
Excel VBA 应用模板 27 个	Excel 行政、文秘、医疗、保险、教务等模板 847 个
Excel 其他实用样式与模板 30 个	PPT 经典图形、流程图 423 个
PPT 模板 74 个	PPT 元素素材 20 个
Word 文档模板 280 个	

37 小时的教学视频

Excel 范例教学视频	Excel 技巧教学视频
PPT 教学视频	Word 范例教学视频
Word 技巧教学视频	

↘ 以上资源的获取及联系方式
（1）读者可以在微信公众号中搜索"办公那点事儿"，关注后发送"EXLHS"到公众号后台，获取本书资源下载链接（注意，本书提供百度网盘、360 云盘、书链三种下载方式，资源相同，选择其中一种方式下载即可，不必重复下载。**如果百度网盘和 360 云盘没有购买超级会员，建议使用书链下载**）。

（2）将该链接复制到电脑浏览器的地址栏中（一定要复制到电脑浏览器地址栏，通过电脑下载，手机不能下载，也不能在线解压，没有解压密码），按 Enter 键。

➤　如果用百度网盘下载，建议先选中资源前面的复选框，然后单击"保存到我的百度网盘"按钮，

弹出百度网盘账号密码登录对话框，登录后，将资源保存到自己账号的合适位置。然后启动百度网盘客户端，选择存储在自己账号下的资源，单击"下载"按钮即可开始下载（注意，不能网盘在线解压。另外，下载速度受网速和网盘规则所限，请耐心等待）。

➤ **如果用 360 云盘下载，** 进入网盘后不要直接下载整个文件夹，需打开文件夹，将其中的压缩包及文件一个一个单独下载（**不要全选下载**），否则容易下载出错!

➤ **如果选择书链下载，** 执行该操作后，在浏览器左下角将显示正在下载的资源。下载完成后单击 ︿ 按钮，在弹出的列表中单击"在资料夹中显示"选项，即可在打开的窗口中找到下载的资源（不同浏览器中界面和文字可能略有不同）。

（3）加入本书学习交流 QQ 群：904475159（若群满，会创建新群，请注意加群时的提示，并根据提示加入对应的群号），读者间可互相交流学习，作者也会不定时在线答疑解惑。

作者简介

本书由精英资讯组织编写。精英资讯是一个 Excel 技术研讨、项目管理、培训咨询和图书创作的 Excel 办公协作联盟，其成员多为长期从事行政管理、人力资源管理、财务管理、营销管理、市场分析及 Office 相关培训的工作者。本书具体编写人员有吴祖珍、姜楠、陈媛、王莹莹、汪洋慧、张发明、吴祖兵、李伟、彭志霞、陈伟、杨国平、张万红、徐宁生、王成香、郭伟民、徐冬冬、袁红英、殷齐齐、韦余靖、徐全锋、殷永盛、李翠利、柳琪、杨素英、张发凌等，在此对他们的付出表示感谢。

致谢

本书能够顺利出版，是作者、编辑和所有审校人员共同努力的结果，在此表示深深的感谢。同时，祝福所有读者在职场一帆风顺。

编　者

目录

CONTENTS

第1章

认识 Excel 公式

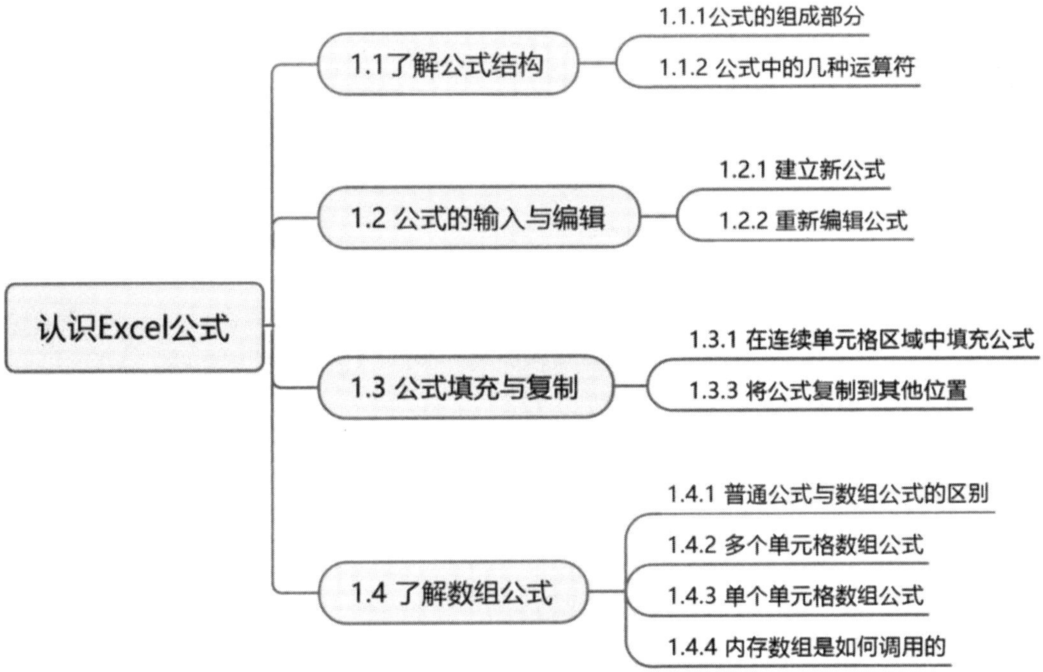

认识Excel公式

1.1 了解公式结构
- 1.1.1 公式的组成部分
- 1.1.2 公式中的几种运算符

1.2 公式的输入与编辑
- 1.2.1 建立新公式
- 1.2.2 重新编辑公式

1.3 公式填充与复制
- 1.3.1 在连续单元格区域中填充公式
- 1.3.3 将公式复制到其他位置

1.4 了解数组公式
- 1.4.1 普通公式与数组公式的区别
- 1.4.2 多个单元格数组公式
- 1.4.3 单个单元格数组公式
- 1.4.4 内存数组是如何调用的

1.1 了解公式结构

公式是 Excel 中由使用者自行设计对工作表数据进行计算统计、判断、查找匹配等的计算式，如：=B2+C3+D2、=IF(B2>=80,"达标","不达标")、=SUM(B2:D2)等形式的表达式都称之为公式。

1.1.1 公式的组成部分

公式一般是以等号"="开始，后面可以包括运算符、函数、单元格引用和常量。下面来看一些常见的计算公式的组成，如表 1-1 所示。

表　1-1

公 式 举 例	组 成 部 分
=D2*3	等号、单元格引用、运算符、常量
=B2+C2	等号、单元格引用、运算符
=B2&"辆"	等号、单元格引用、连接运算符、常量
=SUM(B2:B20)	等号、函数、单元格引用、运算符
=IF(C2>90,"优秀","")	等号、函数、单元格引用、运算符

在本例的销售统计表中，统计了每一种产品本月的销量和销售单价，需要计算出其总销售额。

❶ 在表格中将光标定位在单元格 D2 中，输入公式：**=B2*C2**，如图 1-1 所示。

❷ 按 Enter 键，即可计算出产品"圣倍德"的总销售额，如图 1-2 所示。

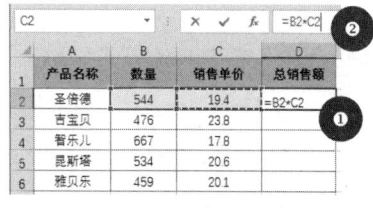

图 1-1

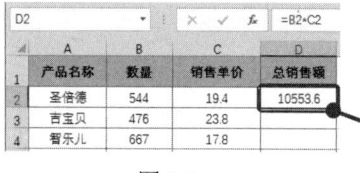

图 1-2

扩展

对其他产品总销售额的求解可复制公式，不必重建，1.3 节中讲解公式的复制。

1.1.2 公式中的几种运算符

公式中包含很多的运算符，没有运算符的连接，无法建立公式。运算符计算的先后顺序各不相同，表 1-2 为运算符计算的优先顺序及作用。

表　1-2

序　号	运　算　符	说　明	公式举例
1	:（冒号）（空格）,（逗号）	引用运算符	=SUM(B1:B10)
2	%	算术运算符	=B2%
3	*（乘）/（除）	算术运算符	=B2*C3
4	+（加）-（减）	算术运算符	=B2+C3+D2
5	&	连接运算符	=B1&B10
6	=、>、<、>=、<=、<>	比较运算符	=IF(B2>=80,"达标","不达标")

下面列举几个运算符的应用。

（1）算术运算符。图 1-3 所示 D2 对 B2 和 C2 单元格内的数值使用了“+（加法）”运算，设置的公式为“B2+C2”；图 1-4 所示 D2 单元格内的公式则运用了“*（乘法）”运算，即“B2*C2”。

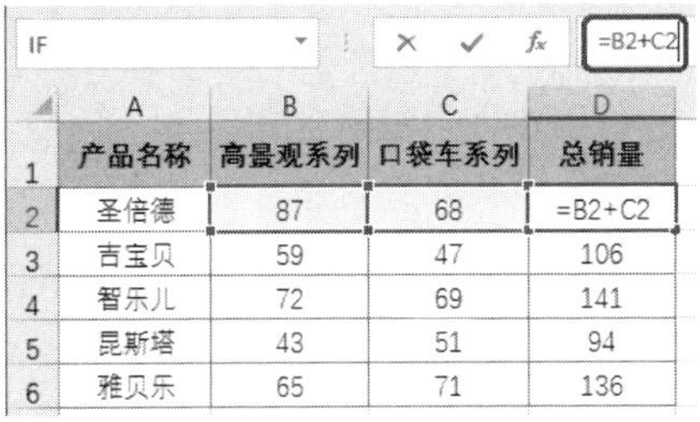
IF　=B2+C2

	A	B	C	D
1	产品名称	高景观系列	口袋车系列	总销量
2	圣倍德	87	68	=B2+C2
3	吉宝贝	59	47	106
4	智乐儿	72	69	141
5	昆斯塔	43	51	94
6	雅贝乐	65	71	136

图 1-3

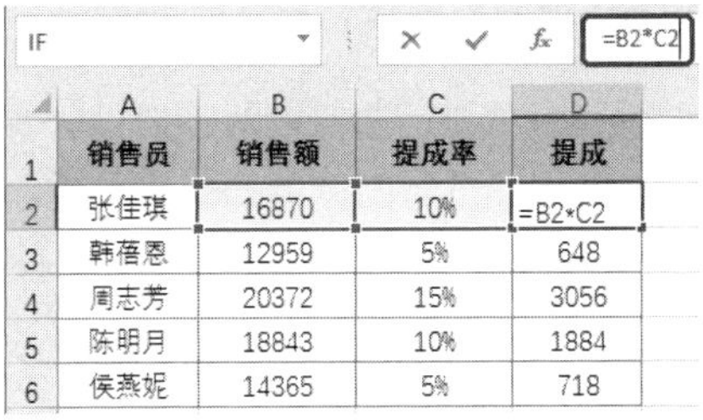
IF　=B2*C2

	A	B	C	D
1	销售员	销售额	提成率	提成
2	张佳琪	16870	10%	=B2*C2
3	韩蓓恩	12959	5%	648
4	周志芳	20372	15%	3056
5	陈明月	18843	10%	1884
6	侯燕妮	14365	5%	718

图 1-4

（2）比较运算符。图 1-5 所示 B2 单元格内的公式为“=IF(C2>B2,"提高","")”，这里使用了比较运算符中的“>（大于运算）”，将 C2 单元格中的 2 季度销售数据和 B2 单元格中的 1 季度销售数据进行比较，如果大于 1 季度销售额，则标注为“提高”。

（3）引用运算符。图 1-6 所示 F2 单元格内的公式为“=SUM(B2:E2)”，这里使用了引用运算符中的“:（冒号）”，表示引用 B2:E2 这个单元格区域。

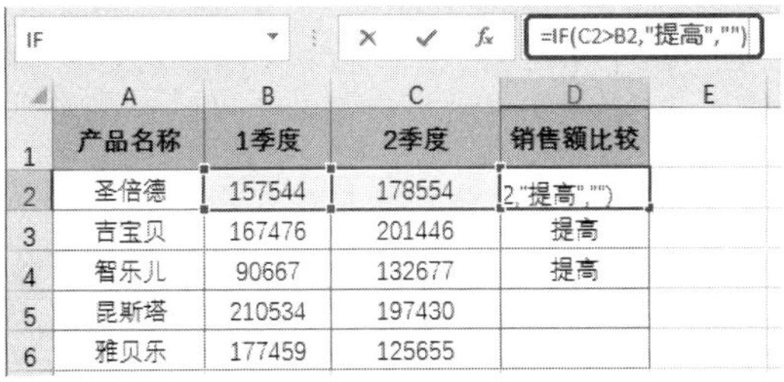
IF　=IF(C2>B2,"提高","")

	A	B	C	D	E
1	产品名称	1季度	2季度	销售额比较	
2	圣倍德	157544	178554	2,"提高","")	
3	吉宝贝	167476	201446	提高	
4	智乐儿	90667	132677	提高	
5	昆斯塔	210534	197430		
6	雅贝乐	177459	125655		

图 1-5

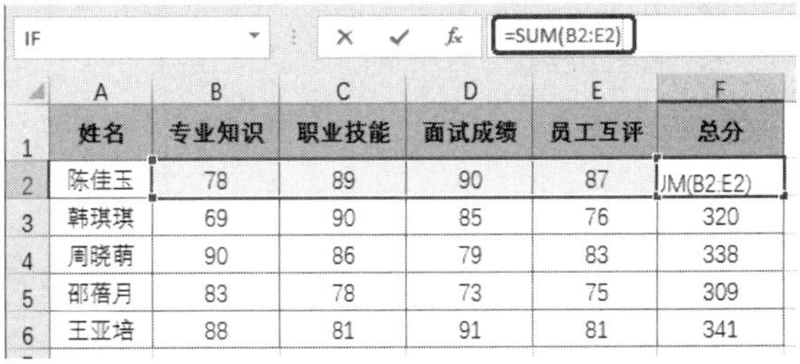
IF　=SUM(B2:E2)

	A	B	C	D	E	F
1	姓名	专业知识	职业技能	面试成绩	员工互评	总分
2	陈佳玉	78	89	90	87	JM(B2:E2)
3	韩琪琪	69	90	85	76	320
4	周晓萌	90	86	79	83	338
5	邵蓓月	83	78	73	75	309
6	王亚培	88	81	91	81	341

图 1-6

练一练

练习题目：文本运算符连接两个数值。

操作要点：直接使用"&"符号相连接，如图 1-7 所示。

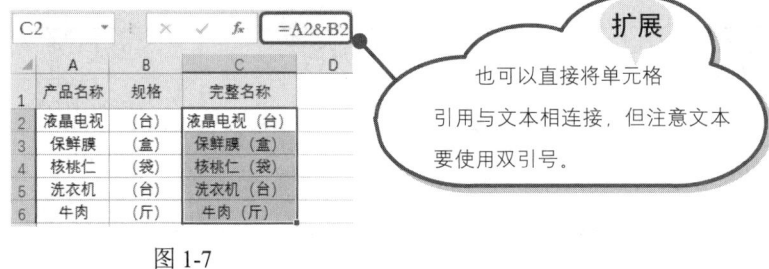

扩展

也可以直接将单元格引用与文本相连接，但注意文本要使用双引号。

图 1-7

1.2　公式的输入与编辑

要想使用公式进行数据运算、统计、查询，首先要学会如何输入及编辑公式。1.1 节介绍了公式的组成，接着就可以进行简单的公式输入了。公式输入之后如果发现输入错误还可以对其重新编辑修改。

1.2.1　建立新公式

在 Excel 中输入公式的基本流程是：单击要输入的公式的单元格，然后输入等号（＝），再输入公式中要参与运算的所有内容（当然操作时公式应该已在头脑中成形），按 Enter 键即可完成公式的输入并得到计算结果。

本例的表格为某商场临时促销人员工资表，分别统计了他们每天的工资及工作天数，要求计算出总工资。

❶ 选中 D2 单元格，在编辑栏中输入"="，如图 1-8 所示。

❷ 用鼠标单击 B2 单元格，在编辑栏中输入"*"符号，再用鼠标单击 C2 单元格，如图 1-9 所示。

❸ 按 Enter 键，即可计算出"张佳琪"的总工资，选中这个单元格，在公式栏可以看到完整的公式：**=B2*C2**，如图 1-10 所示。

图 1-8　　　　　图 1-9　　　　　图 1-10

经验之谈

在 Excel 中创建公式很多时候都需要进行批量运算，因此建立了首个公式后，一般都是通过填充的方式完成数据的批量运算（在 1.3 节中将会介绍）。

在输入公式时，一般都是采用鼠标选择与手工输入相结合的方式完成整个公式的输入，即运算符、括号、常量需要手工输入，单元格区域的引用可以用鼠标拖动选择。

 **练一练**

练习题目：使用函数进行加法运算。

操作要点：使用 SUM 函数对单元格区域求和，如图 1-11 所示。

	A	B	C	D	E
	产品名称	高景观	口袋车	轻便系列	总销量
2	圣佰德	98	87	121	306
3	吉宝贝	79	76	134	289
4	智乐儿	91	89	98	278
5	昆斯塔	84	90	109	283
6	雅贝乐	110	91	120	321

E2 　　=SUM(B2:D2)

图 1-11

1.2.2　重新编辑公式

输入公式以后，如果发现输入有误，或者想变更计算方式、修改参数，都可以通过以下三种方法进入单元格编辑状态修改公式：

（1）双击包含公式的单元格。

（2）单击包含公式的单元格，然后按 F2 键。

（3）单击包含公式的单元格，然后单击编辑栏。

例如，在下面的工作表中统计了公司销售员 1、2、3 季度的销售额，并且使用公式计算了这 3 个季度的总销售额，由于添加了 4 季度的销售额，因此需要修改公式重新计算全年的总销售额。

❶ 双击 F2 单元格，进入单元格编辑状态，如图 1-12 所示。

❷ 在编辑栏中将光标定位到 D2 后面，输入"+"号（如图 1-13 所示），接着用鼠标在 E2 单元格上单击一次（如图 1-14 所示），公式即被修改为：**=B2+C2+D2+E2**。

❸ 按 Enter 键，即可重新计算出"张佳琪"的总销售额为"82346"，如图 1-15 所示。

图 1-12

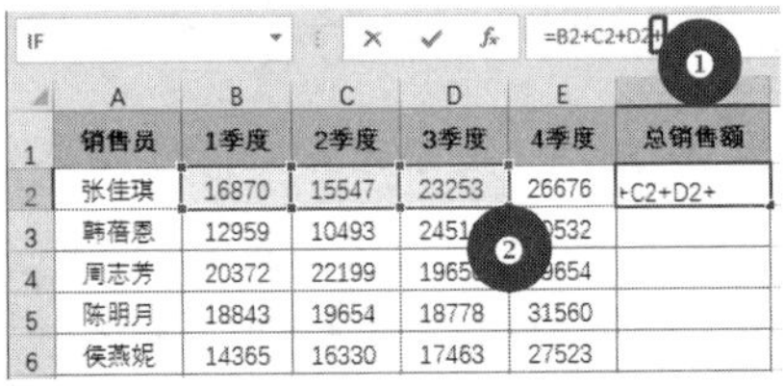

图 1-13

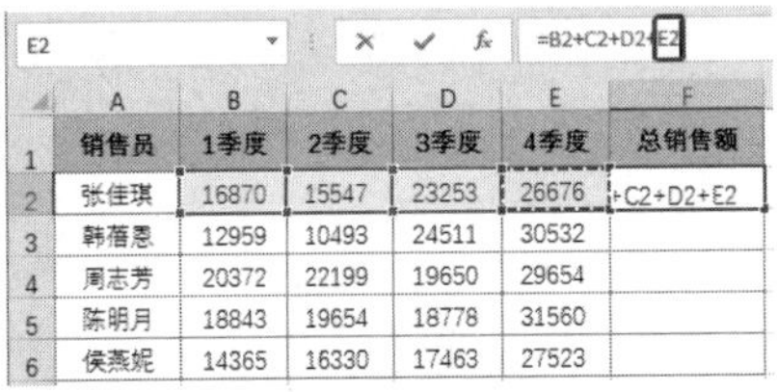

图 1-14

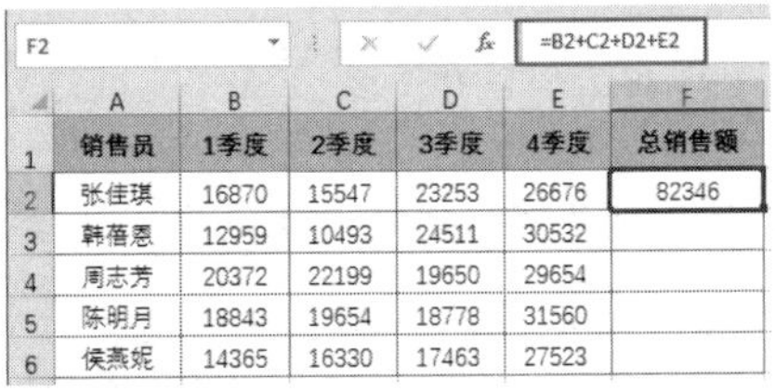

图 1-15

经验之谈

　　在输入公式时，可以直接将常量应用于公式中，但是很显然，这样的公式没有办法批量使用。因此，一般都需要将要计算的数据保存在单元格中，再在公式中引用该单元格参与公式的计算。这样，当需要修改参与计算的某个数据时，只需要更改该单元格中的数据即可，同时也方便公式的批量使用，这是管理数据的好习惯。

练一练

练习题目：修改公式，重新引用其他工作表中的数据源，如图 1-16、图 1-17 所示。

操作要点：要选中需要更改的数据源，此处为选中"1 季度销售统计!D2"，选中后切换到目标表格中重新选择数据源（如图 1-16 所示），切换到"3 季度销售统计"表中选择 D2 单元格（如图 1-17 所示）。其他位置需要修改可按相同方法操作。

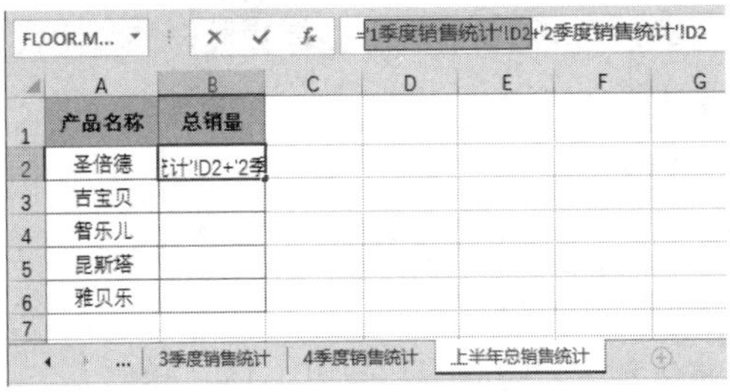

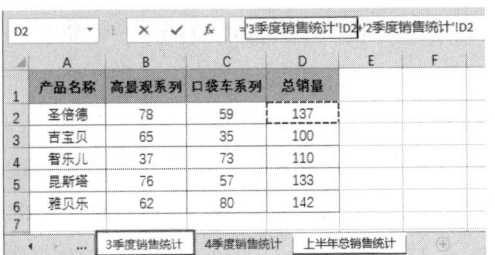

图 1-16

图 1-17

1.3　公式填充与复制

在 Excel 中进行数据运算的一个最大好处是公式的可复制性，即在设置了一个公式后，当其他位置需要设置相同的公式时，可以通过公式的复制来快速得到批量的结果。因此，公式的复制是数据运算中的一项重要内容。

1.3.1　在连续单元格区域中填充公式

利用填充柄向下填充公式得到每位学员的总分。

在本例的销售统计表中，统计了每种产品不同系列的销量，下面需要计算出每种产品的总销量。

❶ 在表格中将光标定位在单元格 D2 中，输入公式：**=B2+C2**，按 Enter 键，即可计算出总销量，如图 1-18 所示。

❷ 选中 D2 单元格，将鼠标指针移至该单元格的右下角，当指针变成黑色十字形时（如图 1-19 所示），按住鼠标左键向下拖动至 D6 单元格，如图 1-20 所示。

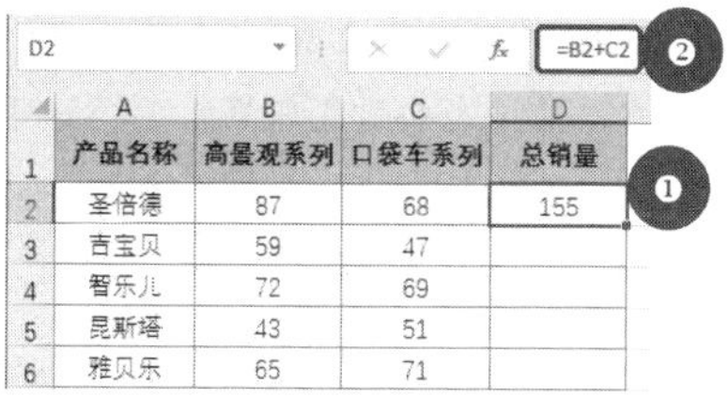

图 1-18

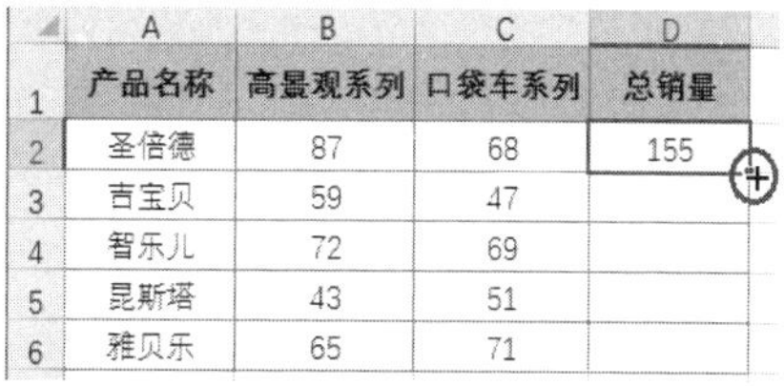

图 1-19

❸ 释放鼠标左键，即可得到每种产品的总销量，如图 1-21 所示。

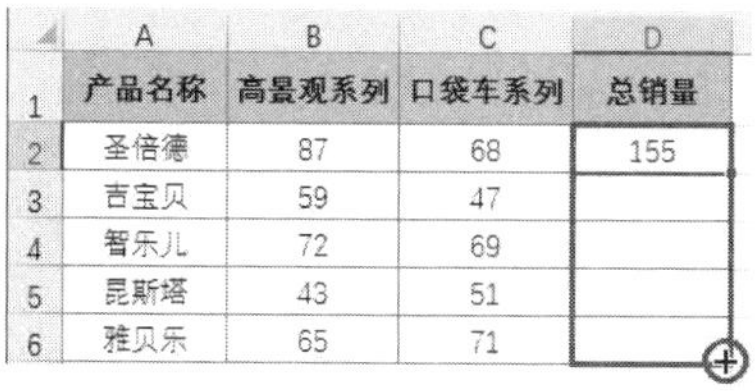

图 1-20

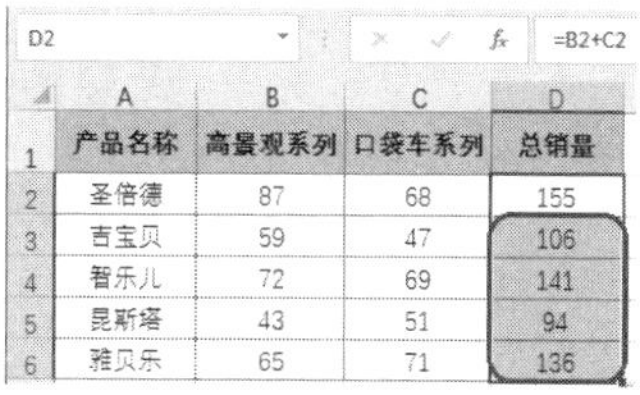

图 1-21

> **经验之谈**
>
> 如果要填充公式的单元格区域都是连续显示的，也可以在设置了首个公式后，将鼠标移到该单元格的右下角，当指针变成黑色十字形时，双击填充柄直接进行填充，则公式所在单元格就会自动向下填充至相邻区域中非空行的上一行。

练一练

练习题目：向右复制公式，计算其他季度的总销量，如图 1-22、图 1-23 所示。

操作要点：拖动填充柄向右复制公式。

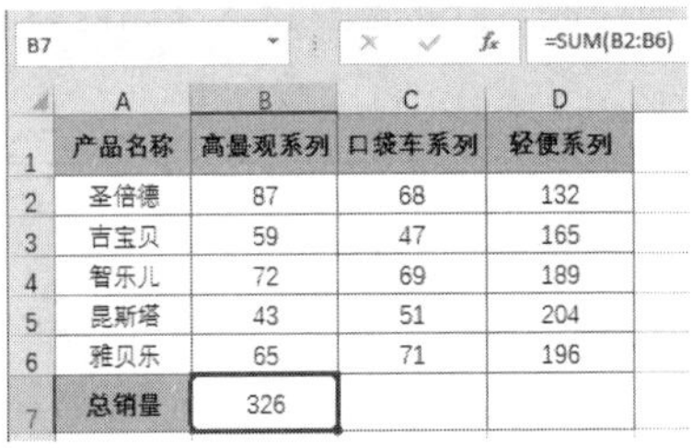

B7			fx	=SUM(B2:B6)
	A	B	C	D
1	产品名称	高景观系列	口袋车系列	轻便系列
2	圣倍德	87	68	132
3	吉宝贝	59	47	165
4	智乐儿	72	69	189
5	昆斯塔	43	51	204
6	雅贝乐	65	71	196
7	总销量	326		

图 1-22

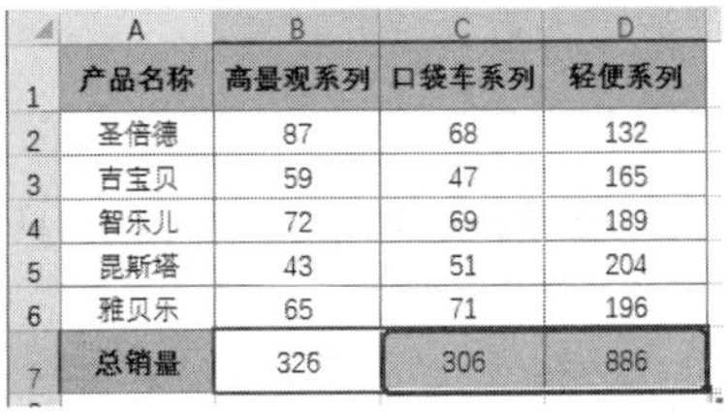

	A	B	C	D
1	产品名称	高景观系列	口袋车系列	轻便系列
2	圣倍德	87	68	132
3	吉宝贝	59	47	165
4	智乐儿	72	69	189
5	昆斯塔	43	51	204
6	雅贝乐	65	71	196
7	总销量	326	306	886

图 1-23

经验之谈

快速复制公式的四种方法。

（1）选中公式所在单元格，将鼠标指针移至该单元格的右下角，当指针变成黑色十字形时，按住鼠标左键向需要复制的方向拖动，即可完成公式的复制。

（2）选中公式所在的单元格，将鼠标指针移到该单元格的右下角，当指针变成黑色十字形时，双击填充柄直接进行填充，则公式所在单元格就会自动向下填充至相邻区域中非空行的上一行。

（3）选中包含公式在内的需要填充的目标区域，然后按 Ctrl+D 组合键即可执行向下填充命令。如果要执行向右填充，可以按 Ctrl+R 组合键。

（4）对公式所在单元格执行复制操作，然后选中粘贴的目标区域，单击鼠标右键，在右键菜单中选择"公式"图标即可。

1.3.2　将公式复制到其他位置

填充公式是复制公式的过程，除在当前工作表中填充公式外，还可以将公式复制到其他工作表中使用。

❶ 切换到"1 季度销售统计"工作表，选中 F2 单元格（此单元格设置了公式进行销售业绩评比），按 Ctrl+C 组合键复制公式，如图 1-24 所示。

❷ 切换到"2 季度销售统计"工作表，选中 F2:F7 单元格区域（如图 1-25 所示），按 Ctrl+V 组合键粘贴公式，效果如图 1-26 所示。

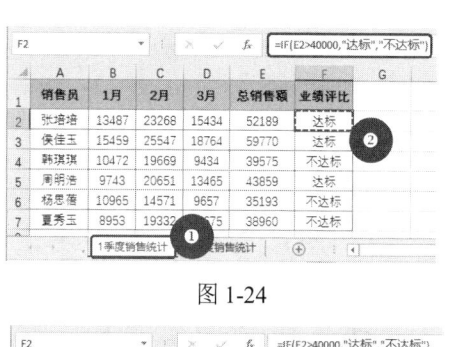

图 1-24

图 1-25

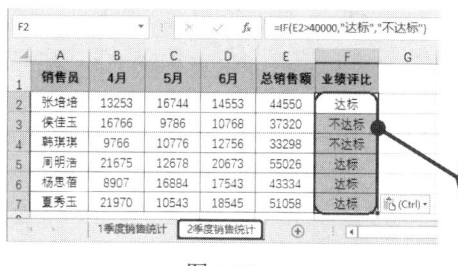

图 1-26

> **注意**
>
> 当将公式复制到其他位置或其他工作表中时，如果表格的结构相同，一般可以直接得到正确的结果；如果复制的公式默认引用数据源不是想要的结果，则需要手动对复制的公式进行调整，使其满足当前计算的需要。

1.4　了解数组公式

数组公式是指公式在运算过程中使用到数组运算的公式（要么公式中使用了数组，要么公式运算过程中调用了内存数组）。数组公式最显著的一个特征就是按 Ctrl+Shift+Enter 组合键结束，而不是按 Enter 键。数组公式可以返回多个结果，也可以将数组公式放入单个单元格中，然后计算单个量。包括多个单元格的数组公式称为多个单元格数组公式，位于单个单元格中的数组公式称为单个单元格数组公式。

1.4.1　普通公式与数组公式的区别

普通公式和数组公式的区别如下：

（1）普通公式通常只返回一个结果，而数组公式返回的结果与其执行的计算和设置的参数有关，可能返回多个结果，也可能返回一个结果。

（2）普通公式只占用一个单元格，而数组公式如果返回的结果不止一个，该公式就要占用多个单元格。

（3）普通公式和数组公式的显示方式不同。在编辑栏中，数组公式的最外层总有一对大括号"{}"，而普通公式没有，这是数组公式与普通公式在外观上最明显的区别。

（4）普通公式和数组公式的输入方法不同。普通公式是以 Enter 键确认输入的，而数组公式是以 Ctrl+Shift+Enter 组合键确认输入的。

下面通过实例来做出比较。

在下面的工作表中需要使用数组公式一次性计算每种产品的销售总额。

❶ 在表格中将光标定位在单元格 D2:D10 中，在编辑栏中输入公式：**=B2:B10*C2:C10**，如图 1-27 所示。

❷ 按 Ctrl+Shift+Enter 组合键，一次性得到一组计算结果，如图 1-28 所示。其计算顺序为依次执行 B2*C2、B3*C3、B4*C4……的操作，并将结果依次返回到选中的单元格。

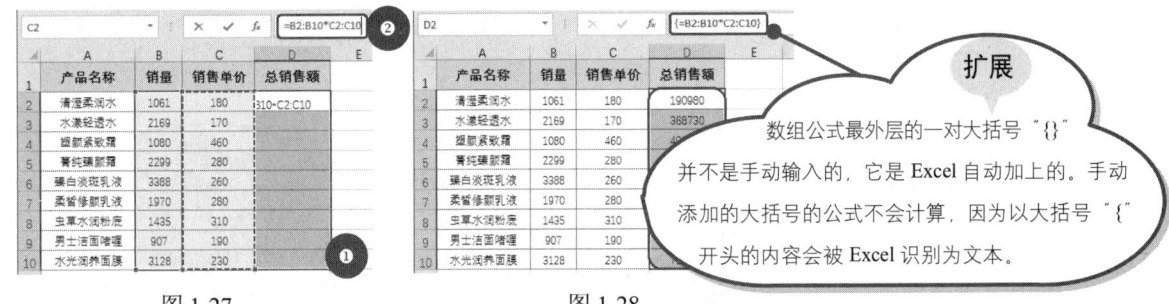

图 1-27   图 1-28

数组公式最外层的一对大括号 "{}" 并不是手动输入的，它是 Excel 自动加上的。手动添加的大括号的公式不会计算，因为以大括号 "{" 开头的内容会被 Excel 识别为文本。

1.4.2 多个单元格数组公式

一般情况下，数组公式返回结果都包含多个数据，这样的数组公式被称为多个单元格数组公式。

本例中需要根据某产品各系列的销售金额统计前三名的销售金额是多少，这时要一次性返回三个值，可以用数组公式一次性返回。

❶ 在表格中将光标定位在单元格 E2:E4 中，输入公式：**=LARGE(B2:C7,{1;2;3})**，如图 1-29 所示。

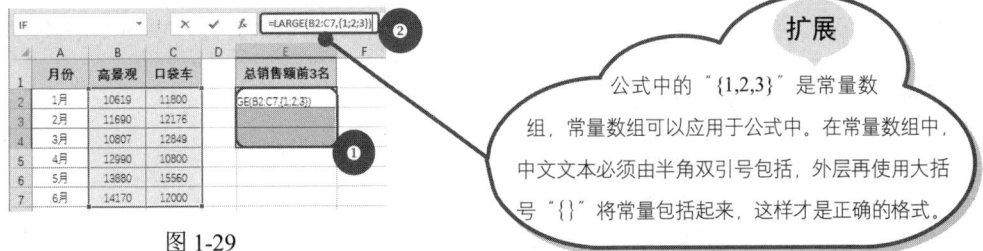

图 1-29

公式中的 "{1,2,3}" 是常量数组，常量数组可以应用于公式中。在常量数组中，中文文本必须由半角双引号包括，外层再使用大括号 "{}" 将常量包括起来，这样才是正确的格式。

❷ 按 Ctrl+Shift+Enter 组合键，得到的结果如图 1-30 所示。公式在进行运算时是通过使用 LARGE 函数并设置参数值为常量数组 "{1;2;3}" 来提取前三位最大的数据的。

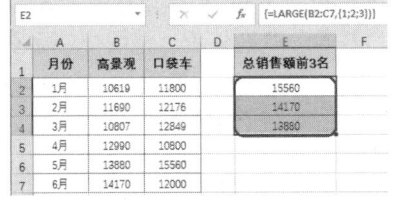

图 1-30

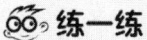

练一练

练习题目： 统计高景观与轻便系列推车总销售额，如图 1-31 所示。

操作要点： 设计此公式必须按 Ctrl+Shift+Enter 组合键结束，让公式进行数组运算。

	E2		× ✓ fx	{=SUM((B2:B12={"高景观","轻便"})*C2:C12)}	
	A	B	C	D	E
1	品牌	系列	销售金额		高景观与轻便系列合计金额
2	圣倍德	轻便	41180		314899
3	吉宝贝	高景观	31217		
4	智乐儿	轻便	51284		
5	昆斯塔	口袋车	35800		
6	雅贝乐	高景观	69560		
7	倍克力	口袋车	74000		
8	贝特倍	轻便	58433		
9	麦卡奇	口袋车	39675		

图 1-31

1.4.3 单个单元格数组公式

有时为了进行一些特殊计算，虽然返回的结果只有一个数据，但也需要使用数组公式，因为它们在计算时是调用内部数组进行数组运算的，这样的数组公式被称为单个单元格数组公式。

本例中需要使用公式根据某产品 2 个系列推车的销售额数据，统计出前 3 名销售业绩总和。

❶ 在表格中将光标定位在单元格 E2 中，输入公式：**=SUM(LARGE(B2:C7,{1;2;3}))**，如图 1-32 所示。

❷ 按 Ctrl+Shift+Enter 组合键，得到的结果如图 1-33 所示。公式在进行运算时是先将 "LARGE(B2:C7,{1;2;3})" 部分返回一个数组，也就是 "{15560;14170;13880}"，然后再使用 SUM 函数对这个数组进行求和运算。

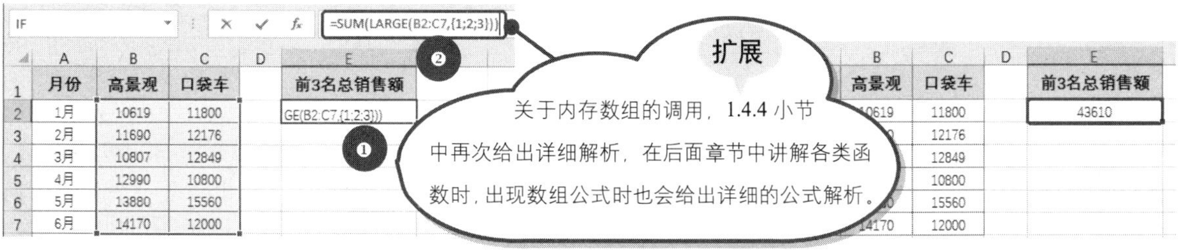

	IF		× ✓ fx	=SUM(LARGE(B2:C7,{1;2;3}))	
	A	B	C	D	E
1	月份	高景观	口袋车		前3名总销售额
2	1月	10619	11800		GE(B2:C7,{1;2;3}))
3	2月	11690	12176		
4	3月	10807	12849		
5	4月	12990	10800		
6	5月	13880	15560		
7	6月	14170	12000		

扩展

关于内存数组的调用，1.4.4 小节中再次给出详细解析，在后面章节中讲解各类函数时，出现数组公式时也会给出详细的公式解析。

图 1-32

	B	C	D	E
	高景观	口袋车		前3名总销售额
	10619	11800		43610
	11690	12176		
	10807	12849		
		10800		
		15560		
	14170	12000		

图 1-33

练一练

练习题目： 统计 1 组的最高销售额，如图 1-34 所示。

操作要点： 设计此公式必须按 Ctrl+Shift+Enter 组合键结束，让公式进行数组运算。

E2			fx	{=MAX(IF(A2:A9="1组",C2:C9))}	
	A	B	C	D	E
1	销售组	姓名	销售额		1组最高销售额
2	1组	张佳佳	34245		43548
3	2组	韩玉明	14353		
4	1组	周心怡	24366		
5	2组	肖占兵	32754		
6	2组	高亚丽	25386		
7	1组	赵思新	43548		
8	1组	潘恩华	35437		
9	2组	李晓梅	13465		

图 1-34

1.4.4　内存数组是如何调用的

内存数组是指通过公式计算返回的结果在内存中临时构成，并可以作为一个整体直接嵌套至其他公式中继续参与计算的数组。下面通过例子来看内存数组是如何调用的。

如图 1-35 所示，使用了公式：**=MAX(IF(B2:B9="1 组",D2:D9))** 来实现对销售 1 组最高销售额的统计。

F2				fx	{=MAX(IF(B2:B9="1组",D2:D9))}	
	A	B	C	D	E	F
1	员工编号	销售组	姓名	销售额		1组最高销售额
2	001	1组	张佳佳	¥34,245.00		¥43,548.00
3	002	2组	韩玉明	¥14,353.00		
4	003	1组	周心怡	¥24,366.00		
5	004	2组	肖占兵	¥32,754.00		
6	005	2组	高亚丽	¥25,386.00		
7	006	1组	赵思新	¥43,548.00		
8	007	1组	潘恩华	¥35,437.00		
9	008	2组	李晓梅	¥13,465.00		

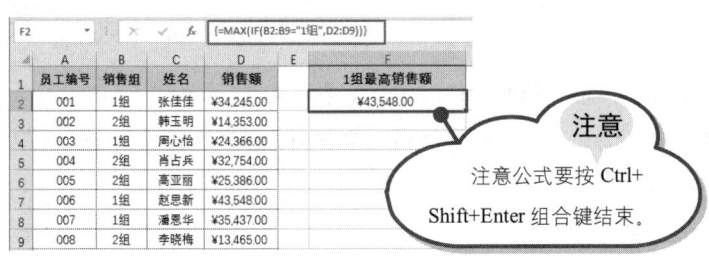

注意
注意公式要按 Ctrl+
Shift+Enter 组合键结束。

图 1-35

我们对上述公式进行分步骤解析，来看一下此公式是如何调用内存数组的。

❶ 选中"B2:B9="1 组""这一部分，在键盘上按 F9 功能键，可以看到会依次判断 B2:B9 单元格区域的各个值是否等于"1组"。如果是则返回 TRUE；如果不是则返回 FALSE，构建的是一个数组，同时也是我们上面讲到的内存数组，如图 1-36 所示。

❷ 选中"D2:D9"这一部分，在键盘上按 F9 功能键，可以看到返回的是 D2:D9 单元格区域中的各个单元格的值，这是一个区域数组，如图 1-37 所示。

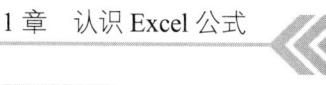

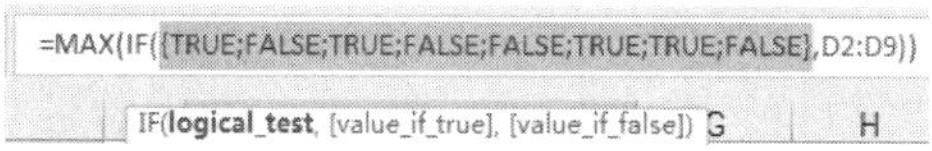

=MAX(IF({TRUE;FALSE;TRUE;FALSE;FALSE;TRUE;TRUE;FALSE},D2:D9))

IF(**logical_test**, [value_if_true], [value_if_false]) G　　H

图 1-36

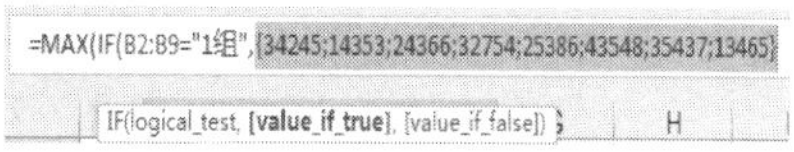

=MAX(IF(B2:B9="1组",{34245;14353;24366;32754;25386;43548;35437;13465}

IF(logical_test, **[value_if_true]**, [value_if_false]) }　　H

图 1-37

❸　选中"IF(B2:B9="1 组",D2:D9)"这一部分，在键盘上按 F9 功能键，可以看到会把❶步数组中的 TRUE 值对应在❷步上的值取下，这仍然是一个构建内存数组的过程，如图 1-38 所示。

=MAX({34245;FALSE;24366;FALSE;FALSE;43548;35437;FALSE})

MAX(**number1**, [number2], ...)　　　　G

图 1-38

❹　最终再使用 MAX 函数判断数组中的最大值。

第 2 章

公式中的函数

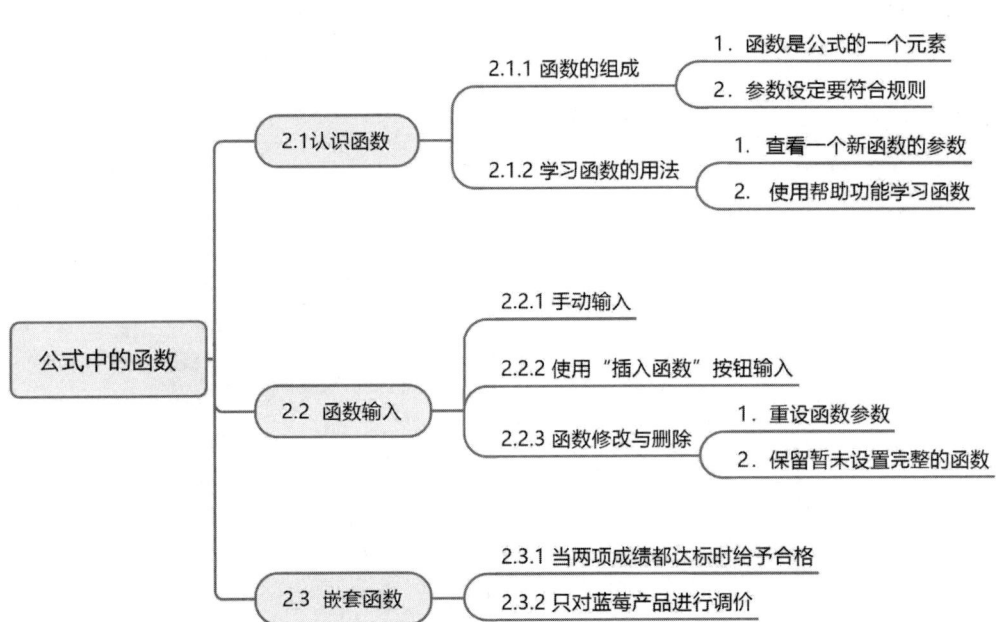

公式中的函数

- 2.1 认识函数
  - 2.1.1 函数的组成
    - 1. 函数是公式的一个元素
    - 2. 参数设定要符合规则
  - 2.1.2 学习函数的用法
    - 1. 查看一个新函数的参数
    - 2. 使用帮助功能学习函数
- 2.2 函数输入
  - 2.2.1 手动输入
  - 2.2.2 使用"插入函数"按钮输入
  - 2.2.3 函数修改与删除
    - 1. 重设函数参数
    - 2. 保留暂未设置完整的函数
- 2.3 嵌套函数
  - 2.3.1 当两项成绩都达标时给予合格
  - 2.3.2 只对蓝莓产品进行调价

2.1 认识函数

函数是应用于公式中的一个最重要的元素，函数可以看作是程序预定义的可以解决某些特定运算的计算式，有了函数的参与，可以解决非常复杂的手工运算，甚至是无法通过手工完成的运算。

2.1.1 函数的组成

无论函数执行什么计算、输出什么结果，它都是由函数名称和函数参数两部分组成。函数参数应该写在函数名称后面的括号中，有多个参数时，各个参数间用英文逗号隔开。不同名称的函数执行不同的计算，其参数的设置也有其固有的规则，只有设置满足规则的参数才能返回正确的计算结果。

1. 函数是公式的一个元素

函数的结构以函数名称开始，后面是左圆括号，接着是参数，各参数间使用逗号分隔，参数设置完毕输入右圆括号表示结束。

下面的这个公式中就使用了一个 IF 函数，其中 IF 是函数名称，B3=0、0 和 C3/D3 是 IF 函数的 3 个参数。

$$=IF(B3=0,0,C3/D3)$$

但单一函数不能返回值，必须以公式的形式出现，即前面添加上"="号才能得到计算结果，而且函数必须要在公式中使用才有意义，单独的函数是没有意义的，在单元格中只输入函数，返回的是一个文本而不是计算结果。图 2-1 中因为没有使用"="号开头，所以返回的是一个文本。添加等号后，即可返回正确的计算结果，如图 2-2 所示。

图 2-1   图 2-2

2. 参数设定要符合规则

学习函数时首先要了解其功能，其次要学会他的参数设置规则，只有做到了这两点才能编制出解决问题的公式。函数的参数设定必须满足此函数的参数规则，否则也会返回错误值，下面通过示例进行讲解。

例 1：如图 2-3 所示，因为"达标"与"不达标"是文本，应用于公式中时必须要使用双引号，当前未使用双引号，参数不符合规则，所以就不能返回正确的结果。

为"达标"和"不达标"文本添加双引号，即可返回正确的计算结果，如图 2-4 所示。

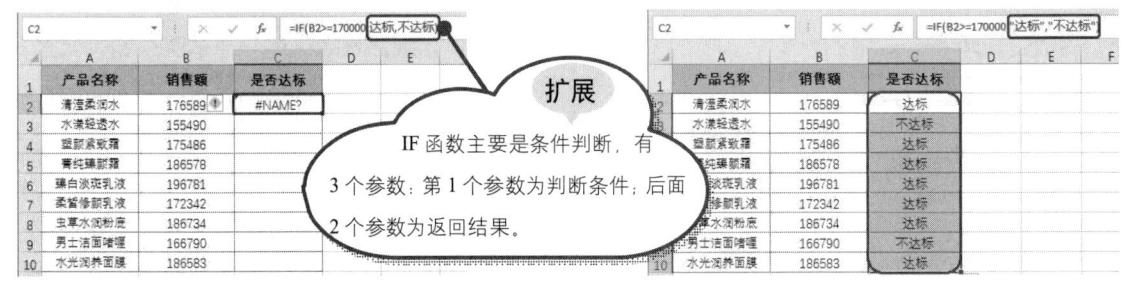

图 2-3　　　　　　　　　　　　　　　　　　　图 2-4

> **扩展**
> IF 函数主要是条件判断，有 3 个参数：第 1 个参数为判断条件；后面 2 个参数为返回结果。

例 2：如图 2-5 所示，要使用 FIND 函数返回 A2 单元格中"："所在的位置，返回的结果为错误值，导致错误结果的原因为公式中 FIND 函数的 2 个参数位置颠倒了。

将公式中的参数""："和"A2"调换位置，即可返回正确的计算结果，如图 2-6 所示。

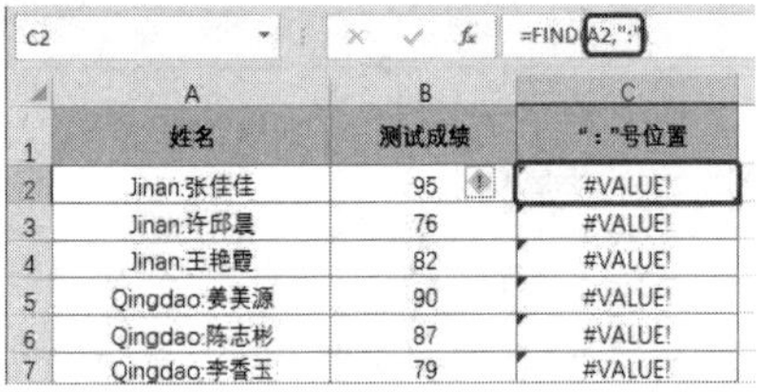

图 2-5 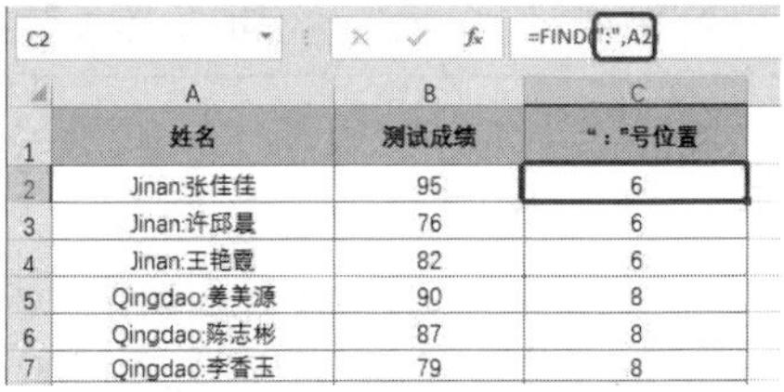　　　　　　　　　　　　　　　　　　　图 2-6

例 3：如图 2-7 所示，要使用 SUMIF 函数统计出"冰箱"的总销量，返回了错误的结果"0"，因为 SUMIF 函数有 3 个参数，但是本例表格中的公式只有 2 个参数，参数不符合规则，所以不能返回正确的结果。

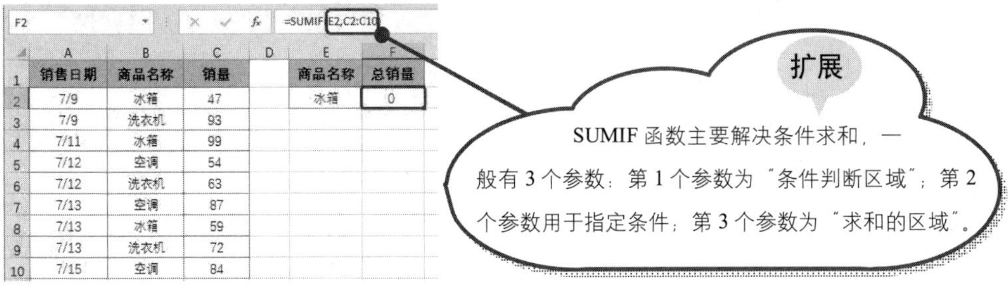

> **扩展**
> SUMIF 函数主要解决条件求和，一般有 3 个参数：第 1 个参数为"条件判断区域"；第 2 个参数用于指定条件；第 3 个参数为"求和的区域"。

图 2-7

将公式设置为：=SUMIF(B2:B10,E2,C2:C10)，即可返回正确的计算结果，如图 2-8 所示。

	A	B	C	D	E	F
1	销售日期	商品名称	销量		商品名称	总销量
2	7/9	冰箱	47		冰箱	205
3	7/9	洗衣机	93			
4	7/11	冰箱	99			
5	7/12	空调	54			
6	7/12	洗衣机	63			
7	7/13	空调	87			
8	7/13	冰箱	59			
9	7/13	洗衣机	72			
10	7/15	空调	84			

F2 = `=SUMIF(B2:B10,E2,C2:C10)`

图 2-8

🐱 练一练

练习题目： 一个简单的 IF 函数运算，如图 2-9 所示。

操作要点： IF 函数第一个参数为 1 个条件表达式，当条件为真时返回第 2 个参数值，当条件不为真时返回第 3 个参数值。

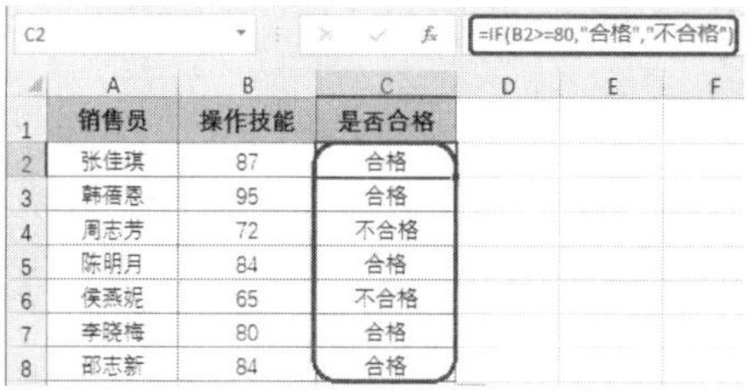

	A	B	C	D	E	F
1	销售员	操作技能	是否合格			
2	张佳璇	87	合格			
3	韩薇恩	95	合格			
4	周志芳	72	不合格			
5	陈明月	84	合格			
6	侯燕妮	65	不合格			
7	李晓梅	80	合格			
8	邵志新	84	合格			

C2 = `=IF(B2>=80,"合格","不合格")`

图 2-9

2.1.2　学习函数的用法

在函数使用过程中，参数的设置是关键，可以通过插入函数参数向导学习函数的设置，还可以通过 Excel 内置的帮助功能学习函数的用法。

1. 查看一个新函数的参数

在函数使用过程中，参数的设置是关键，可以通过插入函数参数向导学习函数的设置。

❶ 选中单元格，在编辑栏中输入：**=RANK(**，将光标定位在括号内，此时可以显示出该函数的所有参数，如图 2-10 所示。

❷ 如果想更加清楚地了解每个参数该如何设置，可以单击编辑栏前的 *fx* 按钮（如图 2-11 所示），打开"插入函数"对话框，将光标定位到不同参数编辑框中，下面会显示对该参数的解释，从而便于初学者正确设置参数，如图 2-12、图 2-13 所示。

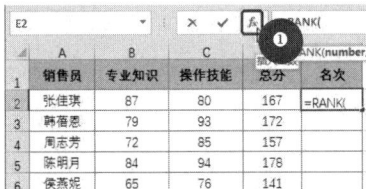

图 2-10

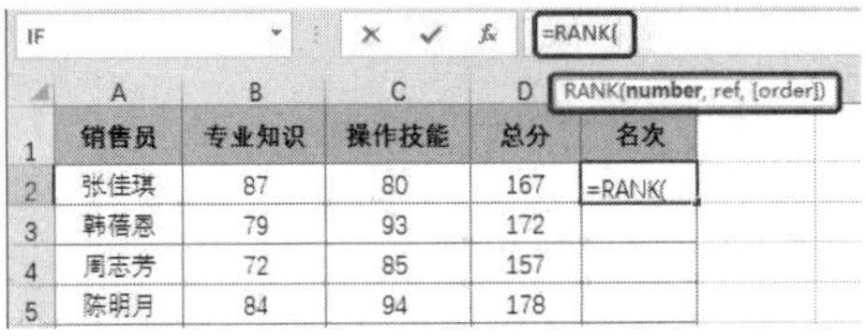

图 2-11

扩展

对于初学者来说，可通过该步骤逐步设置函数公式，熟练以后就可以直接在编辑栏内输入公式了。

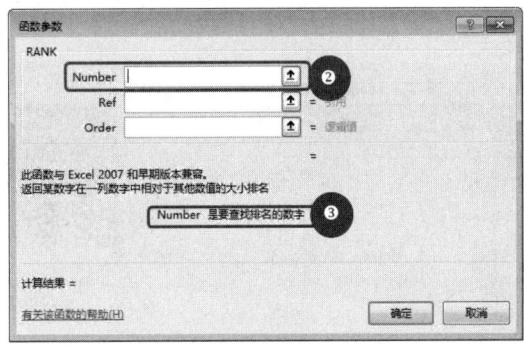

图 2-12

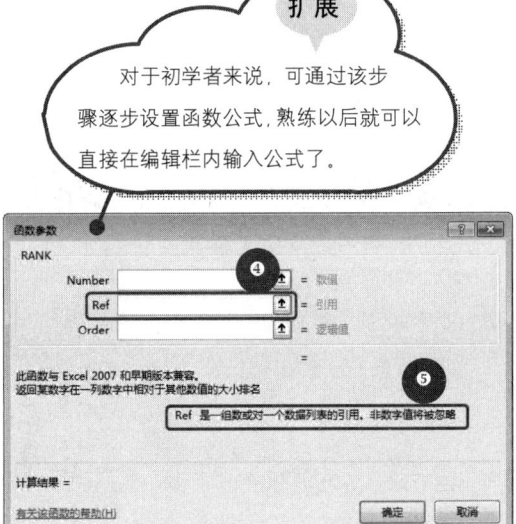

图 2-13

练一练

练习题目： 用 RANK 函数完成考核成绩排名，如图 2-14 所示。

操作要点： RANK 函数用于返回一个值在一个数组中的排序情况。

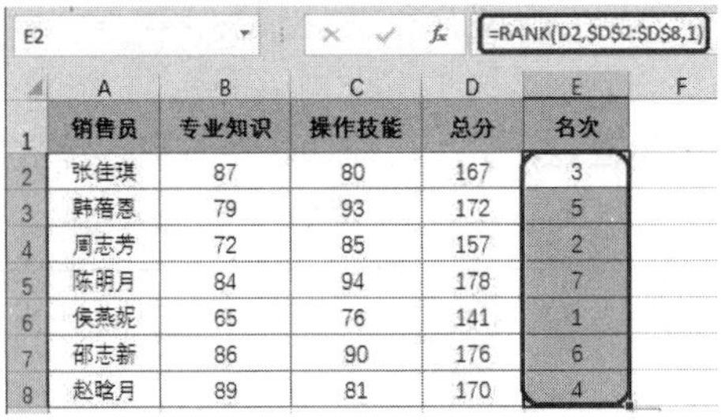

E2				fx	=RANK(D2,$D$2:$D$8,1)
	A	B	C	D	E	F
1	销售员	专业知识	操作技能	总分	名次	
2	张佳琪	87	80	167	3	
3	韩蓓恩	79	93	172	5	
4	周志芳	72	85	157	2	
5	陈明月	84	94	178	7	
6	侯燕妮	65	76	141	1	
7	邵志新	86	90	176	6	
8	赵略月	89	81	170	4	

图 2-14

2. 使用帮助功能学习函数

新手如果对函数的功能和参数不熟悉，也可以在表格中单击"插入函数"按钮来学习相应的函数。

❶ 在编辑栏中单击 f_x（插入函数）按钮，打开"插入函数"对话框，在列表中选择要使用的函数，单击"有关该函数的帮助"链接（如图 2-15 所示），打开 Excel 帮助窗口。

❷ 在打开的 Excel 帮助窗口中可以学习该函数的语法、参数与操作示例，如图 2-16 所示。

图 2-15

图 2-16

2.2　函　数　输　入

应用函数参与公式的计算时，需要在公式中输入函数并正确设置函数的参数。下面介绍输入函数的方法。

2.2.1　手动输入

下面的工作表为各小组销售员本次考核的成绩表，需要计算平均分，可以完全手动输入函数名称及参数实现计算。

❶ 将光标定位在 D2 单元格中，输入"="号，再输入函数名称"AVERAGE("（左括号表示开始进行函数参数的设置），如图 2-17 所示。

❷ 用鼠标拖动选择 C2:C9 单元格区域，此时可以看到 C2:C9 显示到公式编辑栏中，如图 2-18 所示。

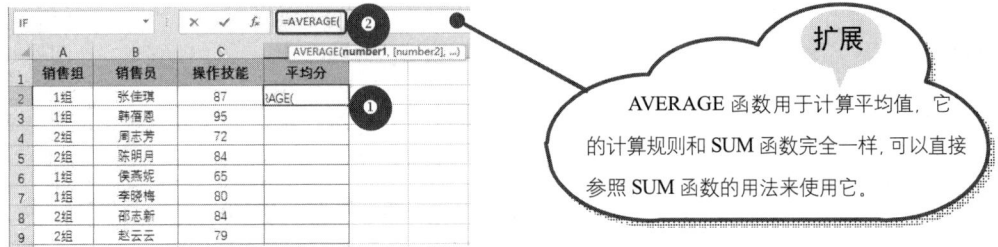

图 2-17

❸ 输入 "）" 表示函数参数设置完成，如图 2-19 所示。按 Enter 键，即可计算出平均分，如图 2-20 所示。

图 2-18 　　　　　　　　　　　　　　　　图 2-19

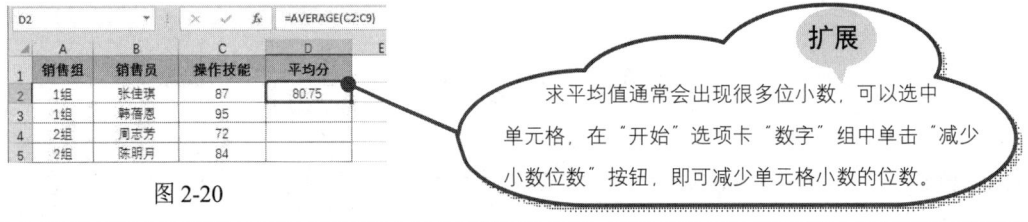

图 2-20

2.2.2 　使用"插入函数"按钮输入

下面的工作表为本次员工考核成绩表，需要判断每位员工是否合格，可以通过"插入函数"和"函数参数"对话框完成公式中函数的输入及参数的设定。

❶ 选中 C2 单元格，在"公式"选项卡的"函数库"组中单击"插入函数"按钮（如图 2-21 所示），打开"插入函数"对话框。

❷ 在"选择函数"列表框中单击 IF 函数，如图 2-22 所示。单击"确定"按钮，打开"函数参数"对话框。

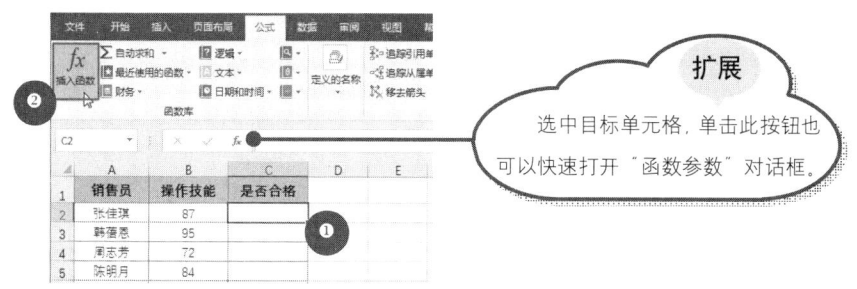

扩展

选中目标单元格，单击此按钮也可以快速打开"函数参数"对话框。

图 2-21

❸ 光标定位到第一个参数设置框中，输入"B2>=80",如图 2-23 所示。

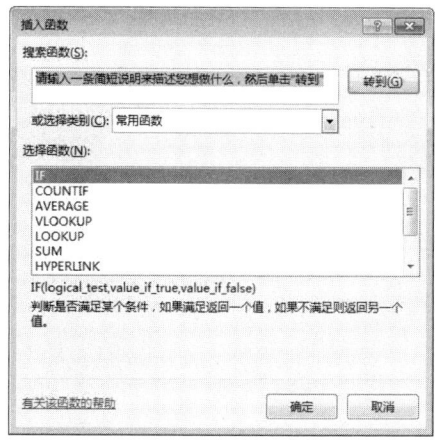

图 2-22

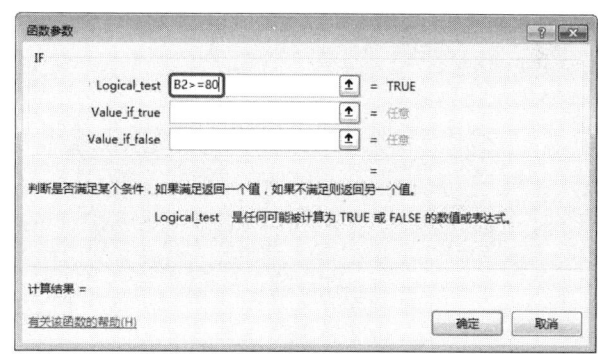

图 2-23

❹ 光标定位到第二个参数设置框中，输入"合格"，如图 2-24 所示；光标定到第三个参数设置框中，输入"不合格"，如图 2-25 所示。

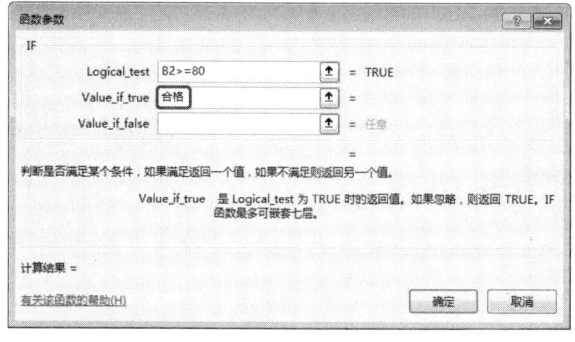

图 2-24

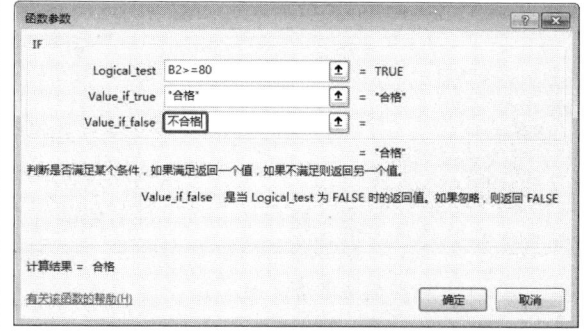

图 2-25

❺ 单击"确定"按钮返回工作表中，可以看到编辑栏中显示了完整的公式，如图 2-26 所示。

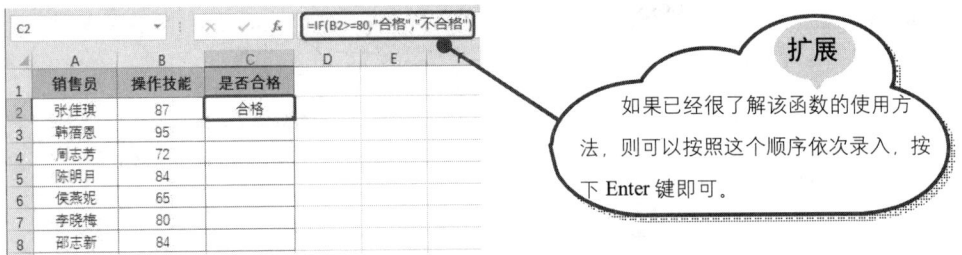

图 2-26

 练一练

练习题目： 使用"函数自动完成"功能输入函数名称，如图 2-27 所示。

操作要点： 在公式编辑栏中输入函数的前两个字母，列表中会出现所有以这些字母开头的函数，可以方便地选择。

图 2-27

2.2.3 函数修改与删除

设置函数后，如果发现设置有误，可以通过本节介绍的方法在编辑栏中或直接在单元格中修改函数。不需要的函数也可以被删除。

1. 重设函数参数

双击公式所在单元格，进入编辑状态后就可以按实际需要重新修改参数了。在本例的工作表中统计了各产品的销售金额，由于增加了两种产品的销售数据，需要修改参数才能得到正确的统计结果。

❶ 双击公式所在的 D2 单元格，进入编辑状态，选中需要修改的部分"B8"，如图 2-28 所示。

❷ 将其修改成"B10"（如图 2-29 所示），然后按 Enter 键，即可修改公式，并重新计算出平均销售金额，如图 2-30 所示。

图 2-28

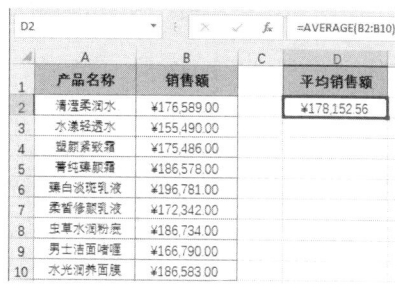

图 2-29

图 2-30

2. 保留暂未设置完整的函数

有时在输入公式时并未考虑成熟，导致无法一次性完成公式的输入。此时可以将未完整的公式保留下来，待到考虑成熟时再继续设置。

❶ 当公式没有输入完整时，没有办法直接退出（退出时会弹出错误提示，如图 2-31 所示），除非将公式全部删除。

❷ 我们可以在公式没有输入完整时在等号的前面加上一个空格，这样公式就可以以文本的形式保留下来了，如图 2-32 所示。

图 2-31

图 2-32

❸ 如果想继续编辑公式，只需要选中这个单元格，在公式编辑栏中将"="前的空格删除即可。

2.3 嵌 套 函 数

在使用公式运算时，函数的作用虽然很大，但是为了进行更复杂的条件判断、完成更复杂的计算，很多时候还需要嵌套使用函数，用一个函数的返回结果来作为前面函数的参数使用。日常工作中使用嵌套函数的场合非常多，下面举两个嵌套函数的例子。读者在进入后面函数范例的学习时可看到众多函数嵌套的例子。

2.3.1 当两项成绩都达标时给予合格

IF 函数只能判断一项条件，当条件满足时返回某值，不满足时返回另一值，而本例中要求一次判断两项条件，即高景观系列与口袋车系列推车必须同时满足">80000"这个条件，同时满足时返回"合格"；只要有一个不满足，就返回"不合格"。单独使用一个 IF 函数则无法实现判断，此时在 IF 函数中嵌套了一个 AND 函数判断两个条件是否都满足，AND 函数就是用于判断给定的所有的条件是否都为"真"（如果都为"真"，返回 TRUE；否则返回 FALSE），然后使用它的返回值作为 IF 函数的第一个参数。

❶ 单击要输入公式的 D2 单元格，首先输入：**=AND(**，如图 2-33 所示。

❷ 然后继续输入 AND 函数的参数部分：**=AND(B2>80000,C2>80000)**，如图 2-34 所示。

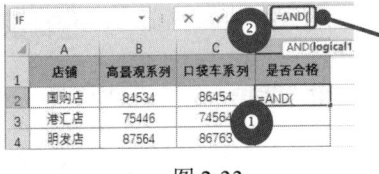

> **扩展**
>
> AND 函数的参数都是判断条件，只有当这些条件都成立时才返回 TRUE。当 IF 函数需要同时对多个条件进行判断时，可以将使用的条件都设置为 AND 函数的参数。

图 2-33

❸ 在 AND 函数外侧输入嵌套 IF 函数（注意函数后面要带上"("括号）：**=IF(AND (B2>80000,C2>80000)**，如图 2-35 所示。

图 2-34   图 2-35

❹ "AND(B2>80000,C2>80000)"作为 IF 函数的第 1 个参数使用，因此在后面输入"，"号，接着输入 IF 函数的第 2 个参数与第 3 个参数：**=IF(AND(B2>80000,C2>80000),"合格","不合格"**，

如图 2-36 所示。

❺ 最后输入右括号 ")"，完成嵌套函数公式的输入，按下 Enter 键，即可判断出"国购店"的销售额是否合格，如图 2-37 所示。

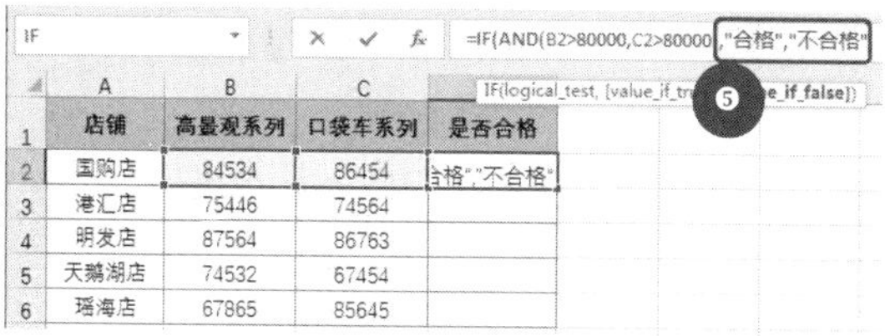

图 2-36

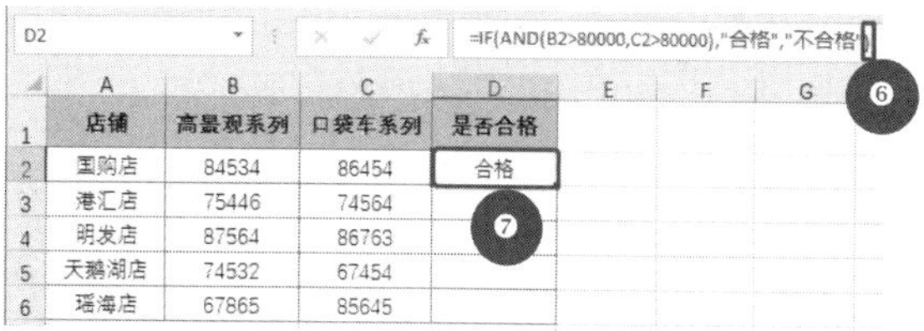

图 2-37

❻ 向下复制公式，依次判断出其他店铺销售额是否合格，如图 2-38 所示。

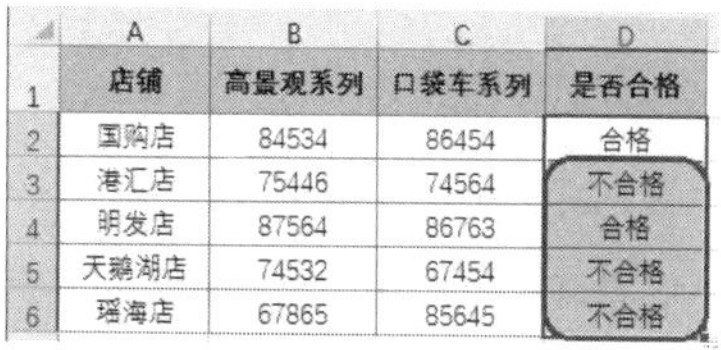

图 2-38

2.3.2　只对蓝莓产品进行调价

本例中要求对产品调价，调价规则是，如果是蓝莓类产品就升价 2 元，其他产品均保持原价。对于这一需求，只使用 IF 函数显然是无法直接判断的，这时就需要使用另一个函数的辅助 IF 函数了，可以用 LEFT 函数提取产品名称的前两个字符并判断是否是"蓝莓"，如果是返回一个结果；如果不是则返回另一个结果。

❶ 单击要输入公式的 D2 单元格，首先输入：**=LEFT(**，如图 2-39 所示。

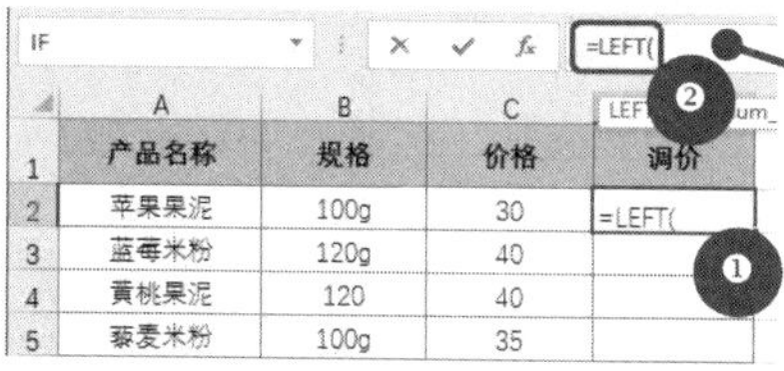

扩展

LEFT 函数用于返回从文本左侧开始指定个数的字符。它有两个参数：第一个参数包含要提取字符的文本字符串；第二个参数指定提取字符数量。

图 2-39

❷ 然后继续输入 LEFT 函数的参数部分：**=LEFT(A2,2)="蓝莓"**，如图 2-40 所示。

❸ 在 LEFT 函数外侧输入 IF 函数（注意函数后面要带上左括号 "("）：**=IF(LEFT(A2,2)= "蓝莓"**，如图 2-41 所示。

❹ "LEFT(A2,2)="蓝莓""作为 IF 函数的第一个参数使用，因此在后面输入 ","号，接着输入 IF 函数的第 2 个与第 3 个参数：**=IF(LEFT(A2,2)="蓝莓",C2+2,C2**，如图 2-42 所示。

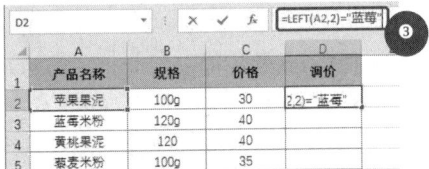

图 2-40　　　　　　　　　　　　　　图 2-41

❺ 最后输入右括号 ")"，完成嵌套函数公式的输入。按下 Enter 键，即可对产品价格进行调整，如图 2-43 所示。

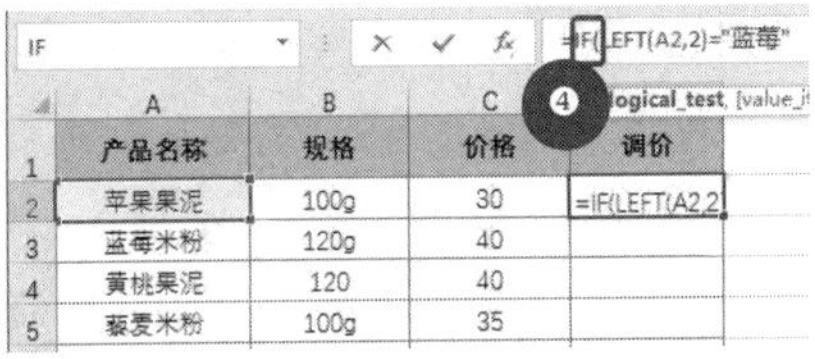

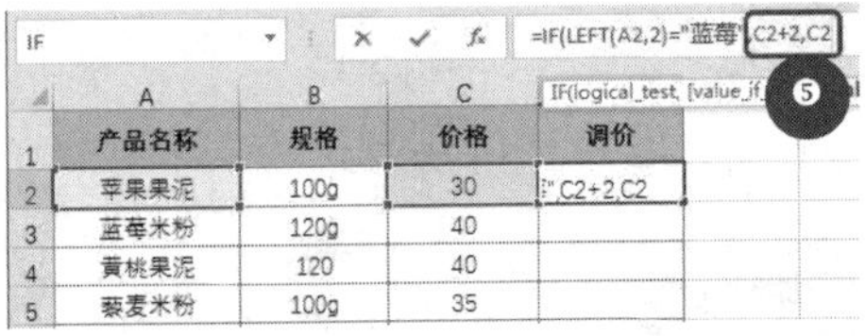

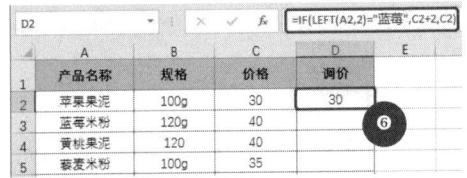

图 2-42　　　　　　　　　　　　　　图 2-43

❻ 向下复制 D2 单元格的公式，可以看到能逐一对 A 列的产品名称进行判断，并且自动返回调整后的价格，如图 2-44 所示。

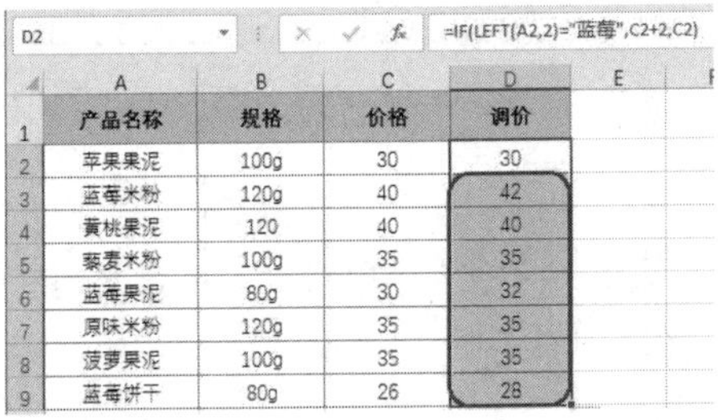

图 2-44

练一练

练习题目： 使用公式快速输入员工户籍所在省份，如图 2-45 所示。

操作要点： LEFT 函数用于从左侧开始提取指定的字符数。

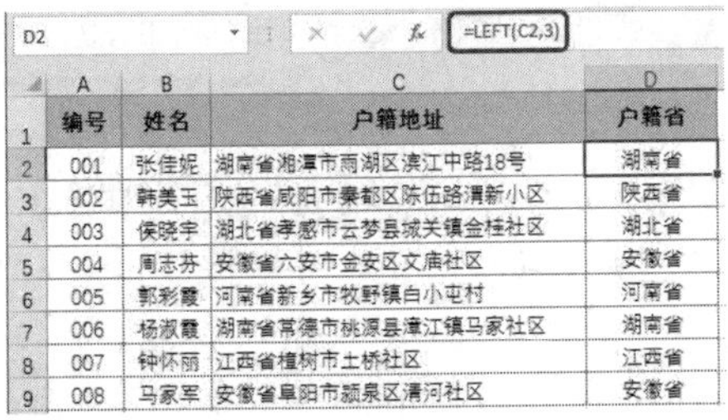

图 2-45

第 3 章

公式中数据源的引用

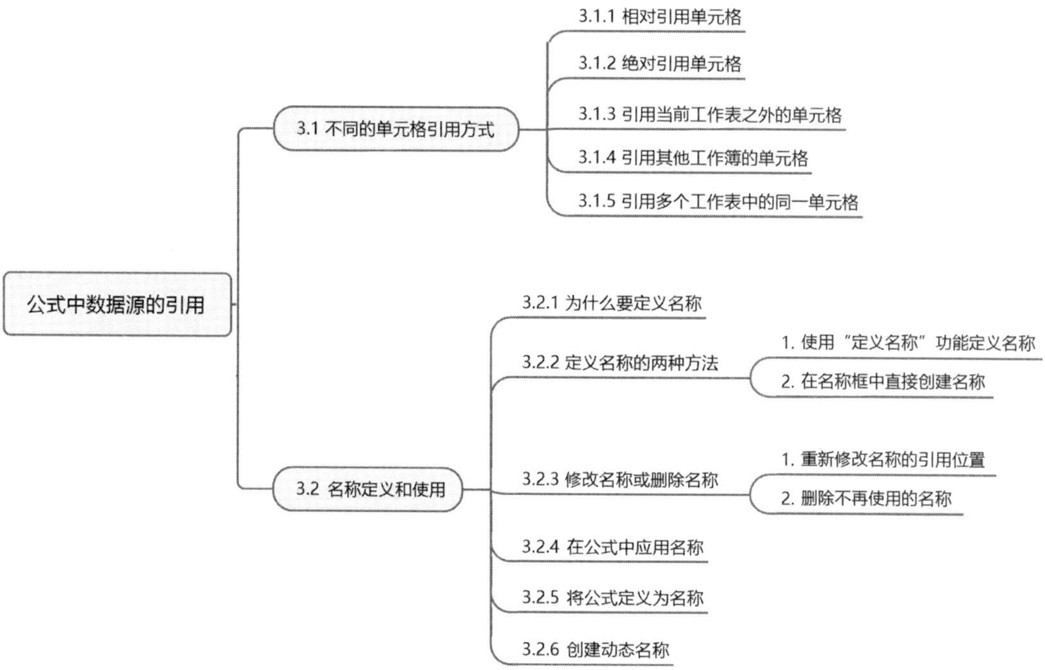

公式中数据源的引用

3.1 不同的单元格引用方式
- 3.1.1 相对引用单元格
- 3.1.2 绝对引用单元格
- 3.1.3 引用当前工作表之外的单元格
- 3.1.4 引用其他工作簿的单元格
- 3.1.5 引用多个工作表中的同一单元格

3.2 名称定义和使用
- 3.2.1 为什么要定义名称
- 3.2.2 定义名称的两种方法
  - 1. 使用"定义名称"功能定义名称
  - 2. 在名称框中直接创建名称
- 3.2.3 修改名称或删除名称
  - 1. 重新修改名称的引用位置
  - 2. 删除不再使用的名称
- 3.2.4 在公式中应用名称
- 3.2.5 将公式定义为名称
- 3.2.6 创建动态名称

3.1 不同的单元格引用方式

在使用公式对工作表进行计算时，除了使用常量、运算符外，更多的时候是需要引用单元格数据参与计算，在引用单元格时可以进行相对引用、绝对引用或混合引用，不同的引用方式可以达到不同的计算结果，有时候为了进行一些特定的计算还需要引用其他工作表或工作簿中的数据。

3.1.1 相对引用单元格

相对引用单元格是指把单元格中的公式复制到新的位置时，公式中的单元格地址会随之改变。对多行或多列进行数据统计时，利用相对数据源引用是十分方便和快捷的，Excel 中默认的计算方法也是使用相对数据源引用。

在本例的工作表中统计了某品牌各种护肤产品的出厂价格和销售价格，并且用公式计算出了每种产品的利润率，即利润率=(销售价格−进货价格)/进货价格，具体操作如下：

❶ 在表格中将光标定位在单元格 D2 中，输入公式：**=(C2−B2)/B2**，按 Enter 键，得到利润率，如图 3-1 所示。

❷ 选中 D2 单元格，向下填充公式到 D10 单元格，一次性得到其他产品的利润率，如图 3-2 所示。

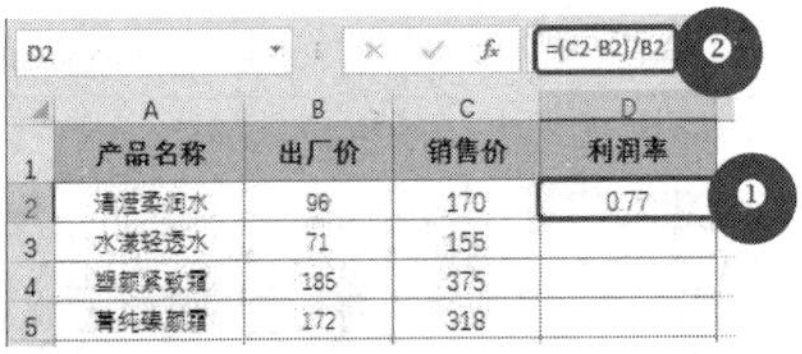

图 3-1

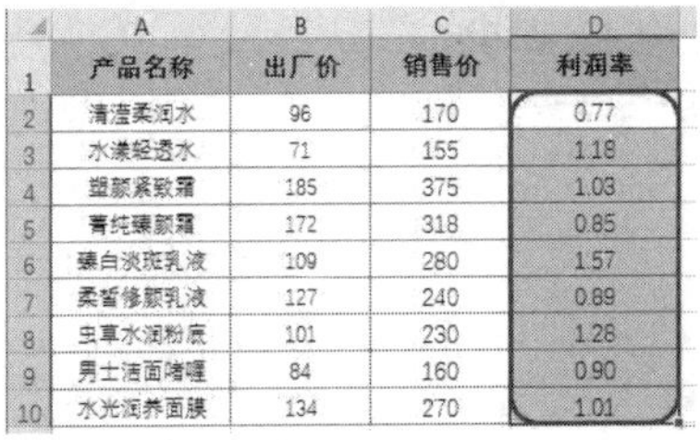

图 3-2

前面的实例中通过公式复制的办法实现了批量返回值。下面我们通过查看公式来理解何为数据源的相对引用。

● 选中 D3 单元格，在编辑栏可以看到公式为：=(C3−B3)/B3，如图 3-3 所示。

● 选中 D5 单元格，在编辑栏中看到公式更改为：=(C5−B5)/B5，如图 3-4 所示。

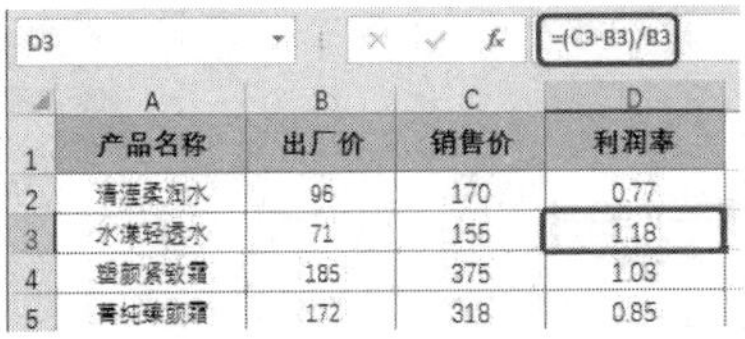

图 3-3

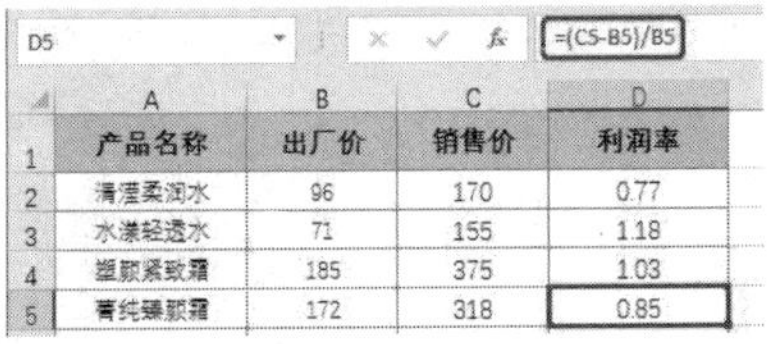

图 3-4

通过对比 D2、D3、D5 单元格的公式可以看到，当向下复制 D2 单元格的公式时，相对引用的数据源也发生了相应的变化，而这也正是我们在计算其他商品利润率时需要使用的正确公式。因此，在这种情况下我们在公式中必须要使用相对引用的数据源。让数据源自动发生相对的变化，从而完成批量的计算。

🐱 练一练

练习题目： 比较销售员两季度的销售业绩，如图 3-5 所示。

操作要点： 在向下复制进行其他比较时，数据源的引用位置要发生相对改变，所以使用相对引用方式。

	D4		× ✓	f_x	=IF(B4>C4,"下降","上升")	
	A	B	C	D	E	F
1	销售员	1季度	2季度	季度业绩比较		
2	张佳琪	16870	15547	下降		
3	韩蓓恩	12959	10493	下降		
4	周志芳	20372	22199	上升		
5	陈明月	18843	19654	上升		
6	侯燕妮	14365	16330	上升		

图 3-5

3.1.2　绝对引用单元格

绝对引用单元格是指把公式复制或者填入到新位置时，公式中对单元格的引用保持不变。要对数据源采用绝对引用方式，需要使用 "$" 符号来标注，其显示形式为 $A$1、$A$2:$B$2 等。先来看下面的例子，表格中统计了公司各销售员每个月的销售业绩，需要统计各销售员的销售额占总销售额的比值。

选中 D2 单元格，在编辑栏中输入公式为：=B2/SUM(B2:B6)，按 Enter 键（如图 3-6 所示），得出销售员 "张佳琪" 的销售额占总销售额的比值，当前公式的计算结果没有错误。

当我们向下填充公式到 C3 单元格时，得到的就是错误的结果了（因为用于计算总和的数值区域发生了变化，已经不是整个数据区域了），如图 3-7 所示。

	C2		× ✓	f_x	=B2/SUM(B2:B6)
	A	B	C	D	
1	销售员	销售额	占总销售额的比		
2	张佳琪	6870	18.4%		
3	韩蓓恩	9654			
4	周志芳	6330			
5	陈明月	8843			
6	侯燕妮	5547			

图 3-6

	C3		× ✓	f_x	=B3/SUM(B3:B7)
	A	B	C	D	
1	销售员	销售额	占总销售额的比		
2	张佳琪	6870	18.4%		
3	韩蓓恩	9654	31.8%		
4	周志芳	6330	30.6%		
5	陈明月	8843	61.5%		
6	侯燕妮	5547	100.0%		

图 3-7

继续向下复制公式，可以看到返回的值都是错的，因为除数在不断发生变化，如图 3-8 所示。

这种情况下用于求总和的除数是不能发生变化的，必须对其绝对引用。因此将公式更改为 "=B2/SUM($B$2:$B$6)"，然后向下复制公式，即可得到正确的结果，如图 3-9 所示。

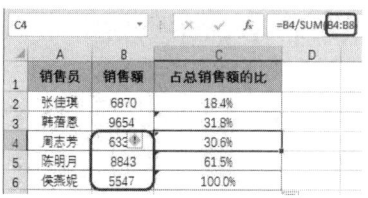

图 3-8

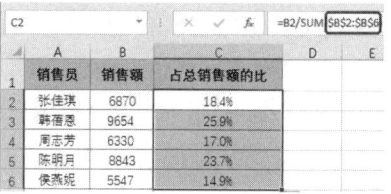

图 3-9

定位任意单元格，可以看到只有相对引用的单元格发生了变化，绝对引用的单元格不发生任何变化，如图 3-10 所示。

图 3-10

练一练

练习题目： 对产品利润率进行排名，如图 3-11 所示。

操作要点： 因为 RANK 函数参数中用于判断的那个数组一直不能改变，所以使用绝对引用方式。

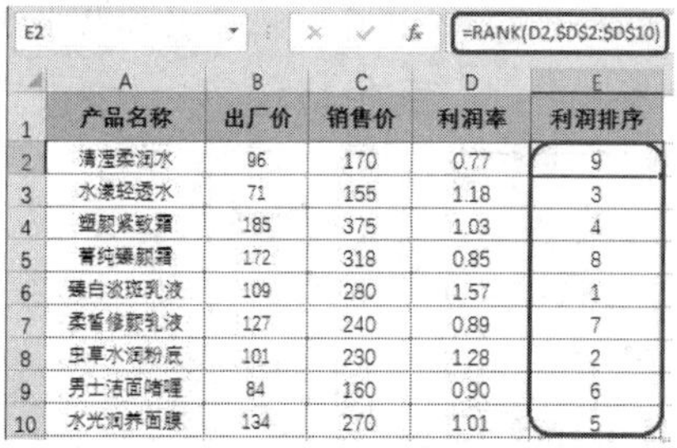

产品名称	出厂价	销售价	利润率	利润排序
清澄柔润水	96	170	0.77	9
水漾轻透水	71	155	1.18	3
塑肤紧致霜	185	375	1.03	4
菁纯臻颜霜	172	318	0.85	8
臻白淡斑乳液	109	280	1.57	1
柔智修颜乳液	127	240	0.89	7
宝草水润粉底	101	230	1.28	2
男士洁面啫喱	84	160	0.90	6
水光润养面膜	134	270	1.01	5

图 3-11

3.1.3 引用当前工作表之外的单元格

在进行公式运算时，很多时候都需要使用其他工作表的数据源参与计算。在引用其他工作表的数据进行计算时，需要添加的格式为："=函数('工作表名'!数据源地址)"。

在本例的工作簿有 3 个工作表分别统计了公司第一季度每位销售员各月的销量及销售额（如图 3-12 所示）；需要在"1 季度销售统计"工作表中统计每月的总销量及销售额，具体操作如下：

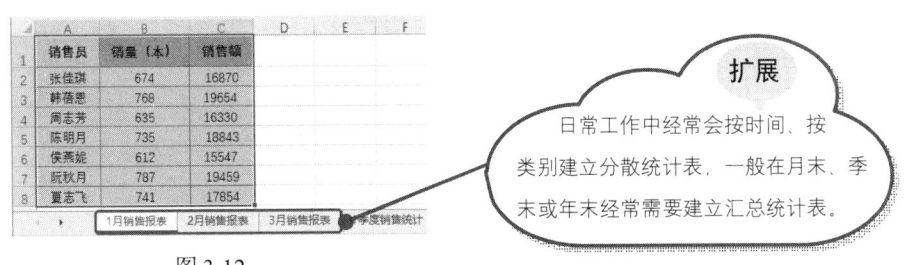

图 3-12

❶ 切换至"1 季度销售统计"工作表，选中 B2 单元格，在编辑栏中输入等号及函数等，如此处输入：**=SUM(**，如图 3-13 所示。

❷ 单击"1 月销售报表"工作表标签，切换到"1 月销售报表"工作表，选中参与计算的单元格（引用单元格区域的前面添加了工作表名称标识），如图 3-14 所示。

图 3-13

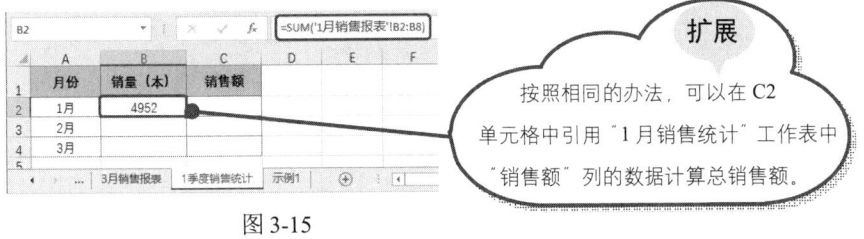

图 3-14

❸ 输入其他运算符，如果还需引用其他工作表中的数据来运算，则按第❷步方法再次切换到目标工作表中选择参与运算的单元格区域，完成后按 Enter 键即可计算出 1 月的销售量，如图 3-15 所示。

图 3-15

扩展

按照相同的办法，可以在 C2 单元格中引用"1 月销售统计"工作表中"销售额"列的数据计算总销售额。

3.1.4　引用其他工作簿的单元格

在公式中还可以引用其他工作簿的数据来进行数据计算。要实现对其他工作簿单元格的引用，首先必须确保两个工作簿同时都打开。其引用的格式为："=[工作簿名]工作表名!单元格"。

在本例的两个工作簿中分别统计了某品牌服装专柜上期的库存量（如图 3-16 所示）和本期的入库量（如图 3-17 所示），需要统计出累计的库存量，具体操作如下。

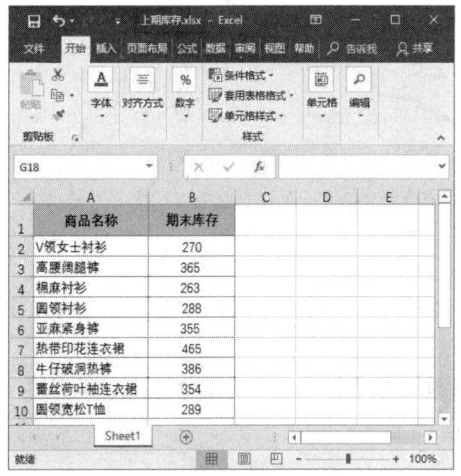

图 3-16

图 3-17

❶ 在"本期库存"工作簿的"库存累计"工作表中选中 C2 单元格，在编辑栏中输入：**=B2+**，如图 3-18 所示。

❷ 切换至"上期库存"工作簿，并选中 B2 单元格，此时可以看到公式为：=B2+[上期库存.xlsx]Sheet1!$B$2，如图 3-19 所示。

图 3-18

图 3-19

❸ 切换到"本期库存"工作簿中，按 Enter 键即可得出结果，可以在编辑栏中看到单元格前添加了工作簿名称与工作表名称，如图 3-20 所示。

图 3-20

❹ 若要向下复制公式，可以把默认的绝对引用方式更改为相对引用方式，然后再向下复制公式，得出如图 3-21 所示的结果。

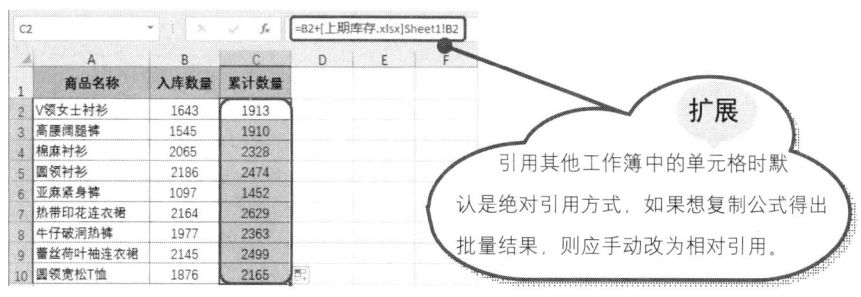

图 3-21

3.1.5 引用多个工作表中的同一单元格

引用多个工作表中的数据源是指在两个或者两个以上的工作表中引用相同地址的数据源进行公式计算。多个工作表中特定数据源的引用格式为："=函数('工作表名 1:工作表名 2:工作表名 3……'!数据源地址)"。

在本例的工作簿中包含了多个工作表，分别统计了"长沙分公司"（如图 3-22 所示）和"武汉分公司"（如图 3-23 所示）1—6 月份的销售额。现在需要建立一张统计表，对各个分公司每月的销售额进行汇总。此时在计算中需要引用多个工作表中的同一单元格进行计算，具体操作如下：

	A	B
1	月份	销售额
2	1月	23270
3	2月	32365
4	3月	23263
5	4月	33288
6	5月	35355
7	6月	19465

长沙分公司　武汉分公司

图 3-22

	A	B
1	月份	销售额
2	1月	26670
3	2月	35865
4	3月	23463
5	4月	20988
6	5月	35655
7	6月	26784

长沙分公司　武汉分公司

图 3-23

❶ 切换至"销售统计表"工作表，选中 B2 单元格，在编辑栏中输入：**=SUM(**，如图 3-24 所示。

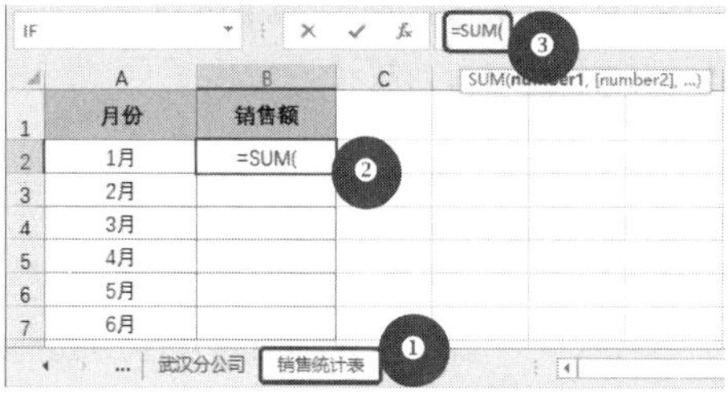

图 3-24

❷ 单击"长沙分公司"工作表标签（如图 3-25 所示），按住 Shift 键不放，再单击"武汉分公司"工作表标签（此时选中的工作表组成一个工作组，如果这两个工作表中间还有其他工作表，也一起补选中），然后单击 B2 单元格，如图 3-24 所示。此时公式为：**=SUM(长沙分公司:武汉分公司!B2**，如图 3-26 所示。

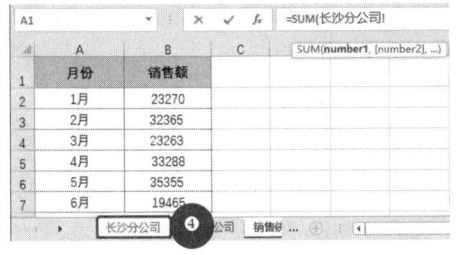

图 3-25

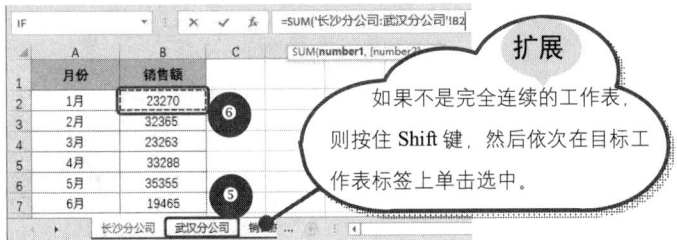

图 3-26

❸ 然后再输入公式后面的右括号，按 Enter 键即可进行数据计算，并自动返回到"销售统计表"工作表的 B2 单元格，如图 3-27 所示。

❹ 向下填充 B2 单元格的公式至 B7 单元格，即可依次得到其他月份的总销售业绩。选中 B4 单元格可以对比公式，如图 3-28 所示。

图 3-27

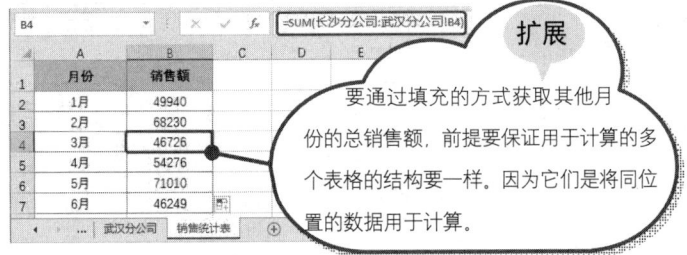

图 3-28

经验之谈

在 Excel 中可以通过 F4 快捷键快速地在绝对引用、相对引用以及行/列的绝对/相对引用之间切换。下面以计算占比公式=B2/SUM($B$2:$B$6)为例介绍使用 F4 快捷键切换单元格引用类型的方法。选中公式所在单元格，选中公式中的 B2:B6 单元格区域（原先为相对引用方式）。

❶ 按 F4 键一次，相对引用变成了绝对引用（$B$2:$B$6）。

❷ 再次按 F4 键，变为行相对引用、列绝对引用（B$2:B$6）。

❸ 再次按 F4 键，变为列相对引用、行绝对引用（$B2:$B6）。

❹ 再次按 F4 键，即可恢复单元格数据的初始引用状态。

3.2 名称定义和使用

为数据区域定义名称的最大好处是，可以使用名称代替单元格区域，以简化公式。另外，在大型数据库中，通过定义名称还可以方便地对数据进行快速定位。因为将数据区域定义为名称后，只要使用这个名称就表示引用了这个单元区域。

3.2.1　为什么要定义名称

在 Excel 中为一些数据区域定义名称，可以起到简化公式的作用。即当你想引用某一块数据区域进行计算时，只要使用这个名称来替换即可。下面来具体介绍使用名称定义可以为数据处理带来哪些方便。

❶ 在公式中可以直接使用名称代替这个单元格区域。如公式"=SUM(销售额)"中的"销售额"就是一个定义好的名称，如图 3-29 所示。

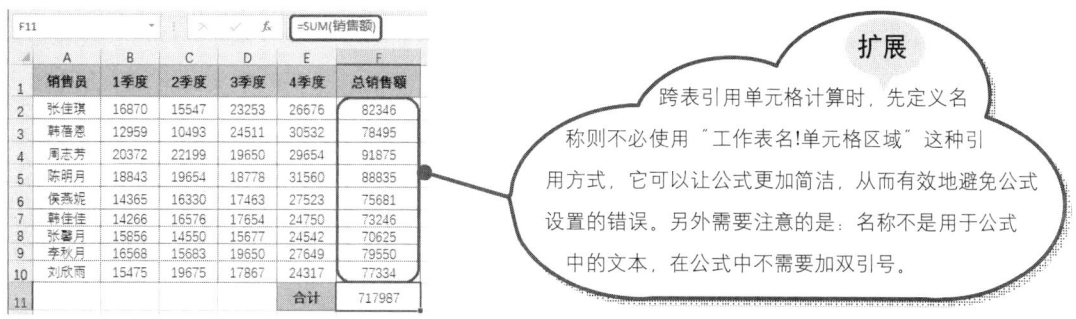

图 3-29

扩展

跨表引用单元格计算时，先定义名称则不必使用"工作表名!单元格区域"这种引用方式，它可以让公式更加简洁，从而有效地避免公式设置的错误。另外需要注意的是：名称不是用于公式中的文本，在公式中不需要加双引号。

❷ 定义名称后可以在编辑中实现快速输入序列。例如将图 3-30 所示工作表中的"销售员"列定义为名称"姓名"，当在编辑栏中使用公式的形式输入名称"姓名"时，可以快速返回这个序列，如图 3-31 所示。

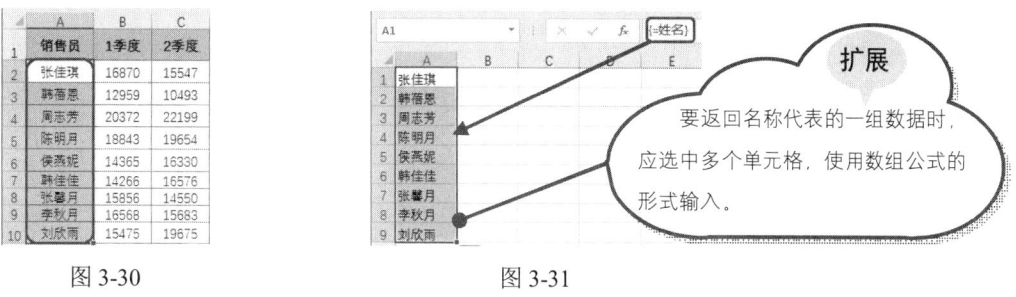

图 3-30

图 3-31

扩展

要返回名称代表的一组数据时，应选中多个单元格，使用数组公式的形式输入。

3.2.2　定义名称的两种方法

为了简化函数公式中对单元格区域的引用，可以将需要引用的单元格区域定义为名称。首先需要了解一下定义名称的规则。

（1）名称第一个字符必须是字母、汉字、下画线或反斜杠（\），其他字符可以是字母、汉字、半角句号或下画线。

（2）名称不能与单元格名称（如 A1、B2 等）相同。

（3）定义名称时，不能用空格符来分隔名称，可以使用"."或下画线，如 A.B 或 A_B。

（4）名称不能超过 255 个字符，字母不区分大小写。

（5）同一个工作簿中定义的名称不能相同。

（6）不能把单独的字母 "r" 或 "c" 作为名称，因为这会被认为是行（row）或列（column）的简写。

1. 使用"定义名称"功能定义名称

定义名称可以打开"新建名称"对话框，设置名称和引用位置等即可创建名称。在下面的工作表中要将"销售组"列定义名称。

❶ 选中要定义为名称的单元格区域，即 B2:B9。在"公式"选项卡的"定义的名称"组中单击"定义名称"按钮（如图 3-32 所示），打开"新建名称"对话框。

❷ 在"名称"框中输入定义的名称，如"销售组"，如图 3-33 所示。单击"确定"按钮，即可完成名称的定义。

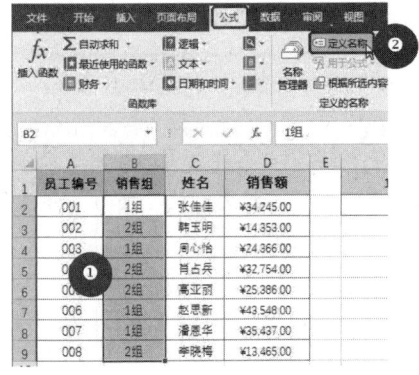

图 3-32

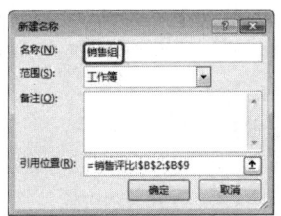

图 3-33

❸ 按照相同的方法为其他单元格区域定义名称即可。

2. 在名称框中直接创建名称

在上面的实例中要将"销售组"列定义为名称，除了可以使用"定义名称"功能来定义，还可以选中要命名的单元格区域，然后直接在名称框中输入名称来创建。

选中要定义为名称的单元格区域，在名称框中输入需要定义的名称，按下 Enter 键即可定义名称，如图 3-34 所示。

图 3-34

练一练

练习题目： 一次性定义多个名称，如图 3-35 所示。

操作要点： 一次性将 1~4 季度的销售数据进行定义。选中 B1:E10 单元格区域
（如图 3-36 所示），在"公式"选项卡的"定义的名称"组中单击
"根据所选内容创建"按钮，对 1~4 季度的销售数据进行定义。

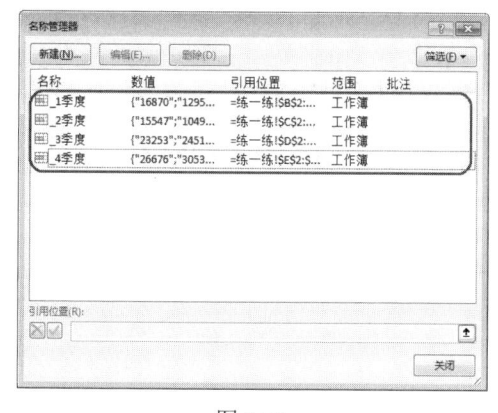

图 3-35

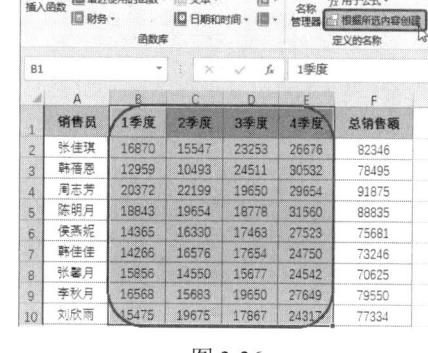

图 3-36

3.2.3　修改名称或删除名称

创建了名称之后，如果想重新修改其名称名或引用位置，可以打开"名称管理器"进行编辑。另外，如果有不再需要使用的名称，也可以将其删除。

1. 重新修改名称的引用位置

本例中已将指定单元格区域定义为"销售组"，由于增加了一条销售数据，需要将其引用位置由 B2:B9 更改为 B2:B10 单元格区域。

❶ 在"公式"选项卡的"定义的名称"组中单击"名称管理器"按钮（如图3-37所示），打开"名称管理器"对话框。

图 3-37

❷ 选中需要修改的名称，可以看到设置好的引用位置是"=表2!$B$2:$B$9"，如图3-38所示。

❸ 继续在"引用位置"文本框中将其修改为"=表2!$B$2:$B$10"即可，如图3-39所示。

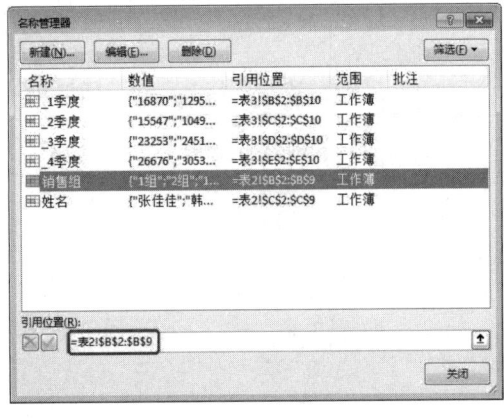

图 3-38　　　　　　　　　　　　　图 3-39

2. 删除不再使用的名称

在本例中需要删除名称"姓名"，具体操作如下。

❶ 打开"名称管理器"对话框。选中要编辑的名称"姓名"，单击"删除"按钮（如图3-40所示），弹出"Microsoft Excel"对话框。

❷ 单击"确定"按钮（如图3-41所示），即可将其删除。

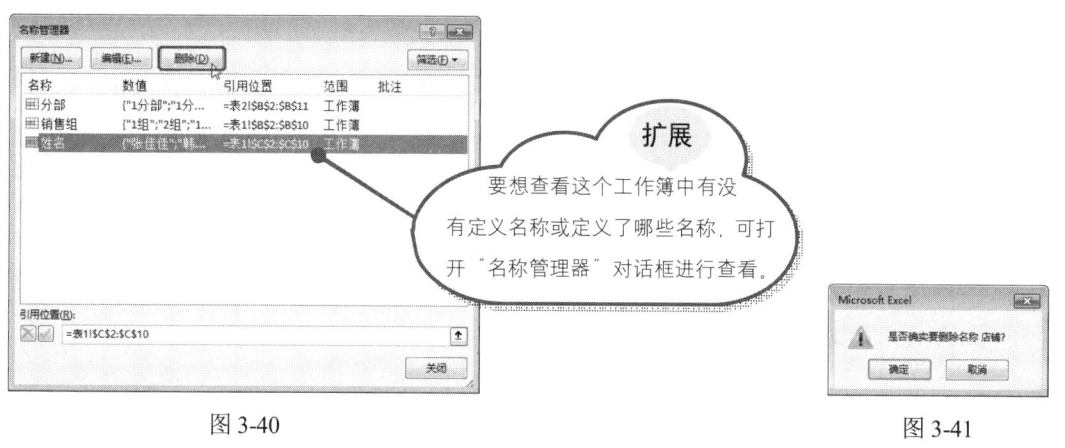

图 3-40　　　　　　　　　　　　　　　　　　　　　图 3-41

3.2.4　在公式中应用名称

在公式中使用定义的名称，即代表定义为该名称的单元格区域将参与计算，这样输入公式既方便又简洁。下面介绍将名称应用于公式计算的操作步骤。

本例的工作表中统计了公司各销售组销售员本月的销售业绩，需要计算每组的平均销售额。销售员的编号、所属销售组、姓名以及销售额都已经定义为名称（打开"名称管理器"对话框可以查看到，如图 3-42 所示），下面以计算 1 组平均销售额为例，介绍如何在公式中应用名称。

❶ 选中 G2 单元格，在编辑栏中输入：**=AVERAGEIF(**，如图 3-43 所示。

❷ 在"公式"选项卡的"定义的名称"组中单击"用于公式"下拉按钮，在下拉菜单中单击要使用的名称，即"销售组"，如图 3-44 所示。

❸ 输入"，"号，接着单击选择 F2 单元格，如图 3-45 所示。

❹ 输入"，"号，在"公式"选项卡的"定义的名称"组中单击"用于公式"下拉按钮，在下拉菜单中单击要使用的名称，即"销售额"，如图 3-46 所示。

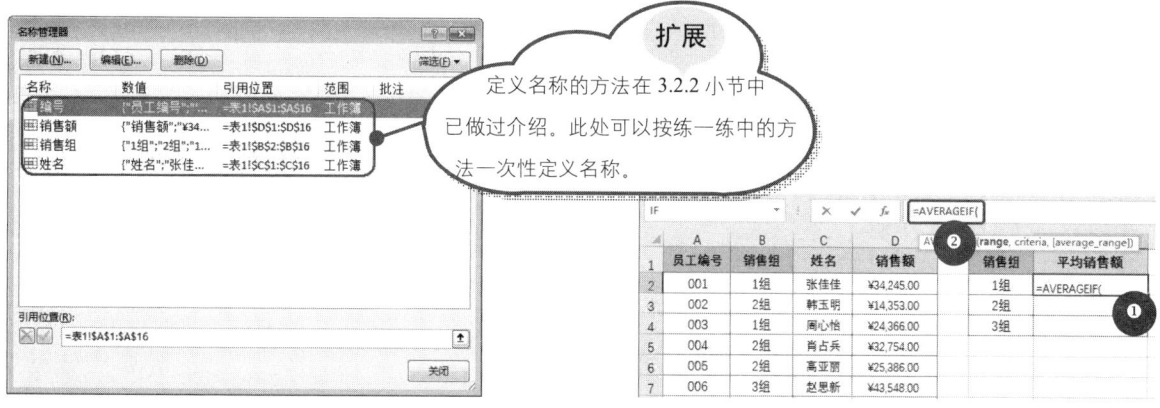

图 3-42　　　　　　　　　　　　　　　　　　　　　图 3-43

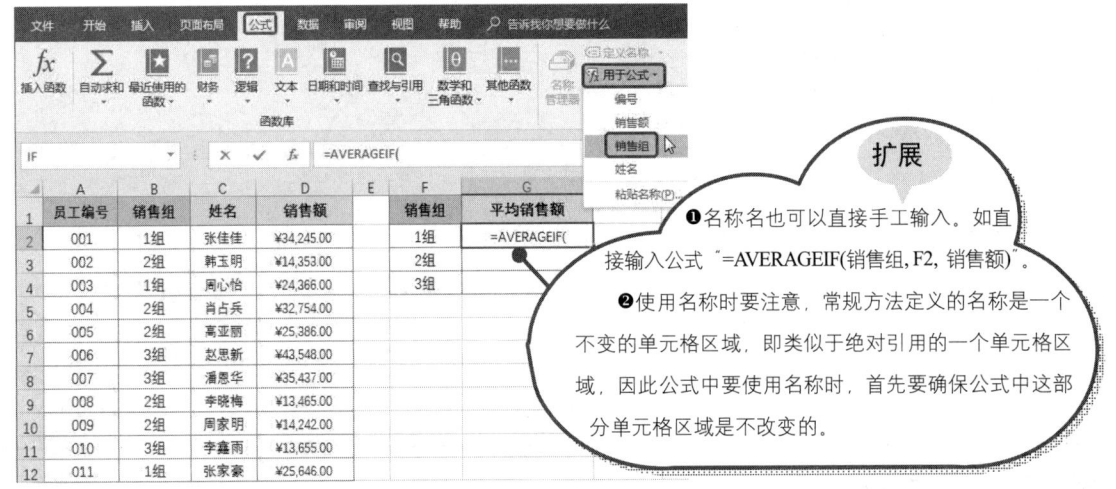

图 3-44

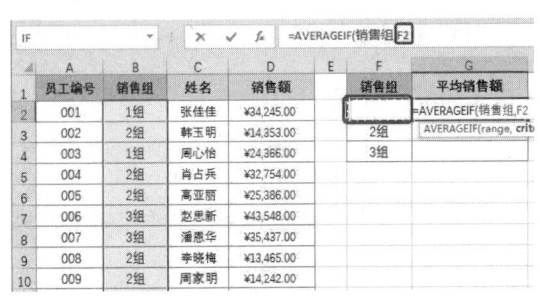

图 3-45

图 3-46

❺ 输入公式的后面部分（即右括号），按 Enter 键，即得出 1 组的平均销售额（如图 3-47 所示），向下填充 F2 单元格的公式即可计算出 2 组和 3 组的平均销售额，如图 3-48 所示。

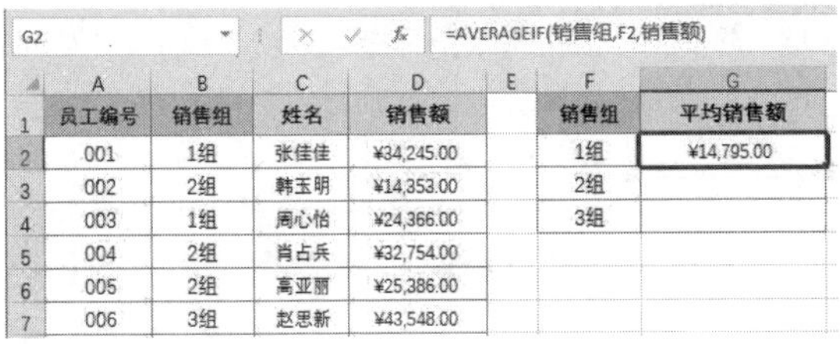

图 3-47

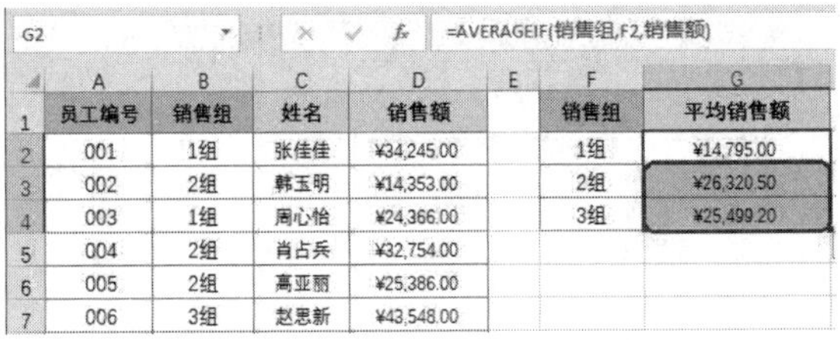

图 3-48

练一练

练习题目： 定义名称方便跨工作表引用数据，如图 3-49、图 3-50 所示。

操作要点： （1）在"单价一览表"中将两列都选中定义为名称，如图 3-49 所示。

（2）在计算销售金额时，VLOOKUP 函数中要引用"单价一览表"中的单元格区域，可以使用"单价表"这个名称。

图 3-49　　　　　　　　　　　　　　　图 3-50

3.2.5　将公式定义为名称

公式是可以定义为名称的，公式定义为名称可以简化原来更为复杂的公式。例如嵌套公式中的一部分可以先定义为名称。

本例中需要根据不同的销售额计算提成金额。公司规定不同的销售额对应的提成比例各不相同。要求当总销售金额小于等于 25000 元时，给 5%；当总销售金额为 25000～30000 元时，给 10%；当总销售金额大于 30000 元时，给 15%。

❶ 在"公式"选项卡的"定义的名称"组中单击"定义名称"按钮，打开"新建名称"对话框。

❷ 输入名称为"提成率"，并设置"引用位置"的公式为：**=IF(销售统计表!D2<=25000,0.05,IF(销售统计表!D2<=30000,0.1,0.15))**，如图 3-51 所示。单击"确定"按钮即可完成"提成率"名称的定义。

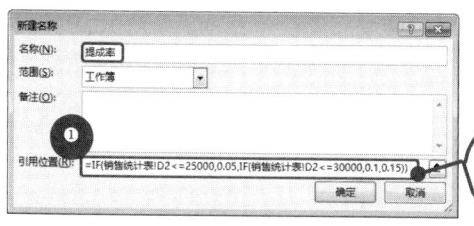

图 3-51

扩展

这里的公式用来判断每位员工的总销售额是否小于 25000，如果是，则给予奖金提成率为 0.05；在 25000～30000 元之间，则给予提成率为 0.1，在 30000 元以上的提成率为 0.15。这里使用了 IF 函数进行判断，并将这一部分的判断定义为名称。

❸ 选中 E2 单元格并在编辑栏中输入"="，接着在"公式"选项卡的"定义的名称"组中单击"用于公式"下拉按钮，在打开的下拉菜单中选择"提成率"命令，如图 3-52 所示。

❹ 此时可以看到公式为"=提成率"，如图 3-53 所示。

图 3-52   图 3-53

❺ 继续输入公式剩余部分：=提成率*D2，按 Enter 键，即可根据 D2 单元格的总销售额计算出第一位员工的提成金额，如图 3-54 所示。

❻ 向下填充 E2 单元格的公式即可实现根据 E 列的总销售额批量计算出各自对应的提成金额，如图 3-55 所示。

图 3-54   图 3-55

3.2.6　创建动态名称

使用 Excel 的列表功能可以实现当数据区域中的数据增加或减少时，列表区域会自动地扩展或缩小。因此，结合这项功能可以创建动态名称，从而实现使用这个名称时，只要有数据源的增减，名称的引用区域也就自动发生变化。要实现创建动态名称，需要使用 Excel 中的"创建表"功能。

本例工作表中统计了各分公司每月的销售总额。需要创建动态名称，以方便当数据增加或减少时，列表区域也做相应的扩展或减少，这样当引用名称进行数据计算时就能实现自动更新。

❶ 在"公式"选项卡的"定义的名称"组中单击"定义名称"按钮，打开"新建名称"对话框，

设置名称为"各月销售额",设置引用位置为"=销售统计!$B$2:$D$4",如图 3-56 所示。

❷ 然后选中 A1:D4 单元格区域,在"插入"选项卡的"表格"组中单击"表格"按钮(如图 3-57 所示),打开"创建表"对话框,勾选"表包含标题"复选框,如图 3-58 所示。

❸ 单击"确定"按钮,即可创建列表区域,如图 3-59 所示。

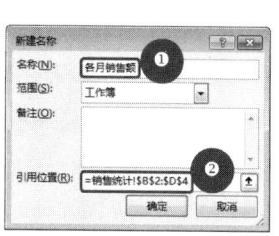

图 3-56

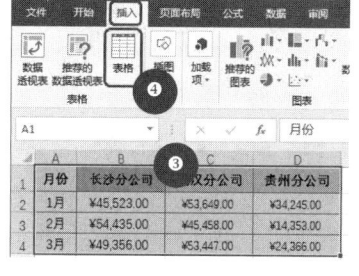

图 3-57

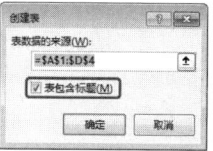

图 3-58

❹ 在表格中将光标定位在单元格 F2 中,输入公式:**=SUM(各月销售额)**,按 Enter 键即可得到 3 个月的总销售额,如图 3-60 所示。

图 3-59

图 3-60

❺ 当第 5 行和第 6 行有新数据输入时,如图 3-61 所示,可以看到自动扩展为表区域。

❻ 打开"编辑名称"对话框,可以看到名称的引用位置会相应发生改变,"各月销售额"的引用位置自动更改为"=销售统计!$B$2:$D$6",如图 3-62 所示。

❼ 当添加了数据时,可以看到表格中的 F2 单元格的总销量也自动计算,返回新的计算结果(如图 3-63 所示),达到动态计算的目的。

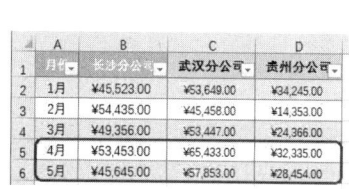

图 3-61

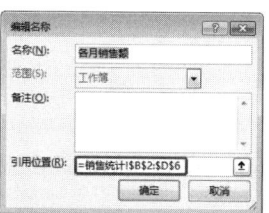

图 3-62

图 3-63

第 4 章

公式错误修正及常用技巧

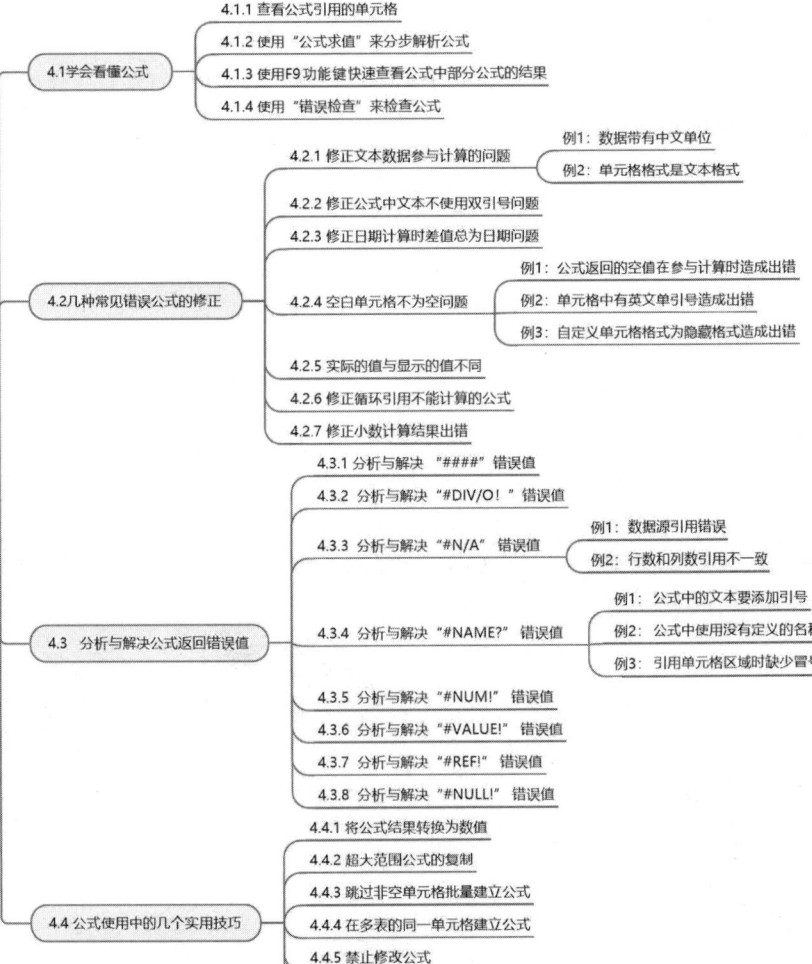

公式错误修正及常用技巧

4.1 学会看懂公式
- 4.1.1 查看公式引用的单元格
- 4.1.2 使用"公式求值"来分步解析公式
- 4.1.3 使用F9功能键快速查看公式中部分公式的结果
- 4.1.4 使用"错误检查"来检查公式

4.2 几种常见错误公式的修正
- 4.2.1 修正文本数据参与计算的问题
  - 例1：数据带有中文单位
  - 例2：单元格格式显文本格式
- 4.2.2 修正公式中文本不使用双引号问题
- 4.2.3 修正日期计算时差值总为日期问题
- 4.2.4 空白单元格不为空问题
  - 例1：公式返回的空值在参与计算时造成出错
  - 例2：单元格中有英文单引号造成出错
  - 例3：自定义单元格格式为隐藏格式造成出错
- 4.2.5 实际的值与显示的值不同
- 4.2.6 修正循环引用不能计算的公式
- 4.2.7 修正小数计算结果出错

4.3 分析与解决公式返回错误值
- 4.3.1 分析与解决"####"错误值
- 4.3.2 分析与解决"#DIV/O！"错误值
- 4.3.3 分析与解决"#N/A"错误值
  - 例1：数据源引用错误
  - 例2：行数和列数引用不一致
- 4.3.4 分析与解决"#NAME?"错误值
  - 例1：公式中的文本要添加引号
  - 例2：公式中使用没有定义的名称
  - 例3：引用单元格区域时缺少冒号
- 4.3.5 分析与解决"#NUM！"错误值
- 4.3.6 分析与解决"#VALUE！"错误值
- 4.3.7 分析与解决"#REF！"错误值
- 4.3.8 分析与解决"#NULL！"错误值

4.4 公式使用中的几个实用技巧
- 4.4.1 将公式结果转换为数值
- 4.4.2 超大范围公式的复制
- 4.4.3 跳过非空单元格批量建立公式
- 4.4.4 在多表的同一单元格建立公式
- 4.4.5 禁止修改公式
- 4.4.6 隐藏公式

4.1　学会看懂公式

长公式也是由多个简单的个体组成的，弄清楚了组成公式的个体，再来理解公式就比较简单了。要读懂一个公式，首先要从公式的结构入手，弄清楚公式由哪些函数或数据组成、每个函数的参数是什么、有什么用、返回什么结果等。学会看懂公式不仅可以帮助学会使用较复杂的公式解决问题，还可以找到公式返回错误值的原因。本节重点介绍几种查看公式的方法。

4.1.1　查看公式引用的单元格

通过追踪引用单元格可以查看在当前公式中引用了哪些单元格进行计算。当公式返回错误值时，找到公式所引用的单元格，也可以辅助查错。

选中需要追踪引用单元格的 F6 单元格，在"公式"选项卡的"公式审核"组中单击"追踪引用单元格"按钮（如图 4-1 所示），在工作表中用蓝色箭头标识出该单元格所引用的单元格区域，如图 4-2 所示。

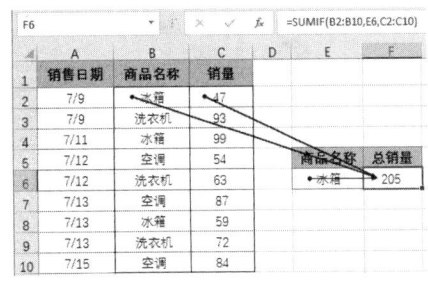

图 4-1　　　　　　　　　　　　　　　　图 4-2

4.1.2　使用"公式求值"来分步解析公式

利用"公式求值"功能可以分步求解公式的计算结果（根据优先级求取），帮助用户更好地理解公式。当公式有错误时，就可以方便快速地查找出导致该错误具体是在哪一步产生的，使得修改更具有针对性。

❶ 选中设置公式的 F2 单元格，在"公式"选项卡的"公式审核"组中单击"公式求值"按钮（如图 4-3 所示），打开"公式求值"对话框。

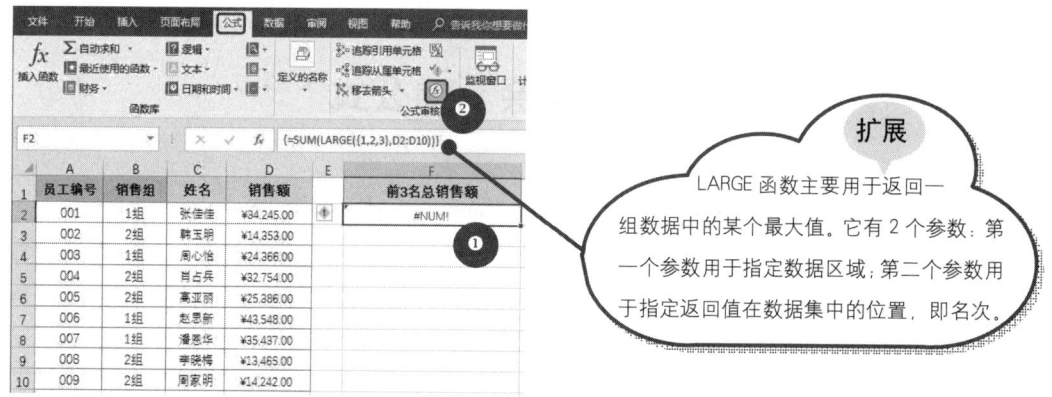

图 4-3

❷ 单击"求值"按钮，即可对公式在显示下画线部分进行求值。这里对"LARGE({1,2,3},D2:D10)"进行求值计算（如图 4-4 所示），得出的结果是错误值，如图 4-5 所示。由此可知，是 LARGE 函数这一部分有误，导致返回错误值。这时可以重新查看 LARGE 函数参数的规则，重新修改公式。

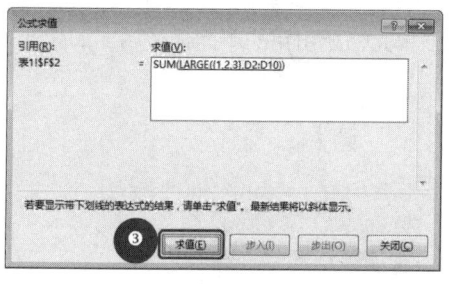

图 4-4

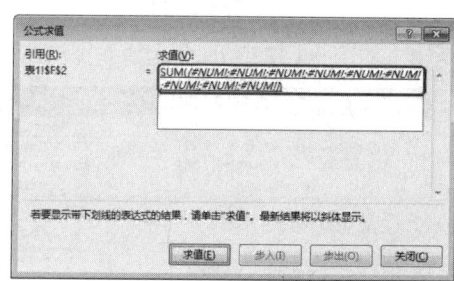

图 4-5

练一练

练习题目：正确设置正文中的公式，返回正确计算结果，如图 4-6 所示。

操作要点：查阅 LARGE 函数的参数，可以看到两个参数的位置设置反了，重新调换位置即可。

图 4-6

4.1.3　使用 F9 功能键快速查看公式中部分公式的结果

在公式中选中部分（注意是要计算的一个完整部分），按键盘上的 F9 功能键即可查看此步的返回值，这也是对公式的分步解析过程，便于我们对复杂公式的理解。

❶ 选中公式所在的 E2 单元格，将光标定位在编辑栏中。选中需要转换为运算结果的部分"IF(D2<=40000,D2*0.1,D2*0.15)"，如图 4-7 所示。

图 4-7

❷ 按 F9 键，即可将该部分转换为运算结果，如图 4-8 所示。

图 4-8

扩展

如果要恢复公式的显示，按键盘上的 Esc 键即可。

4.1.4　使用"错误检查"来检查公式

当出现错误值时，可以使用"错误检查"功能来对错误值进行检查，以找寻错误值产生的原因，具体操作如下。

本例工作表统计了员工的学历和出生日期等信息，需要使用公式计算员工的年龄，但是因为在计算时出现了错误值，需要使用"错误检查"功能找到错误原因。

❶ 选中 G5 单元格，在"公式"选项卡的"公式审核"组中单击"错误检查"按钮（如图 4-9 所示），打开"错误检查"对话框。

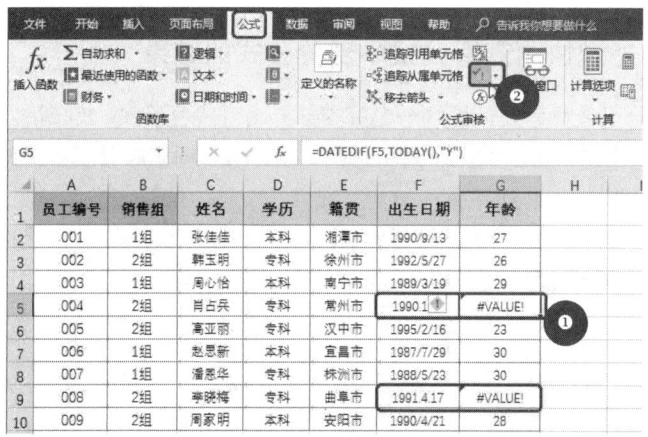

图 4-9

❷ "错误检查"对话框中显示了工作表中的公式出现错误的原因（错误的数据类型表示日期的格式有问题，并不是规范的日期数据），单击"下一个"按钮（如图 4-10 所示），即可依次检查出其他错误值的原因。

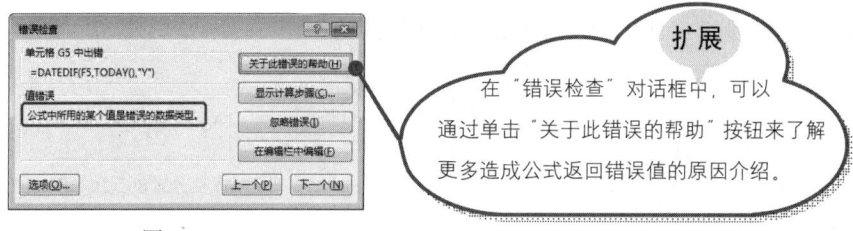

图 4-10

扩展

在"错误检查"对话框中，可以通过单击"关于此错误的帮助"按钮来了解更多造成公式返回错误值的原因介绍。

练一练

练习题目：学会判断 VLOOKUP 函数返回的"#N/A"错误值，如图 4-11 所示。

操作要点：单击 G2 单元格旁边的错误提示按钮，根据下拉菜单显示的错误原因，进行相应的修改得到正确的计算结果。

图 4-11

4.2　几种常见错误公式的修正

要做到对错误公式的精确修正绝非一朝一夕之功，因此要掌握一些找寻错误的方法，并且对常见错误的修正要有主观意识，日积月累，即可提升公式设置的正确性，并且当公式出现错误时也能快速找到原因。本节主要介绍几种辅助公式修正的方法以及几项常见错误的修正方法。

4.2.1　修正文本数据参与计算的问题

当公式中引用文本类型的数据参与计算时将无法返回正确的结果，如数字带入中文单位、存放数字的单元格被设置为文本格式等，此时需要对数据源进行修正。

例 1：数据带有中文单位

本例的工作表中计算销售员的销售金额时，由于参与计算的参数有的带上了产品单位或单价单位（这样的数据为文本数据），导致返回的结果出现错误值。

❶ 选中 B5、B9 和 C7 单元格（如图 4-12 所示），分别将"件"和"元"文本删除。

❷ 删除后按 Enter 键即可返回正确的计算结果，如图 4-13 所示。

图 4-12　　　　　　　　　　　图 4-13

例 2：单元格格式是文本格式

在下面的工作表中统计了公司全线各系列产品 1 季度每月的销量，需要在 E 列通过公式统计 1 季度的销量。但是输入公式=SUM(B2:D2)后，返回的答案却是 0，显然返回的结果不正确，其原因是参与计算的单元格数值为文本型数值，这种情况下将文本数据转换为数值数据即可解决问题。

❶ 如图 4-14 所示，E 列中虽然使用了正确的求和公式，但返回结果确为 0。

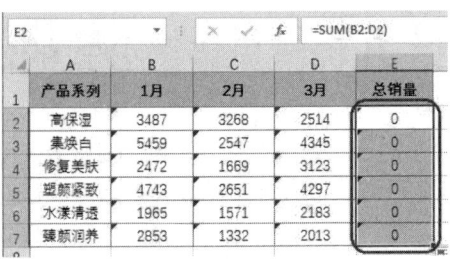

图 4-14

❷ 选中 B2:D7 单元格区域，单击旁边的按钮，在下拉菜单中选择"转换为数字"命令（如图 4-15 所示），即可得到正确的结果，如图 4-16 所示。

图 4-15　　　　　　　　　　　　　　图 4-16

4.2.2　修正公式中文本不使用双引号问题

本例的工作表中需要计算某一位销售人员的总销售金额，在公式中没有对销售员姓名加上双引号，从而导致返回结果错误（如图 4-17 所示）。因为公式中对文本的引用需要加上双引号（半角状态下），如果没有添加，直接在公式中输入文本常量，将无法返回正确的运算结果。

在表格中将光标定位在单元格 E2 中，重新修改公式：**=SUM((B2:B10="陈佳玉") *C2:C10)**，按下 Ctrl+Shift+Enter 组合键即可返回正确的计算结果，如图 4-18 所示。

图 4-17　　　　　　　　　　　　　　图 4-18

4.2.3 修正日期计算时差值总为日期问题

在使用日期数据进行计算时，通常返回值依然是日期。如根据员工的出生日期计算年龄（如图 4-19 所示），或者根据员工入职时间计算员工的工龄等，这时仍然显示日期很不便于对结果的阅读。这是因为根据日期进行计算，显示结果的单元格会默认自动设置为日期格式，出现这种情况，只要手动把这些单元格设置成常规格式，就会显示数字。

	A	B	C	D	E	F
1	员工编号	姓名	学历	籍贯	出生日期	年龄
2	001	张佳佳	本科	湘潭市	1990/9/13	1900/1/27
3	002	韩玉明	专科	徐州市	1992/5/27	1900/1/26
4	003	周心怡	本科	南宁市	1989/3/19	1900/1/29
5	004	肖占兵	专科	常州市	1990/12/1	1900/1/27
6	005	高亚丽	专科	汉中市	1995/2/16	1900/1/23
7	006	赵思新	本科	宜昌市	1987/7/29	1900/1/30
8	007	潘惠华	专科	株洲市	1988/5/23	1900/1/30
9	008	李晓梅	专科	曲阜市	1991/4/17	1900/1/27
10	009	周家明	本科	安阳市	1990/4/21	1900/1/28

图 4-19

选择需显示常规数字的单元格，在"开始"选项卡的"数字"组中单击"数字格式"下拉按钮，在打开的下拉菜单中选择"常规"命令（如图 4-20 所示），即可将日期变成数字，如图 4-21 所示。

图 4-20

	A	B	C	D	E	F
1	员工编号	姓名	学历	籍贯	出生日期	年龄
2	001	张佳佳	本科	湘潭市	1990/9/13	27
3	002	韩玉明	专科	徐州市	1992/5/27	26
4	003	周心怡	本科	南宁市	1989/3/19	29
5	004	肖占兵	专科	常州市	1990/12/1	27
6	005	高亚丽	专科	汉中市	1995/2/16	23
7	006	赵思新	本科	宜昌市	1987/7/29	30
8	007	潘惠华	专科	株洲市	1988/5/23	30
9	008	李晓梅	专科	曲阜市	1991/4/17	27
10	009	周家明	本科	安阳市	1990/4/21	28

图 4-21

4.2.4 空白单元格不为空问题

有些单元格看似是空的，但实际并不为空，例如，是由公式返回的空值、单元格中包含特殊符号"'"或自定义单元格格式为";;;"，这些情况都会导致单元格看似为空，一旦这些单元格参与运算，将不能返回正确的结果。这时可以按如下几个要点对问题进行排查。

例 1：公式返回的空值在参与计算时造成出错

如图 4-22 所示，由于使用公式在 D5、D7 单元格中返回了空字符串，当在 E5 单元格中使用公式"=C5+D5"求和时出现了错误值。

这时只有针对性地选中这些假空单元格，按一次键盘上的 Delete 键即可解决问题，如图 4-23 所示。

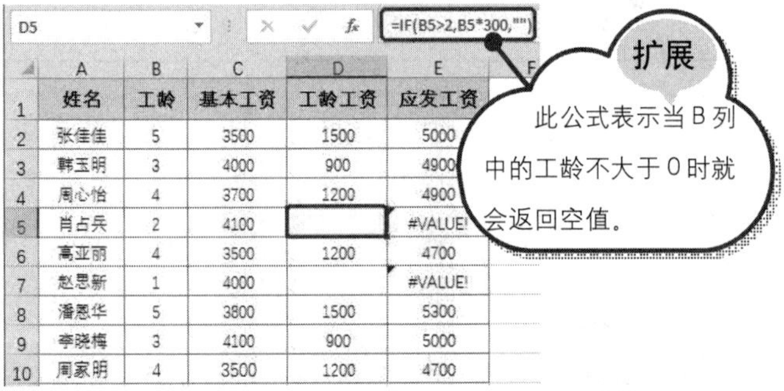

D5				fx	=IF(B5>2,B5*300,"")

	A	B	C	D	E	F
1	姓名	工龄	基本工资	工龄工资	应发工资	
2	张佳佳	5	3500	1500	5000	
3	韩玉明	3	4000	900	4900	
4	周心怡	4	3700	1200	4900	
5	肖占兵	2	4100		#VALUE!	
6	高亚丽	4	3500	1200	4700	
7	赵思新	1	4000		#VALUE!	
8	潘恩华	5	3800	1500	5300	
9	李晓梅	3	4100	900	5000	
10	周家明	4	3500	1200	4700	

图 4-22

扩展

此公式表示当 B 列中的工龄不大于 0 时就会返回空值。

	A	B	C	D	E
1	姓名	工龄	基本工资	工龄工资	应发工资
2	张佳佳	5	3500	1500	5000
3	韩玉明	3	4000	900	4900
4	周心怡	4	3700	1200	4900
5	肖占兵	2	4100		4100
6	高亚丽	4	3500	1200	4700
7	赵思新	1	4000		4000
8	潘恩华	5	3800	1500	5300
9	李晓梅	3	4100	900	5000
10	周家明	4	3500	1200	4700

图 4-23

例 2：单元格中有英文单引号造成出错

如图 4-24 所示，由于 C4 单元格中包含一个英文单引号，当在 E2 单元格中使用公式"=C2+C4"求和时出现了错误值。

C4				fx	'

	A	B	C	D	E
1	日期	部门	报销额		财务部报销额
2	2018/7/3	财务部	2690		#VALUE!
3	2018/7/7	营销部	3420		
4	2018/7/10	财务部	'		
5	2018/7/16	营销部	3870		
6	2018/7/18	销售2部	2870		
7	2018/7/21	营销部	3910		
8	2018/7/26	销售1部	4280		
9	2018/7/30	销售2部	3760		
10	2018/7/30	销售1部	4170		

图 4-24

这时可以使用 ISBLANK 函数来检测单元格是否真空（如图 4-25 所示），如果返回值是 TRUE 表示真空；如果看似空的单元格返回结果却是 FALSE，则表格不是真空，可以选中单元格检查其中是否有英文单引号。

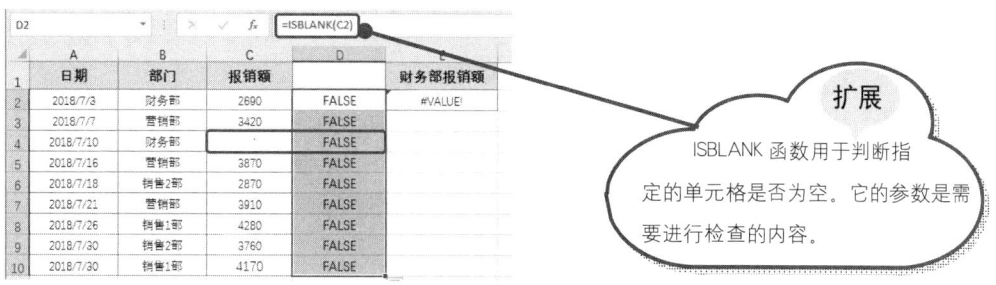

图 4-25

扩展

ISBLANK 函数用于判断指定的单元格是否为空。它的参数是需要进行检查的内容。

例 3：自定义单元格格式为隐藏格式造成出错

单元格虽包含内容，但其单元格格式被设置为 ";;;"（ 如图 4-26 所示的 C2:C10 单元格中有数据，但是在 E2 单元格中使用公式 "=SUM(C2:C10)" 求和时返回了如图 4-27 所示的 "空" 数据 ）。

图 4-26　　　　　　　　　　　　　　　　图 4-27

这时需要选中目标区域，然后打开 "设置单元格格式" 对话框，选择 "自定义"，在 "类型" 列表中重新单击 "G/通用格式" 即可恢复，如图 4-28 所示。

图 4-28

4.2.5 实际的值与显示的值不同

比如在本例中的 D 列中输入公式，从身份证号码中提取员工的出生年份，公式并没有错，但提取出的是年份后的四位数字，并不是正确的出生日期，如图 4-29 所示。出现这种情况是因为"身份证号码"列中的数据自定义的单元格的格式导致显示值与实际值不同。因此，要解决此问题则要把显示值转化为实际值，具体操作如下。

打开"设置单元格格式"对话框后，可以看到 C 列的身份证号码设置了自定义格式 ""340103"@"，即前面的"340103"是自定义了单元格格式后自动输入的，这部分数据只是显示而并不真的存在，如图 4-30 所示。

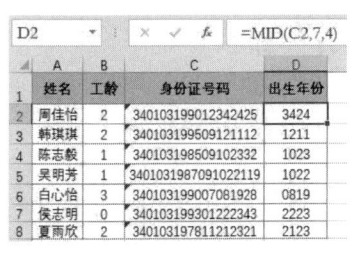

图 4-29

图 4-30

❶ 选中身份证号码列的 C2:C8 单元格区域并按 Ctrl+C 组合键两次，会在左侧打开"剪贴板"窗口，如图 4-31 所示。单击第一个选项右侧的下拉按钮，在打开的下拉菜单中选择"粘贴"命令。

扩展

打开"剪贴板"窗口的默认方法，即连续按两次 Ctrl+C 组合键，如果此操作无法打开"剪贴板"窗口，则在"开始"选项卡的"剪贴板"选项组中单击"对话框启动器"按钮。

图 4-31

❷ 此时可以在编辑栏中看到身份证号码返回实际数值，同时 D 列的出生年份返回正确值，如图 4-32 所示。

图 4-32

4.2.6 修正循环引用不能计算的公式

当一个单元格内的公式直接或间接地引用了这个公式本身所在的单元格时，就被称为循环引用。

当有循环引用情况存在时，每次打开工作簿都会弹出图 4-33 所示的对话框提示，下面介绍定位取消循环引用的方法。

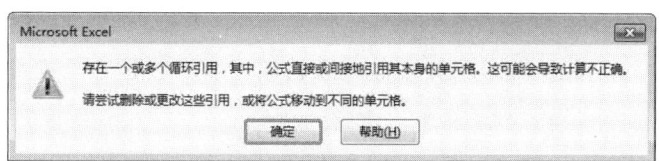

图 4-33

❶ 在"公式"选项卡的"公式审核"组中单击"错误检查"下拉按钮，在打开的下拉菜单中依次选择"循环引用"→E6（被循环引用的单元格）命令，如图 4-34 所示，即可选中 E6 单元格。

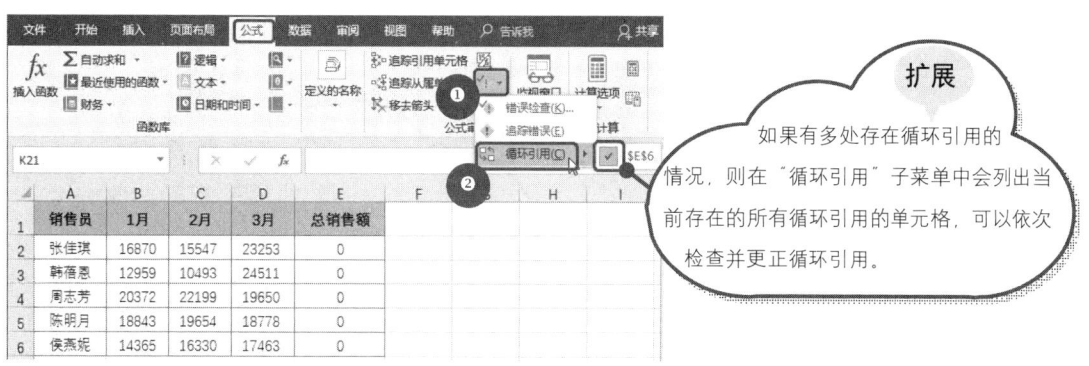

> **扩展**
>
> 如果有多处存在循环引用的情况，则在"循环引用"子菜单中会列出当前存在的所有循环引用的单元格，可以依次检查并更正循环引用。

图 4-34

❷ 将光标定位在编辑栏中时，选中循环引用的部分（即"+E6"）（如图 4-35 所示），将其删除，E6 单元格即可显示正确的运算结果，如图 4-36 所示。

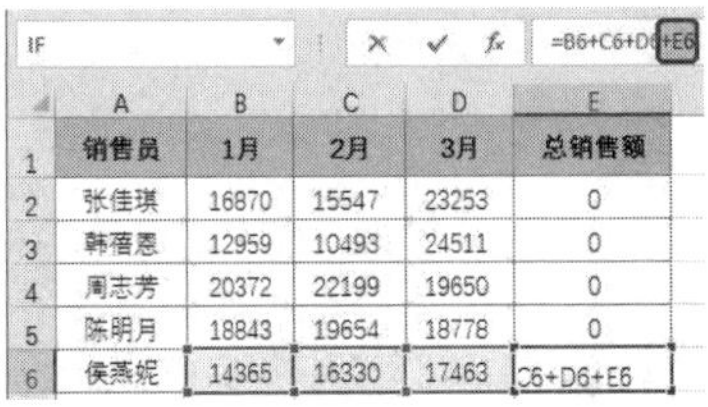

	A	B	C	D	E
1	销售员	1月	2月	3月	总销售额
2	张佳琪	16870	15547	23253	0
3	韩蓓恩	12959	10493	24511	0
4	周志芳	20372	22199	19650	0
5	陈明月	18843	19654	18778	0
6	侯燕妮	14365	16330	17463	C6+D6+E6

图 4-35

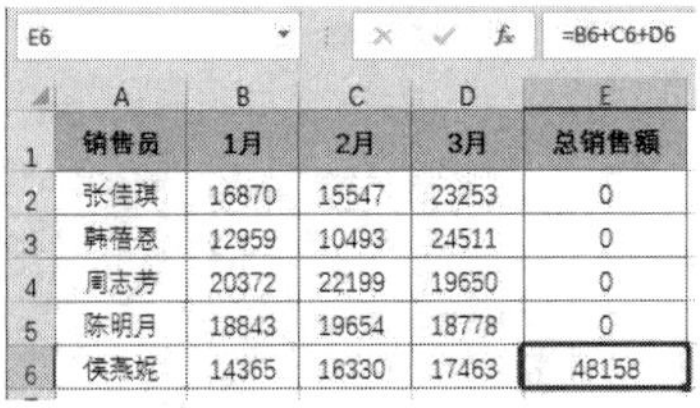

fx =B6+C6+D6

	A	B	C	D	E
1	销售员	1月	2月	3月	总销售额
2	张佳琪	16870	15547	23253	0
3	韩蓓恩	12959	10493	24511	0
4	周志芳	20372	22199	19650	0
5	陈明月	18843	19654	18778	0
6	侯燕妮	14365	16330	17463	48158

图 4-36

4.2.7　修正小数计算结果出错

在 Excel 工作表中进行小数运算时，小数部分经常出现四舍五入的情况，从而导致返回结果与实际有出入。

本例的工作表中统计了公司员工的出勤天数和工资，并且用公式汇总了员工的工资，但是公式运算的结果却与实际结果差 1 分钱（如图 4-37 所示），解决该错误需要按以下操作进行。

	A	B	C	D	E	F
1	销售员	基本工资	提成奖金	应发工资		公式汇总结果
2	张佳琪	1600	5547.09	7147.09		41015.64
3	韩蓓恩	1750	4493.97	6243.97		实际汇总结果
4	周志芳	1890	6199.08	8089.08		41015.63
5	陈明月	1800	9654.84	11454.84		
6	侯燕妮	1750	6330.65	8080.65		

图 4-37

❶ 单击"文件"选项卡，在打开的面板中单击"选项"标签，弹出"Excel 选项"对话框。

❷ 单击"高级"标签，在"计算此工作簿时"栏下选中"将精度设为所显示的精度"复选框，在弹出的"Microsoft Excel"对话框中单击"确定"按钮（如图 4-38 所示），返回"Excel 选项"对话框。

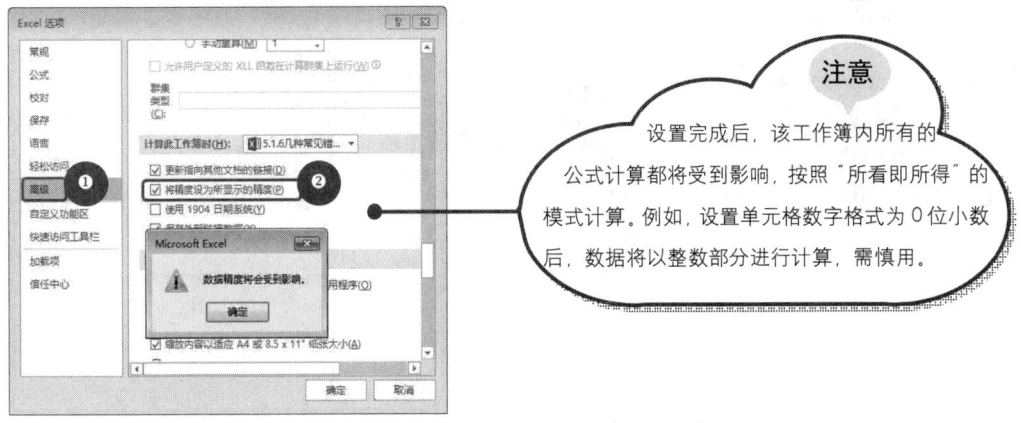

图 4-38

注意　设置完成后，该工作簿内所有的公式计算都将受到影响，按照"所看即所得"的模式计算。例如，设置单元格数字格式为 0 位小数后，数据将以整数部分进行计算，需慎用。

❸ 再次单击"确定"按钮，即可解决汇总金额比实际差 1 分钱的问题，结果如图 4-39 所示。

	A	B	C	D	E	F
1	销售员	基本工资	提成奖金	应发工资		公式汇总结果
2	张佳琪	1600	5547.09	7147.09		41015.63
3	韩蓓恩	1750	4493.97	6243.97		实际汇总结果
4	周志芳	1890	6199.08	8089.08		41015.63
5	陈明月	1800	9654.84	11454.84		
6	侯燕妮	1750	6330.65	8080.65		

图 4-39

4.3　分析与解决公式返回错误值

Excel 中使用公式时经常会返回各种错误值，例如，＃N/A！、#VALUE！、#DIV/0！等，出现这些错误的原因有很多种。如果公式不能计算正确结果，Excel 将显示一个错误值，例如，在需要数字的公式中使用文本、删除了被公式引用的单元格或者找不到目标值时都会返回错误值。下面通过一些例子对常见的错误值进行总结，并给出相应的解决办法。

4.3.1　分析与解决"####"错误值

错误原因：输入的日期和时间为负数时，返回"####"错误值。
解决方法：将输入的日期和时间前的负号（-）删除。

本例的工作表中统计了公司员工的学历、籍贯及出生日期时，由于输入错误，导致出生日期部分单元格出现"####"错误值。

❶ 选中 F5 单元格，将光标定位在编辑栏中，选中日期之前的等号（=）和负号（-），如图 4-40 所示。

IF		❷	×	✓	f_x	❸ =-1990/12/1	
	A	B	C	D	E	F	G
1	员工编号	销售组	姓名	学历	籍贯	出生日期	
2	001	1组	张佳佳	本科	湘潭市	1990/9/13	
3	002	2组	韩玉明	专科	徐州市	1992/5/27	
4	003	1组	周心怡	本科	南宁市	1989/3/19	
5	004	2组	肖占兵	专科	常州市	=-1990/12/1	❶
6	005	2组	高亚丽	专科	汉中市	1995/2/16	
7	006	1组	赵思新	本科	宜昌市	###############	
8	007	1组	潘恩华	专科	株洲市	1988/5/23	
9	008	2组	李晓梅	专科	曲阜市	1991/4/17	
10	009	2组	周家明	本科	安阳市	1990/4/21	

图 4-40

❷ 按 Delete 键删除即可解决"####"错误值，完整地显示正确的日期，效果如图 4-41 所示。

图 4-41

4.3.2 分析与解决"#DIV/0!"错误值

错误原因：公式中包含除数为"0"值或空白单元格。

解决方法：使用 IF 和 ISERROR 函数来解决。

❶ 如图 4-42 所示的工作表中列出了一些被除数和除数，由于除数中（B2、B4 单元格）有"0"值和空白单元格，导致"商"列中出现了"#DIV/0!"错误值。

❷ 在表格中将光标定位在单元格 C2 中，输入公式：**=IFERROR(A2/B2,"")**，如图 4-43 所示。

❸ 按 Enter 键即可快速进行除法运算，返回空值，效果如图 4-44 所示。

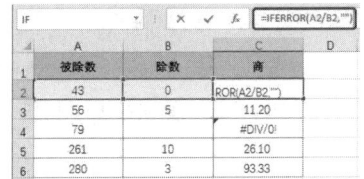

图 4-42　　　　　　　图 4-43

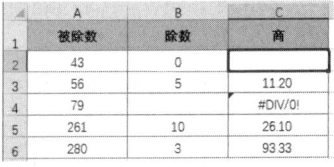

图 4-44

4.3.3 分析与解决"#N/A"错误值

错误原因 1：公式引用的数据源不正确，或者不能使用。

解决方法：引用正确的数据源。

错误原因 2：数组公式中使用的参数的行数或列数与包含数组公式的区域的行数或列数不一致。

解决方法：正确选取相同的行数和列数区域。

例 1：数据源引用错误

本例的工作表中统计了公司员工的学历、性别、入职时间以及年龄等相关信息，建立公式实现通过输入姓名即可查询该员工年龄，但是由于输入的姓名错误，导致公式所在单元格出现"#N/A"错误值，如图 4-45 所示。

❶ 选中 G2 单元格，在单元格中将错误的员工姓名更改为"高亚丽"（即这个姓名在 A 列中要对应找到），如图 4-46 所示。

图 4-45

图 4-46

❷ 退出单元格编辑状态即可解决"#N/A"错误值，显示正确的查找结果，效果如图 4-47 所示。

例 2：行数和列数引用不一致

在下面的工作表中统计了销售数量和销售单价，计算销售总额时引用的行数中数组公式的行和列引用不一致，导致公式所在单元格出现"#N/A"错误值，如图 4-48 所示。

图 4-47

图 4-48

❶ 在表格中将光标定位在单元格 F2 中，重新修改公式：**=SUM(C2:C10*D2:D10)**，如图 4-49 所示。

❷ 按 Ctrl+Shift+Enter 组合键即可显示正确的结果，如图 4-50 所示。

图 4-49

图 4-50

4.3.4 分析与解决"#NAME?"错误值

错误原因 1：在公式中引用文本时没有加双引号。

解决方法：为公式中引用的文本添加双引号。

错误原因 2：在公式中引用了没有定义的名称。

解决方法：重新定义名称再使用到公式中。

错误原因 3：区域引用中漏掉了冒号（：）运算符。

解决方法：添加漏掉的冒号。

例 1：公式中的文本要添加引号

本例表格为公司各系列产品的每月的销量，在使用公式输入总销量考评结果时，由于在公式中引用的文本"优""良"和"差"没有加双引号，导致错误值的出现，如图 4-51 所示。

❶ 选中 F2 单元格，在编辑栏中重新修改公式：**=IF(E2>=10000,"优",IF(E2>=7000,"良","差"))**，如图 4-52 所示。

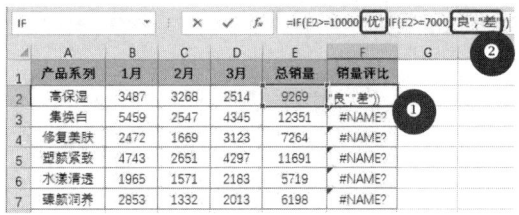

图 4-51　　　　　　　　　　　　　　　图 4-52

❷ 按 Enter 键即可显示正确的结果，如图 4-53 所示。

❸ 利用公式填充功能，重新对其他系列产品的销量进行评定，结果如图 4-54 所示。

图 4-53　　　　　　　　　　　　　　　图 4-54

例 2：公式中使用没有定义的名称

本例的工作表中统计了公司各系列产品第一季度每月的销量，其中只有"1 月"和"2 月"被定义为名称"一月"和"二月"。统计一季度销量时，在公式中输入了名称"一月""二月"和"三月"，由于并没有定义名称"三月"，导致出现了"#NAME?"错误值。如图 4-55 中的"用于公式"下拉菜单中只有"一月"和"二月"。

❶ 选中 D2:D7 单元格区域，在"公式"选项卡的"定义的名称"组中单击"定义名称"按钮（如图 4-56 所示），打开"新建名称"对话框。

图 4-55

图 4-56

❷ 在"名称"文本框中输入"三月"，如图 4-57 所示。

❸ 单击"确定"按钮，返回工作表，可以看到 F2 单元格中显示了正确的结果，如图 4-58 所示。

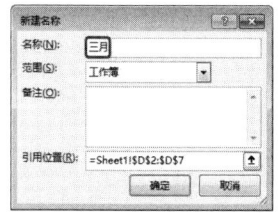

图 4-57

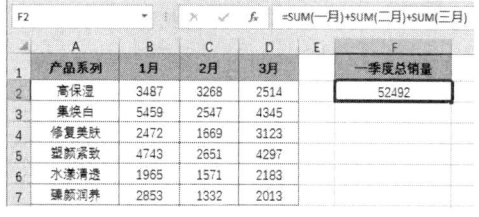

图 4-58

例 3：引用单元格区域时缺少冒号

本例的工作表需要使用公式计算一季度销售量，由于引用单元格区域时漏掉了冒号"："，这样就不是一个正确格式的单元格区域了，因此出现了"#NAME?"错误值（如图 4-59 所示）。

❶ 在表格中将光标定位在 F2 单元格中，重新修改公式：**=SUM(B2:D7)**，如图 4-60 所示。

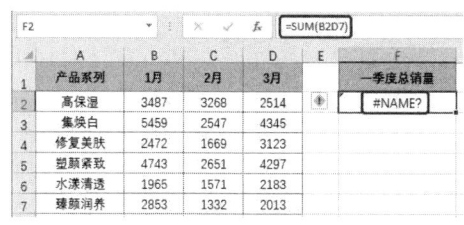

图 4-59

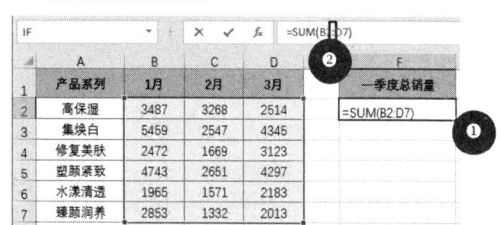

图 4-60

❷ 按 Enter 键即可显示正确的结果，如图 4-61 所示。

扩展

还有一种常见情况是：输入的函数和名称拼写错误。此时只要重新正确输入函数的名称，即可解决错误值。

图 4-61

4.3.5 分析与解决"#NUM!"错误值

错误原因：在公式中使用的函数引用了一个无效的参数。

解决方法：正确引用函数的参数。

本例的工作表需要使用公式计算 A 列中数值的算术平均值，由于部分引用的数据为负数，导致出现了"#NUM!"错误值，如图 4-62 所示。

❶ 在表格中将光标定位在单元格 B2 中，重新修改公式：**=SQRT(ABS(A3))**，如图 4-63 所示。

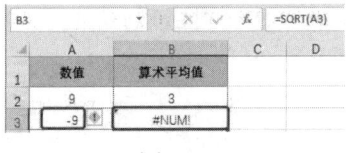

图 4-62

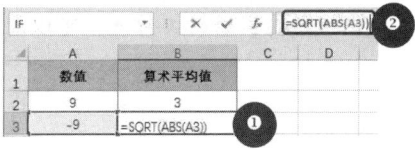

图 4-63

❷ 按 Enter 键即可显示正确的结果，如图 4-64 所示。

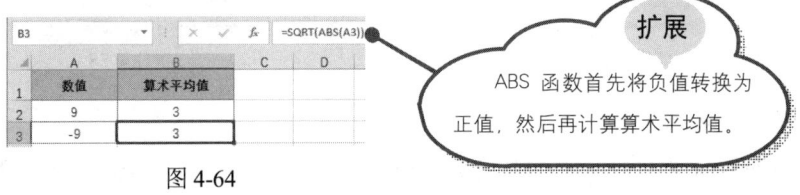

扩展

ABS 函数首先将负值转换为正值，然后再计算算术平均值。

图 4-64

4.3.6 分析与解决"#VALUE!"错误值

错误原因 1：在公式中将文本类型的数据参与了数值运算。

解决方法：对错误的数据源重新修改。

错误原因 2：在公式中函数引用的参数与语法不一致。

解决方法：重新设置该函数的参数。

本例的销售报表中需要使用公式统计 7 月上旬的总销售量，但是由于个别数据带有中文单位，导致出现了"#VALUE!"错误值（如图 4-65 所示），下面介绍一下解决的方法。

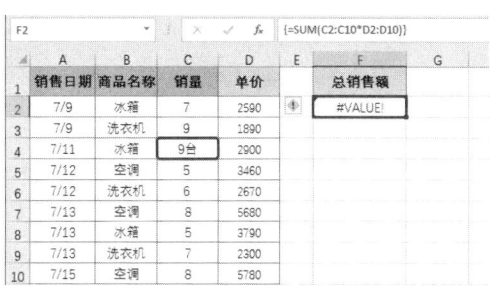

图 4-65

❶ 选中 C4 单元格，将公式参数设置为 9，如图 4-66 所示。

❷ 按 Enter 键即可显示正确的结果，如图 4-67 所示。

图 4-66　　　　　　　　　　　　　　　　　图 4-67

经验之谈

还有两种情况也可能出现"#VALUE!"错误值。

（1）在 4.2.4 小节的介绍中也可以看到当空白单元格不为空时，引用这样的单元格参与运算也会出现"#VALUE!"错误值。

（2）在进行数组运算时，如果没有按下 Ctrl+Shift+Enter 组合键，有时也会导致出现"#VALUE!"错误值。

4.3.7　分析与解决"#REF!"错误值

错误原因：在公式计算中引用了无效的单元格。

解决方法：正确引用有效单元格或将计算结果转换为数值。

本例的销售报表中统计了公司各系列产品前两季度的销量，用公式计算了每种产品两季度的总销量（如图 4-68 所示），但是由于操作错误，删除了 C 列单元格数据，导致在输入公式时使用了无效的单元格引用，出现了"#REF!"错误值（如图 4-69 所示），下面介绍一下解决的方法。

❶ 单击 C 列列表并右击，在弹出的下拉菜单中选择"插入"命令（如图 4-70 所示）。即可在 C 列前插入一列，如图 4-71 所示。

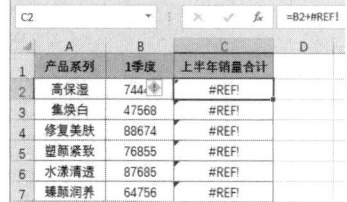

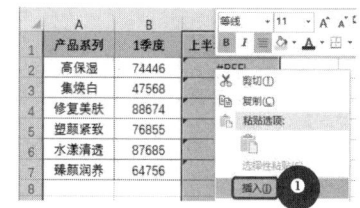

图 4-68　　　　　　　　　　　　　图 4-69　　　　　　　　　　　　　图 4-70

❷ 在新添加的列中添加 2 季度销量数据，如图 4-72 所示。

❸ 选中 D2 单元格，在编辑栏中将公式中的"#REF!"错误值改为：=B2+C2，如图 4-73 所示。

图 4-71　　　　　　　　　　　　　图 4-72　　　　　　　　　　　　　图 4-73

❹ 按 Enter 键即可显示正确的结果，再利用公式填充功能，计算所有产品上半年的总销量，结果如图 4-74 所示。

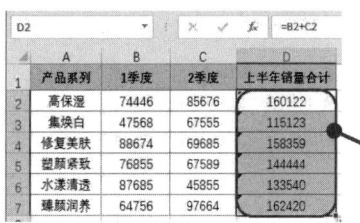

图 4-74

扩展

如果"2 季度"列的数据在之前的操作中不小心被删除，可以使用"撤销"按钮来恢复误删除的数据单元格。

如果计算出结果后数据不再改动，也可以将公式计算结果转换为数值，后期再删除源数据时将不再影响公式结果。

4.3.8　分析与解决"#NULL!"错误值

错误原因：在公式中使用了不正确的区域运算符所致。

解决方法：在公式中正确使用区域运算符。

本例的销售报表中统计了 7 月上旬各种产品的销量及单价时，需要计算总销售额，使用的公式为：=SUM(C2:C8 D2:D8)（中间没有使用正常的运算符"*"），按 Ctrl+Shift+Enter 组合键后返回"#NULL!"错误值（如图 4-75 所示），下面介绍一下解决的方法。

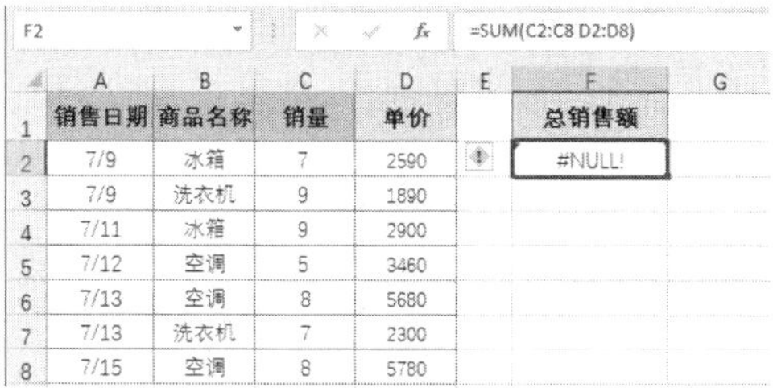

图 4-75

❶ 在表格中将光标定位在单元格 F2 中，重新修改公式：**=SUM(C2:C8*D2:D8)**，如图 4-76 所示。

❷ 按 **Ctrl+Shift+Enter** 组合键即可显示正确的结果，如图 4-77 所示。

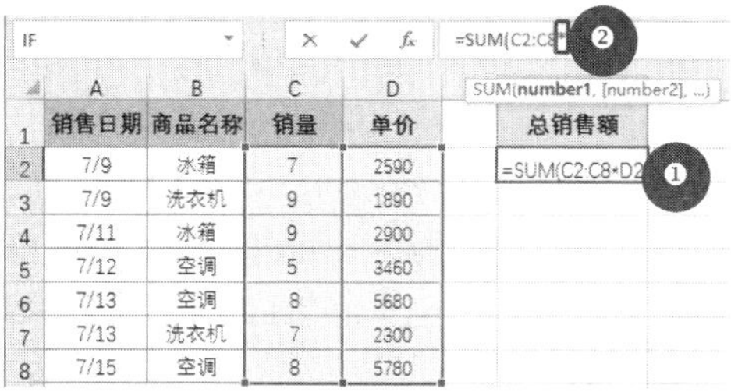

图 4-76　　　　　　　　　　　　　　图 4-77

4.4　公式使用中的几个实用技巧

本节将介绍几个公式使用中的实用技巧，通过这些技巧可以让我们更加灵活地使用公式，从而让公式的强大作用更好地发挥。同时本节还介绍了如何避免公式被修改和防止计算结果丢失的方法。

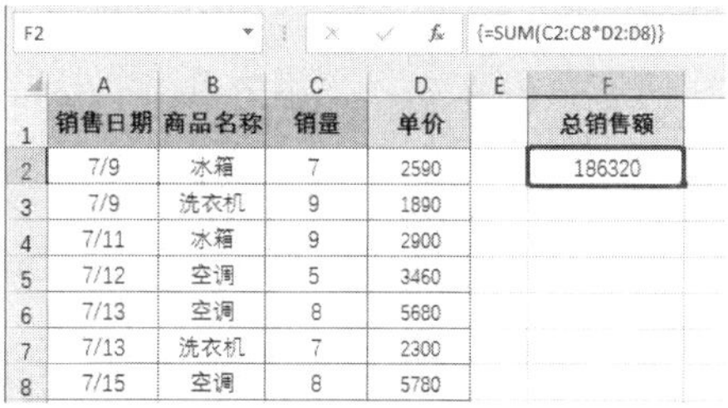

4.4.1　将公式结果转换为数值

在完成公式计算后，公式所在单元格显示计算结果，但是其本质还是公式，如果公式此结果被移至其他位置使用或是源数据被删除等都会影响公式的显示结果。因此，对于计算完毕的数据，如果不再需要改变，则可以将其转换为数值。

❶ 选中包含公式的单元格，按 **Ctrl+C** 组合键执行复制操作（如图 4-78 所示），打开"设置单元格格式"对话框。

❷ 再次选中包含公式的单元格区域，在"开始"选项卡的"剪贴板"组中单击"粘贴"下拉按钮，在下拉菜单中单击"值"按钮（如图 4-79 所示），即可实现将原本包含公式的单元格数据转换为数值，选中该区域任意单元格，在编辑栏中显示为数值而不是公式，如图 4-80 所示。

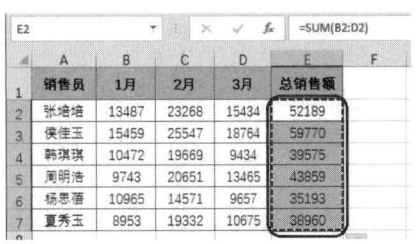

图 4-78 　　　　　　　图 4-79 　　　　　　　图 4-80

4.4.2　超大范围公式的复制

　　如果是小范围内公式的复制，可以直接使用填充柄就可以了。但是当在超大范围内进行复制时（如几百上千条），通过拖动填充柄既浪费时间又容易出错。此时可以按如下方法进行填充。本例在 F2 单元格使用公式=SUM(C2:E2)计算总分，需要在 F3~F47 单元格区域复制公式计算总分。

❶ 选中 F2 单元格，在名称框中输入要填充公式的同列最后一个单元格地址：F2:F47，如图 4-81 所示。

❷ 按 Enter 键，选中 F2:F47 单元格区域，如图 4-82 所示。

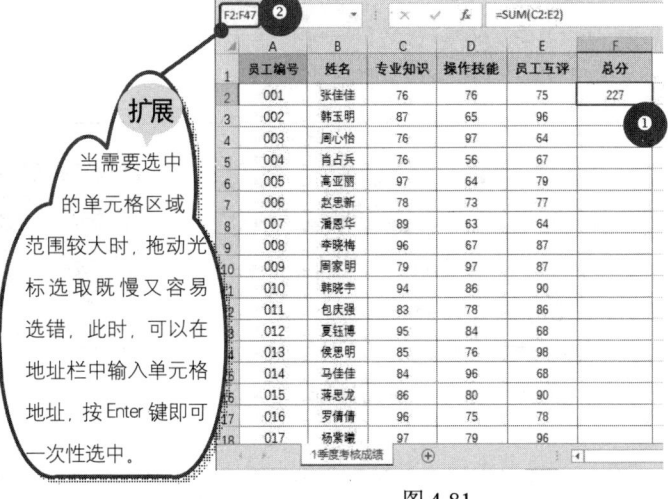

扩展

当需要选中的单元格区域范围较大时，拖动光标选取既慢又容易选错，此时，可以在地址栏中输入单元格地址，按 Enter 键即可一次性选中。

图 4-81 　　　　　　　　　图 4-82

❸ 将光标定位到公式编辑栏中，按 Ctrl+Enter 组合键即可一次性将 F2 单元格的公式填充至 F47 单元格，如图 4-83、图 4-84 所示。

IF　=SUM(C2:E2)

	A	B	C	D	E	F
2	001	张佳佳	76	76	75	=SUM(C2:E2)
3	002	韩玉明	87	65	96	
4	003	周心怡	76	97	64	
5	004	肖占兵	76	56	67	
6	005	高亚丽	97	64	79	
7	006	赵思新	78	73	77	
8	007	潘恩华	89	63	64	
9	008	李晓梅	96	67	87	
10	009	周家明	79	97	87	
11	010	韩晓宇	94	86	90	
12	011	包庆强	83	78	86	
13	012	夏钰博	95	84	68	
14	013	侯思明	85	76	98	
15	014	马佳佳	84	96	68	
16	015	蒋思龙	86	80	90	
17	016	罗倩倩	96	75	78	
18	017	杨紫曦	97	79	96	
19	018	夏美艳	78	80	90	

1季度考核成绩

图 4-83

F2　=SUM(C2:E2)

	A	B	C	D	E	F
30	029	黄彩霞	96	67	90	253
31	030	蔡美薇	85	90	87	262
32	031	陈开天	97	78	83	258
33	032	夏侯飞	80	76	78	234
34	033	田园风	94	89	96	279
35	034	杨瑞文	85	85	73	243
36	035	方平进	92	67	87	246
37	036	黄白平	81	65	83	229
38	037	陈桂英	87	78	67	232
39	038	蔡平可	79	53	78	210
40	039	侯大荣	92	89	63	244
41	040	白云天	95	98	78	271
42	041	高艳丽	68	86	73	227
43	042	董思怡	73	75	67	215
44	043	高玉婷	62	78	89	229
45	044	韩来玉	95	85	89	269
46	045	陈露露	67	97	98	262
47	046	潘春春	68	65	67	200

1季度考核成绩

图 4-84

4.4.3　跳过非空单元格批量建立公式

在复制公式时一般会在连续的单元格中进行，但是在实际工作中有时也需要在不连续的单元格中批量建立公式，此时就需要按如下技巧操作，实现跳过非空单元格批量建立公式进行计算。图 4-85 所示表格要在 E 列计算利润率，有部分商品正进行促销活动，在计算时要排除显示“促销”文字的商品。

	A	B	C	D	E	F
1	序号	产品名称	出厂价	销售价	利润率	
2	001	高保湿面霜	170.09	380.00		
3	002	集焕白精华	210.00	520.00		
4	003	修复美肤美容液	80.89	290.00	促销	
5	004	塑颜紧致面霜	210.45	450.00		
6	005	水漾清透乳液	182.32	390.00	促销	
7	006	臻颜润养面膜	94.60	310.00	促销	
8	007	臻颜润养面霜	179.05	420.00		
9	008	集焕白爽肤水	98.45	210.00		
10	009	水漾清透面霜	172.54	440.00		

图 4-85

❶ 选中 E2～E10 单元格区域，按 F5 键，弹出“定位”对话框。单击“定位条件”按钮，打开“定位条件”对话框，选中“空值”单选框，如图 4-86 所示。

❷ 单击“确定”按钮，返回工作表中，即可看到 E2:E10 单元格区域中所有的空值单元格都被选中，如图 4-87 所示。

❸ 在公式编辑栏中输入公式：**=(D2–C2)/C2**，如图 4-88 所示。

❹ 按 Ctrl+Enter 组合键，即可为空单元格批量建立公式完成计算，如图 4-89 所示。

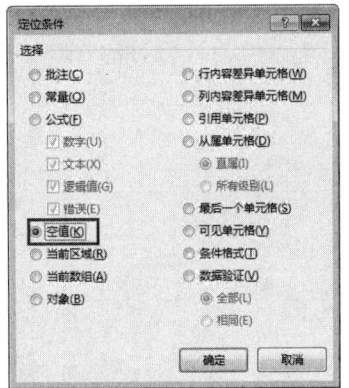

图 4-86

图 4-87

图 4-88

图 4-89

4.4.4　在多表的同一单元格建立公式

　　如果有多张表格的结构相同，在这些表格的同一位置想建立相同的公式，则可以通过建立临时工作组的方法一次性建立公式。图 4-90 所示工作簿中共有 4 张工作表，分别统计了全年 4 个季度员工的考核成绩，需要使用公式分别计算出员工每季度考核总成绩。

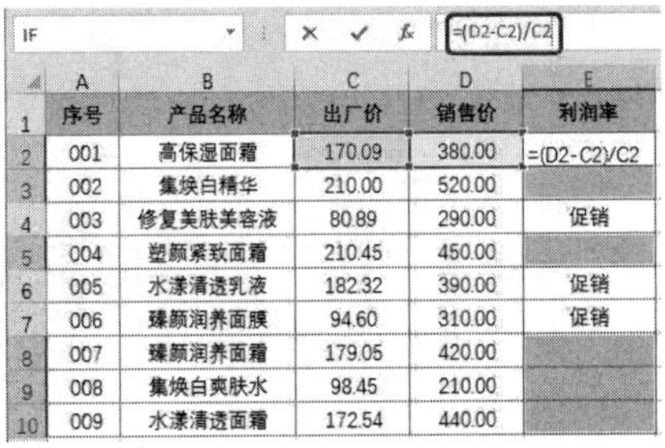

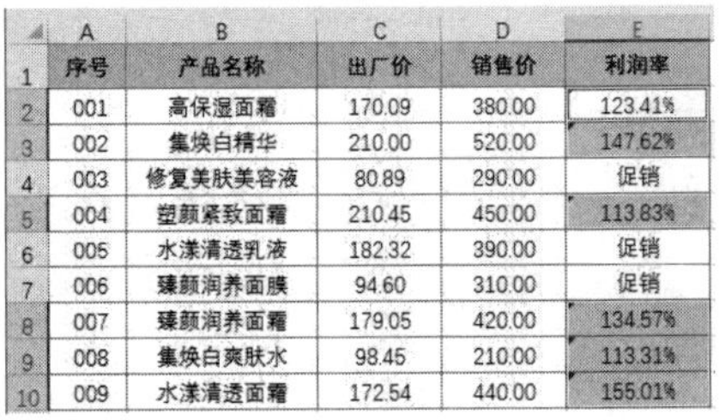

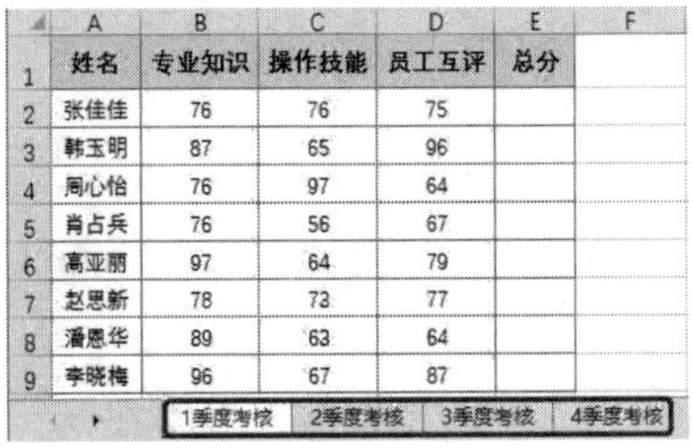

图 4-90

　　❶ 按住 Ctrl 键不放，依次单击 4 张工作表，将这几张工作表建立为一个临时的工作组，选中任意一张工作表中要建立公式的单元格，这里选中"1 季度考核"工作表的 E2 单元格，如图 4-91 所示。

　　❷ 在编辑栏中输入公式：**=SUM(B2:D2)**（如图 4-92 所示），按 Enter 键即可得出结果。

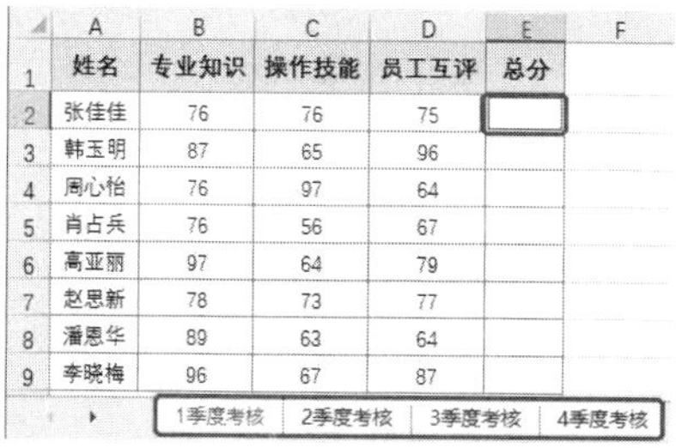

图 4-91

图 4-92

❸ 向下复制公式得出批量结果，如图 4-93 所示。

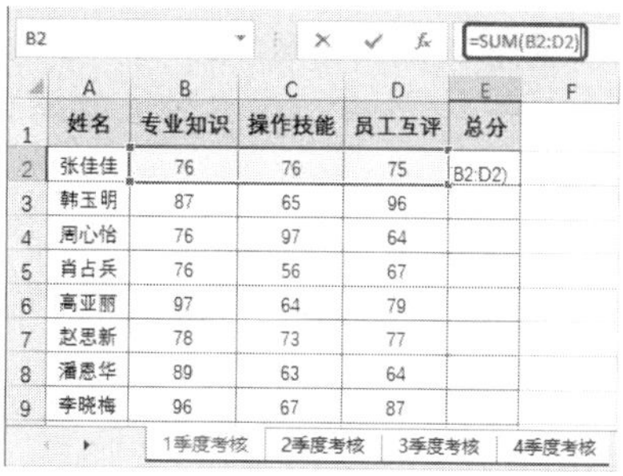

❹ 切换到"2 季度考核""3 季度考核"和"4 季度考核"工作表，可以看到 E2:E9 单元格区域建立了相同的公式，如图 4-94～图 4-96 所示。

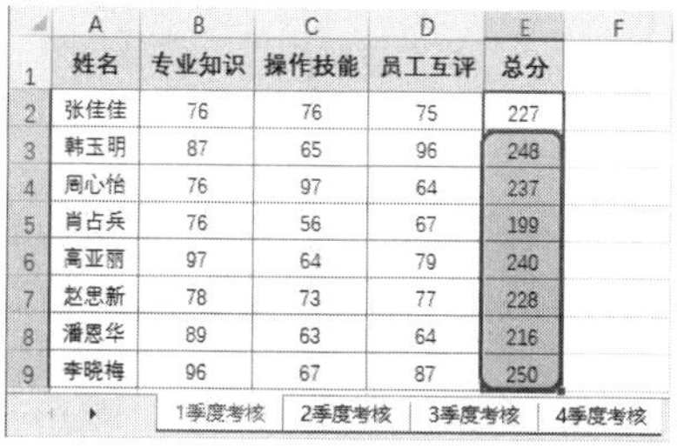

图 4-93

图 4-94

图 4-95

图 4-96

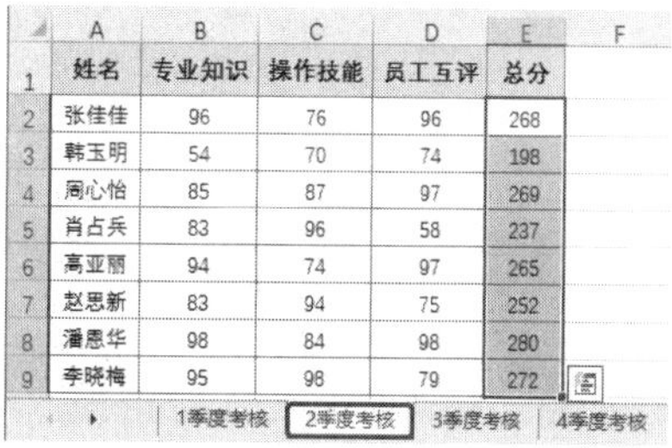

4.4.5　禁止修改公式

通过以下方法可以保护公式所在单元格无法被编辑，从而保证公式的安全性，强制编辑会出现警示框。

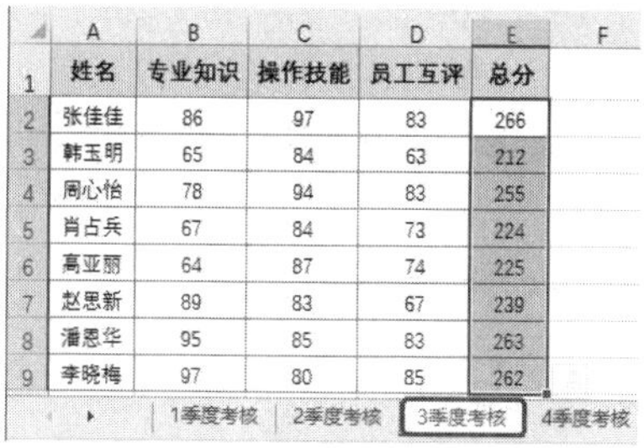

本例操作的目的是为了保护公式，但是保留对非公式区域的操作权限。这里可以避免公式被破坏，同时又能保证其他区域数据可以及时更新。

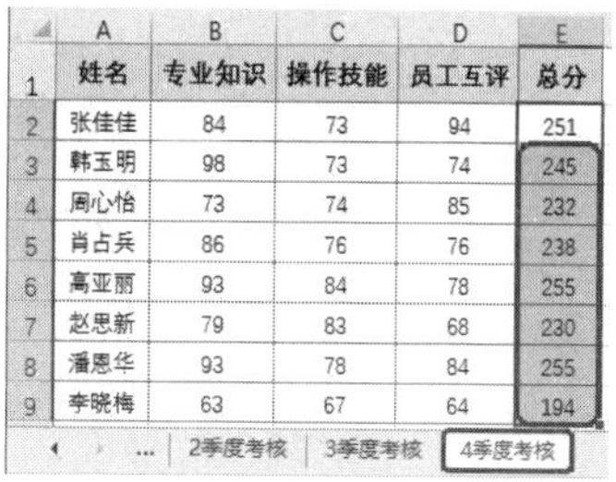

❶ 选中整个表格数据区域，在"开始"选项卡的"数字"组中单击"对话框启动器"按钮 （如图 4-97 所示），打开"设置单元格格式"对话框。

❷ 切换至"保护"标签下，取消勾选"锁定"复选框，单击"确定"按钮（如图 4-98 所示），返回工作表中。

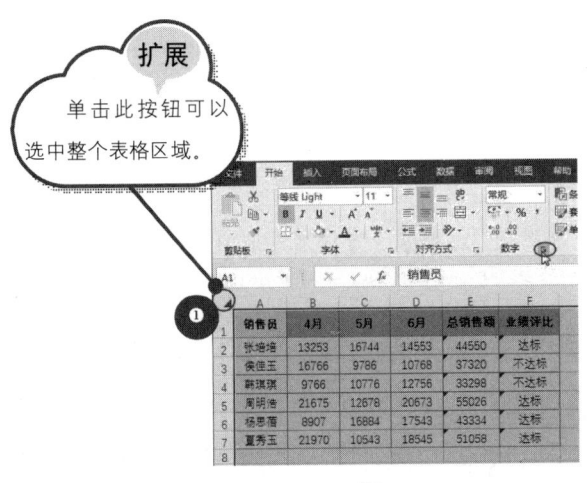

> **扩展**
>
> 单击此按钮可以选中整个表格区域。

图 4-97

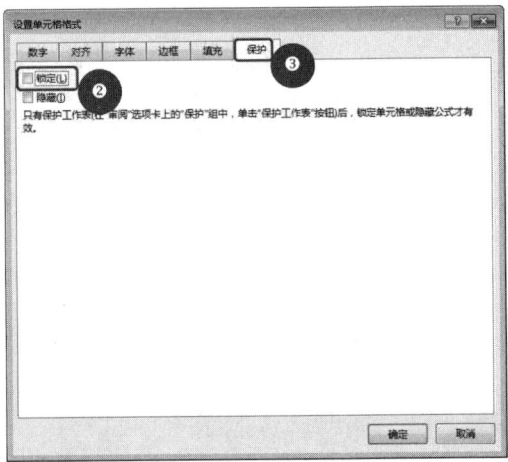

图 4-98

❸ 按 F5 键，打开"定位"对话框，单击"定位条件"按钮（如图 4-99 所示），打开"定位条件"对话框。

❹ 单击"公式"单选框，再单击"确定"按钮（如图 4-100 所示），即可选中工作表中包含公式的所有单元格区域。

图 4-99

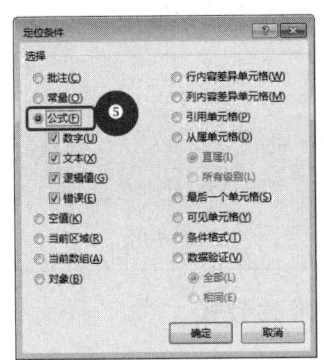

图 4-100

❺ 再次打开"设置单元格格式"对话框，切换至"保护"标签下，勾选"锁定"复选框，单击"确定"按钮（如图 4-101 所示），返回工作表中。

❻ 在"审阅"选项卡的"保护"组中单击"保护工作表"按钮（如图 4-102 所示），打开"保护工作表"对话框。

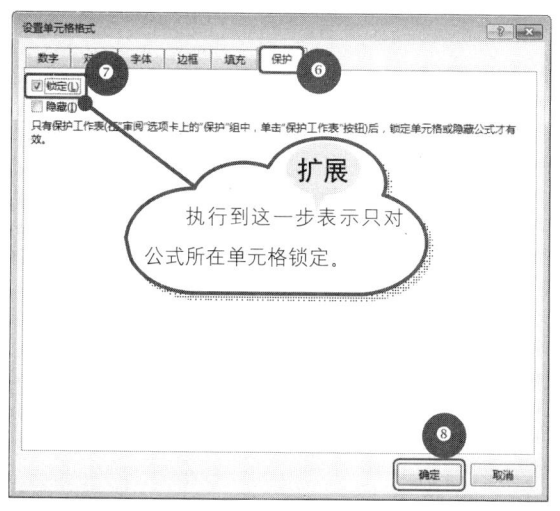

图 4-101

图 4-102

❼ 输入密码后单击"确定"按钮（如图 4-103 所示），弹出"确认密码"对话框。

❽ 再次输入密码后单击"确定"按钮（如图 4-104 所示），返回工作表中，尝试编辑 F2 单元格，会出现如图 4-105 所示的警示框。

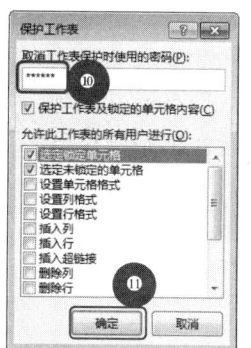

图 4-103

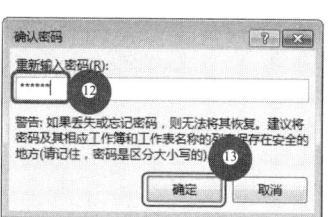

图 4-104

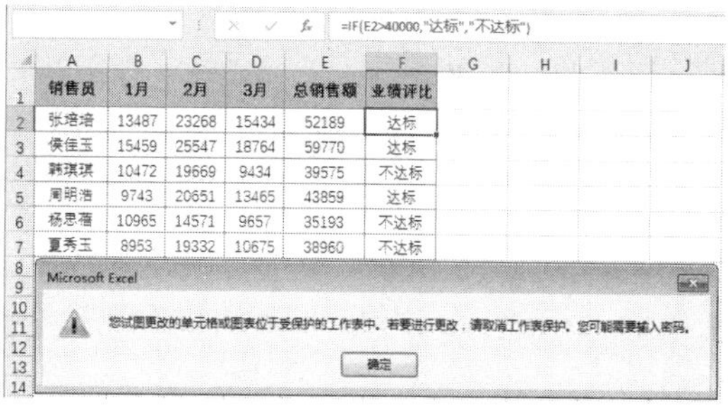

图 4-105

经验之谈

保护公式实际借助于"保护工作表"功能，其原理是：保护工作表是在单元格被锁定的基础上进行保护，整个表格区域默认的都是被锁定状态。如果想实现只保护公式，则可以只对公式所在单元格进行锁定（公式以外的其他单元格不锁定），然后再执行保护工作表的操作。

本例前 4 步采用了打开"定位"对话框，设置定位条件的方式锁定公式。有的读者会说我知道表格中哪些单元格设置了公式，直接手动选中即可，但实际工作中经常遇到数据量非常大的表格，被设置了公式的区域也非常多，手动选取不能保证精准度，所以必须采取这种方式，让程序准确地一次性定位所有公式。

4.4.6 隐藏公式

除了通过 4.4.5 节技巧操作禁止修改公式来实现公式保护外，还可以实现对公式的隐藏，此操作与禁止修改公式相比，只有一处设置不同。

❶ 按 4.4.5 节操作步骤执行到第❹步。

❷ 再次打开"设置单元格格式"对话框，切换至"保护"标签下，勾选"隐藏"复选框，单击"确定"按钮（如图 4-106 所示），返回工作表中。

❸ 按上一操作技巧（从第❻步开始）执行保护工作表的操作。返回工作表中，选中使用了公式的 F2 单元格，可以看到编辑栏中显示为空，如图 4-107 所示。

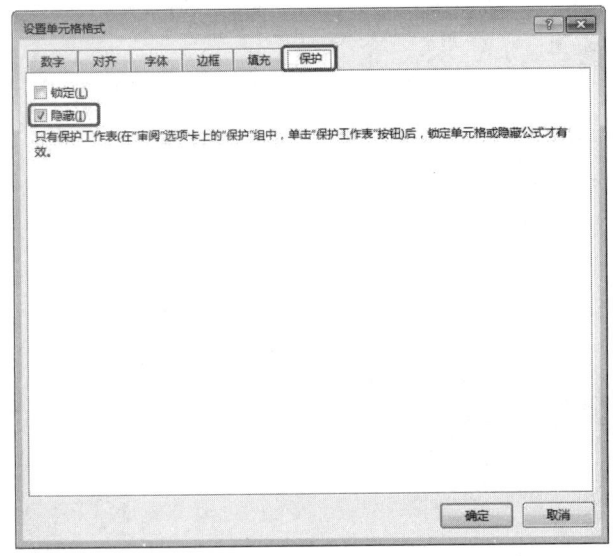

图 4-106

图 4-107

第 5 章

逻 辑 函 数

逻辑函数
├─ 5.1 逻辑判断函数
│   ├─ 5.1.1 AND：判断指定的多个条件是否全部成立
│   │   ├─ 例1：判断学生各门课程是否全部合格
│   │   └─ 例2：判断是否为消费者发放赠品
│   ├─ 5.1.2 OR：判断指定的多个条件是否有一个成立
│   │   ├─ 例1：判断是否为销售员涨工资
│   │   └─ 例2：判断是否为消费者发放赠品
│   └─ 5.1.3 NOT：判断指定的条件不成立
│   ├─ 例1：判断学生综合成绩是否合格
│   └─ 例2：筛选掉高中学历的应聘人员
└─ 5.2 根据逻辑判断结果返回值
    ├─ 5.2.1 IF：根据逻辑测试值返回指定值
    │   ├─ 例1：判断学生成绩是否优秀
    │   ├─ 例2：分区间判断成绩并返回不同结果
    │   ├─ 例3：判断能够参加复试的应聘人员
    │   ├─ 例4：根据双条件筛选出符合发放赠品条件的消费者
    │   ├─ 例5：根据员工的职位和工龄调整工资
    │   └─ 例6：只为满足条件的商品提价
    └─ 5.2.2 IFERROR：根据错误值返回指定值
        └─ 例：解决被除数为空值（或0值）时返回错误值问题

5.1　逻辑判断函数

逻辑判断函数就是用于对数据或给定的条件判断其真假。逻辑判断有 AND、OR、NOT 和 IF 函数，AND、OR、NOT 只能根据逻辑判断的"真"或"假"返回 TRUE 或 FALSE 值，而 IF 函数则可以根据逻辑值 TRUE 或 FALSE 再指定函数的最终返回值，在 5.2 节中主要介绍 IF 函数。

5.1.1　AND：判断指定的多个条件是否全部成立

AND 函数用于当所有的条件均为"真"（TRUE）时，返回的运算结果为"真"（TRUE）；反之，返回的运算结果为"假"（FALSE），一般用来检验一组数据是否都满足条件。

【函数语法】AND(logical1,logical2,logical3,…)

logical1,logical2,logical3,…：表示测试条件值或表达式，不过最多有 30 个条件值或表达式。

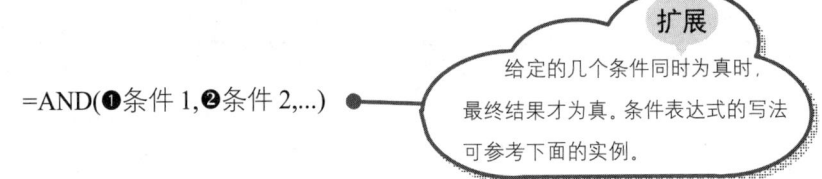

=AND(❶条件 1,❷条件 2,...)

> **扩展**
> 给定的几个条件同时为真时，最终结果才为真。条件表达式的写法可参考下面的实例。

例 1：判断学生各门课程是否全部合格

　　表格中记录了学生各门课程的考试成绩，必须三门的成绩都在 60 分以上才能合格。要判断成绩是否合格，可以通过 AND 函数来实现。

❶ 选中 E2 单元格，在编辑栏中输入公式：**=AND(B2>60,C2>60,D2>60)**，如图 5-1 所示。

❷ 按 Enter 键，得出第一位学生的合格情况，如图 5-2 所示。

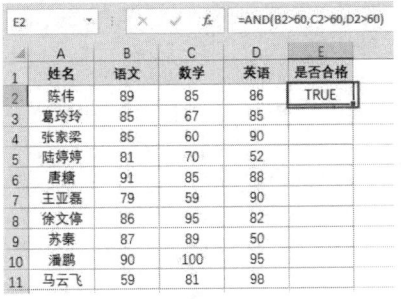

SUMIF			fx	=AND(B2>60,C2>60,D2>60)	
	A	B	C	D	E
1	姓名	语文	数学	英语	是否合格
2	陈伟	89	85	86	,D2>60)
3	葛玲玲	85	67	85	
4	张家梁	85	60	90	
5	陆婷婷	81	70	52	
6	唐糖	91	85	88	
7	王亚磊	79	59	90	
8	徐文停	86	95	82	
9	苏秦	87	89	50	
10	潘鹏	90	100	95	
11	马云飞	59	81	98	

图 5-1

E2			fx	=AND(B2>60,C2>60,D2>60)	
	A	B	C	D	E
1	姓名	语文	数学	英语	是否合格
2	陈伟	89	85	86	TRUE
3	葛玲玲	85	67	85	
4	张家梁	85	60	90	
5	陆婷婷	81	70	52	
6	唐糖	91	85	88	
7	王亚磊	79	59	90	
8	徐文停	86	95	82	
9	苏秦	87	89	50	
10	潘鹏	90	100	95	
11	马云飞	59	81	98	

图 5-2

❸ 选中 E2 单元格，向下填充公式，一次性得出对所有学生的判断情况，如图 5-3 所示。

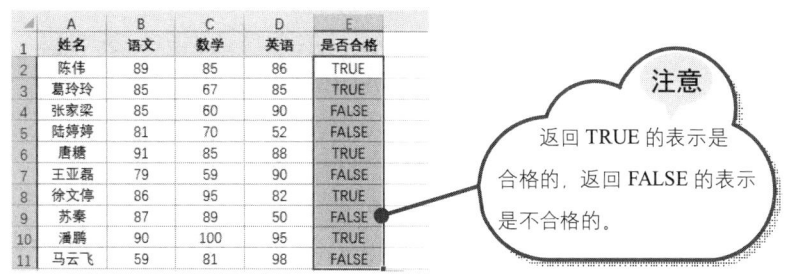

图 5-3

公式解析

=AND(B2>60,C2>60,D2>60)

① ②

① 写入 AND 函数的三个条件，即依次判断"B2>60""C2>60""D2>60"这几个条件是否为真。

② 当步骤①中的三个条件都为真时返回 TRUE，否则返回 FALSE。

例 2：判断是否为消费者发放赠品

某商场举行节日消费回馈活动，活动要求持金卡的会员消费超过 5000 元即可获赠微波炉一台，即要同时满足"金卡"与消费金额大于 5000 元这两个条件。可以使用 AND 函数来进行双条件的判断。

❶ 选中 D2 单元格，在编辑栏中输入公式：**=AND(B2>5000,C2="金卡")**，如图 5-4 所示。

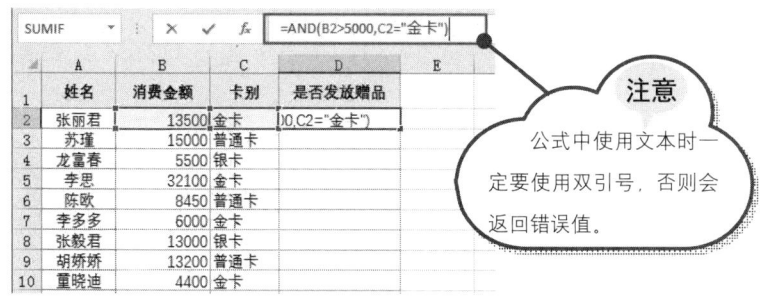

图 5-4

❷ 按 Enter 键，则同时判断 B2 与 C2 单元格的值是否满足条件，然后返回结果，如图 5-5 所示。

❸ 选中 D2 单元格，向下填充公式到 D14 单元格，一次性得出是否向其他消费者发放赠品的结果，如图 5-6 所示。

图 5-5

图 5-6

公式解析

=AND(B2>5000,C2="金卡")
  ①   ②

① 判断 "B2>5000" 与 "C2="金卡"" 这两个条件是否都为真。

② 当步骤①中的两个条件都为真时返回 TRUE，否则返回 FALSE。

经验之谈

　　有的读者说 AND 函数返回的都是 TRUE 或 FALSE 这样的逻辑值，有没有办法返回 "合格" "不合格" "达标" 等这样更加直观的文字结果呢？这就需要在 AND 函数的外层套用 IF 函数，把 AND 函数的这一部分判断作为 IF 函数的第一个参数使用。在后面学习到 IF 函数时会列举相关范例。

5.1.2 OR：判断指定的多个条件是否有一个成立

　　OR 函数用于在其参数组中只要有一个参数逻辑值为 TRUE，即返回 TRUE；只要有一个参数逻辑值为 FALSE，即返回 FALSE。

　　【函数语法】OR(logical1, [logical2], ...)

　　logical1,logical2,…：logical1 是必需的，后续逻辑值是可选的。这些是 1～255 个需要进行测试的条件，测试结果可以为 TRUE 或 FALSE。

=OR(❶条件 1,❷条件 2,...)

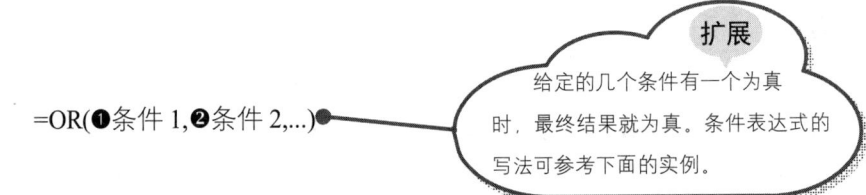

扩展

给定的几个条件有一个为真时，最终结果就为真。条件表达式的写法可参考下面的实例。

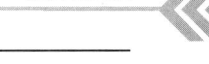

例 1：判断是否为销售员涨工资

　　某公司为销售员涨工资的条件是：业绩大于 70000 元或者工龄达到 5 年以上。即只要满足这两个条件中的任意一个条件即可涨工资，要达到此判断目的可以使用 OR 函数。

❶ 选中 D2 单元格，在编辑栏中输入公式：**=OR(B2>70000,C2>5)**，如图 5-7 所示。

❷ 按 Enter 键，即可得出第一位员工是否涨工资的判断结果，如图 5-8 所示。

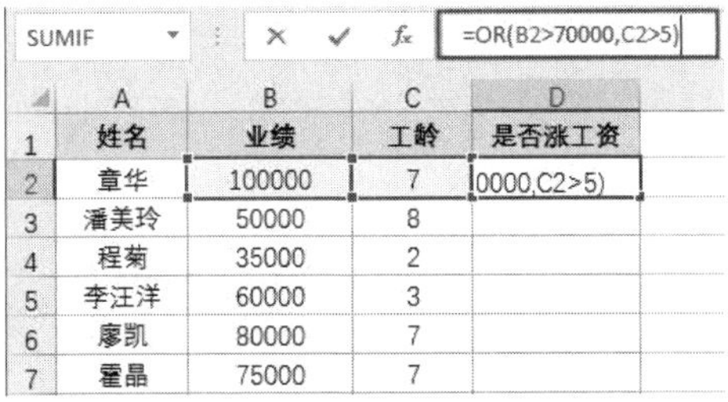

姓名	业绩	工龄	是否涨工资
章华	100000	7	0000,C2>5)
潘美玲	50000	8	
程菊	35000	2	
李汪洋	60000	3	
廖凯	80000	7	
霍晶	75000	7	

图 5-7

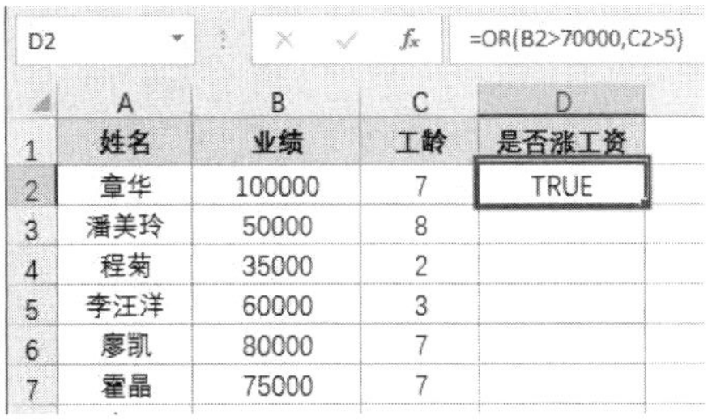

姓名	业绩	工龄	是否涨工资
章华	100000	7	TRUE
潘美玲	50000	8	
程菊	35000	2	
李汪洋	60000	3	
廖凯	80000	7	
霍晶	75000	7	

图 5-8

❸ 选中 D2 单元格，向下填充公式到 D10 单元格，一次性得出对其他员工是否涨工资的判断结果，如图 5-9 所示。

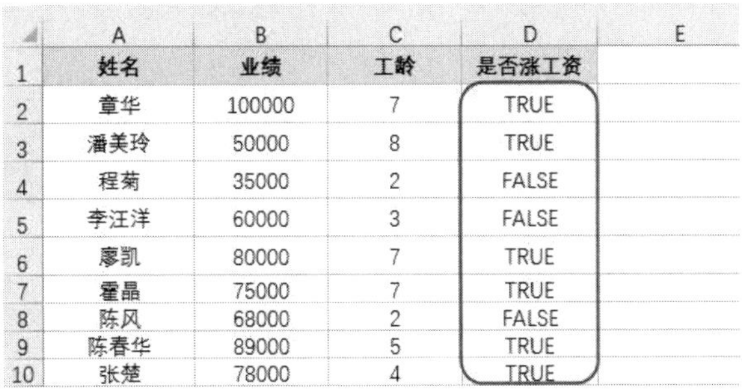

姓名	业绩	工龄	是否涨工资
章华	100000	7	TRUE
潘美玲	50000	8	TRUE
程菊	35000	2	FALSE
李汪洋	60000	3	FALSE
廖凯	80000	7	TRUE
霍晶	75000	7	TRUE
陈风	68000	2	FALSE
陈春华	89000	5	TRUE
张楚	78000	4	TRUE

图 5-9

公式解析

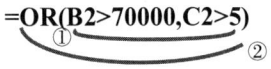

=OR(B2>70000,C2>5)

① 判断"B2>70000"与"C2>5"这两个条件是否有一个为真。

② 只要这两个条件中有一个满足，则返回 TRUE；否则返回 FALSE。

77

例 2：判断是否为消费者发放赠品

某商场举行节日消费回馈活动，活动要求为：持金卡的会员或者消费满 10000 元即可获赠微波炉一台。本例仍然是要求判断两个条件中是否有一个满足，可以使用 OR 函数设置公式。

❶ 选中 D2 单元格，在编辑栏中输入公式：**=OR(B2>10000,C2="金卡")**，如图 5-10 所示。

SUMIF　=OR(B2>10000,C2="金卡")

	A	B	C	D
1	姓名	消费金额	卡别	是否发放赠品
2	陈伟	14400	金卡	0,C2="金卡")
3	葛玲玲	18000	普通卡	
4	张家梁	5200	金卡	
5	陆婷婷	32400	金卡	
6	唐糖	8400	普通卡	
7	王亚磊	6000	金卡	
8	徐文停	7200	金卡	
9	苏秦	13200	普通卡	

注意

公式中使用文本时一定要使用双引号，否则会返回错误值。

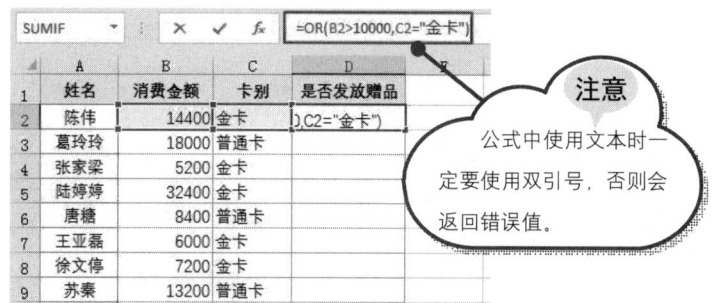

图 5-10

❷ 按 Enter 键，得出第一位消费者是否发放赠品的判断结果，如图 5-11 所示。

❸ 选中 D2 单元格，向下填充公式到 D12 单元格，一次性得出是否向其他消费者发放赠品的结果，如图 5-12 所示。返回 TRUE 可以得到赠品，返回 FALSE 则得不到赠品。

D2　=OR(B2>10000,C2="金卡")

	A	B	C	D
1	姓名	消费金额	卡别	是否发放赠品
2	陈伟	14400	金卡	TRUE
3	葛玲玲	18000	普通卡	
4	张家梁	5200	金卡	
5	陆婷婷	32400	金卡	
6	唐糖	8400	普通卡	
7	王亚磊	6000	金卡	
8	徐文停	7200	金卡	
9	苏秦	13200	普通卡	

图 5-11

	A	B	C	D
1	姓名	消费金额	卡别	是否发放赠品
2	陈伟	14400	金卡	TRUE
3	葛玲玲	18000	普通卡	TRUE
4	张家梁	5200	金卡	TRUE
5	陆婷婷	32400	金卡	TRUE
6	唐糖	8400	普通卡	FALSE
7	王亚磊	6000	金卡	TRUE
8	徐文停	7200	金卡	TRUE
9	苏秦	13200	普通卡	TRUE
10	潘鹏	4400	金卡	TRUE
11	马云飞	1800	金卡	TRUE
12	孙婷	6000	普通卡	FALSE

图 5-12

公式解析

= OR(B2>10000,C2="金卡")

①　②

① 判断“B2>10000”与“C2="金卡"”这两个条件是否有一个为真。

② 只要这两个条件中有一个满足，则返回 TRUE；否则返回 FALSE。

5.1.3　NOT：判断指定的条件不成立

NOT 函数用于对参数值求反。当要确保一个值不等于某一特定值时，可以使用 NOT 函数。

【函数语法】 NOT(logical)

logical：表示一个计算结果可以为 TRUE 或 FALSE 的值或表达式。

=NOT(❶条件表达式)

> **扩展**
> 求反，即条件表达式的判断如果为 TRUE，最终返回 FALSE。

例 1：判断学生综合成绩是否合格

　　学生语文、数学、英语三门成绩综合合格分数线是 180 分，因此使用 NOT 函数来设置公式，实现当综合成绩大于 180 分时返回 TRUE；否则返回 FALSE。

---

❶ 选中 F2 单元格，在编辑栏中输入公式：**=NOT(E2<=180)**，如图 5-13 所示。

❷ 按 Enter 键，判断 E2 值，然后返回结果，如图 5-14 所示。

❸ 选中 F2 单元格，向下填充公式到 F10 单元格，一次性得出其他学生综合成绩是否合格的结果，如图 5-15 所示。

	A	B	C	D	E	F	G
	姓名	语文	数学	英语	综合	是否合格	
1							
2	陈伟	80	90	98	268	?<=180)	
3	葛玲玲	59	70	90	219		
4	张家梁	70	58	45	173		
5	陆婷婷	50	60	59	169		
6	唐糖	80	78	80	238		
7	王亚磊	90	90	88	268		
8	徐文倩	58	65	56	179		
9	苏秦	60	80	70	210		

SUM　fx =NOT(E2<=180)

图 5-13

	A	B	C	D	E	F	G
	姓名	语文	数学	英语	综合	是否合格	
1							
2	陈伟	80	90	98	268	TRUE	
3	葛玲玲	59	70	90	219		
4	张家梁	70	58	45	173		
5	陆婷婷	50	60	59	169		
6	唐糖	80	78	80	238		
7	王亚磊	90	90	88	268		
8	徐文倩	58	65	56	179		
9	苏秦	60	80	70	210		

F2　fx =NOT(E2<=180)

图 5-14

	A	B	C	D	E	F	G
	姓名	语文	数学	英语	综合	是否合格	
1							
2	陈伟	80	90	98	268	TRUE	
3	葛玲玲	59	70	90	219	TRUE	
4	张家梁	70	58	45	173	FALSE	
5	陆婷婷	50	60	59	169	FALSE	
6	唐糖	80	78	80	238	TRUE	
7	王亚磊	90	90	88	268	TRUE	
8	徐文倩	58	65	56	179	FALSE	
9	苏秦	60	80	70	210	TRUE	
10	潘鹏	70	90	95	255	TRUE	

图 5-15

> **注意**
> 返回 TRUE 的表示是合格的，返回 FALSE 的表示是不合格的。

公式解析

=NOT(E2<=180)

判断 E2<=180 是否为真，如果是真则返回 FALSE；如果是假则返回 TRUE。

例 2：筛选掉高中学历的应聘人员

公司招收一批临时工，要求学历都在高中以上，因此在应聘记录表中首先可以将高中学历的应聘者都排除。

❶ 选中 D2 单元格，在编辑栏中输入公式：**=NOT(C2="高中")**，如图 5-16 所示。

❷ 按 Enter 键，判断 C2 中的值并返回结果，如图 5-17 所示。

SUMIF　=NOT(C2="高中")

	A	B	C	D	E
1	姓名	年龄	学历	筛选结果	
2	滕汪歌	26	大专	(C2="高中")	
3	黄雅黎	27	硕士		
4	夏梓	24	高中		
5	胡伟立	28	大专		
6	江华	30	本科		
7	方小妹	27	高中		
8	陈友	21	本科		
9	王莹	20	本科		

图 5-16

	A	B	C	D
1	姓名	年龄	学历	筛选结果
2	滕汪歌	26	大专	TRUE
3	黄雅黎	27	硕士	
4	夏梓	24	高中	
5	胡伟立	28	大专	
6	江华	30	本科	
7	方小妹	27	高中	
8	陈友	21	本科	
9	王莹	20	本科	
10	任玉军	25	高中	

图 5-17

❸ 选中 D2 单元格，向下填充公式到 D11 单元格，一次性得出筛选结果，如图 5-18 所示。返回 TRUE 的是年龄符合的，返回 FALSE 的是被筛选掉的。

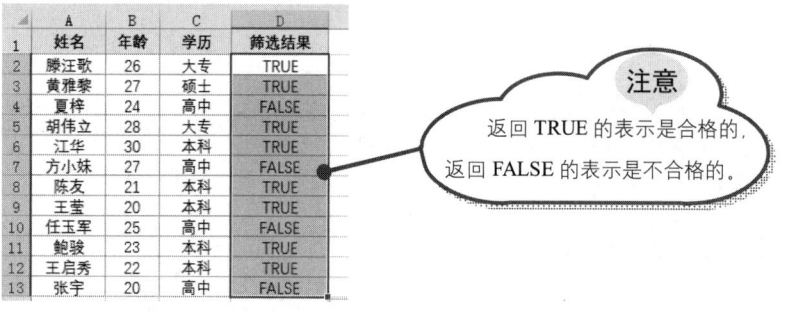

	A	B	C	D
1	姓名	年龄	学历	筛选结果
2	滕汪歌	26	大专	TRUE
3	黄雅黎	27	硕士	TRUE
4	夏梓	24	高中	FALSE
5	胡伟立	28	大专	TRUE
6	江华	30	本科	TRUE
7	方小妹	27	高中	FALSE
8	陈友	21	本科	TRUE
9	王莹	20	本科	TRUE
10	任玉军	25	高中	FALSE
11	鲍骏	23	本科	TRUE
12	王启秀	22	本科	TRUE
13	张宇	20	高中	FALSE

注意

返回 TRUE 的表示是合格的，返回 FALSE 的表示是不合格的。

图 5-18

公式解析

=NOT(C2="高中")

判断“C2="高中"”是否为真，如果是真则返回 FALSE，如果是假则返回 TRUE。

5.2 根据逻辑判断结果返回值

逻辑判断函数只能返回 TRUE 或 FALSE 这样的逻辑值，因此为了返回更加直观的结果，通常要根据真假值再为其指定返回不同的值。IF 函数即可实现先进行逻辑判断，再根据判断结果返回指定的值。IF 函数是日常工作中使用最频繁的函数之一。

5.2.1 IF：根据逻辑测试值返回指定值

IF 函数用于根据指定的条件判断其"真"（TRUE）、"假"（FALSE），从而返回其相对应的内容。

【函数语法】IF(logical_test,value_if_true,value_if_false)

- logical_test：表示逻辑判决表达式。
- value_if_true：表示当判断的条件为逻辑"真"（TRUE）时，显示该处给定的内容；如果忽略，返回 TRUE。
- value_if_false：表示当判断的条件为逻辑"假"（FALSE）时，显示该处给定的内容。IF 函数可以嵌套 7 层关系式，这样可以构造复杂的判断条件，从而进行综合测评。

=IF(❶条件表达式,❷条件为 TRUE 时的返回值,

❸条件为 FALSE 时的返回值)

注意

这是最基本的语法，条件表达式的设置方法很灵活，还可以嵌套，可参见下面的实例学习。

例 1：判断学生成绩是否优秀

在对学生成绩进行综合评定时，当总分达到 260 分的评定为"优秀"。可以使用 IF 函数进行条件判断，当满足条件时返回"优秀"文字。

❶ 选中 F2 单元格，在编辑栏中输入公式：**=IF(E2>=260,"优秀","")**，如图 5-19 所示。

❷ 按 Enter 键，判断 E2 单元格中的值并返回结果，如图 5-20 所示。

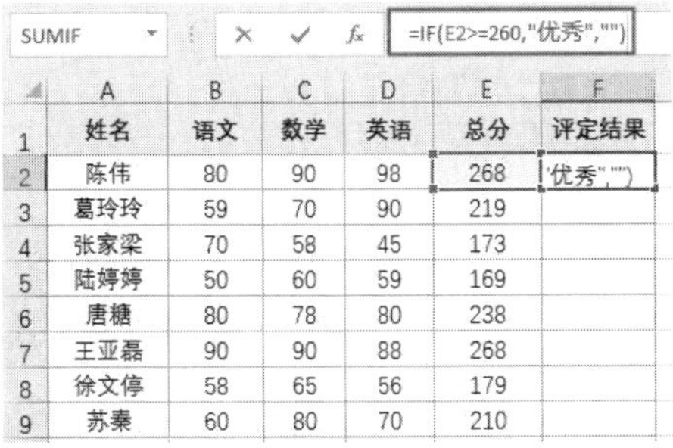

	SUMIF		×	✓	fx	=IF(E2>=260,"优秀","")
▲	A	B	C	D	E	F
1	姓名	语文	数学	英语	总分	评定结果
2	陈伟	80	90	98	268	优秀",""
3	葛玲玲	59	70	90	219	
4	张家梁	70	58	45	173	
5	陆婷婷	50	60	59	169	
6	唐糖	80	78	80	238	
7	王亚磊	90	90	88	268	
8	徐文停	58	65	56	179	
9	苏秦	60	80	70	210	

图 5-19

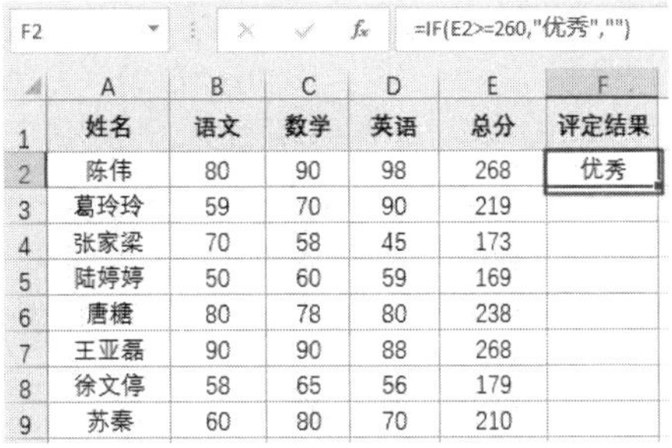

	F2		×	✓	fx	=IF(E2>=260,"优秀","")
▲	A	B	C	D	E	F
1	姓名	语文	数学	英语	总分	评定结果
2	陈伟	80	90	98	268	优秀
3	葛玲玲	59	70	90	219	
4	张家梁	70	58	45	173	
5	陆婷婷	50	60	59	169	
6	唐糖	80	78	80	238	
7	王亚磊	90	90	88	268	
8	徐文停	58	65	56	179	
9	苏秦	60	80	70	210	

图 5-20

❸ 选中 F2 单元格，向下填充公式到 F10 单元格，一次性实现对其他学生的总分进行判断并返回评定结果，如图 5-21 所示。

	A	B	C	D	E	F	G
1	姓名	语文	数学	英语	总分	评定结果	
2	陈伟	80	90	98	268	优秀	
3	葛玲玲	59	70	90	219		
4	张家梁	70	58	45	173		
5	陆婷婷	50	60	59	169		
6	唐糖	80	78	80	238		
7	王亚磊	90	90	88	268	优秀	
8	徐文停	58	65	56	179		
9	苏秦	60	80	70	210		
10	潘鹏	88	90	95	273	优秀	
11	马云飞	99	88	55	242		
12	孙婷	100	85	89	274	优秀	
13	徐春宇	91	80	88	259		

图 5-21

公式解析

=IF(E2>=260,"优秀","")
① ②

① 首先判断"E2>=260"是否为真。

② 如果①步结果是真，返回"优秀"；否则返回空。

例 2：分区间判断成绩并返回不同结果

沿用上一实例，在对成绩进行评定时其评定标准为：当综合成绩大于等于 260 分时，评为"优秀"；成绩为 180～260 分时，评为"合格"；成绩小于 180 分时，评为"不合格"。可以使用 IF 函数的嵌套来进行多条件的判断。

❶ 选中 F2 单元格，在编辑栏中输入公式：**=IF(E2>=260,"优秀",IF(E2>=180,"合格","不合格"))**，如图 5-22 所示。

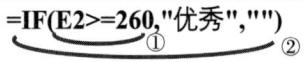

SUMIF		× ✓ f_x	=IF(E2>=260,"优秀",IF(E2>=180,"合格","不合格"))				
	A	B	C	D	E	F	G	H
1	姓名	语文	数学	英语	总分	评定结果		
2	陈伟	80	90	98	268	不合格"))		
3	葛玲玲	59	70	90	219			
4	张家梁	70	58	45	173			
5	陆婷婷	50	60	59	169			
6	唐糖	80	78	80	238			
7	王亚磊	90	90	88	268			

图 5-22

❷ 按 Enter 键，判断 E2 单元格中的值然后返回结果，如图 5-23 所示。

❸ 选中 F2 单元格, 向下填充公式到 F13 单元格, 一次性得出对其他学生成绩的评定结果, 如图 5-24 所示。

	A	B	C	D	E	F
1	姓名	语文	数学	英语	总分	评定结果
2	陈伟	80	90	98	268	优秀
3	葛玲玲	59	70	90	219	
4	张家梁	70	58	45	173	
5	陆婷婷	50	60	59	169	
6	唐糖	80	78	80	238	
7	王亚磊	90	90	88	268	
8	徐文停	58	65	56	179	
9	苏秦	60	80	70	210	
10	潘鹏	88	90	95	273	
11	马云飞	99	88	55	242	
12	孙婷	100	85	89	274	
13	徐春宇	91	80	88	259	

图 5-23

	A	B	C	D	E	F
1	姓名	语文	数学	英语	总分	评定结果
2	陈伟	80	90	98	268	优秀
3	葛玲玲	59	70	90	219	合格
4	张家梁	70	58	45	173	不合格
5	陆婷婷	50	60	59	169	不合格
6	唐糖	80	78	80	238	合格
7	王亚磊	90	90	88	268	优秀
8	徐文停	58	65	56	179	不合格
9	苏秦	60	80	70	210	合格
10	潘鹏	88	90	95	273	优秀
11	马云飞	99	88	55	242	合格
12	孙婷	100	85	89	274	优秀
13	徐春宇	91	80	88	259	合格

图 5-24

公式解析

=IF(E2>=260,"优秀",IF(E2>=180,"合格","不合格"))
　　　　 ①　　　　　　　　②

① 判断 "E2>=260" 是否为真, 如果是, 返回 "优秀"; 如果不是, 则进入第二个 IF 的判断。

② 判断 "E2>=180" 是否为真, 如果是, 返回 "合格"; 否则返回 "不合格"。

例 3: 判断能够参加复试的应聘人员

公司要招聘技术人员, 要求应聘者有五年以上工作经验, 并且笔试成绩大于等于 90 分才可以参加复试。要想快速判断哪些应聘者能参加复试, 可以使用 IF 函数配合 AND 函数进行判断。

❶ 选中 D2 单元格, 在编辑栏中输入公式: **=IF(AND(B2>5,C2>=90),"是","否")**, 如图 5-25 所示。

SUMIF			fx	=IF(AND(B2>5,C2>=90),"是","否")	
	A	B	C	D	E
1	姓名	经验	笔试成绩	是否参加复试	
2	张丽丽	5	90	C2>=90),"是","否")	
3	魏林	6	91		
4	杨吉秀	8	85		
5	魏娟	9	80		
6	张茹	4	95		
7	唐晓燕	7	100		
8	陈家乐	5	89		

图 5-25

❷ 按 Enter 键，即可得出第一位应聘人员是否参加复试的结果，如图 5-26 所示。

❸ 选中 D2 单元格，向下填充公式到 D14 单元格，得出各应聘人员是否参加复试的结果，如图 5-27 所示。

图 5-26

图 5-27

公式解析

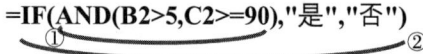

=IF(AND(B2>5,C2>=90),"是","否")
　①　　　　　　　　②

① AND 函数分别判断 B2 单元格中的值是否大于 5，C2 单元格中的数值是否大于等于 90，当二者同时满足条件时，返回 TRUE；否则返回 FALSE。

② ①步返回 TRUE 的，返回"是"文字；①步返回 FALSE 的，返回"否"文字。

例 4：根据双条件筛选出符合发放赠品条件的消费者

某商店周年庆，为了回馈新老客户，满足以下条件者即可得到精美礼品一份：持金卡并且积分超过 10000 分的客户，或者持普通卡并且积分超过 30000 分的客户。可以使用 IF 函数配合 OR 函数、AND 函数来设置公式进行判断。

❶ 选中 D2 单元格，在编辑栏中输入公式：**=IF(OR(AND(B2="金卡", C2>10000),AND (B2="普通卡",C2>30000)),"是","否")**，如图 5-28 所示。

图 5-28

❷ 按 Enter 键，即可判断出第一位消费者是否符合条件，如图 5-29 所示。

❸ 选中 D2 单元格，向下填充公式到 D11 单元格，可批量判断其他消费者是否符合条件，如图 5-30 所示。

	A	B	C	D
1	姓名	类别	积分	是否符合
2	汪任	金卡	25000	是
3	孙丽萍	普通卡	15000	
4	薄明明	普通卡	40000	
5	赖菊	金卡	15000	
6	胡兰	金卡	50000	
7	张谦	金卡	40000	
8	刘凤	金卡	12000	
9	潘玲玲	普通卡	34000	
10	任玉婷	普通卡	10000	
11	张梦雅	普通卡	20000	
12				

图 5-29

	A	B	C	D
1	姓名	类别	积分	是否符合
2	汪任	金卡	25000	是
3	孙丽萍	普通卡	15000	否
4	薄明明	普通卡	40000	是
5	赖菊	金卡	15000	是
6	胡兰	金卡	50000	是
7	张谦	金卡	40000	是
8	刘凤	金卡	12000	是
9	潘玲玲	普通卡	34000	是
10	任玉婷	普通卡	10000	否
11	张梦雅	普通卡	20000	否

图 5-30

公式解析

$$=IF(OR(\underbrace{AND(B2="金卡",C2>10000)}_{①},\underbrace{AND(B2="普通卡",C2>30000)}_{②})),"是","否")$$
③

① AND 函数判断 B2 是否为"金卡"，并且 C2 是否大于 10000，两条件要求同时满足。

② AND 函数判断 B2 是否为"普通卡"，并且 C2 是否大于 30000，两条件要求同时满足。

③ 然后使用 OR 函数判断如果步骤①或步骤②的任一个满足时，则返回 TRUE；否则返回 FALSE。最后使用 IF 函数将 OR 函数返回 TRUE 的，最终返回"是"；返回 FALSE 的，最终返回"否"。

例 5：根据员工的职位和工龄调整工资

本例表格统计了员工的职位、工龄以及基本工资。为了鼓励员工创新，不断推出优质的新产品，公司决定上调研发员薪资，其他职位工资暂时不变。加薪规则：工龄大于 5 年的研发员工资上调 1000 元，其他的研发员上调 500 元。

❶ 选中 E2 单元格，在编辑栏中输入公式：**=IF(NOT(B2="研发员"),"不变",IF(AND(B2="研发员",C2>5),D2+1000,D2+500))**，如图 5-31 所示。

E2		× ✓ fx	=IF(NOT(B2="研发员"),"不变",IF(AND(B2="研发员",C2>5),D2+1000,D2+500))						
	A	B	C	D	E	F	G	H	I
1	姓名	职位	工龄	基本工资	调薪幅度				
2	何志新	设计员	1	4000	不变				
3	周志鹏	研发员	3	5000					
4	夏楚奇	会计	5	3500					
5	周金星	设计员	4	5000					
6	张明宇	研发员	2	4500					
7	赵思飞	测试员	4	3500					

图 5-31

❷ 按 Enter 键即可依据 B2 和 C2 中的职位和工龄判断第一位员工是否符合加薪条件，如果符合加薪条件再用 D2 中的基本工资加上加薪金额即为加薪后的薪资水平，如图 5-32 所示。

❸ 选中 E2 单元格，向下填充公式到 E10 单元格，可批量判断是否给予其他员工调薪，如图 5-33 所示。

	A	B	C	D	E
1	姓名	职位	工龄	基本工资	调薪幅度
2	何志新	设计员	1	4000	不变
3	周志鹏	研发员	3	5000	
4	夏楚奇	会计	5	3500	
5	周金星	设计员	4	5000	
6	张明宇	研发员	2	4500	
7	赵思飞	测试员	4	3500	
8	韩佳人	研发员	6	6000	
9	刘莉莉	测试员	8	5000	
10	吴世芳	研发员	3	5000	

图 5-32

	A	B	C	D	E
1	姓名	职位	工龄	基本工资	调薪幅度
2	何志新	设计员	1	4000	不变
3	周志鹏	研发员	3	5000	5500
4	夏楚奇	会计	5	3500	不变
5	周金星	设计员	4	5000	不变
6	张明宇	研发员	2	4500	5000
7	赵思飞	测试员	4	3500	不变
8	韩佳人	研发员	6	6000	7000
9	刘莉莉	测试员	8	5000	不变
10	吴世芳	研发员	3	5000	5500

图 5-33

公式解析

```
①
=IF(NOT(B2="研发员"),"不变",IF(AND(B2="研发员",C2>5),D2+1000,D2+500))
                                    ②                                    ③
```

① NOT 函数首先判断 B2 单元是不是研发员，如果不是研发员，则返回"不变"；否则进入下一个 IF 的判断，即"IF(AND(B2="研发员",C2>5),D2+1000,D2+500)"。

② AND 函数判断 B2 单元格中的职位是否为"研发员"并且 C2 单元格中工龄是否大于 5，若同时满足则返回 TRUE，否则返回 FALSE。

③ 若②步返回 TRUE，则 IF 返回"D2+1000"的值；若②步返回 FALSE，则 IF 返回"D2+500"的值。

例 6：只为满足条件的商品提价

表格统计是一系列产品的定价，现在需要对部分产品进行调价。具体规则为：当产品是"十年陈"时，价格上调 50 元，其他产品保持不变。要完成这项自动判断，需要公式能自动找出"十年陈"文字，从而实现当满足条件时进行提价运算。由于"十年陈"文字都显示在产品名称的后面，因此可以使用 RIGHT 这个文本函数实现提取。

❶ 选中 D2 单元格，在编辑栏中输入公式：**=IF(RIGHT(A2,5)="（十年陈）",C2+50,C2)**，如图 5-34 所示。

❷ 按 Enter 键，即可根据 A2 单元格中的产品名称判断其是否满足"十年陈"这个条件，从图 5-35 中可以看到当前是满足的，因此计算结果是"C2+50"的值。

❸ 选中 D2 单元格，向下填充公式到 D11 单元格，可批量判断其他产品是否符合调价条件并给出调价后价格，如图 5-36 所示。

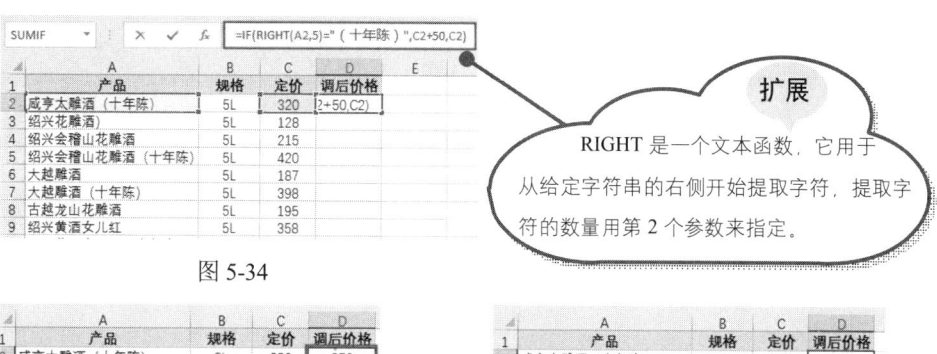

图 5-34

图 5-35

图 5-36

公式解析

=IF(RIGHT(A2,5)="(十年陈)",C2+50,C2)

① 表示从 A2 单元格中数据的右侧开始提取，共提取 5 个字符。

② 提取后判断其是否是"(十年陈)"，如果是则返回"C2+50"；否则只返回 C2 的值，即不调价。

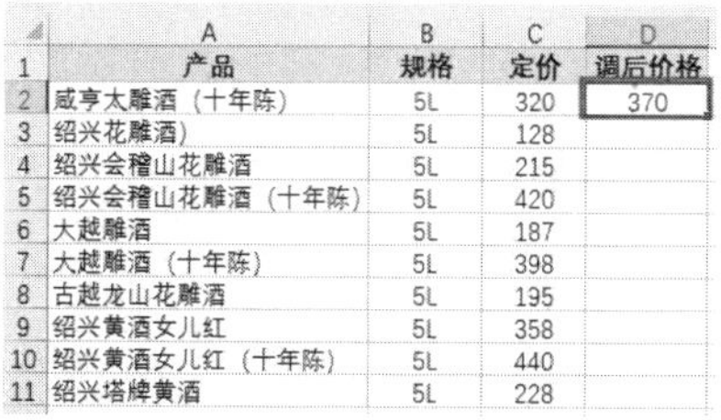

5.2.2　IFERROR：根据错误值返回指定值

IFERROR 函数用于当公式的计算结果错误时，则返回指定的值；否则将返回公式的结果。使用 IFERROR 函数可以捕获和处理公式中的错误。

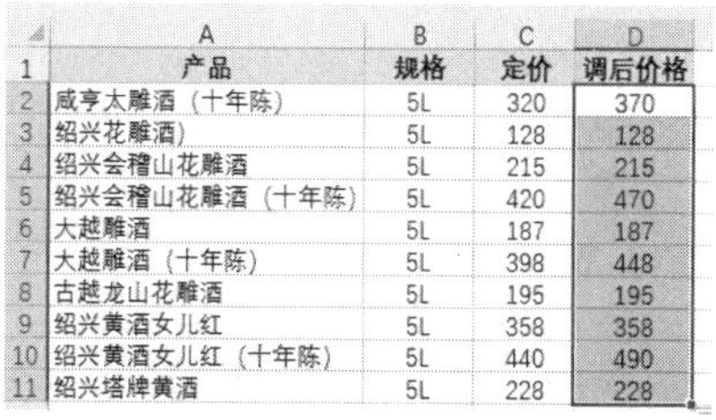

【函数语法】IFERROR(value,value_if_error)

- value：表示检查是否存在错误的参数。
- value_if_error：表示公式的计算结果错误时要返回的值。计算得到的错误类型有#N/A、#VALUE!、#REF!、#DIV/0!、#NUM!、#NAME?或#NULL!。

例：解决被除数为空值（或 0 值）时返回错误值问题

在计算各个产品上半年销量占年销量的百分值时会应用到除法,当除数为 0 值时会返回错误值，而为了避免错误值出现，可以使用 IFERROR 函数。

❶ 如图 5-37 所示中使用公式"=B2/C2"时，当 C 列中出现 0 值或空值时会出现错误值。

❷ 选中 D2 单元格，在编辑栏中输入公式：**=IFERROR(B2/C2,"")**，如图 5-38 所示。

图 5-37

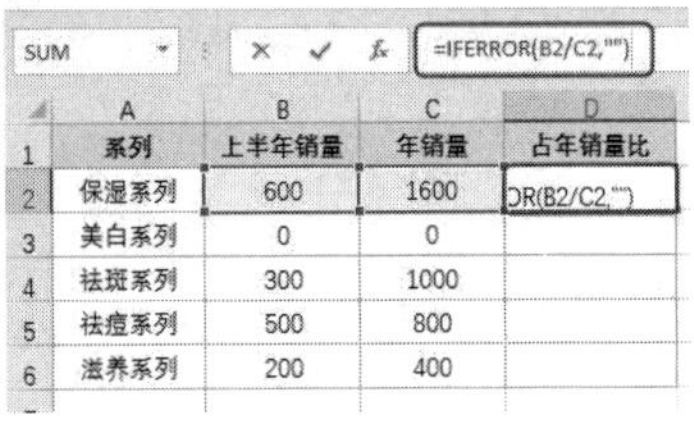

图 5-38

❸ 按 Enter 键，即可返回计算结果。此时可以看到返回正确的结果，如图 5-39 所示。

❹ 选中 D2 单元格，向下填充公式到 D6 单元格，批量得出其他计算结果（当除数为 0 值，返回结果为空），如图 5-40 所示。

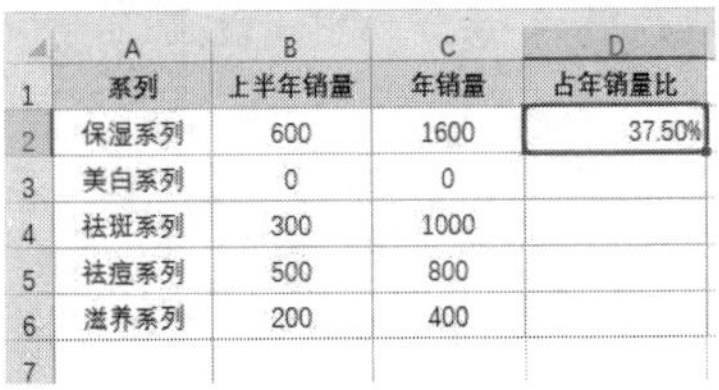

图 5-39

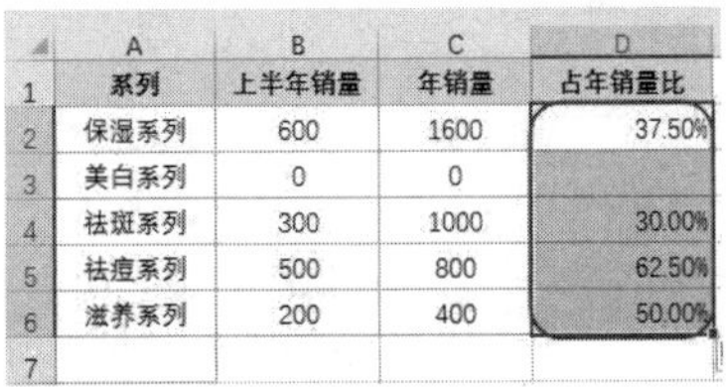

图 5-40

公式解析

= IFERROR(B2/C2,"")

当 B2/C2 的计算结果为错误值时返回空值，否则返回公式的正确结果。

第 6 章

文 本 函 数

文本函数

- 6.1 文本提取函数
  - 6.1.1 FIND：返回字符串在另一个字符串中的起始位置
    - 例1：从货品名称中查找空格的位置
    - 例2：从货品名称中提取品牌名称
  - 6.1.2 SEARCH：查找字符串中指定字符起始位置（不区分大小写）
    - 例：从货品名称中提取品牌名称
  - 6.1.3 LEFT：从最左侧开始提取指定个数的字符
    - 例1：提取出类别编码
    - 例2：从商品全称中提取出产地
    - 例3：统计各个年级参赛的人数合计
  - 6.1.4 RIGHT：从最右侧开始提取指定个数的字符
    - 例1：提取商品的产地
    - 例2：从文字与金额合并显示的字符串中提取金额数据
    - 例3：从品名规格中提取规格
  - 6.1.5 MID：提取文本字符串中从指定位置开始的特定个数的字符
    - 例1：提取出产品的类别编码
    - 例2：提取括号内的字符串

- 6.2 文本新旧替换
  - 6.2.1 REPLACE：将一个字符串中的部分字符用另一个字符串替换
    - 例1：快速更改产品名称的格式
    - 例2：重新规范化编号
  - 6.2.2 SUBSTITUTE：用新字符串替换字符串中的部分字符串
    - 例1：删除报表中多余的空格
    - 例2：将日期规范化再进行求差
    - 例3：查找特定文本且将第一次出现的删除，其他保留

- 6.3 文本格式的转换
  - 6.3.1 ASC：将全角字符更改为半角字符
    - 例：修正全角半角字符不统一导致数据无法统计问题
  - 6.3.2 DOLLAR：四舍五入数值，并添加千分位符号和$符号
    - 例：将金额转换为美元格式
  - 6.3.3 RMB：四舍五入数值，并添加千分位符号和￥符号
    - 例：将数字转换为人民币格式
  - 6.3.4 VALUE：将文本转换为数值
    - 例：将文本型数字转换为数值
  - 6.3.5 TEXT：将数值转换为按指定数字格式表示的文本
    - 例1：返回加班日期对应的星期数
    - 例2：解决日期计算返回日期序列号问题
    - 例3：计算临时工的工作时长并显示为"*时*分"形式
  - 6.3.6 PROPER：将文本字符串的首字母转换成大写
    - 例：将单词的首字母转换为大写
  - 6.3.7 UPPER：将文本转换为大写形式
    - 例：将文本转换为大写形式
  - 6.3.8 LOWER：将文本转换为小写字母
    - 例：将文本转换为小写形式

- 6.4 文本的其他操作
  - 6.4.1 CONCATENATE：将多个文本字符串合并成一个文本字符串
    - 例1：合并面试人员的总分数与录取情况
    - 例2：在数据前统一加上相同文字
  - 6.4.2 TRIM：删除文本中的多余空格
    - 例：删除产品名称中多余的空格
  - 6.4.3 CLEAN：删除文本中不能打印的字符
    - 例：删除产品名称中的换行符
  - 6.4.4 EXACT：比较两个文本字符串是否完全相同
    - 例：比较商品在两个店铺售价是否相同
  - 6.4.5 REPT：按照给定的次数重复显示文本
    - 例：快速输入多个相同符号

6.1 文本提取函数

文本提取函数是用于从文本字符串中提取满足要求的部分文本，包括 FIND、SEARCH、LEFT、RIGHT、MID 几个函数，同时本节中还将介绍用于位置查找的 FIND 函数与用于字符串长度统计的 LEN 函数，它们是用于辅助数据提取的函数，常嵌套于文本提取函数中使用，从而能更加灵活地判断条件。

6.1.1 FIND：返回字符串在另一个字符串中的起始位置

FIND 用于在第二个文本串中定位第一个文本串，并返回第一个文本串的起始位置的值。

【函数语法】FIND(find_text, within_text, [start_num])

- find_text：必需。要查找的文本。
- within_text：必需。包含要查找文本的文本。
- start_num：可选。指定要从其开始搜索的字符。within_text 中的首字符是编号为 1 的字符。如果省略 start_num，则假设其值为 1。

=FIND(❶查找对象,❷包含查找对象的字符串,❸指定从哪个位置开始查找)

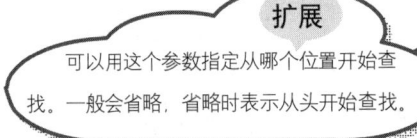

扩展

可以用这个参数指定从哪个位置开始查找。一般会省略，省略时表示从头开始查找。

例 1：从货品名称中查找空格的位置

货品名称中将品牌名称与产品名称间使用了空格间隔，现在要判断空格的所在位置，可以使用 FIND 函数来判断。

❶ 选中 D2 单元格，在编辑栏中输入公式：**=FIND(" ",A2)**，如图 6-1 所示。

	A	B	C	D
1	货品名称	类别	数量	空格位置
2	五福金牛 荣耀系列全包围双层皮革丝	脚垫	12	ID(" ",A2)
3	北极绒 U型枕护颈枕	头腰靠枕	14	
4	途雅 汽车香水 车载座式香水	香水/空气净化	20	
5	卡莱饰 新车空气净化光触媒180ml	香水/空气净化	22	
6	五福金牛 汽车脚垫 迈畅全包围脚垫	脚垫	21	
7	牧宝(MUBO) 冬季纯羊毛汽车坐垫	座垫/座套	12	
8	洛克ROCK) 车载手机支架 重力支架	功能小件	42	
9	尼罗河 四季通用汽车坐垫	座垫/座套	12	

SUMIF ✕ ✓ fx =FIND(" ",A2)

注意

双引号中间有一个空格。

图 6-1

❷ 按 Enter 键，即可提取第一个货品名称中的空格符号的位置，如图 6-2 所示。

❸ 选中 D2 单元格，向下填充公式到 C8 单元格，一次提取出其他货品名称中的空格符号的位置，如图 6-3 所示。

图 6-2

位置只是一个数字而已，提取它有什么用？带着问题进入下一个例子学习，就能知道提取位置起到什么作用了。

图 6-3

例 2：从货品名称中提取品牌名称

沿用上一范例，现在从货品名称中提取品牌名称，找到的规律是，所有品牌名称与后面的产品名称用空格作了间隔，有了这个规律则可以实现自动提取了。注意完成此公式设置需要结合 LEFT 函数才能实现。

❶ 选中 D2 单元格，在编辑栏中输入公式：**=LEFT(A2,FIND(" ",A2)–1)**，如图 6-4 所示。

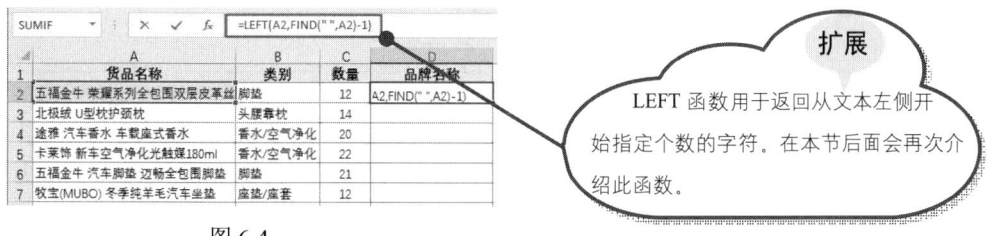

LEFT 函数用于返回从文本左侧开始指定个数的字符。在本节后面会再次介绍此函数。

图 6-4

❷ 按 Enter 键，即可从第一货品名称中提取品牌名称，如图 6-5 所示。

❸ 选中 D2 单元格，向下填充公式到 D14 单元格，一次性从其他货品名称中提取品牌名称，如图 6-6 所示。

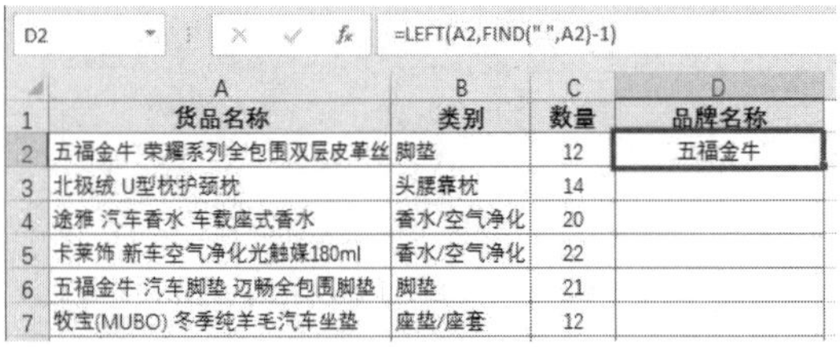

图 6-5

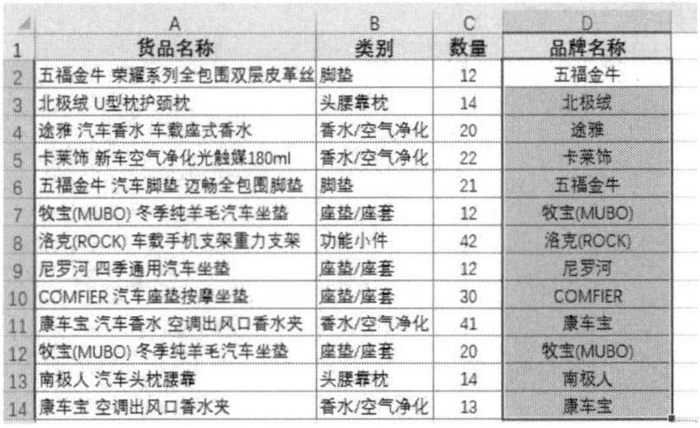

	A	B	C	D
1	货品名称	类别	数量	品牌名称
2	五福金牛 荣耀系列全包围双层皮革丝脚垫	脚垫	12	五福金牛
3	北极绒 U型枕护颈枕	头腰靠枕	14	北极绒
4	途雅 汽车香水 车载座式香水	香水/空气净化	20	途雅
5	卡莱饰 新车空气净化光触媒180ml	香水/空气净化	22	卡莱饰
6	五福金牛 汽车脚垫 迈畅全包围脚垫	脚垫	21	五福金牛
7	牧宝(MUBO) 冬季纯羊毛汽车坐垫	座垫/座套	12	牧宝(MUBO)
8	洛克(ROCK) 车载手机支架重力支架	功能小件	42	洛克(ROCK)
9	尼罗河 四季通用汽车坐垫	座垫/座套	12	尼罗河
10	COMFIER 汽车座垫按摩坐垫	座垫/座套	30	COMFIER
11	康车宝 汽车香水 空调出风口香水夹	香水/空气净化	41	康车宝
12	牧宝(MUBO) 冬季纯羊毛汽车坐垫	座垫/座套	20	牧宝(MUBO)
13	南极人 汽车头枕腰靠	头腰靠枕	14	南极人
14	康车宝 空调出风口香水夹	香水/空气净化	13	康车宝

图 6-6

公式解析

=LEFT(A2,FIND(" ",A2)−1)
　　　　①　　　　　②

① 使用 FIND 函数找到 A2 单元格中空格的位置，并用返回的值减去 1。因为品牌名称在空格前，所以要进行减 1 处理。

② 使用 LEFT 函数从左边开始提取字符，提取长度为步骤①的返回值。即可提取 A2 单元格从左边起前 4 个字符，也就是品牌名称。以此类推，即可分别提取出其他货品的品牌名称。

6.1.2　SEARCH：查找字符串中指定字符起始位置（不区分大小写）

SEARCH 函数用于在第二个文本字符串中查找第一个文本字符串，并返回第一个文本字符串的起始位置的值，该值从第二个文本字符串的第一个字符算起。

【函数语法】SEARCH(find_text,within_text,[start_num])

● find_text：必需。要查找的文本。
● within_text：必需。要在其中搜索 find_text 参数的值的文本。
● start_num：可选。within_text 参数中从之开始搜索的字符编号。

例：从货品名称中提取品牌名称

沿用上一范例，把 FIND 函数换成 SEARCH 函数，也可以达到相同的查找并提取的目的。

❶ 选中 D2 单元格，在编辑栏中输入公式：**=LEFT(A2,SEARCH(" ",A2)−1)**，如图 6-7 所示。

图 6-7

❷ 按 Enter 键，即可提取第一个产品编码中的品牌名称。选中 D2 单元格，向下填充公式到 D8 单元格，一次性提取出其他产品编码中的品牌名称，如图 6-8 所示。

图 6-8

经验之谈

通过 6.1.1 小节中的例 2 与本例比较，SEARCH 和 FIND 函数都是查找位置的函数，一般情况下二者可以相互替代使用。但二者也存在区别，有如下两点。

（1）FIND 函数区分大小写，而 SEARCH 函数不区分大小写。如图 6-9 所示，公式查找小写的"n"，SEARCH 函数不区分大小写，能找到；FIND 函数区分大小写，所以找不到。

（2）SEARCH 函数支持通配符，而 FIND 函数不支持通配符。如图 6-10 所示的公式"=SEARCH ("n?",A2)"，返回的是以"n"开头的三个字符组成的字符串第一次出现的位置。这里的公式中查找对象使用了通配符，SEARCH 函数可以包含，FIND 函数不能包含。

	文本	使用公式	返回值
1			
2	JINAN:徐梓瑞	=SEARCH("n",A2)	3
3		=FIND("n",A2)	#VALUE!

图 6-9

	文本	使用公式	返回值
1			
2	JINAN:徐梓瑞	=SEARCH("n?",A2)	3
3		=FIND("n?",A2)	#VALUE!

图 6-10

6.1.3 LEFT：从最左侧开始提取指定个数的字符

LEFT 函数用于返回从文本左侧开始提取指定个数的字符。

【函数语法】 LEFT(text, [num_chars])
- text：必需。包含要提取的字符的文本字符串。
- num_chars：可选。指定要由 LEFT 提取的字符的数量。

例 1：提取出类别编码

本例表格的 B 列记录了产品的完整编码，其中包含类别编码（前四位）及货号。要求只将类别编码提取出来并显示在 A 列中。

❶ 选中 A2 单元格，在编辑栏中输入公式：**=LEFT(B2,3)**，如图 6-11 所示。

❷ 按 Enter 键，即可返回 B2 单元格产品类别编码，如图 6-12 所示。

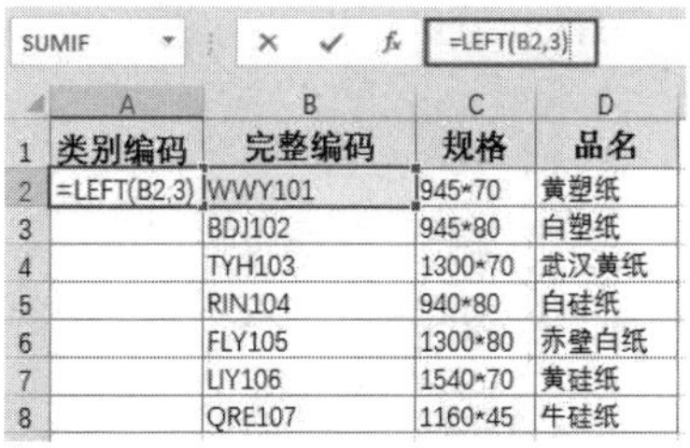

图 6-11

图 6-12

❸ 选中 A2 单元格，向下填充公式到 A8 单元格，一次性得出其他产品的类别编码，如图 6-13 所示。

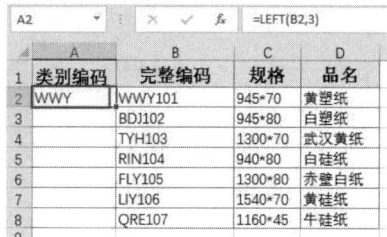

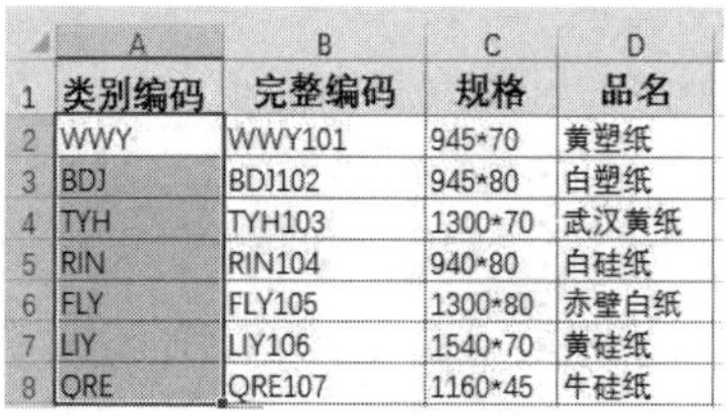

图 6-13

经验之谈

这是一个最简易 LEFT 函数用法，在 7.1.1 小节的例 2 中也使用了 LEFT 函数，因为想提取的数据长度不一，所以嵌套使用 FIND 函数返回值作为第二个参数，让公式能更灵活地判断从左侧提取，一共要提取几个字符。如果给第二个参数指定一个固定值，则不能达到灵活提取的目的。可见函数的搭配使用可以解决众多疑难问题。

例 2：从商品全称中提取出产地

本例表格的 B 列中记录了各地特产的全称，现在需要单独将特产产地的省份提取出来。

❶ 选中 C2 单元格，在编辑栏中输入公式：**=LEFT(B2,FIND("省",B2))**，如图 6-14 所示。

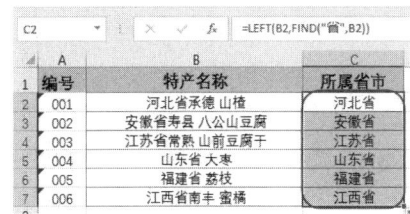

图 6-14

❷ 按 Enter 键，即可提取出第一个特产名称的所属省名，如图 6-15 所示。

❸ 选中 C2 单元格，向下填充公式到 C7 单元格，一次性提取出其他商品所属省名称，如图 6-16 所示。

图 6-15　　　　　　　　　　　　　　图 6-16

公式解析

$$= LEFT(B2,FIND("省",B2))$$

① 使用 FIND 函数查找 B2 单元格中"省"字在地址中的位置。

② 使用 LEFT 函数从最左侧第一个字开始提取，提取字符个数为①步返回值。

例 3：统计各个年级参赛的人数合计

本例为某高中各年级各班的参赛情况表，需要按年级统计出参赛的总人数。这时需要使用 LEFT 函数提取年级，然后再使用 SUM 函数对满足条件的求和。

❶ 选中 E1 单元格，在编辑栏中输入公式：**=SUM((LEFT($A$2:$A$8,2)=D1)*$B$2:$B$8)**，如图 6-17 所示。

❷ 按 Ctrl+Shift+Enter 组合键，即可统计出高一参赛总人数，如图 6-18 所示。

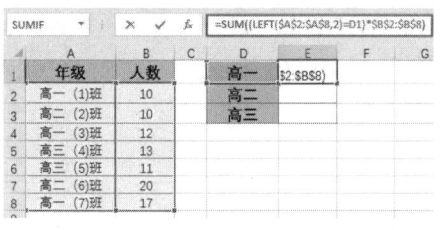
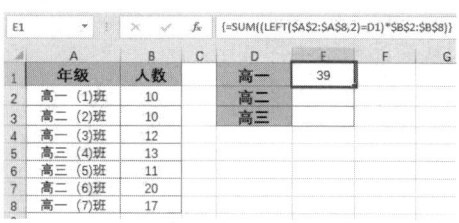

图 6-17　　　　　　　　　　　　　　　　图 6-18

❸ 选中 E1 单元格，向下填充公式到 E3 单元格，一次性得出高二的参赛总人数与高三的参赛总人数，如图 6-19 所示。

图 6-19

公式解析

=SUM((LEFT($A$2:$A$8,2)=D1)*$B$2:$B$8)

① 使用 LEFT 函数依次提取 A2:A8 单元格的前两个字符，并判断它们是否为 D1 中指定的"高一"，如果是则返回 TRUE，否则返回 FALSE，返回的是一个数组（由 TRUE 和 FALSE 组成的数组）。

② 将①步数组中 TRUE 值对应在 B2:B8 单元格区域中的数值返回，也就是返回具体的人数数字，即由 {10;12;17} 组成的数组，再将这个数组内的数字使用 SUM 函数进行求和运算，即 10+12+17=39。

6.1.4　RIGHT：从最右侧开始提取指定个数的字符

RIGHT 函数用于根据所指定的字符数返回文本字符串中最后一个或多个字符。

【函数语法】RIGHT(text,[num_chars])

● text：必需。包含要提取字符的文本字符串。
● num_chars：可选。指定要由 RIGHT 提取的字符的数量。

例 1：提取商品的产地

如果要提取的字符串在右侧，并且要提取的字符宽度一致，可以直接使用 RIGHT 函数提取。例如，在下面的表格中要从特产名称中提取产地。

❶ 选中 C2 单元格，在编辑栏中输入公式：**=RIGHT(B2,4)**，如图 6-20 所示。

❷ 按 Enter 键，可提取 B2 单元格中字符串的最后 4 个字符，即产地信息，如图 6-21 所示。

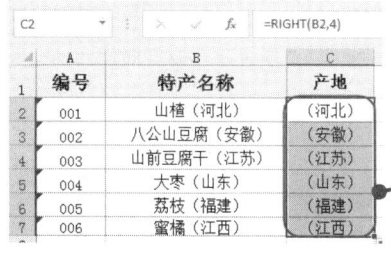

图 6-20　　　　　　　　　　　　　　　　　图 6-21

❸ 选中 C2 单元格，向下填充公式到 C7 单元格，一次性提取出产地名称，如图 6-22 所示。

图 6-22

扩展

这是 RIGHT 函数最简易的用法，如果要提取的字符数不是固定的，则必须嵌套其他函数来返回第二个参数的值。

例 2：从文字与金额合并显示的字符串中提取金额数据

如果要提取的字符串虽然是从最右侧开始，但长度不一，则无法直接使用 RIGHT 函数提取，此时需要配合其他的函数来确定提取的长度。例如，在下面的表格中要计算配送费与燃油附加费两项费用的总金额，则需要先提取燃油附加费才能进行求和计算。

❶ 选中 D2 单元格，在编辑栏中输入公式：**=B2+RIGHT(C2,LEN(C2)–5)**，如图 6-23 所示。

❷ 按 Enter 键，可提取 C2 单元格中的金额数据，并实现总费用的计算，如图 6-24 所示。

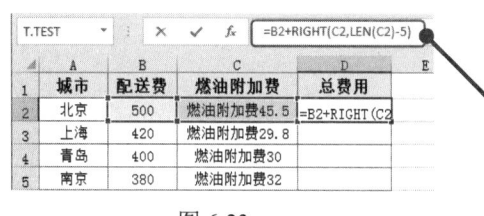

图 6-23

扩展

公式中使用了 LEN 函数，此函数用于统计文本字符串中的字符数。单独统计字符数意义不大，因此常用于配合其他函数使用。本例就是一个典型的例子，可参见公式解析学习理解。

❸ 选中 D2 单元格，向下填充公式到 D8 单元格，可以实现总费用的批量计算，如图 6-25 所示。

图 6-24

图 6-25

公式解析

=B2+RIGHT(C2,LEN(C2)–5)

① 求取 C2 单元格中字符串的总长度，减 5 处理是因为"燃油附加费"共 5 个字符，减去后的值为去除"燃油附加费"文字后剩下的字符数。

② 从 C2 单元格中字符串的最右侧开始提取，提取的字符数是①步返回结果。

例 3：从品名规格中提取规格

本例表格中的"品名规格"列中包含有规格信息，下面需要从品名规格中提取规格数据。注意规划数据的长度不一，并且前面的品名长度也不一样，这时就需要找寻规律来实现 RIGHT 函数的第二个参数值的返回。

❶ 选中 D2 单元格，在编辑栏中输入公式：**=RIGHT(B2,LEN(B2)–FIND("纸",B2))**，如图 6-26 所示。

❷ 按 Enter 键，即可从 B2 单元格中提取规格，如图 6-27 所示。

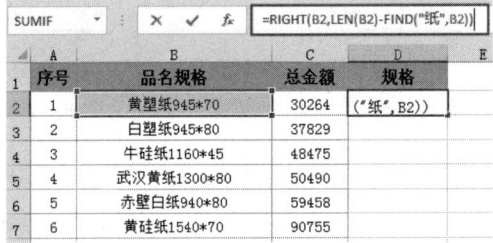

图 6-26

❸ 选中 D2 单元格，向下填充公式到 D7 单元格，即可依次从 B 列中提取规格，如图 6-28 所示。

	A	B	C	D
1	序号	品名规格	总金额	规格
2	1	黄塑纸945*70	30264	945*70
3	2	白塑纸945*80	37829	
4	3	牛硅纸1160*45	48475	
5	4	武汉黄纸1300*80	50490	
6	5	赤壁白纸940*80	59458	
7	6	黄硅纸1540*70	90755	
8				

图 6-27

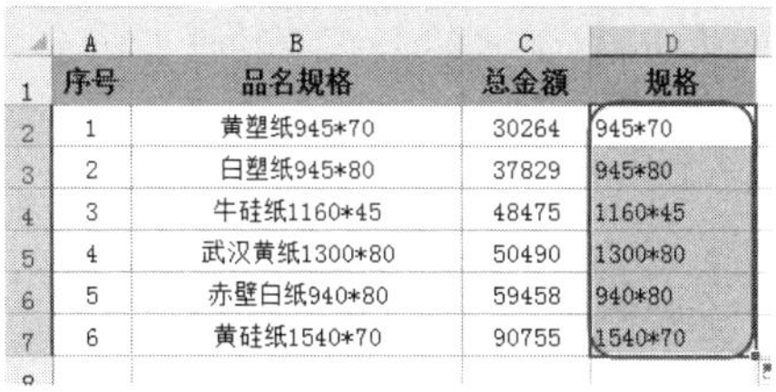

	A	B	C	D
1	序号	品名规格	总金额	规格
2	1	黄塑纸945*70	30264	945*70
3	2	白塑纸945*80	37829	945*80
4	3	牛硅纸1160*45	48475	1160*45
5	4	武汉黄纸1300*80	50490	1300*80
6	5	赤壁白纸940*80	59458	940*80
7	6	黄硅纸1540*70	90755	1540*70

图 6-28

公式解析

=RIGHT(B2,LEN(B2)–FIND("纸",B2))

① 使用 LEN 函数统计 B2 单元格中字符串的长度。即 9。

② 使用 FIND 函数在 B2 单元格中返回"纸"字的位置。即 3。

③ ①减去②的值作为 RIGHT 函数的第 2 个参数。即 9–3=6。

④ 最后使用 RIGHT 函数从 B2 单元格的右侧开始提取，提取字符数为①步减去②步的值，也就是提取 4 个字符，得到第一个规格为"945*70"。

经验之谈

　　这个例子针对例 2 又有了新的提升，因为从右侧提取时，提取长度不能固定，并且要提取数据的左侧的字符数也不固定，因此在统计出字符长度不能像例 2 那样直接减去几，那么该减去几呢？则又套用了一个 FIND 函数来进行判断，最终才能完成满足要求的提取。

6.1.5　MID：提取文本字符串中从指定位置开始的特定个数的字符

　　MID 函数用于返回文本字符串中从指定位置开始的特定数目的字符，该数目由用户指定。

【函数语法】 MID(text, start_num, num_chars)

- text：必需。包含要提取字符的文本字符串。
- start_num：必需。文本中要提取的第一个字符的位置。文本中第一个字符的 start_num 为 1，以此类推。
- num_chars：必需。指定希望 MID 从文本中返回字符的个数。

=MID(❶在哪里提取,❷从什么位置提取,❸提取的字符数量)

例 1：提取出产品的类别编码（从规格中提取产品的厚度）

　　本例表格的 A 列记录的数据中包含产品的厚度信息，现在需要单独提取出厚度数据。

❶ 选中 B2 单元格，在编辑栏中输入公式：**=MID(A2,9,3)**，如图 6-29 所示。

❷ 按 Enter 键，即可提取出第一个产品的厚度数据，如图 6-30 所示。

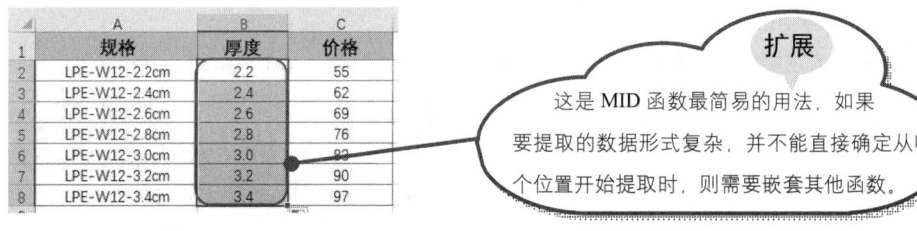

图 6-29   图 6-30

❸ 选中 B2 单元格，向下填充公式到 B8 单元格，一次性提取出其他产品的厚度数据，如图 6-31 所示。

图 6-31

> **扩展**
>
> 这是 MID 函数最简易的用法，如果要提取的数据形式复杂，并不能直接确定从哪个位置开始提取时，则需要嵌套其他函数。

例 2：提取括号内的字符串

如果要提取的字符串在原字符串中起始位置不固定，则无法直接使用 MID 函数提取。这时需要配合其他函数来确定提取位置。例如本例要从数据表中提取公司名称中括号内的文本，但括号的位置却不固定，其公式设置如下。

❶ 选中 C2 单元格，在编辑栏中输入公式：**=MID(A2,FIND("（",A2)+1,2)**，如图 6-32 所示。

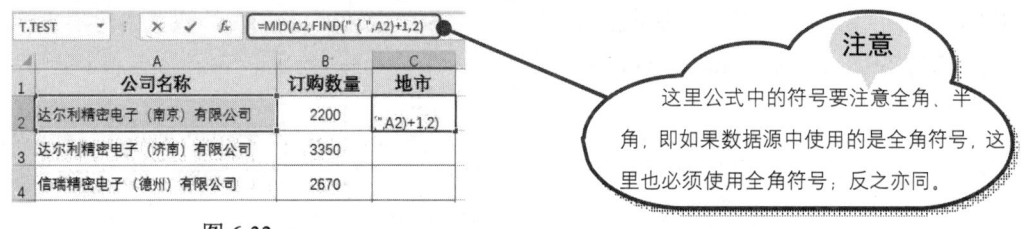

> **注意**
>
> 这里公式中的符号要注意全角、半角，即如果数据源中使用的是全角符号，这里也必须使用全角符号；反之亦同。

图 6-32

❷ 按 Enter 键，可提取 A2 单元格中字符串中括号内的字符，如图 6-33 所示。

❸ 选中 C2 单元格，向下填充公式到 C6 单元格即可实现批量提取，如图 6-34 所示。

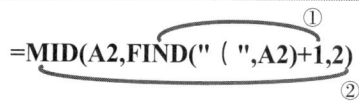

图 6-33　　　　　　　　　　　　　　　　　　　图 6-34

公式解析

=**MID(A2,FIND("（",A2)+1,2)**

① 返回 "（" 在 A2 单元格中的位置，然后进行加 1 处理。因为要提取的起始位置在 "（" 之后，因此要进行加 1 处理。

② 从 A2 单元格中字符串的①步返回值为起始，共提取两个字符。

6.2　文本新旧替换

文本替换函数有 REPLACE、SUBSTITUTE 函数，如果要将数据中的指定字符替换为另一个新字符，可以使用 REPLACE 函数；SUBSTITUTE 函数还可以用新字符替换部分字符串。

6.2.1　REPLACE：将一个字符串中的部分字符用另一个字符串替换

REPLACE 使用其他文本字符串并根据所指定的字符数替换某文本字符串中的部分文本。无论默认语言设置如何，函数 REPLACE 始终将每个字符（不管是单字节还是双字节）按 1 计数。

【函数语法】REPLACE(old_text, start_num, num_chars, new_text)
- old_text：必需。要替换其部分字符的文本。
- start_num：必需。要用 new_text 替换 old_text 中字符的位置。
- num_chars：必需。希望 replace 使用 new_text 替换 old_text 中字符的个数。
- new_text：必需。将用于替换 old_text 中字符的文本。

=REPLACE(❶要替换的字符串,❷开始位置,❸替换个数,❹新文本)

注意

参数 3 可以占位不设置，表示在指定位置插入新文本；参数 4 也可以占位不设置，表示用空白来替换旧文本，即删除旧文本。

例1：快速更改产品名称的格式

本例表格中的"品名规格"列中使用了下划线，现将批量替换为"*"号，得到新的格式。

❶ 选中 C2 单元格，在编辑栏中输入公式：**=REPLACE(A2,7,1,"*")**，如图 6-35 所示。

❷ 按 Enter 键即可得到需要的显示格式，如图 6-36 所示。

❸ 选中 C2 单元格，向下填充公式到 C7 单元格，得到其他品名规格的新格式，如图 6-37 所示。

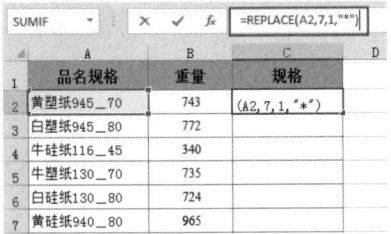

图 6-35

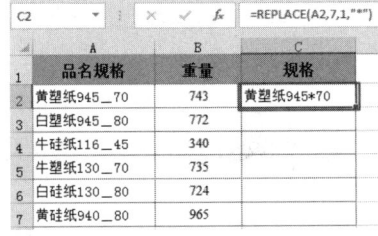

图 6-36

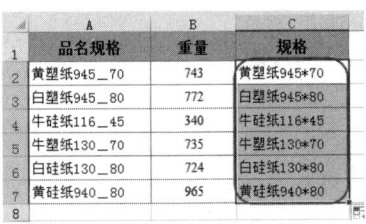

图 6-37

公式解析

=REPLACE(A2,7,1,"*")

从 A2 单元格的第 7 个字符开始替换，即将第 7 个字符替换为"*"。

例2：重新规范化编号

表格中需要将原始编号重新进行规范化处理，即要在原始编号前进行补 0，此时可以配合 REPLACE 函数、IF 函数和 MID 函数来设计公式。

❶ 选中 D2 单元格，在编辑栏中输入公式：**=REPLACE(A2,3,,"00")**，如图 6-38 所示。

❷ 按 Enter 键，即可返回第一个规范化编号，如图 6-39 所示。

❸ 选中 D2 单元格，向下填充公式到 D7 单元格，返回其他规范化编号，如图 6-40 所示。

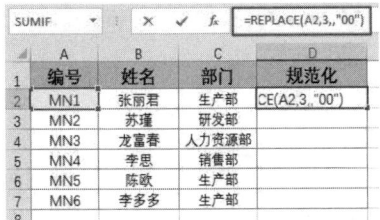

图 6-38

图 6-39

图 6-40

公式解析

=REPLACE(A2,3,,"00")●━━━━━━━━━━━━━━━━━━━━━●

使用 REPLACE 函数从第 3 个字符开始插入 "00" 字符。

> **扩展**
>
> 这个公式要注意第 3 个参数的设置方法，这是占位处理，但并不指定替换几个字符，这就达到了在指定位置处插入字符的作用而不是替换字符。

6.2.2 SUBSTITUTE：用新字符串替换字符串中的部分字符串

SUBSTITUTE 函数用于在文本字符串中用 new_text 替代 old_text。

【函数语法】SUBSTITUTE(text,old_text,new_text,instance_num)

- text：表示需要替换其中字符的文本，或对含有文本的单元格的引用。
- old_text：表示需要替换的旧文本。
- new_text：用于替换 old_text 的文本。
- instance_num：可选。用来指定要以 new_text 替换第几次出现的 old_text。

=SUBSTITUTE(❶要替换的文本,❷旧文本,❸新文本,❹第 N 个旧文本)

> **注意**
>
> 可选。如果省略，会将每一处旧文本都替换为新文本；如果指定了，则只将出现指定次数的旧文本替换，其他不替换。

例 1：删除报表中多余的空格

如果表格中的数据输入得不规范或者复制得来的文本有时候会存在很多空格，使用 SUBSTITUTE 函数可以一次性删除其中的空格，使文本内容显得更加紧凑。

❶ 选中 B2 单元格，在编辑栏中输入公式：**= SUBSTITUTE(A2," ","")**，如图 6-41 所示。

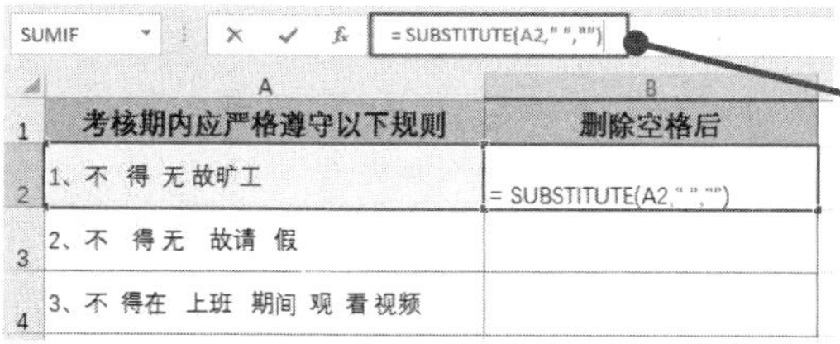

	A	B
1	考核期内应严格遵守以下规则	删除空格后
2	1、不 得 无 故旷工	= SUBSTITUTE(A2," ","")
3	2、不 得无 故请 假	
4	3、不 得在 上班 期间 观 看视频	

> **注意**
>
> 前一个双引号中有空格，后一个双引号中无空格，即公式将无空格替换空格，即达到了最终删除空格的目的。

图 6-41

❷ 按 Enter 键，即可删除 A2 单元格中多余的空格，如图 6-42 所示。

❸ 选中 B2 单元格，向下填充公式到 B4 单元格，依次删除其他单元格中的空格，如图 6-43 所示。

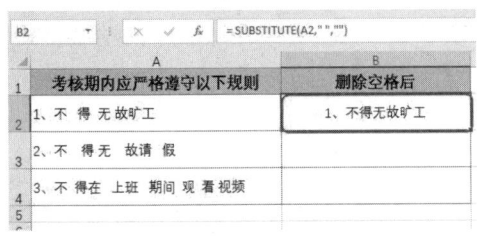
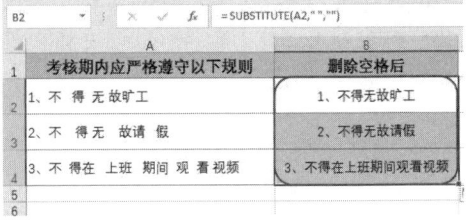

图 6-42　　　　　　　　　　　　　　　图 6-43

例 2：将日期规范化再进行求差

本例表格中的 B 列和 C 列显示了生产日期和到期日期，但都不是规范的标准日期，这样的日期无法进行计算，可以使用 SUBSTITUTE 函数转换为标准日期后再进行计算。

❶ 选中 D2 单元格，在编辑栏中输入公式：**=SUBSTITUTE(C2,".","-")-SUBSTITUTE (B2,".","-")**，如图 6-44 所示。

图 6-44

❷ 按 Enter 键，即可计算出保质期，如图 6-45 所示。

❸ 选中 D2 单元格，向下填充公式到 D6 单元格，一次性计算出其他产品的保质期，如图 6-46 所示。

图 6-45　　　　　　　　　　　　　　　图 6-46

公式解析

```
       ①
= SUBSTITUTE(C2,".","-")–SUBSTITUTE(B2,".","-")
                                              ②
```

① 使用 SUBSTITUTE 函数将 C2 中日期规范化（将"."替换为"-"）。

② 将规范化后的日期进行差值计算。

例 3：查找特定文本且将第一次出现的删除，其他保留

本例需要通过设置公式将 B 列中的产品类别名称进行替换，下面介绍具体的公式。

---

❶ 选中 C2 单元格，在编辑栏中输入公式：**=SUBSTITUTE(B2,"-",,1)**，如图 6-47 所示。

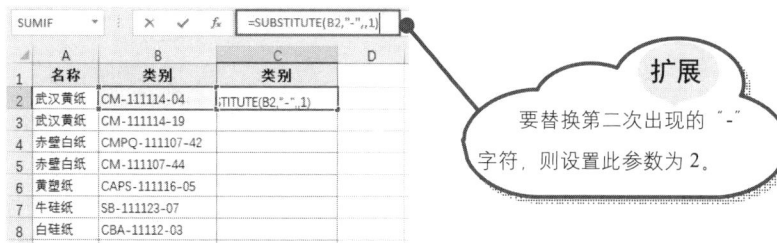

> **扩展**
>
> 要替换第二次出现的"-"字符，则设置此参数为 2。

图 6-47

❷ 按 Enter 键，即可返回替换后的新类别名称，如图 6-48 所示。

❸ 选中 C2 单元格，向下填充公式到 C9 单元格批量返回新的类别名称，如图 6-49 所示。

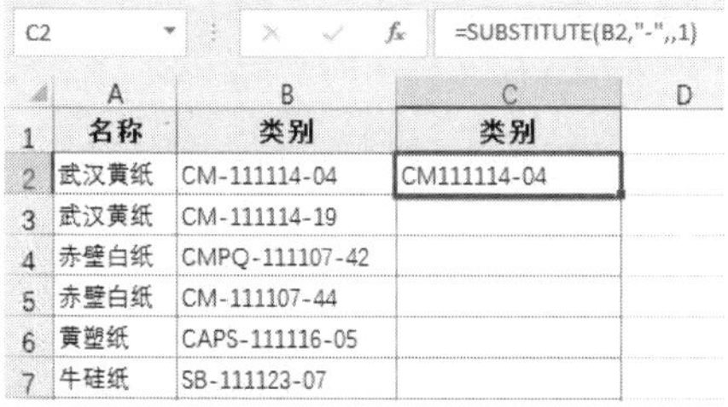

	A	B	C	D
C2		fx	=SUBSTITUTE(B2,"-",,1)	
1	名称	类别	类别	
2	武汉黄纸	CM-111114-04	CM111114-04	
3	武汉黄纸	CM-111114-19		
4	赤璧白纸	CMPQ-111107-42		
5	赤璧白纸	CM-111107-44		
6	黄塑纸	CAPS-111116-05		
7	牛硅纸	SB-111123-07		

图 6-48

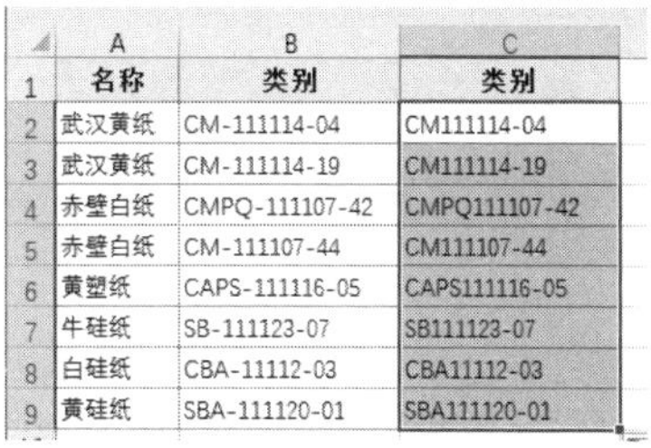

	A	B	C
1	名称	类别	类别
2	武汉黄纸	CM-111114-04	CM111114-04
3	武汉黄纸	CM-111114-19	CM111114-19
4	赤璧白纸	CMPQ-111107-42	CMPQ111107-42
5	赤璧白纸	CM-111107-44	CM111107-44
6	黄塑纸	CAPS-111116-05	CAPS111116-05
7	牛硅纸	SB-111123-07	SB111123-07
8	白硅纸	CBA-111112-03	CBA11112-03
9	黄硅纸	SBA-111120-01	SBA111120-01

图 6-49

公式解析

=SUBSTITUTE(B2,"-",,1)

使用 SUBSTITUTE 函数将 B2 单元格中的类别进行替换。
B2 中需要替换的文本为"-"，将这一部分指定的内容替换为
空值，并且只替换第一次出现的"-"字符，其他的不替换。

> **注意**
>
> 替换第几次出现的字符，使用这个参数指定。

6.3 文本格式的转换

文本格式转换包括以下一些操作：将数字转换为其他货币格式、将文本数字转换为数值、将文本转换为大写或者小写字母形式、将数值转换为按指定数字格式显示的文本等。这些转换操作都可以使用 Excel 函数来实现。

6.3.1 ASC：将全角字符更改为半角字符

对于双字节字符集（DBCS）语言，ASC 函数将全角（双字节）字符转换成半角（单字节）字符。

【函数语法】 ASC(text)

text：表示文本或包含文本的单元格引用。如果文本中不包含任何全角字母，则文本不会更改。

例：修正全角半角字符不统一导致数据无法统计问题

在如图 6-50 所示表格中，可以看到"高一(1)班"分组人数有两条记录，但使用 SUMIF 函数统计时只统计出总数为 12。出现这种情况是因为 SUMIF 函数以"高一(1)班"为查找对象，这其中的英文与字符是半角状态的，而 A 列中的英文与字符有半角的也有全角的，这就造成了当格式不匹配时就找不到了，所以不被作为统计对象。这时候就可以使用 ASC 函数先一次性将数据源中的字符格式统一起来，然后再进行数据统计。

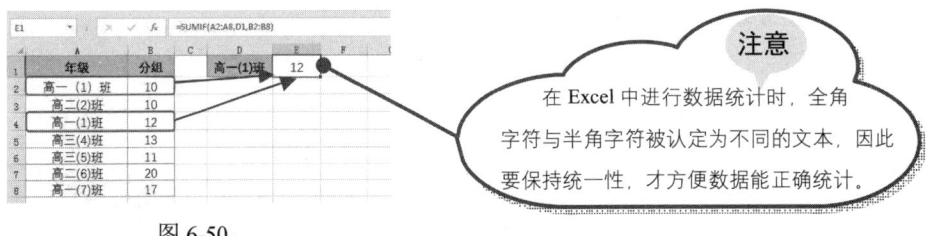

图 6-50

❶ 选中 F2 单元格，在编辑栏中输入公式：**=ASC(A2)**，如图 6-51 所示。

❷ 按 Enter 键，即可得出返回半角字符，然后向下填充公式到 F8 单元格即可实现如果 F 列中出现全角字符就一次性转换为半角字符，如图 6-52 所示。

图 6-51   图 6-52

❸ 选中 F 列中转换后的数据，按 Ctrl+C 组合键复制，然后再选中 A2 单元格，在"开始"选项卡的"剪贴板"组中单击"粘贴"下拉按钮，在下拉菜单中选择"值"命令（如图 6-53 所示），实现数据的覆盖粘贴。

❹ 完成数据格式的重新修正后，可以看到 E2 单元格中得到的正确的计算结果，如图 6-54 所示。

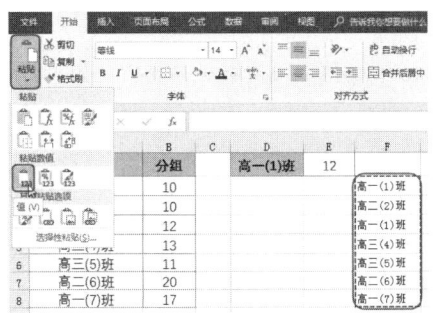
图 6-53

图 6-54

6.3.2　DOLLAR：四舍五入数值，并添加千分位符号和 $ 符号

DOLLAR 函数是依照货币格式将小数四舍五入到指定的位数并转换成美元货币格式文本。使用的格式为：($#,##0.00_);($#,##0.00)。

【函数语法】DOLLAR (number,decimals)
- number：表示数字、对包含数字的单元格引用或是计算结果为数字的公式。
- decimals：表示十进制数的小数位数。如果 decimals 为负数，则 number 在小数点左侧进行舍入。如果省略 decimals，则假设其值为 2。

例：将金额转换为美元格式

表格的 B 列为人民币显示单位的销售额数据，现在需要将其快速转换为美元货币格式。

❶ 选中 C2 单元格，在编辑栏中输入公式：**=DOLLAR(B2)**，如图 6-55 所示。

❷ 按 Enter 键，即可将 B2 单元格中的数值转换为 $（美元）货币格式，如图 6-56 所示。

❸ 选中 C2 单元格，向下填充公式到 C6 单元格，一次性将其他数值转换为美元货币格式，如图 6-57 所示。

图 6-55

图 6-56

图 6-57

6.3.3 RMB：四舍五入数值，并添加千分位符号和¥符号

RMB 函数是依照货币格式将小数四舍五入到指定的位数并转换成文本。使用的格式为：(¥#,##0.00_);(¥#,##0.00)。

【函数语法】RMB(number, [decimals])
- number：必需。数字、对包含数字的单元格的引用或是计算结果为数字的公式。
- decimals：可选。小数点右边的位数。如果 decimals 为负数，则 number 从小数点往左按相应位数四舍五入。如果省略 decimals，则假设其值为 2。

例：将数字转换为人民币格式

本例表格的 C 列为发票显示的小写金额，并且为数值格式，这里需要将其转换为人民币格式。

❶ 选中 D2 单元格，在编辑栏中输入公式：**=RMB(C2)**，如图 6-58 所示。

❷ 按 Enter 键，即可将 C2 单元格发票金额转换为人民币格式，如图 6-59 所示。

❸ 选中 D2 单元格，向下填充公式到 D6 单元格，一次性得出其他发票的人民币格式，如图 6-60 所示。

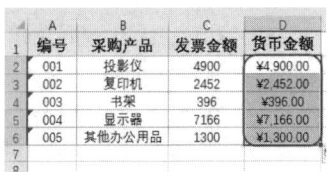

图 6-58　　　　　　　　　图 6-59　　　　　　　　　图 6-60

6.3.4 VALUE：将文本转换为数值

VALUE 函数用于将代表数字的文本字符串转换成数字。

【函数语法】VALUE(text)
text：必需。带引号的文本或对包含要转换文本的单元格的引用。

例：将文本型数字转换为数值

在表格中计算总金额时，由于单元格的格式被设置成文本格式，从而导致总金额无法计算，如图 6-61 所示。

❶ 选中 E2 单元格，在编辑栏中输入公式：**=VALUE(D2)**，如图 6-62 所示。

❷ 按 Enter 键，即可转换为数值格式，如图 6-63 所示。

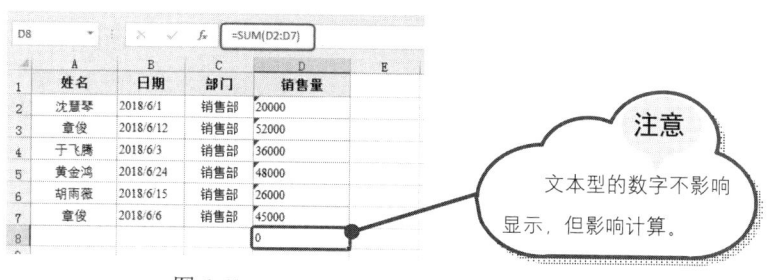

图 6-61

❸ 选中 E2 单元格，向下填充公式到 E7 单元格，一次性将金额转换为数值格式，如图 6-64 所示。

❹ 转换后可以看到，在 E8 单元格中使用公式进行求和运算时即可得到正确结果，如图 6-65 所示。

图 6-62

图 6-63

图 6-64

图 6-65

6.3.5　TEXT：将数值转换为按指定数字格式表示的文本

TEXT 函数是将数值转换为按指定数字格式表示的文本。

【函数语法】TEXT(value,format_text)

● value：表示数值、计算结果为数字值的公式或对包含数字值的单元格的引用。

● format_text：是作为用引号括起的文本字符串的数字格式。在"设置单元格格式"对话框（如图 6-66 所示）中通过单击"数字"选项卡的"分类"列表中的"数值""货币""日期""时间""自定义"并查看显示的格式，可以查看不同的数字格式。format_text 不能包含星号（＊）。

=TEXT(❶原数据,❷想更改为的文本格式)

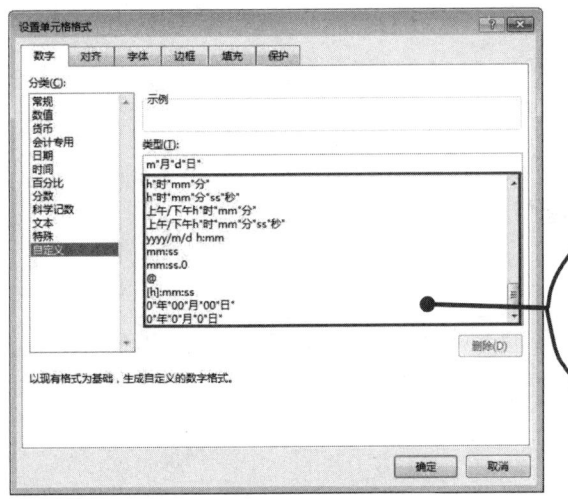

图 6-66

右侧扩展说明：

第二个参数是格式代码，用来告诉函数应该将第一个 TEXT 参数的数据更改成什么样子。如果你不知道怎样给 TEXT 函数设置格式代码，可以打开"设置单元格格式"对话框，在"分类"列表中单击"自定义"标签，可以在"类型"列表中参考 Excel 已经准备好的自定义数字格式代码。

如图 6-67 所示，使用公式"=TEXT(A2,"0 年 00 月 00 日")"可以将 A2 单元格的数据转换为 C2 单元格的样式。

如图 6-68 所示，使用公式"=TEXT(A2,"上午/下午 h 时 mm 分")"可以将 A 列中单元格的数据转换为 C 列中对应的样式。

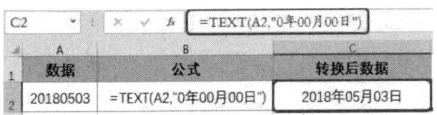

图 6-67

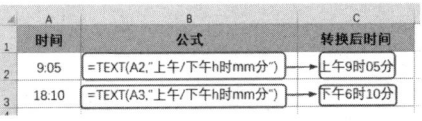

图 6-68

例 1：返回加班日期对应的星期数

本例表格为员工加班表，显示了每位员工的加班日期，为了查看方便，需要显示出各日期对应的星期数。

❶ 选中 C2 单元格，在编辑栏中输入公式：**=TEXT(B2,"AAAA")**，如图 6-69 所示。

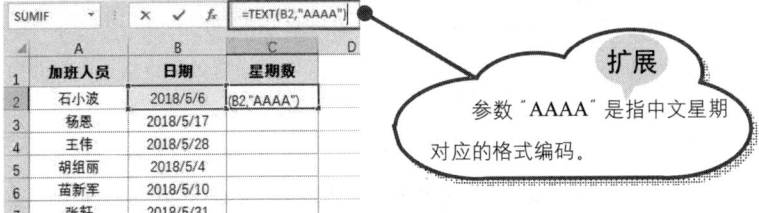

右侧扩展说明：

参数"AAAA"是指中文星期对应的格式编码。

图 6-69

❷ 按 Enter 键，即可返回 B2 单元格中日期对应的星期数，如图 6-70 所示。

❸ 选中 C2 单元格，向下填充公式到 C9 单元格，一次性得出其他加班人员的星期数，如图 6-71 所示。

	A	B	C	D
1	加班人员	日期	星期数	
2	石小波	2018/5/6	星期日	
3	杨思	2018/5/17		
4	王伟	2018/5/28		
5	胡组丽	2018/5/4		
6	苗新军	2018/5/10		
7	张轩	2018/5/31		
8	夏裙	2018/5/12		
9	顾玉凤	2018/5/18		

图 6-70

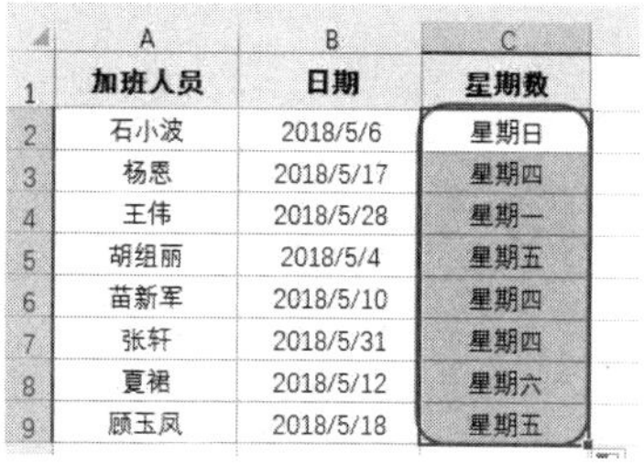

	A	B	C
1	加班人员	日期	星期数
2	石小波	2018/5/6	星期日
3	杨思	2018/5/17	星期四
4	王伟	2018/5/28	星期一
5	胡组丽	2018/5/4	星期五
6	苗新军	2018/5/10	星期四
7	张轩	2018/5/31	星期四
8	夏裙	2018/5/12	星期六
9	顾玉凤	2018/5/18	星期五

图 6-71

例 2：解决日期计算返回日期序列号问题

在进行日期数据的计算时，默认会显示为日期对应的序列号值，如图 6-72 所示。常规的处理办法是，需要重新设置单元格的格式为日期格式才能正确显示出标准日期。除此之外，可以使用 TEXT 函数将计算结果一次性转换为标准日期，下面看具体的操作过程。

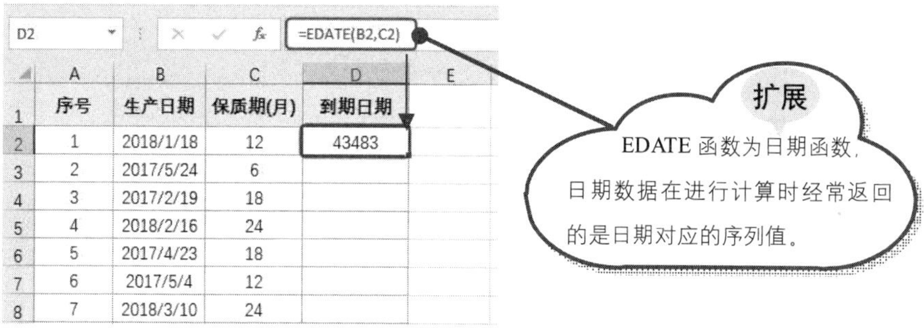

D2　　fx　=EDATE(B2,C2)

	A	B	C	D	E
1	序号	生产日期	保质期(月)	到期日期	
2	1	2018/1/18	12	43483	
3	2	2017/5/24	6		
4	3	2017/2/19	18		
5	4	2018/2/16	24		
6	5	2017/4/23	18		
7	6	2017/5/4	12		
8	7	2018/3/10	24		

扩展

EDATE 函数为日期函数，日期数据在进行计算时经常返回的是日期对应的序列值。

图 6-72

❶ 选中 D2 单元格，在编辑栏中输入公式：**=TEXT(EDATE(B2,C2),"yyyy-mm-dd")**，如图 6-73 所示。

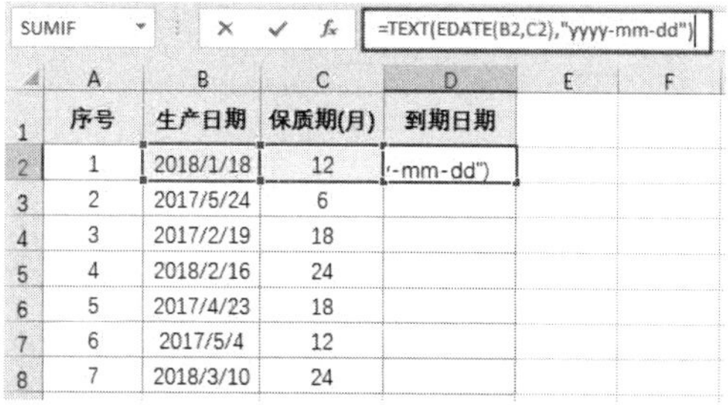

SUMIF　　fx　=TEXT(EDATE(B2,C2),"yyyy-mm-dd")

	A	B	C	D	E	F
1	序号	生产日期	保质期(月)	到期日期		
2	1	2018/1/18	12	'-mm-dd")		
3	2	2017/5/24	6			
4	3	2017/2/19	18			
5	4	2018/2/16	24			
6	5	2017/4/23	18			
7		2018/3/10	24			

图 6-73

❷ 按 Enter 键，即可进行日期计算并将计算结果转换为标准日期格式，如图 6-74 所示。

❸ 选中 D2 单元格，向下填充公式到 D8 单元格，一次性得出其他产品的到期日期，如图 6-75 所示。

	A	B	C	D
1	序号	生产日期	保质期(月)	到期日期
2	1	2018/1/18	12	2019-01-18
3	2	2017/5/24	6	
4	3	2017/2/19	18	
5	4	2018/2/16	24	
6	5	2017/4/23	18	
7	6	2017/5/4	12	
8	7	2018/3/10	24	

图 6-74

	A	B	C	D
1	序号	生产日期	保质期(月)	到期日期
2	1	2018/1/18	12	2019-01-18
3	2	2017/5/24	6	2017-11-24
4	3	2017/2/19	18	2018-08-19
5	4	2018/2/16	24	2020-02-16
6	5	2017/4/23	18	2018-10-23
7	6	2017/5/4	12	2018-05-04
8	7	2018/3/10	24	2020-03-10
9				

图 6-75

公式解析

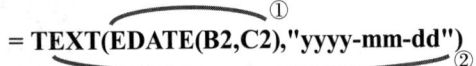

= TEXT(EDATE(B2,C2),"yyyy-mm-dd")　①　②

① EDATE 函数用于计算出所指定月数之前或之后的日期。因此此步求出的是根据产品的生产日期与保质期（月数）计算出到期日期，但返回结果是日期序列号。

② TEXT 函数将①步结果转换为标准的日期格式，即"yyyy-mm-dd"。

例 3：计算临时工的工作时长并显示为“*时*分”形式

本例中输入了每位临时工的上班时间及下班时间，现在需要计算他们上班的总时长，并显示为“*时*分”形式。

❶ 选中 D2 单元格，在编辑栏中输入公式：**=TEXT(C2–B2,"h 小时 m 分")**，如图 6-76 所示。

SUMIF　=TEXT(C2-B2,"h小时m分")

	A	B	C	D
1	姓名	上班时间	下班时间	上班时长
2	张希	7:30	16:00	2,"h小时m分")
3	王晓宇	8:30	18:00	
4	杨飞云	7:50	15:10	
5	王福鑫	8:20	16:20	
6	张鑫	7:40	17:00	
7	张晓燕	8:17	17:00	

图 6-76

❷ 按 Enter 键，即可计算出该员工上班时长，如图 6-77 所示。

❸ 选中 D2 单元格，向下填充公式到 D7 单元格，一次性得出其他员工的上班时长，如图 6-78 所示。

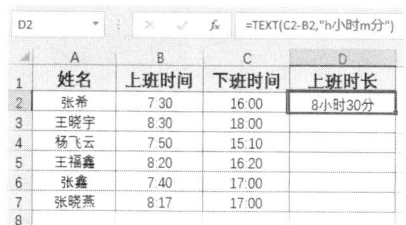

图 6-77

图 6-78

公式解析

=**TEXT(C2–B2,"h 小时 m 分")**
 ① ②

① 将 C2 与 B2 单元格中的时间值相减。

② TEXT 函数将相减后的时间值转换为"*时*分"的时间格式。

6.3.6 PROPER：将文本字符串的首字母转换成大写

PROPER 函数是将文本字符串的首字母及任何非字母字符之后的首字母转换成大写，并将其余的字母转换成小写。

【函数语法】 PROPER(text)

text：必需。用引号括起来的文本、返回文本值的公式或是对包含文本（要进行部分大写转换）的单元格的引用。

例：将单词的首字母转换为大写

本例表格需要将 A 列单元格中的英文单词转换为首字母大写，可以使用 PROPER 函数来实现。

❶ 选中 B2 单元格，在编辑栏中输入公式：**=PROPER(A2)**，如图 6-79 所示。

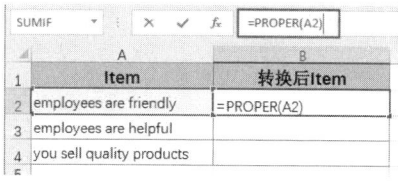

图 6-79

❷ 按 Enter 键，即可将 A2 单元格中的英文转换为首字母大写，如图 6-80 所示。

❸ 选中 B2 单元格，向下填充公式到 B4 单元格，一次性将其他句子转换为首字母大写格式，如图 6-81 所示。

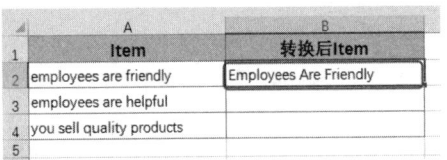

图 6-80　　　　　　　　　　　　图 6-81

6.3.7　UPPER：将文本转换为大写形式

UPPER 函数用于将文本转换成大写形式。

【函数语法】UPPER(text)

text：必需。需要转换成大写形式的文本。text 可以为引用或文本字符串。

例：将文本转换为大写形式

本例要求将 A 列的小写英文文本转换为大写，下面介绍具体方法。

❶ 选中 B1 单元格，在编辑栏中输入公式：**=UPPER(A1)**，如图 6-82 所示。

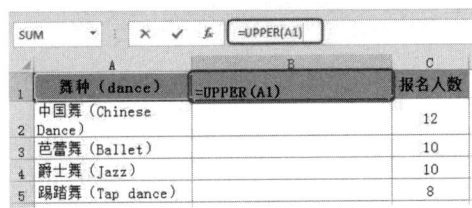

图 6-82

❷ 按 Enter 键，即可将 A1 单元格的小写英文转换为大写英文，如图 6-83 所示。

❸ 选中 B1 单元格，向下填充公式到 B5 单元格，一次性将其他小写英文转换为大写英文格式，如图 6-84 所示。

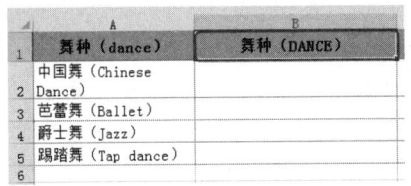

图 6-83

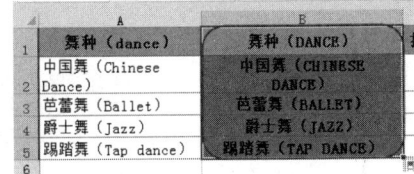

图 6-84

6.3.8　LOWER：将文本转换为小写字母

LOWER 函数是将一个文本字符串中的所有大写字母转换为小写字母。

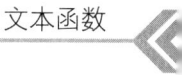

【**函数语法**】LOWER(text)

text：必需。要转换为小写字母的文本。函数 LOWER 不改变文本中的非字母的字符。

例：将文本转换为小写形式

本例要求将 A 列中的英文字母转换为小写字母，即得到 B 列的显示结果。

❶ 选中 B2 单元格，在编辑栏中输入公式：**=LOWER(A2)**，如图 6-85 所示。

SUM | fx =LOWER(A2)

	A	B	C	D
1	月份	月份	销售额	
2	JANUARY	=LOWER(A2)	10560.6592	
3	February		12500.652	
4	March		8500.2	
5	April		8800.24	
6	May		9000	
7	June		10400.265	

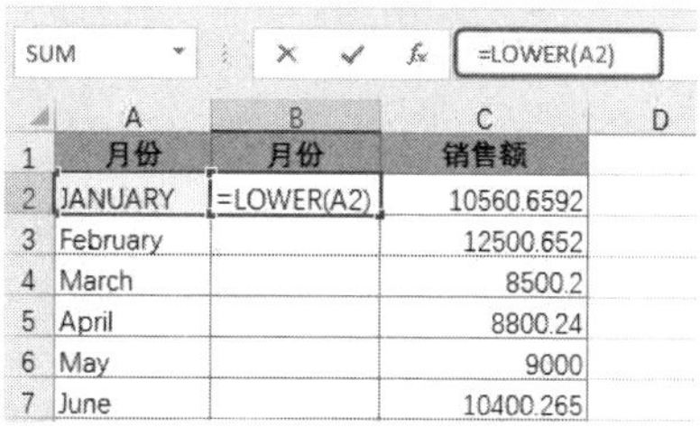

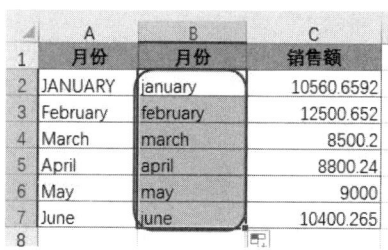

图 6-85

❷ 按 Enter 键，即可将 A2 单元格的大写英文转换为小写英文，如图 6-86 所示。

❸ 选中 B2 单元格，向下填充公式到 B7 单元格，一次性将其他大写英文转换为小写英文，如图 6-87 所示。

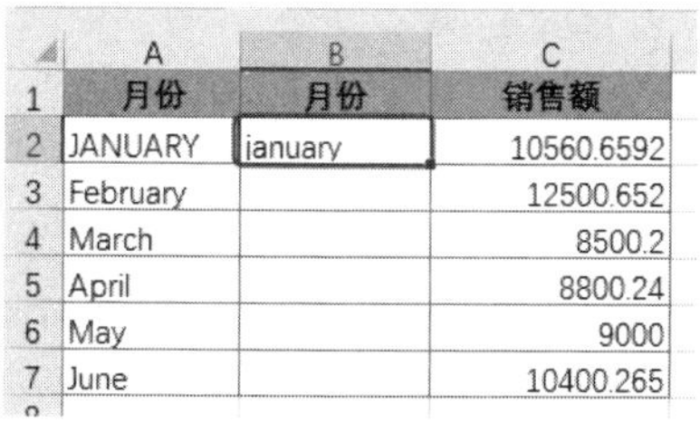

	A	B	C
1	月份	月份	销售额
2	JANUARY	january	10560.6592
3	February		12500.652
4	March		8500.2
5	April		8800.24
6	May		9000
7	June		10400.265

图 6-86

	A	B	C
1	月份	月份	销售额
2	JANUARY	january	10560.6592
3	February	february	12500.652
4	March	march	8500.2
5	April	april	8800.24
6	May	may	9000
7	June	june	10400.265
8			

图 6-87

6.4　文本的其他操作

除了前面介绍的一些文本函数外，还有其他几个较为常用的语言类函数，包括字符串合并函数 CONCATENATE、删除多余空格函数 TRIM、字符串比较函数 EXACT 等。

6.4.1　CONCATENATE：将多个文本字符串合并成一个文本字符串

CONCATENATE 函数可将最多 255 个文本字符串连接成一个文本字符串。连接项可以是文本、数字、单元格引用或这些项的组合。

【**函数语法**】CONCATENATE(text1, [text2], ...)

- text1：必需。要连接的第一个文本项。
- text2,…：可选。其他文本项，最多为 255 项。项与项之间必须用逗号隔开。

注意

当连接项是文本时，一定要使用双引号。

例1：合并面试人员的总分数与录取情况

下面的表格中给出了面试成绩与笔试成绩，可以对成绩总和进行判断，并对成绩总和是否录取进行判断，然后将总分数与录取情况同时连接显示。（这里规定面试成绩和笔试成绩在 160 分及以上的人员即可给予录取。）

❶ 选中 D2 单元格，在编辑栏中输入公式：=CONCATENATE(SUM(B2:C2), "/", IF(SUM(B2:C2)>=160, "录取", "未录取"))，如图 6-88 所示。

扩展

CONCATENATE 函数不仅能合并单元格引用的数据、文字等，还可以将函数的返回结果也进行连接。

图 6-88

❷ 按 Enter 键，即可得出第一位面试人员总成绩与录取结果的合并项，如图 6-89 所示。

❸ 选中 D2 单元格，向下填充公式到 D10 单元格，即可将其他面试人员的合计分数与录取情况进行合并，如图 6-90 所示。

图 6-89

图 6-90

例2：在数据前统一加上相同文字

本例表格的 B 列为班级数据，由于班级很多，现在需要在班级名称的前面统一添加上具体的班级名称。

❶ 选中 C2 单元格，在编辑栏中输入公式：**= CONCATENATE("高三",B2)**，如图 6-91 所示。

❷ 按 Enter 键，即可返回该学生具体的班级名称，如图 6-92 所示。

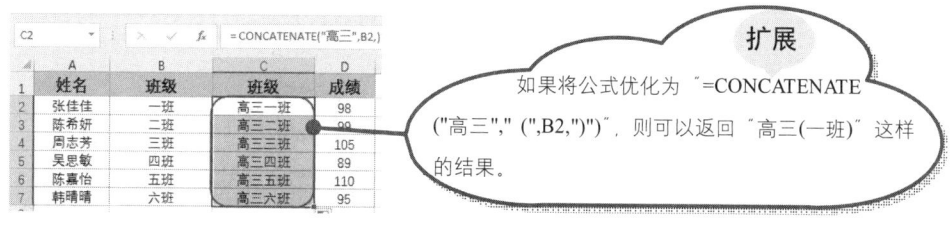

图 6-91　　　　　　　　　　　　　　　　图 6-92

❸ 选中 C2 单元格，向下填充公式到 C7 单元格，一次性得到其他学生具体的班级名称，如图 6-93 所示。

图 6-93

扩展

如果将公式优化为 "=CONCATENATE ("高三"," ("，B2，")")"，则可以返回 "高三(一班)" 这样的结果。

❹ 将 C 列中公式得到的数据转换为数值，删除 B 列数据即可。

6.4.2　TRIM：删除文本中的多余空格

除了单词之间的单个空格外，还可以清除文本中所有的空格。当从其他应用程序中获取带有不规则空格的文本时，可以使用函数 TRIM。

【函数语法】 TRIM(text)

text：必需。需要删除其中空格的文本。

例：删除产品名称中多余的空格

在本例表格中，B 列的产品名称前后及规格前有多个空格，使用 TRIM 函数可一次性删除前后空格且在规格的前面保留一个空格作为间隔。

❶ 选中 D2 单元格，在编辑栏中输入公式：**=TRIM(B2)**，如图 6-94 所示。

❷ 按 Enter 键，即可得到删除空格后的值，如图 6-95 所示。

❸ 选中 D2 单元格，向下填充公式到 D7 单元格，即可依次得到删除空格后的效果，如图 6-96 所示。

图 6-94

图 6-95

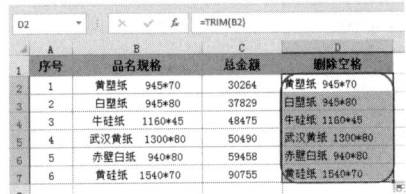

图 6-96

6.4.3　CLEAN：删除文本中不能打印的字符

CLEAN 函数用于删除文本中不能打印的字符。对于从其他应用程序中输入的文本，可以使用 CLEAN 函数删除其中含有的当前操作系统无法打印的字符。例如，可以删除通常出现在数据文件头部或尾部、无法打印的低级计算机代码。

【函数语法】CLEAN(text)

text：必需。要从中删除非打印字符的任何工作表信息。

例：删除产品名称中的换行符

如果数据中存在换行符也会不便于后期对数据的分析，尤其是当数字中存在换行符时还会导致数字无法参与计算。可以使用 CLEAN 函数一次性删除文本中的换行符。

❶ 选中 C2 单元格，在编辑栏中输入公式：**= CLEAN (B2)**，如图 6-97 所示。

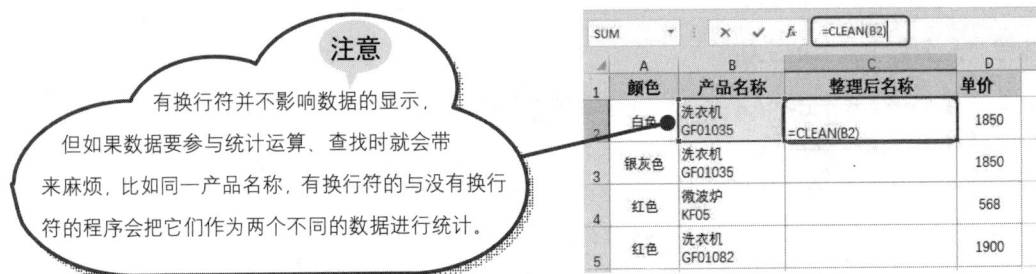

图 6-97

注意
有换行符并不影响数据的显示，但如果数据要参与统计运算、查找时就会带来麻烦，比如同一产品名称，有换行符的与没有换行符的程序会把它们作为两个不同的数据进行统计。

❷ 按 Enter 键，即可得到整理后的名称，如图 6-98 所示。

❸ 选中 C2 单元格，向下填充公式到 C5 单元格，一次性得到其他产品整理后的名称，如图 6-99 所示。

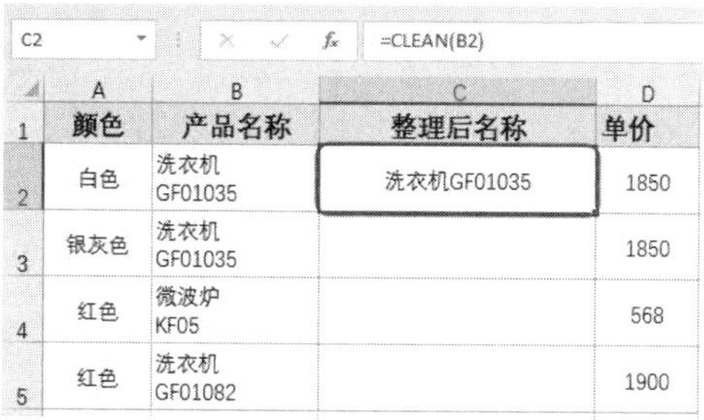

图 6-98　　　　　　　　　　　　　图 6-99

6.4.4　EXACT：比较两个文本字符串是否完全相同

EXACT 函数用于比较两个字符串：如果它们完全相同，则返回 TRUE；否则，返回 FALSE。函数 EXACT 区分大小写，但忽略格式上的差异。利用 EXACT 函数可以测试在文档内输入的文本。

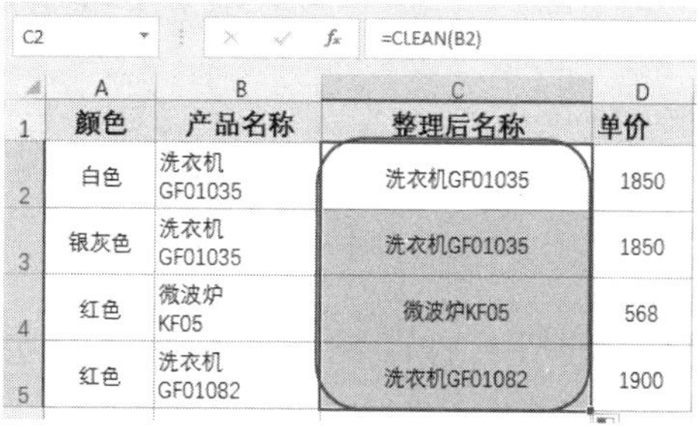

【函数语法】EXACT(text1, text2)

- text1：必需。第一个文本字符串。
- text2：必需。第二个文本字符串。

例：比较商品在两个店铺售价是否相同

本例表格统计了两个店铺中各商品的价格，下面需要批量比较这两个店铺对同种商品的售价是否一致。

❶ 选中 D2 单元格，在编辑栏中输入公式：**=EXACT(B2,C2)**，如图 6-100 所示。

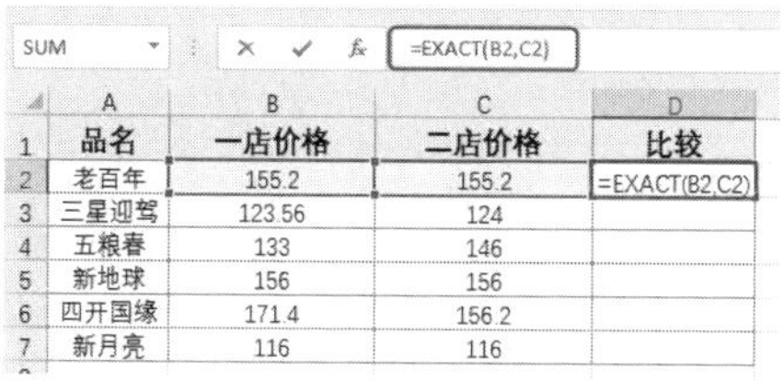

图 6-100

❷ 按 Enter 键，即可返回第一种商品的比较结果。如果显示 TRUE 则表示相等，如果显示 FALSE 则表示不相等，如图 6-101 所示。

❸ 选中 D2 单元格，向下填充公式到 D7 单元格，即可依次得到其他商品两个店铺价格的比较结果是否相等，如图 6-102 所示。

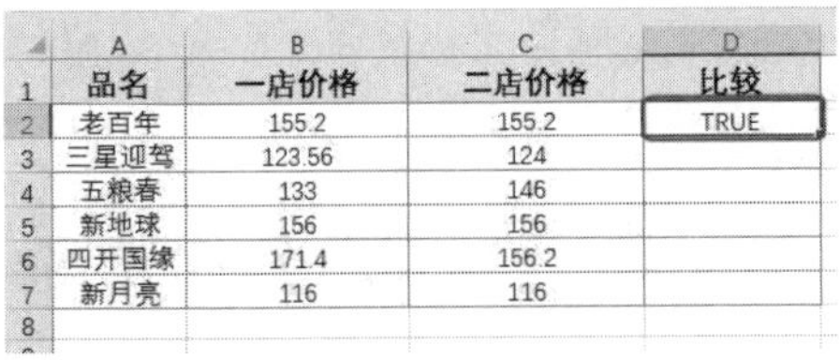

图 6-101

图 6-102

6.4.5　REPT：按照给定的次数重复显示文本

REPT 函数用于按照给定的次数重复显示文本。

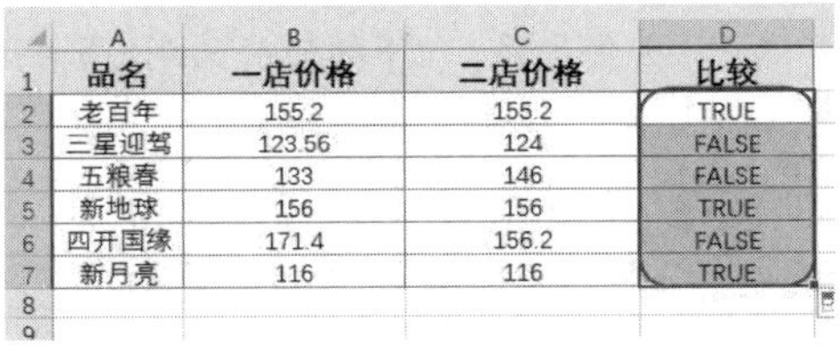

【函数语法】REPT(text, number_times)

- text：表示需要重复显示的文本。
- number_times：表示用于指定文本重复次数的正数。

例：快速输入多个相同符号

本例为待打印表格，为了方便手机号码的填写，可以一次性输入多个填写框。

❶ 选中 B4 单元格，在编辑栏中输入公式：= **REPT("□",11)**，如图 6-103 所示。

❷ 按 Enter 键，即可快速返回 11 个方框符号，如图 6-104 所示。

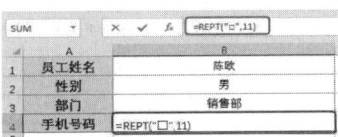

图 6-103

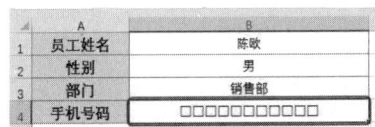

图 6-104

第 7 章

数 学 函 数

7.1 数据计算函数

数据计算函数主要用于求和、求余、参数乘积等运算，求和运算可以对任意数据区域快速求和，同时还能使用 SUMIF 函数和 SUMIFS 函数对满足单个条件或多个条件的数据进行求和。SUMPRODUCT 函数可以求出数组间对应的元素乘积的和，利用此函数还可以实现按条件求和运算与按条件计数统计。这些函数都是 Excel 数据计算中较为重要的函数。

7.1.1 SUM：求和

SUM 函数用于将指定为参数的所有数字相加。每个参数都可以是区域、单元格引用、数组、常量、公式或另一个函数的结果。

【函数语法】SUM(number1,[number2],...])

● number1：必需。想要相加的第一个数值参数。
● number2,...：可选。想要相加的 2 ~ 255 个数值参数。

经验之谈

SUM 函数参数的最常见写法是对一块单元格区域进行求和，但其参数还有其他灵活的写法。

（1）=SUM(1,2,3)，可以都是常量，中间使用逗号间隔。

（2）=SUM(D2:D3,D9:D10,Sheet2!A1:A3)，可以是不同的单元格区域，还可以引用其他工作表中的数据区域，中间使用逗号间隔。

（3）=SUM(4,SUM(3,3),A1)，可以是函数的返回值，中间使用逗号间隔。

例1：统计工资总额

表格中记录了部分员工的工资数据，现在需要对工资进行求和统计，使用"自动求和"按钮中的"求和"按钮即可快速求解。

❶ 选中 C10 单元格，在"公式"选项卡的"函数库"组中单击"自动求和"按钮，在下拉菜单中选择"求和"命令，如图 7-1 所示。

❷ 执行"求和"命令后可以看到函数的参数根据当前数据情况自动确定，并在编辑栏中显示公式，如图 7-2 所示。

❸ 按 Enter 键，即可计算出工资合计值，如图 7-3 所示。

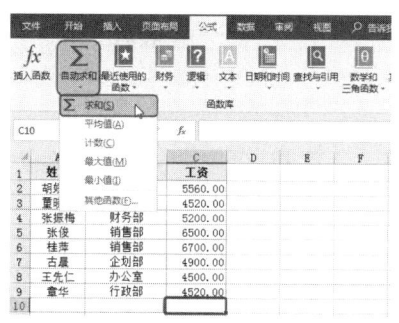

图 7-1

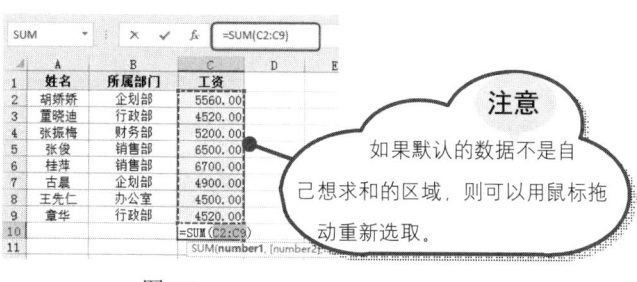

图 7-2

图 7-3

例 2：统计总销售额

某商店记录了商品的单价和销售数量，如想知道这些商品的总销售额，即可使用 SUM 函数计算。

❶ 选中 D2 单元格，在编辑栏中输入公式：**=SUM(B2:B6*C2:C6)**，如图 7-4 所示。

❷ 按 Shift+Ctrl+Enter 组合键，即可计算出这些商品的总销售额，如图 7-5 所示。

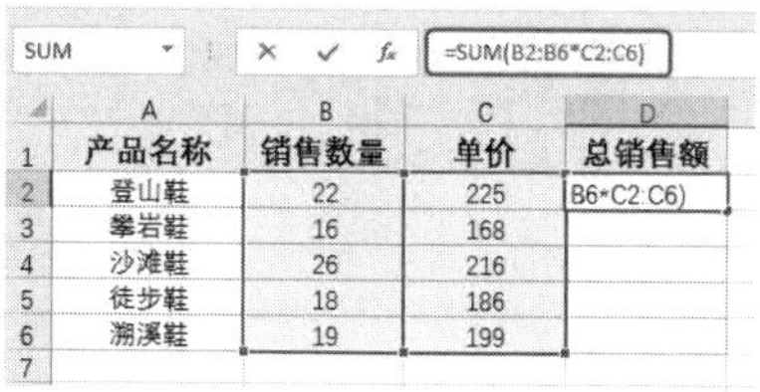

图 7-4

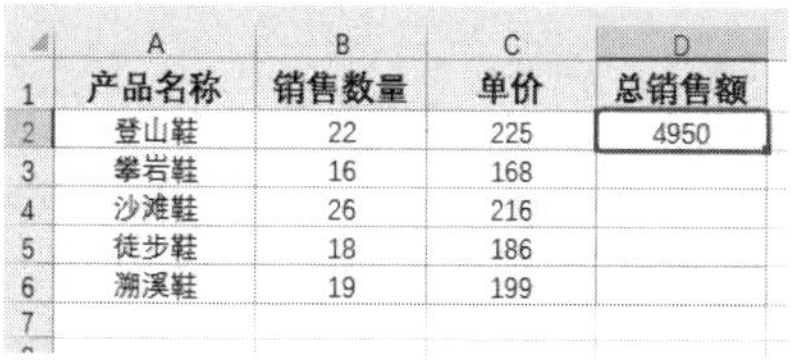

图 7-5

公式解析

= SUM(B2:B6*C2:C6)

这是数组公式，执行的运算是将 B2:B6 单元格区域和 C2:C6 单元格区域中的值进行一对一的相乘计算，得到每一个产品的销售金额，然后对其进行求和运算。

7.1.2　SUMIF：根据指定条件对若干单元格求和

SUMIF 函数可以对给定区域中符合指定条件的值求和。

【函数语法】SUMIF(range, criteria, [sum_range])

- range：必需。用于条件计算的单元格区域。每个区域中的单元格都必须是数字或名称、数组或包含数字的引用。空值和文本值将被忽略。
- criteria：必需。用于确定对那些单元格求和的条件，其形式可以为数字、表达式、单元格引用、文本或函数。
- sum_range：表示根据条件判断的结果要进行计算的单元格区域。如果 sum_range 参数被省略，Excel 会对在 range 参数中指定的单元格区域中符合条件的单元格进行求和。

= SUMIF(❶用于条件判断的区域,❷条件,❸用于求和的区域)

扩展　求和条件可以是文本、单元格引用、表达式或公式，可以使用通配符来设计条件，达到的目的是对一类数据进行求和处理。

扩展　如果用于条件判断的区域（第 1 个参数）与用于求和的区域（第 3 个参数）是同一区域，则可以省略第 3 个参数。

例1：统计销售部的奖金总额

本例表格统计对部分部门人员的奖金做了统计，现在需要统计出销售部的奖金总和。

❶ 选中 E2 单元格，在编辑栏中输入公式：**=SUMIF(B2:B8,"销售部",C2:C8)**，如图 7-6 所示。

❷ 按 Enter 键，即可统计出销售部的奖金总和，如图 7-7 所示。

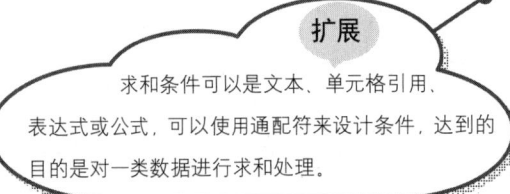

扩展　这个条件是文本，以文本作为条件时一定要使用双引号。

图 7-6

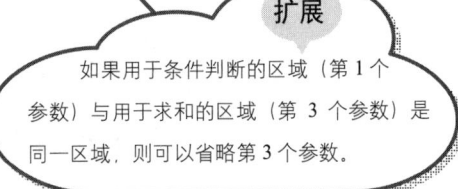

图 7-7

公式解析

=SUMIF(B2:B8,"销售部",C2:C8)
　　　　　　　①　　　②

① 依次判断 B2:B8 区域中的部门是否是"销售部"。

② 将①步中找到的单元格对应在 C2:C8 区域中的值取出并进行求和运算。

例2：统计各经办人销售金额

本例表格按经办人统计了各产品的销售金额，现在要统计出各经办人的销售总额。可以使用 SUMIF 函数来求解。

❶ 选中 I2 单元格，在编辑栏中输入公式：**=SUMIF($F$2:$F$20,H2,$E$2:$E$20)**，按 Enter 键，即可计算出销售员"林玲"的销售总额，如图 7-8 所示。

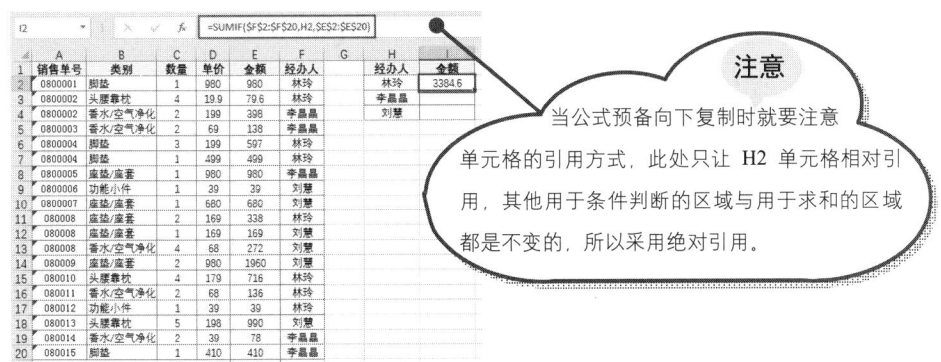

图 7-8

注意：当公式预备向下复制时就要注意单元格的引用方式，此处只让 H2 单元格相对引用，其他用于条件判断的区域与用于求和的区域都是不变的，所以采用绝对引用。

❷ 选中 I2 单元格，向下填充公式到 I4 单元格，统计出其他经办人的销售额，如图 7-9 所示。

图 7-9

公式解析

=SUMIF($F$2:$F$20,H2,$E$2:$E$20)

① 依次判断 F2:F20 单元格区域中各个值是否等于 H2 中的值，也就是找到经办人为"林玲"的单元格。

② 将①步中找到的单元格对应在 E2:E20 单元格区域中的值取出并进行求和运算。

例 3：统计某个时段的销售业绩总金额

本例表格统计了当月的销售记录。现在需要统计出前半月和后半月的销售总额（范例只列举部分数据）。

❶ 选中 E2 单元格，在编辑栏中输入公式：**=SUMIF(A2:A8,"<=2018-6-15",C2:C8)**，如图 7-10 所示。

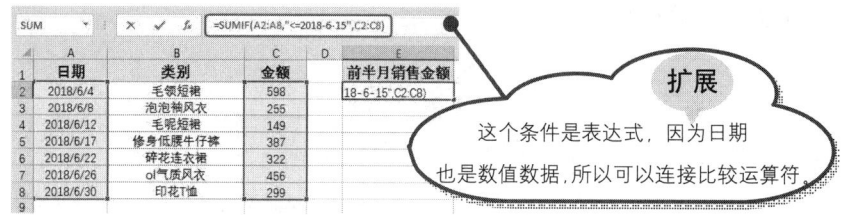

> **扩展**
>
> 这个条件是表达式，因为日期也是数值数据，所以可以连接比较运算符。

图 7-10

❷ 按 Enter 键，即可计算出前半月销售金额，如图 7-11 所示。

❸ 选中 F2 中，在编辑栏中输入公式：**=SUMIF(A2:A8,">2018-6-15",C2:C8)**，按 Enter 键，即可计算出后半月销售金额，如图 7-12 所示。

图 7-11   图 7-12

公式解析

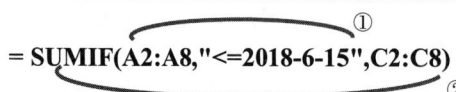

= SUMIF(A2:A8,"<=2018-6-15",C2:C8)

① 依次判断 A2:A8 区域中的销售日期是否小于等于"2018-6-15"日期。

② 将①步中找到的单元格对应在 C2:C8 区域中的值取出并进行行求和运算。

例 4：用通配符对某一类数据求和

在对 SUMIF 函数设置判断条件时可以使用通配符，用于对某一类数据的求和统计。例如下面的表格统计了本月公司零食产品的销售记录，其中包括各种口味薯片、饼干和奶糖等，现在需要计算出奶糖类产品的总销售额。奶糖类产品有一个特征就是全部以"奶糖"结尾，但前面的各口味不能确定，因此可以在设置判断条件时使用通配符。

❶ 选中 F2 单元格，在编辑栏中输入公式：**=SUMIF(C2:C15,"*奶糖",D2:D15)**，如图 7-13 所示。

图 7-13

❷ 按 Enter 键，即可依据 C2:C15 和 D2:D15 单元格区域的产品名称和销售额计算出"奶糖"类总销售额，如图 7-14 所示。

	A	B	C	D	E	F
1	订单编号	签单日期	产品名称	销售额		"奶糖"类总销售额
2	HYMS030301	2018/3/3	香橙奶糖	1290		6951
3	HYMS030302	2018/3/3	奶油夹心饼干	867		
4	HYMS030501	2018/3/5	芝士蛋糕	980		
5	HYMS030502	2018/3/5	巧克力奶糖	887		
6	HYMS030601	2018/3/6	草莓奶糖	1200		
7	HYMS030901	2018/3/9	奶油夹心饼干	1120		
8	HYMS031302	2018/3/13	草莓奶糖	1360		
9	HYMS031401	2018/3/14	原味薯片	1020		
10	HYMS031701	2018/3/17	黄瓜味薯片	890		
11	HYMS032001	2018/3/20	原味薯片	910		
12	HYMS032202	2018/3/22	哈蜜瓜奶糖	960		
13	HYMS032501	2018/3/25	原味薯片	790		
14	HYMS032801	2018/3/28	黄瓜味薯片	1137		
15	HYMS033001	2018/3/30	巧克力奶糖	1254		

图 7-14

公式解析

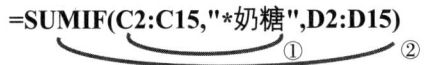

=SUMIF(C2:C15,"*奶糖",D2:D15)

① 公式中 SUMIF 函数的条件区域是 C2:C15，，条件是"*奶糖"，其中"*"是通配符，可匹配任意多个字符，即只要以"奶糖"结尾的都是满足条件的。

② 将满足①步条件的单元格对应在 D2:D15 单元格中的销售额值取出并进行求和运算。

经验之谈

在 Excel 中半角星号"*"、半角问号"?"都可以作为通配符使用。使用了通配符后，可以实现查找一类数据、对某一类数据进行统计计算等，这两个通配符的作用如下。

（1）*：表示任意个任意字符。

（2）?：表示任意单个字符。

7.1.3 SUMIFS：对区域中满足多个条件的单元格求和

SUMIFS 函数用于对给定区域中满足多个条件的单元格求和。

【函数语法】SUMIFS(sum_range, criteria_range1, criteria1, [criteria_range2, criteria2], ...)

- sum_range：必需。对一个或多个单元格求和，包括数字或数字的名称、区域或单元格引用。忽略空白和文本值。
- criteria_range1：必需。在其中计算关联条件的第一个区域。
- criteria1：必需。条件的形式为数字、表达式、单元格引用或文本，可用来定义将对 criteria_range1 参数中的哪些单元格求和。例如，条件可以表示为 32、">32"、B4、"苹果" 或 "32"。
- criteria_range2, criteria2, …：可选。附加的区域及其关联条件。最多允许 127 个区域/条件。

=SUMIFS(❶用于求和的区域,❷用于条件判断的区域 1,❸条件 1,

❹用于条件判断的区域 2,❺条件 2,…)

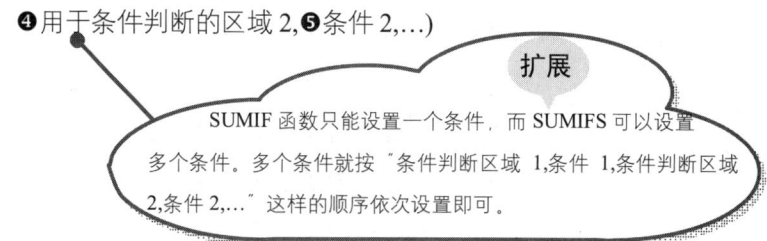

扩展

SUMIF 函数只能设置一个条件，而 SUMIFS 可以设置多个条件。多个条件就按 "条件判断区域 1,条件 1,条件判断区域 2,条件 2,…" 这样的顺序依次设置即可。

例 1：统计某一日期区间的销售总金额

下面表格中销售记录有 5 月份的部分数据，还有 6 月份的数据，现需要统计 6 月份前半月的销售业绩总和来实现经营数据分析。

❶ 选中 E2 单元格，在编辑栏中输入公式：**=SUMIFS(C2:C10,A2:A10,">=2018-6-01", A2:A10,"<=2018-6-15")**，如图 7-15 所示。

❷ 按 Enter 键，即可统计出 6 月份上半月的销售额，如图 7-16 所示。

	A	B	C	D	E
	日期	名称	金额		上半月销售额
1					
2	2018/6/25	角钢	2954		10,"<=2018-6-15")
3	2018/6/10	角钢	2300		
4	2018/6/1	角钢	1600		
5	2018/6/7	角钢	1423		
6	2018/5/8	角钢	5810		
7	2018/6/20	圆钢	1241		
8	2018/5/15	圆钢	2890		
9	2018/6/14	圆钢	1560		
10	2018/5/30	圆钢	5600		

SUM 编辑栏公式：=SUMIFS(C2:C10,A2:A10,">=2018-6-01", A2:A10,"<=2018-6-15")

图 7-15

	A	B	C	D	E
	日期	名称	金额		上半月销售额
1					
2	2018/6/25	角钢	2954		6883
3	2018/6/10	角钢	2300		
4	2018/6/1	角钢	1600		
5	2018/6/7	角钢	1423		
6	2018/5/8	角钢	5810		
7	2018/6/20	圆钢	1241		
8	2018/5/15	圆钢	2890		
9	2018/6/14	圆钢	1560		
10	2018/5/30	圆钢	5600		
11					

图 7-16

公式解析

= SUMIFS(C2:C10,A2:A10,">=2018-6-01",A2:A10,"<=2018-6-15")

①　②

① 在 SUMIFS 函数中设置求和区域为 C2:C10 单元格区域，条件 1 和条件 2 区域均是 A2:A10 单元格区域，条件 1 为大于等于 2018-6-1，条件 2 为小于等于 2018-6-15。即该公式满足的日期条件为“2018-6-01 至 2018-6-15”。

② 对满足①步条件的结果对应在 C2:C10 区域中的金额进行求和运算。

例 2：统计指定店面中指定品牌的销售总金额

表格统计了公司 3 月份中各品牌产品在各门店的销售额，为了对销售数据进行进一步分析，可对任意店面任意品牌的总销售额进行统计，例如下面要计算“国购”“贝莲娜”品牌产品的总销售额，即要同时满足两个条件。

❶ 选中 E2 单元格，在编辑栏中输入公式：**=SUMIFS(E2:E14,B2:B14,"国购店",C2:C14,"贝莲娜")**，如图 7-17 所示。

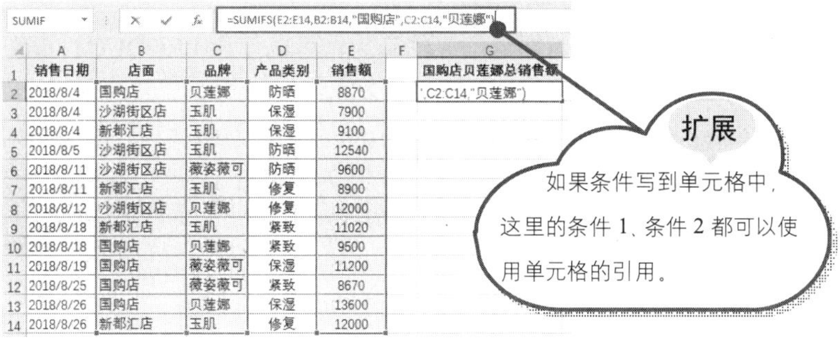

SUMIF　=SUMIFS(E2:E14,B2:B14,"国购店",C2:C14,"贝莲娜")

	A	B	C	D	E	F	G
1	销售日期	店面	品牌	产品类别	销售额		国购店贝莲娜总销售额
2	2018/8/4	国购店	贝莲娜	防晒	8870		,C2:C14,"贝莲娜")
3	2018/8/4	沙湖街区店	玉肌	保湿	7900		
4	2018/8/4	新都汇店	玉肌	保湿	9100		
5	2018/8/5	沙湖街区店	玉肌	防晒	12540		
6	2018/8/11	沙湖街区店	薇姿薇可	防晒	9600		
7	2018/8/11	新都汇店	玉肌	修复	8900		
8	2018/8/12	沙湖街区店	贝莲娜	修复	12000		
9	2018/8/18	新都汇店	玉肌	紧致	11020		
10	2018/8/18	国购店	贝莲娜	紧致	9500		
11	2018/8/19	国购店	薇姿薇可	保湿	11200		
12	2018/8/25	国购店	薇姿薇可	紧致	8670		
13	2018/8/26	国购店	贝莲娜	保湿	13600		
14	2018/8/26	新都汇店	玉肌	修复	12000		

扩展
如果条件写到单元格中，这里的条件 1、条件 2 都可以使用单元格的引用。

图 7-17

❷ 按 Enter 键，即可统计出 1 店男装金额总计的销售额，如图 7-18 所示。

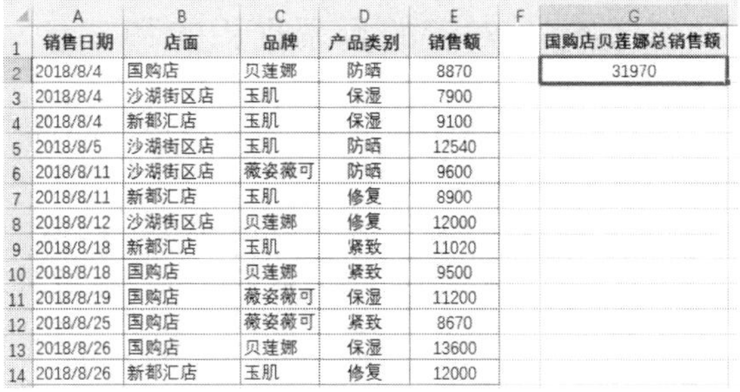

	A	B	C	D	E	F	G
1	销售日期	店面	品牌	产品类别	销售额		国购店贝莲娜总销售额
2	2018/8/4	国购店	贝莲娜	防晒	8870		31970
3	2018/8/4	沙湖街区店	玉肌	保湿	7900		
4	2018/8/4	新都汇店	玉肌	保湿	9100		
5	2018/8/5	沙湖街区店	玉肌	防晒	12540		
6	2018/8/11	沙湖街区店	薇姿薇可	防晒	9600		
7	2018/8/11	新都汇店	玉肌	修复	8900		
8	2018/8/12	沙湖街区店	贝莲娜	修复	12000		
9	2018/8/18	新都汇店	玉肌	紧致	11020		
10	2018/8/18	国购店	贝莲娜	紧致	9500		
11	2018/8/19	国购店	薇姿薇可	保湿	11200		
12	2018/8/25	国购店	薇姿薇可	紧致	8670		
13	2018/8/26	国购店	贝莲娜	保湿	13600		
14	2018/8/26	新都汇店	玉肌	修复	12000		

图 7-18

公式解析

=SUMIFS(E2:E14,B2:B14,"国购店",C2:C14,"贝莲娜")

① SUMIFS 函数的求和区域为 E2:E14，第一个条件为 B2:B14 区域满足是"国购店"，第二个条件为 C2:C14 区域满足是"贝莲娜"。

② 将满足①步骤中两个条件的单元格对应在 E2:E14 区域中的销售额取出并进行求和运算。

7.1.4　PRODUCT：求所有参数的乘积

PRODUCT 函数可计算用作参数的所有数字的乘积，然后返回乘积。

【函数语法】PRODUCT(number1, [number2], ...)

- number1：必需。要相乘的第一个数字或区域。(区域:工作表上的两个或多个单元格。区域中的单元格可以相邻或不相邻。)
- number2, ...：可选。要相乘的其他数字或单元格区域，最多可以使用 255 个参数。

例：计算指定数值的阶乘

本例需要返回 6 的阶乘，可以使用 PRODUCT 函数计算。

❶ 选中 C2 单元格，在编辑栏中输入公式：**=PRODUCT(A2:A7)**，如图 7-19 所示。

❷ 按 Enter 键，即可返回 6 的阶乘，如图 7-20 所示。

图 7-19

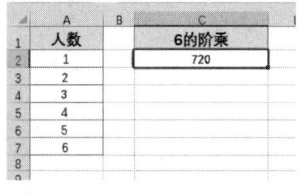

图 7-20

7.1.5　SUMPRODUCT：求数组间对应的元素乘积的和

SUMPRODUCT 函数是指在给定的几组数组中，将数组间对应的元素相乘，并返回乘积之和。

【函数语法】SUMPRODUCT(array1, [array2], [array3], ...)

- array1：必需。其相应元素需要进行相乘并求和的第一个数组参数。
- array2, array3,...：可选。2 ~ 255 个数组参数，其相应元素需要进行相乘并求和。

SUMPRODUCT 函数的基本用法如图 7-21 所示，可以理解为 SUMPRODUCT 函数实际是进行了 "A2*B2+A3*B3"，即 "1*3+8*2" 的计算结果。

图 7-21

实际上 SUMPRODUCT 函数的作用非常强大，它可以代替 SUMIF 和 SUMIFS 函数进行条件求和，也可以代替 COUNTIF 和 COUNTIFS 函数进行计数运算。当需要判断一个条件或双条件时，用 SUMPRODUCT 进行求和、计算与使用 SUMIF、SUMIFS、COUNTIF、COUNTIFS 没有什么差别。使用 SUMPRODUCT 函数进行按条件求和的语法如下：

=SUMPRODUCT((❶条件 1 表达式)*(❷条件 2 表达式)*(❸条件 3 表达式)*(❹条件 4 表达式)…)

图 7-22 所示的公式中使用了 SUMPRODUCT 函数进行双条件求和的判断，实际可以等同于 SUMIFS 函数的计算（下面通过公式解析给出此公式的计算原理）。

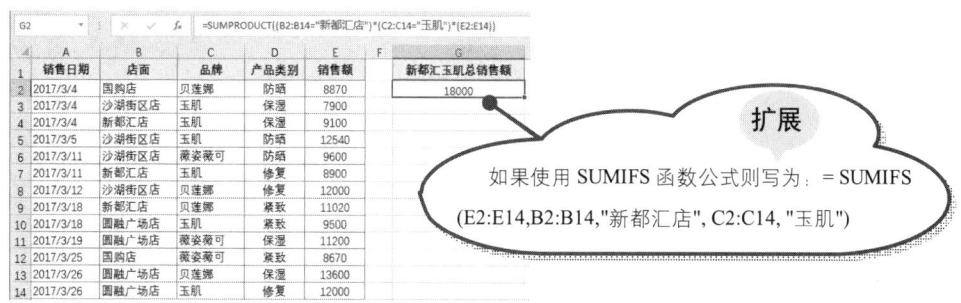

图 7-22

公式解析

= **SUMPRODUCT((B2:B14="新都汇店")* (C2:C14="玉肌")* (E2:E14))**

① 第一个判断条件。B2:B14 单元格中的数据是否等于"新都汇店"，满足条件的返回 TRUE，否则返回 FALSE。返回数组为"{FALSE；FALSE；TRUE；FALSE；FALSE；TRUE；FALSE；FALSE；FALSE；FALSE；FALSE；FALSE；FALSE}"。

② 第二个判断条件。C2:C14 单元格中的数据是否等于"玉肌"，满足条件的返回 TRUE，否则返回 FALSE。返回数组为"{FALSE；TRUE；TRUE；TRUE；FALSE；TRUE；FALSE；FALSE；TRUE；FALSE；FALSE；FALSE；TRUE }"。

③ 将①数组与②数组相乘，同为 TRUE 的返回 1，否则返回 0，最终返回数组为"{0；0；1；0；0；1；0；0；0；0；0；0；0}"。再将此数组与 E2:E14 单元格区域依次相乘，之后再将乘积求和。这样便可得到"0*8870+0*7900+1*9100+0*12540+0*9600+1*8900+0*1200+0*11020+0*9500+0*11200+0*8670+0*13600+0*12000=9100+8900=18000"。

131

通过上面的分析可以看到在这种情况下使用 SUMPRODUCT 与使用 SUMIFS 可以达到相同的统计目的。但 SUMPRODUCT 却有着 SUMIFS 无可替代的作用，首先，在 Excel 2010 之前的老版本中是没有 SUMIFS 这个函数的，因此要想实现双条件判断，则必须使用 SUMPRODUCT 函数。其次，SUMIFS 函数求和时只能对单元格区域进行求和或计数，即对应的参数只能设置为单元格区域，不能设置为返回结果、非单元格的公式，但是 SUMPRODUCT 函数没有这个限制，也就是说它对条件的判断更加灵活。下面通过例子来说明。

如图 7-23 所示的表格中，要分月份统计出库总量。

选中 G2 中，在编辑栏中输入公式：**=SUMPRODUCT((MONTH($A$2:$A$14)=F2)* ($D$2:$D$14))**，如图 7-23 所示。

按 Enter 键统计出 3 月份的出库总量，将 G2 单元格的公式复制到 G3 单元格，可得到 4 月份的出库量，如图 7-24 所示。

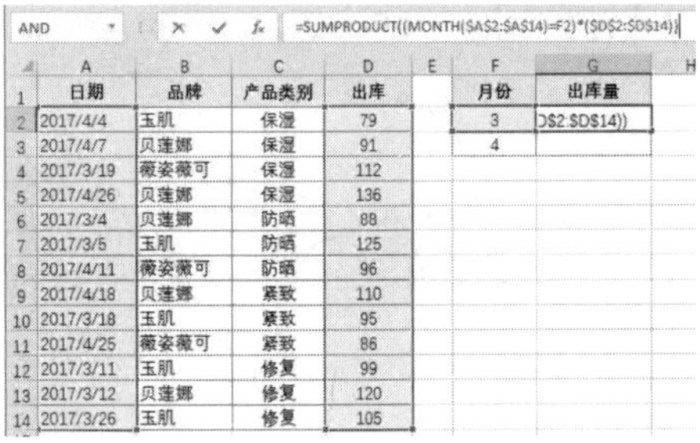

图 7-23

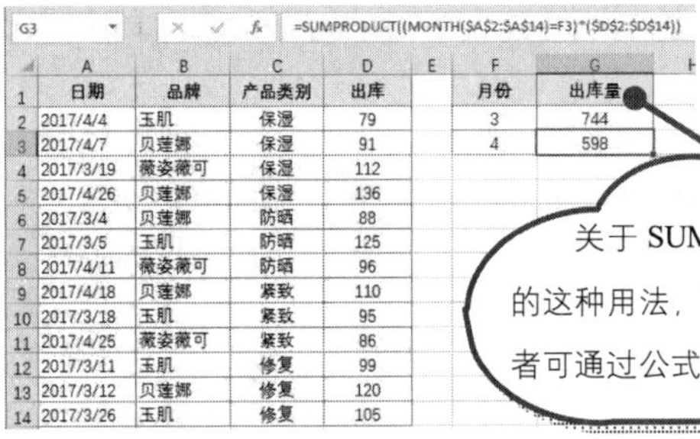

图 7-24

公式解析

$$= \text{SUMPRODUCT}(\underbrace{(\text{MONTH}(\$A\$2{:}\$A\$14)=F2)}_{①} * \underbrace{(\$D\$2{:}\$D\$14)}_{②})$$

① 使用 MONTH 函数将 A2:A14 单元格区域中各日期的月份数提取出来，返回的是一个数组，然后判断数组中各值是否等于 F2 中指定的 "3"，如果等于则返回 TRUE，不等于则返回 FALSE，得到的是一个由 TRUE 和 FALSE 组成的数组。

② 将①步数组与 D2:D14 单元格区域中的值依次相乘，TRUE 乘以数值返回数值本身，FALSE 乘以数值返回 0，然后再对最终数组求和。

例 1：计算所有商品折后的总金额

本例表格中显示各类产品的单价、数量，以及折扣信息，要求一次性计算出商品的折后总金额是多少。

---

❶ 选中 F2 单元格，在编辑栏中输入公式：**=SUMPRODUCT(B2:B8,C2:C8,D2:D8)**，如图 7-25 所示。

❷ 按 Enter 键，即可计算出所有商品的折后总金额，如图 7-26 所示。

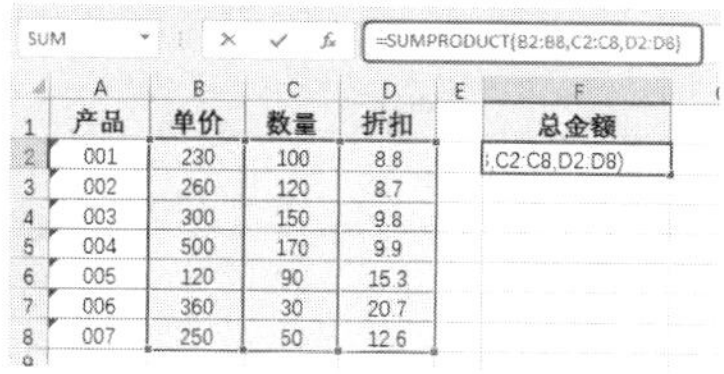

图 7-25

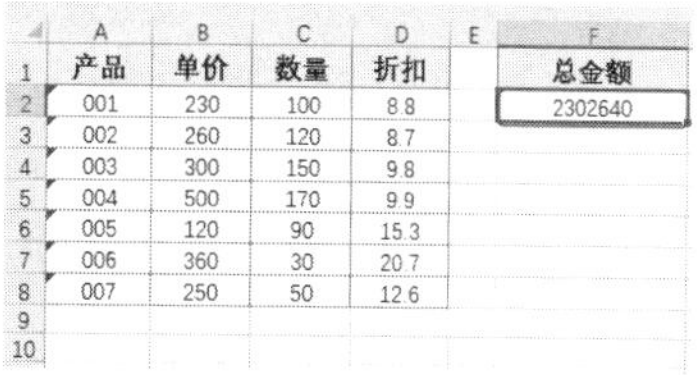

图 7-26

例 2：用 SUMPRODUCT 函数实现满足多条件的求和运算

表格统计了两个不同车间不同职位工人的产量数据，现在想对两个车间中初级工的总产量进行统计并对比。这时需要进行满足双条件的求和运算。

---

❶ 选中 H2 单元格，在编辑栏中输入公式：**SUMPRODUCT(($A$2:$A$13=G2)*($D$2:$D$13=D$11)*($E$2:$E$13))**，如图 7-27 所示。

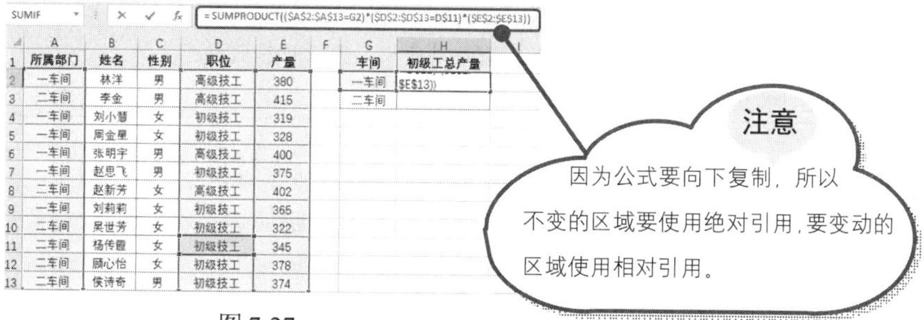

图 7-27

> **注意**
> 因为公式要向下复制，所以不变的区域要使用绝对引用，要变动的区域使用相对引用。

❷ 按 Enter 键，即可依据 A2:A13、D2:D13 和 E2:E13 单元格区域的数值计算出一车间初级工的总产量，如图 7-28 所示。

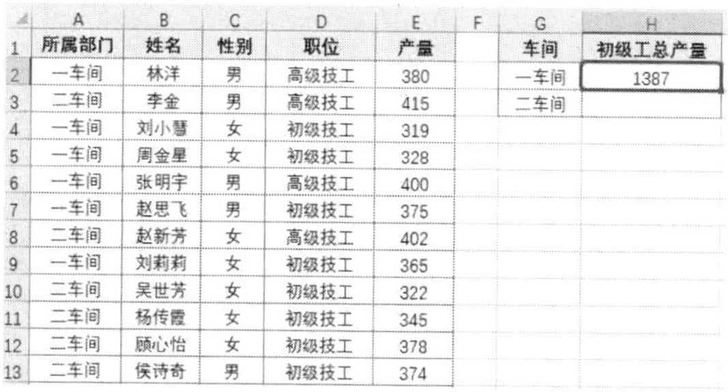

图 7-28

❸ 选中 H2 单元格，向下填充公式到 H3 单元格即可计算出二车间初级工的总产量，如图 7-29 所示。

H3 =SUMPRODUCT(($A$2:$A$13=G3)*($D$2:$D$13=D$11)*($E$2:$E$13))

	A	B	C	D	E	F	G	H
1	所属部门	姓名	性别	职位	产量		车间	初级工总产量
2	一车间	林洋	男	高级技工	380		一车间	1387
3	二车间	李金	男	高级技工	415		二车间	1419
4	一车间	刘小慧	女	初级技工	319			
5	一车间	周金星	女	初级技工	328			
6	一车间	张明宇	男	高级技工	400			
7	一车间	赵思飞	男	初级技工	375			
8	二车间	赵新芳	女	高级技工	402			
9	一车间	刘莉莉	女	初级技工	365			
10	二车间	吴世芳	女	初级技工	322			
11	二车间	杨传霞	女	初级技工	345			
12	二车间	顾心怡	女	初级技工	378			
13	二车间	侯诗奇	男	初级技工	374			

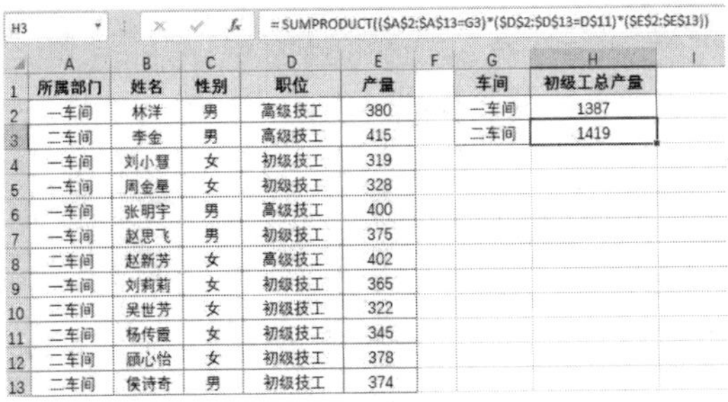

图 7-29

公式解析

= SUMPRODUCT(($A$2:$A$13=G2)*($D$2:$D$13=D$11)*($E$2:$E$13))
① ② ③

① 表示第一个要满足的条件。即所属部门要等于 G2 指定值。

② 表示第二个要满足的条件。即职位要等于“初级技工”指定值。

③ 时满足两个条件时返回 TRUE，否则返回 FALSE，返回的是一个数组。将数组与$E$2:$E$13 单元格中数据依次相乘，TRUE 乘以数值等于原值，FALSE 乘以数据等于 0，然后对相乘的结果求和。

例 3：用 SUMPRODUCT 函数实现满足多条件的计数运算

本例表格中统计了各个部门中各员工的业绩。现在需要统计出各个部门中业绩高于 22000 元的人数。

❶ 选中 F2 单元格，在编辑栏中输入公式：**=SUMPRODUCT((A$2:A$9=E2)*(C$2:C$9> 22000))**，如图 7-30 所示。

❷ 按 Enter 键，即可返回销售 1 部业绩高于 22000 元的人数，如图 7-31 所示。

SUM =SUMPRODUCT((A$2:A$9=E2)*(C$2:C$9>22000))

	A	B	C	D	E	F
1	部门	姓名	业绩		部门	业绩高于2200元的人数
2	销售1部	金璨忠	12000		销售1部	$9>22000))
3	销售2部	赵楠	21000		销售2部	
4	销售1部	方海波	32000		销售3部	
5	销售3部	刘飞	20000			
6	销售2部	李孟	22000			
7	销售1部	黄晓明	18000			
8	销售3部	张振	23000			
9	销售1部	张进	25000			

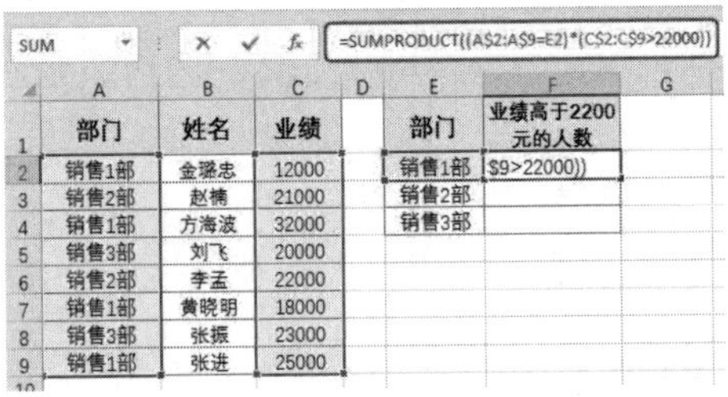

图 7-30

❸ 选中 F2 单元格，向下填充公式到 F4 单元格，得出其他部门业绩高于 22000 元的人数，如图 7-32 所示。

图 7-31   图 7-32

公式解析

= SUMPRODUCT((A\$2:A\$9=E2)*(C\$2:C\$9>22000))

① 第一个条件是部门要等于 E2 中的部门，满足的返回 TRUE，否则返回 FALSE。返回一个数组。

② 第二个条件是业绩要大于 22000，满足的返回 TRUE，否则返回 FALSE。返回一个数组。

③ 两个数组相乘，同为 TRUE 的乘积等于 1，否则乘积等于 0，再返回乘积之和，即 1 的个数为同时满足双条件的条目数。

例 4：统计非工作日消费金额

本例表格中是一些按日期（包括周六、周日）显示销售金额的数据，现在要计算出周六、周日的总销售金额，可以使用 SUMPRODUCT 函数来设计公式。

❶ 选中 E2 单元格，在编辑栏中输入公式：**=SUMPRODUCT((MOD(A2:A7,7)<2)*C2:C7)**，如图 7-33 所示。

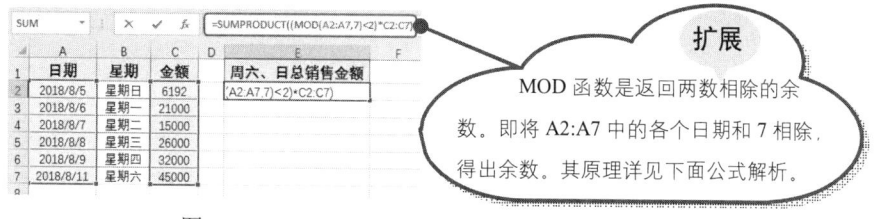

图 7-33

❷ 按 Enter 键，即可返回周六与周日的合计销售金额，如图 7-34 所示。

日期	星期	金额	周六、日总销售金额
2018/8/5	星期日	6192	51192
2018/8/6	星期一	21000	
2018/8/7	星期二	15000	
2018/8/8	星期三	26000	
2018/8/9	星期四	32000	
2018/8/11	星期六	45000	

图 7-34

公式解析

= SUMPRODUCT((MOD(A2:A7,7)<2)*C2:C7)
　　①　　　　　　　　　　②

①　使用 MOD 函数找出 A2:A7 单元格区域中的周末日期。也就是将 A2:A7 中的各个日期和 7 相除，得到的余数如果小于等于 2 表示是周末（因为任意周六日期的序列号与 7 相除余数是 0；任意周日日期的序列号与 7 相除余数是 1 或 2）。

②　使用 SUMPRODUCT 函数将①步中得到的日期对应在 C2:C7 区域中的金额进行求和运算。

例5：统计大于 12 个月的账款

本例表格按时间统计了借款金额，要求分别统计出 12 个月内的账款与超过 12 个月的账款。

❶ 选中 E2 单元格，在编辑栏中输入公式：**=SUMPRODUCT((DATEDIF(A2:A8,TODAY(), "M")<=12)*B2:B8)**，如图 7-35 所示。

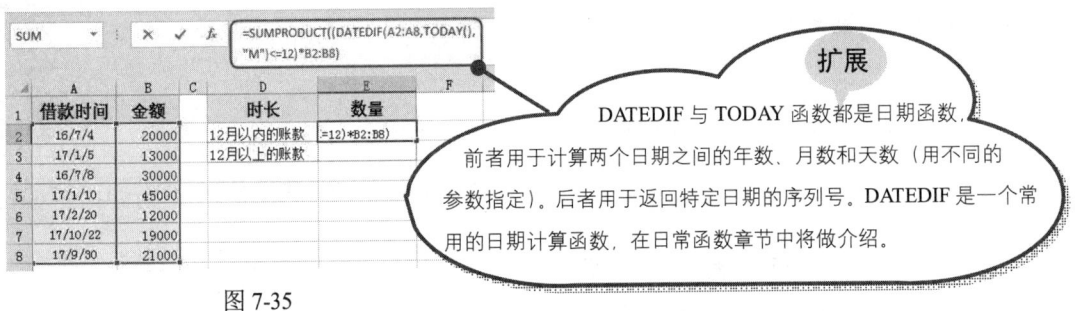

	A	B	C	D	E	F
1	借款时间	金额		时长	数量	
2	16/7/4	20000		12月以内的账款	=12)*B2:B8)	
3	17/1/5	13000		12月以上的账款		
4	16/7/8	30000				
5	17/1/10	45000				
6	17/2/20	12000				
7	17/10/22	19000				
8	17/9/30	21000				

扩展

DATEDIF 与 TODAY 函数都是日期函数，前者用于计算两个日期之间的年数、月数和天数（用不同的参数指定）。后者用于返回特定日期的序列号。DATEDIF 是一个常用的日期计算函数，在日常函数章节中将做介绍。

图 7-35

❷ 按 Enter 键，即可对 A2:A8 单元格区域中的日期进行判断，并计算出 12 个月以内的账款合计值，如图 7-36 所示。

	A	B	C	D	E
1	借款时间	金额		时长	数量
2	16/7/4	20000		12月以内的账款	¥ 40,000.00
3	17/1/5	13000		12月以上的账款	
4	16/7/8	30000			
5	17/1/10	45000			
6	17/2/20	12000			
7	17/10/22	19000			
8	17/9/30	21000			
9					

图 7-36

❸ 选中 E3 中，在编辑栏中输入公式：**=SUMPRODUCT((DATEDIF(A2:A8,TODAY(), "M")>12)*B2:B8)**，如图 7-37 所示。

❹ 按 Enter 键，即可对 A2:A8 单元格区域中的日期进行判断，并计算出 12 个月以上的账款合计值，如图 7-38 所示。

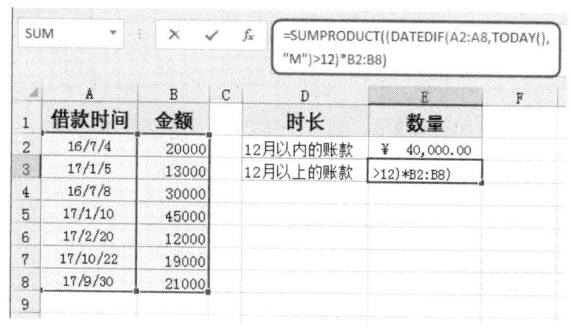

图 7-37   图 7-38

公式解析

= SUMPRODUCT((DATEDIF(A2:A8,TODAY(),"M")>12)*B2:B8)

① 使用 DATEDIF 函数依次返回 A2:A8 单元格区域日期与当前日期相差的月数。返回结果是一个数组。

② 依次判断①步数组各个值是否大于 12，如果是则返回 TRUE，否则返回 FALSE。返回 TRUE 的就是满足条件的。

③ 将②步返回数组与 B2:B8 单元格区域的值依次相乘，即将满足条件的取值，然后进行求和运算。

7.2 舍 入 函 数

舍入函数主要用于数值的取舍处理。如：返回实数向下取整后的整数值；按照指定基数的倍数对参数四舍五入；按照指定的位数向上舍入数值；将参数向上舍入为最接近的基数的倍数；将数值向上舍入到最接近的偶数或奇数等。

7.2.1 INT：返回实数向下取整后的整数值

INT 函数是将数字向下舍入到最接近的整数。
【函数语法】 INT(number)
number：必需。需要进行向下舍入取整的实数。

例：对平均销售量取整

本例表格统计了各个月份中产品的销售数量，要求计算出平均销量。由于销量数据应保留整数，因此可以在计算出平均值后进行取整处理。

❶ 选中 D2 单元格，在编辑栏中输入公式：**=INT(AVERAGE(B2:B7))**，如图 7-39 所示。

❷ 按 Enter 键，即可计算出各个月销量的平均值，如图 7-40 所示。

图 7-39

图 7-40

公式解析

$$= INT(AVERAGE(B2:B7))$$

① 使用 AVERAGE 函数对 B2:B7 区域中的汇总值进行求平均值运算。

② 使用 INT 函数将①步的数据结果取整数。

7.2.2 ROUND：按指定位数对数值四舍五入

ROUND 函数可将某个数字四舍五入为指定的位数。

【函数语法】 ROUND(number, num_digits)

- number：必需。要四舍五入的数字。
- num_digits：必需。位数，按此位数对 number 参数进行四舍五入。

例：为超出完成量的计算奖金

本例表格中统计了每一位销售员的完成量（B1 单元格中的达标值为 86%）。要求通过设置公式实现根据完成量自动计算奖金，在本例中计算奖金以及扣款的规则如下：当完成量比达标值每多一个百分点时，给予 200 元奖励（向上累加），大于 1 个百分点按 2 个百分点算，大于 2 个百分点按 3 个百分点算，以此类推。

❶ 选中 C3 单元格，在编辑栏中输入公式：**=IF(B3<$B$1,0,ROUND(B3−$B$1,2)*100*200)**，如图 7-41 所示。

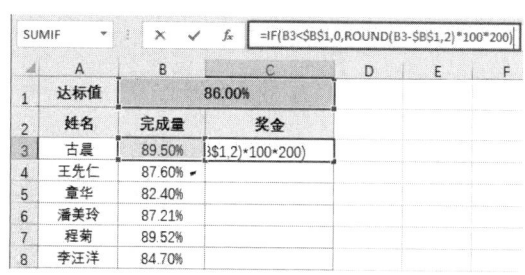

图 7-41

❷ 按 Enter 键，即可根据 B3 单元格的完成量和 B1 单元格的达标值得出奖金金额，如图 7-42 所示。

❸ 选中 C3 单元格，向下填充公式到 C10 单元格，一次性得到其他销售员的奖金，如图 7-43 所示。

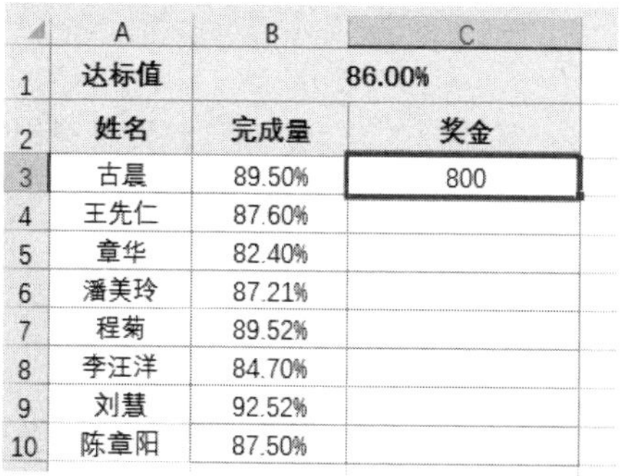

	A	B	C
1	达标值	86.00%	
2	姓名	完成量	奖金
3	古晨	89.50%	800
4	王先仁	87.60%	
5	章华	82.40%	
6	潘美玲	87.21%	
7	程菊	89.52%	
8	李汪洋	84.70%	
9	刘慧	92.52%	
10	陈章阳	87.50%	

图 7-42

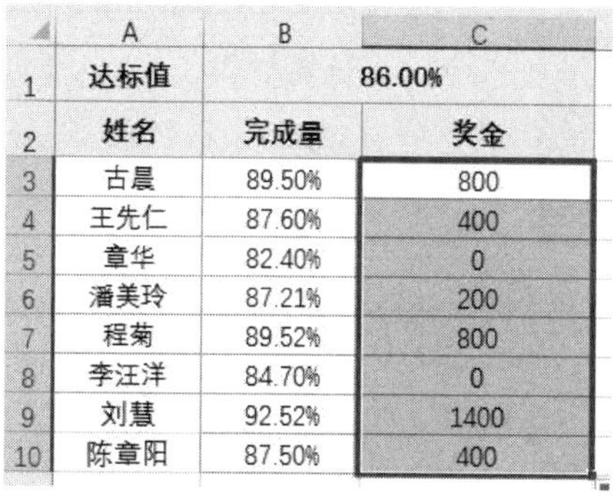

	A	B	C
1	达标值	86.00%	
2	姓名	完成量	奖金
3	古晨	89.50%	800
4	王先仁	87.60%	400
5	章华	82.40%	0
6	潘美玲	87.21%	200
7	程菊	89.52%	800
8	李汪洋	84.70%	0
9	刘慧	92.52%	1400
10	陈章阳	87.50%	400

图 7-43

公式解析

=**IF(B3<$B$1,0,ROUND(B3−$B$1,2)*100*200)**

① 如果完成量小于达标值，返回 0 值。

② 使用 ROUND 函数计算 B3 单元格中值与 B1 单元格中值的差值，并保留两位小数；将返回值乘以 100 表示将小数值转换为整数值，表示超出的百分点。再乘以 200 表示计算奖金总额。

7.2.3 ROUNDUP：向上舍入数值

ROUNDUP 函数用于向上舍入数值，即不考虑四舍五入总是向前进 1。

【函数语法】ROUNDUP(number,num_digits)
- number：必需参数，需要向上舍入的任意实数。
- num_digits：必需参数，要将数字舍入到的位数。

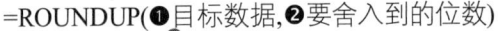
=ROUNDUP(❶目标数据,❷要舍入到的位数)

扩展

参数 1 可以是常数、单元格引用或公式返回值。参数 2 有以下三种不同的方式。

(1) 大于 0，则将数字向上舍入到指定的小数位。

(2) 等于 0，则将数字向上舍入到最接近的整数。

(3) 小于 0，则在小数点左侧向上进行舍入。

可通过如图 7-44 所示的图例查看。

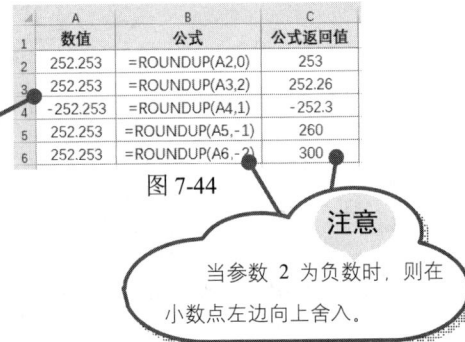

	A	B	C
1	数值	公式	公式返回值
2	252.253	=ROUNDUP(A2,0)	253
3	252.253	=ROUNDUP(A3,2)	252.26
4	-252.253	=ROUNDUP(A4,1)	-252.3
5	252.253	=ROUNDUP(A5,-1)	260
6	252.253	=ROUNDUP(A6,-2)	300

图 7-44

注意

当参数 2 为负数时，则在小数点左边向上舍入。

例 1：计算材料长度（材料只能多不能少）

本例表格中统计了花圃半径，需要计算所需材料的长度，在计算周长时出现多位小数。由于所需材料只可以多不能少，则可以使用 ROUNDUP 函数向上舍入。

❶ 选中 D2 单元格，在编辑栏中输入公式：**=ROUNDUP(C2,1)**，如图 7-45 所示。

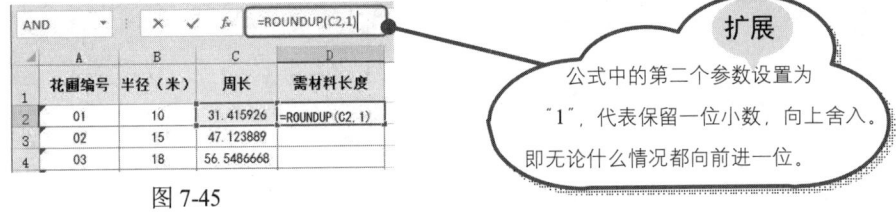

| AND | × ✓ fx | =ROUNDUP(C2,1) |

	A	B	C	D
1	花圃编号	半径（米）	周长	需材料长度
2	01	10	31.415926	=ROUNDUP(C2,1)
3	02	15	47.123889	
4	03	18	56.5486668	

扩展

公式中的第二个参数设置为 "1"，代表保留一位小数，向上舍入。即无论什么情况都向前进一位。

图 7-45

❷ 按 Enter 键，即可根据 C2 单元格中的值计算所需材料的长度，如图 7-46 所示。

❸ 选中 D2 单元格，向下填充公式到 D6 单元格，一次性得出其他材料长度，如图 7-47 所示。

	A	B	C	D
1	花圃编号	半径（米）	周长	需材料长度
2	01	10	31.415926	31.5
3	02	15	47.123889	
4	03	18	56.5486668	
5	04	20	62.831852	

图 7-46

	A	B	C	D
1	花圃编号	半径（米）	周长	需材料长度
2	01	10	31.415926	31.5
3	02	15	47.123889	47.2
4	03	18	56.5486668	56.6
5	04	20	62.831852	62.9
6	05	17	53.4070742	53.5

图 7-47

例 2：计算上网费用

本例表格中统计某网吧某日各台计算机的使用情况，包括上机、下机时间，需要根据时间计算上网费用，计费标准：每小时 8 元。超过半小时按 1 小时计算；不超过半小时按半小时计算。

❶ 选中 D2 单元格，在编辑栏中输入公式：**=ROUNDUP((HOUR(C2–B2)*60+MINUTE(C2–B2))/30,0)*4**，如图 7-48 所示。

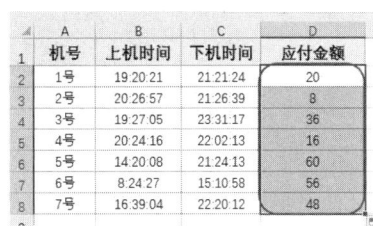

图 7-48

❷ 按 Enter 键，即可根据 B2:B8 和 C2:C8 区域中的时间计算出上网费用，如图 7-49 所示。

❸ 选中 D2 单元格，向下填充公式到 D8 单元格，一次性得出其他上网费用，如图 7-50 所示。

图 7-49   图 7-50

公式解析

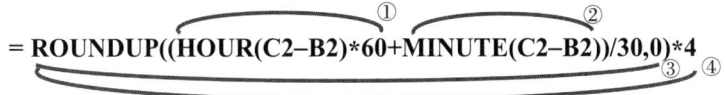

$$= \text{ROUNDUP}((\text{HOUR}(C2-B2)*60+\text{MINUTE}(C2-B2))/30,0)*4$$

① 使用 HOUR 函数判断 B2 单元格与 C2 单元格中两个时间相差的小时数，乘以 60 是将时间转换为分钟。

② 使用 MINUTE 函数判断 C2 单元格与 B2 单元格中两个时间相差的分钟数。

③ 将①步与②步相加，得到的分钟数总和为上网的总分钟数，将总分钟数除以 30 表示将计算单位转换为 30 分钟，然后使用 ROUNDUP 函数向上舍入（因为超过 30 分钟按 1 小时计算）。

④ 由于计费单位已经被转换为 30 分钟，所以③步结果乘以 4 即可计算出总上网费用而不是乘以 8。

例 3：计算物品的快递费用

本例表格中统计当天所收每一件快递的物品重量，需要计算快递费用，收费规则：首重 1 公斤（注意是每公斤）为 8 元；续重每斤（注意是每斤）为 2 元。

❶ 选中 C2 单元格，在编辑栏中输入公式：**=IF(B2<=1,8,8+ROUNDUP((B2−1)*2,0)*2)**，如图 7-51 所示。

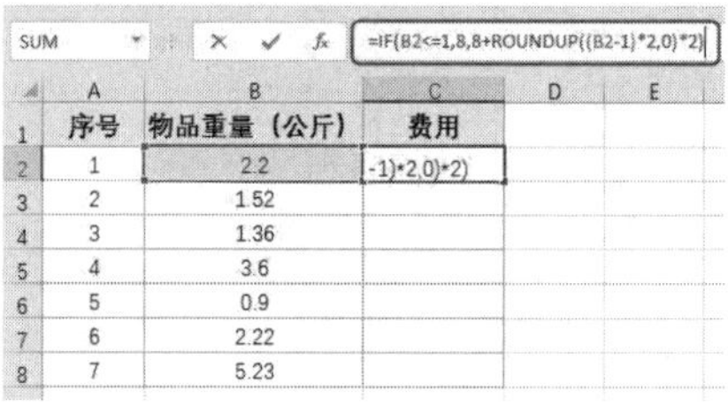

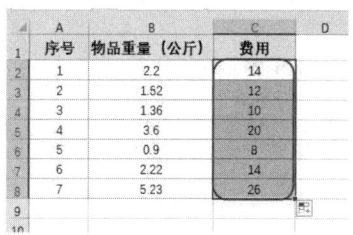

图 7-51

❷ 按 Enter 键，即可根据 B2 单元格中的重量计算出费用，如图 7-52 所示。

❸ 选中 C2 单元格，向下填充公式到 C8 单元格，一次性得出其他单号的快递费用，如图 7-53 所示。

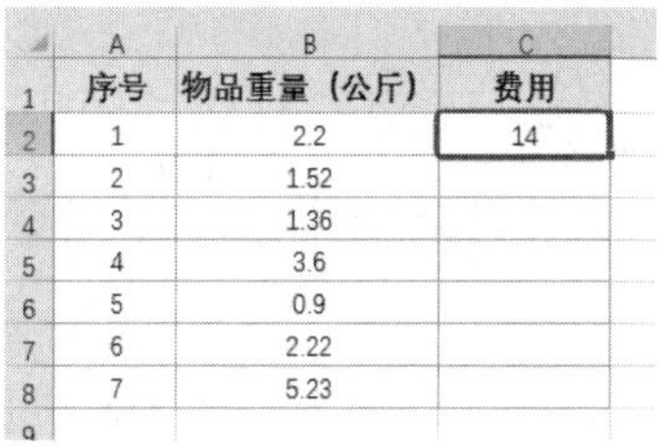

图 7-52   图 7-53

公式解析

= IF(B2<=1,8,8+ROUNDUP((B2−1)*2,0)*2)

① 首先判断 B2 单元格的值是否小于等于 1，如果是，返回 8；否则进行后面的运算，即 "8+ROUNDUP((B2−1)*2,0)*2"。

② 将 B2 中重量减去首重重量 1，乘以 2 表示将公斤转换为斤，使用 ROUNDUP 函数将这个结果向上取整（即如果计算值为 1.34，向上取整结果为 2；计算值为 2.188，向上取整结果为 3……）。

③ 将②步结果乘以 2 再加上首重费用 8 表示此物件的总物流费用金额。

7.2.4 ROUNDDOWN：向下舍入数值

ROUNDDOWN 函数用于向下舍入数值，即不考虑四舍五入总是向下舍入。

【函数语法】ROUNDDOWN(number,num_digits)

● number：必需参数，需要向下舍入的任意实数。
● num_digits：必需参数，要将数字舍入到的位数。

=ROUNDDOWN(❶目标数据, ❷要舍入到的位数)

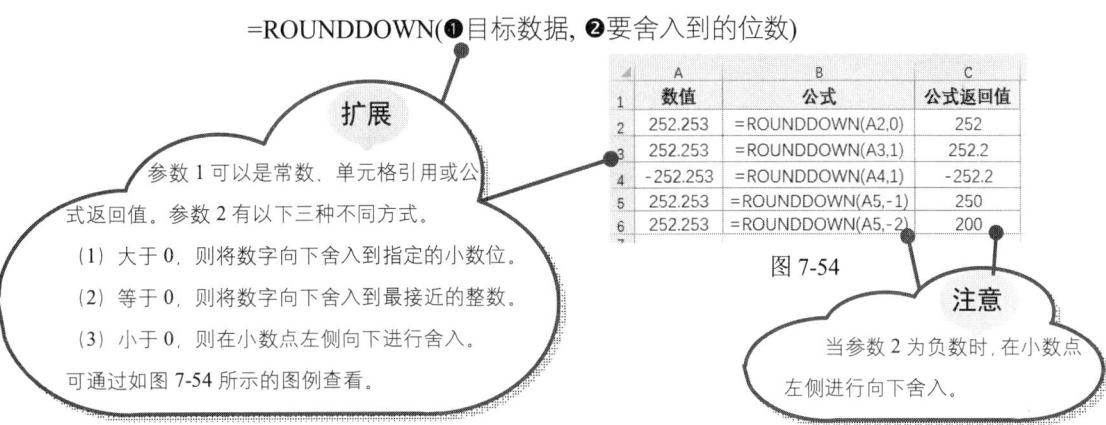

扩展

参数 1 可以是常数、单元格引用或公式返回值。参数 2 有以下三种不同方式。

（1）大于 0，则将数字向下舍入到指定的小数位。

（2）等于 0，则将数字向下舍入到最接近的整数。

（3）小于 0，则在小数点左侧向下进行舍入。

可通过如图 7-54 所示的图例查看。

	A	B	C
1	数值	公式	公式返回值
2	252.253	=ROUNDDOWN(A2,0)	252
3	252.253	=ROUNDDOWN(A3,1)	252.2
4	-252.253	=ROUNDDOWN(A4,1)	-252.2
5	252.253	=ROUNDDOWN(A5,-1)	250
6	252.253	=ROUNDDOWN(A5,-2)	200

图 7-54

注意

当参数 2 为负数时，在小数点左侧进行向下舍入。

例：商品折后价格舍尾取整

本例表格中在计算购物订单的金额时给出 0.88 折扣，但是计算折扣后出现小数，现在希望折后应收金额能舍去小数金额。

❶ 选中 D2 单元格，在编辑栏中输入公式：**=ROUNDDOWN(C2,0)**，如图 7-55 所示。

SUM			fx	=ROUNDDOWN(C2,0)	
	A	B	C	D	
1	品名	单价	折扣价格	折后应收	
2	水光沁肌喷雾	1256	1105.28	OWN(C2,0)	
3	美白保湿面霜	1520	1337.6		
4	强效补水露	985	866.8		
5	肌底修护凝乳	1230	1082.4		
6	玫瑰花纯露	1222	1075.36		
7	薰衣草精油	580	510.4		

图 7-55

❷ 按 Enter 键，即可根据 C2 单元格中的数值计算出折后应收，如图 7-56 所示。

❸ 选中 D2 单元格，向下填充公式到 D7 单元格，一次性得出其他折后应收金额，如图 7-57 所示。

	A	B	C	D
1	品名	单价	折扣价格	折后应收
2	水光沁肌喷雾	1256	1105.28	1105
3	美白保湿面霜	1520	1337.6	
4	强效补水露	985	866.8	
5	肌底修护凝乳	1230	1082.4	
6	玫瑰花纯露	1222	1075.36	
7	薰衣草精油	580	510.4	

图 7-56

	A	B	C	D
1	品名	单价	折扣价格	折后应收
2	水光沁肌喷雾	1256	1105.28	1105
3	美白保湿面霜	1520	1337.6	1337
4	强效补水露	985	866.8	866
5	肌底修护凝乳	1230	1082.4	1082
6	玫瑰花纯露	1222	1075.36	1075
7	薰衣草精油	580	510.4	510

图 7-57

经验之谈

ROUND 函数能进行四舍五入，ROUNDUP 函数不考虑四舍五入总是向上进 1，ROUNDDOWN 函数不考虑四舍五入，总是向下舍去。例如：25.42 这个数字，**ROUND（25.42,1）=25.4**（2 小于 5 不能进位），**ROUNDUP（25.42,1）=25.5**（2 小于 5 但也向前进位），**ROUNDDOWN（25.42,1）=25.4**（第 2 位小数不管大于 5 还是小于 5 都直接舍去）。

7.2.5 CEILING.PRECISE：向上舍入到最接近指定数字的某个值的倍数值

CEILING.PRECISE 函数将参数 number 向上舍入（正向无穷大的方向）到最接近的 significance 的倍数。无论该数字的符号如何，该数字都向上舍入。但是，如果该数字或有效位为零，则将返回零。

【函数语法】CEILING.PRECISE(number, [significance])

- number：必需。要进行舍入计算的值。
- significance：可选。要将数字舍入的倍数。

下面通过基本公式及其返回值来具体看看 CEILING.PRECISE 函数是如何根据不同的参数返回值的（注意看公式与右侧的图示解析），如图 7-58 所示。

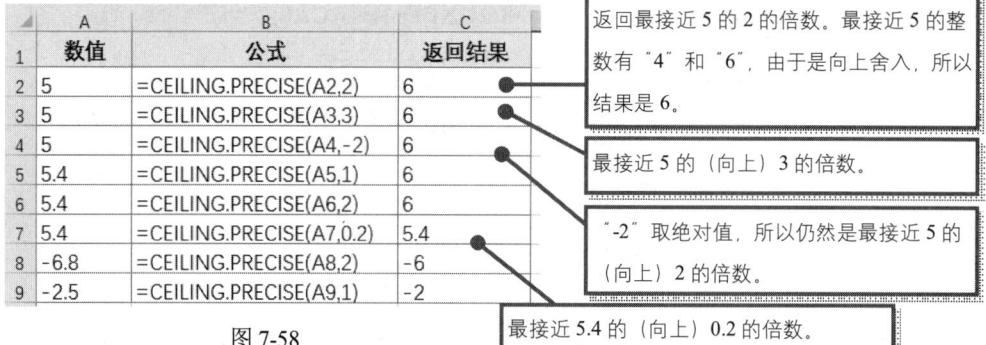

图 7-58

经验之谈

CEILING.PRECISE 与 ROUNDUP 同为向上舍入函数，但二者是不同的。ROUNDUP 只是不考虑四舍五入情况总是向前进一位，而 CEILING.PRECISE 函数是将数据向上舍入（绝对值增大的方向）到最近基数的倍数。当 CEILING.PRECISE 函数的参数为 1 时，两函数的作用相同，因为 1 的倍数始终是数据本身。下面看一个小范例即可理解。

例如有一个实例要求根据停车分钟数来计算停车费用，停车 1 小时 4 元，不足 1 小时按 1 小时计算。

使用 CEILING.PRECISE 函数的公式为：**= CEILING.PRECISE (B2/60,1)*4**，如图 7-59 所示。

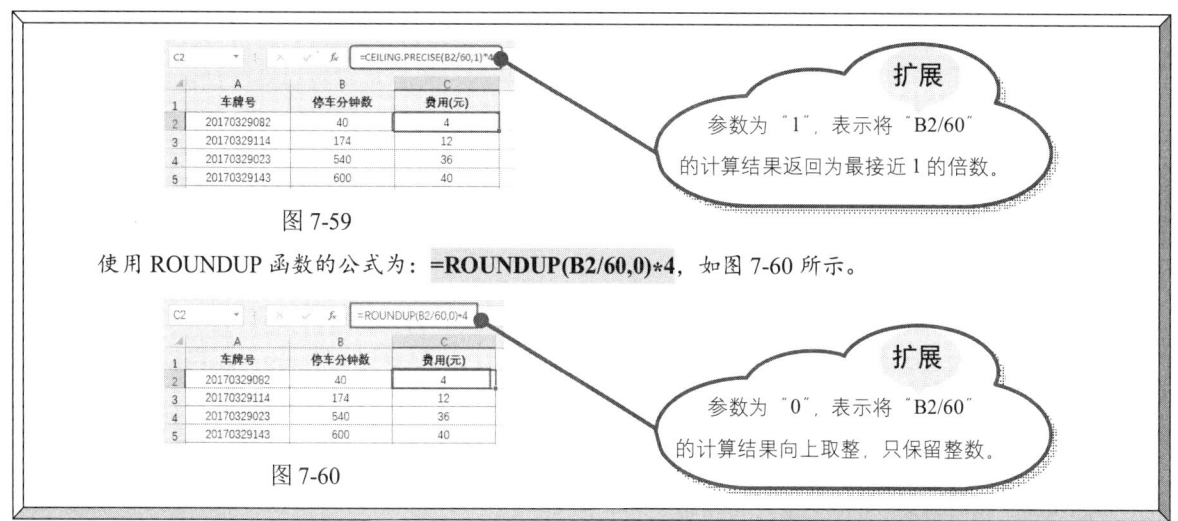

图 7-59

使用 ROUNDUP 函数的公式为：**ROUNDUP(B2/60,0)*4**，如图 7-60 所示。

图 7-60

例：按指定计价单位计算总话费

本例表格中统计了多项国际长途的通话时间，现在要计算通话费用，计价规则为：每 6 秒计价一次，不足 6 秒按 6 秒计算，第 6 秒费用为 0.07 元。

❶ 选中 C2 单元格，在编辑栏中输入公式：**=CEILING.PRECISE(B2,6)/6*0.07**，如图 7-61 所示。

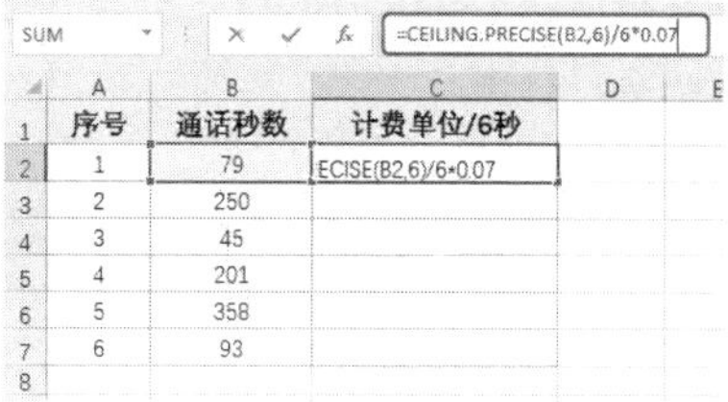

图 7-61

❷ 按 Enter 键，即可根据 B2 单元格中的通话时间计算通话费用，如图 7-62 所示。

❸ 选中 C2 单元格，向下填充公式到 C7 单元格，一次性得出其他通话费用，如图 7-63 所示。

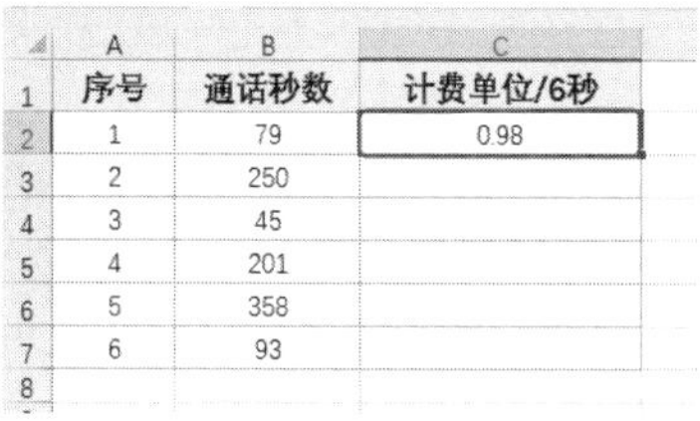

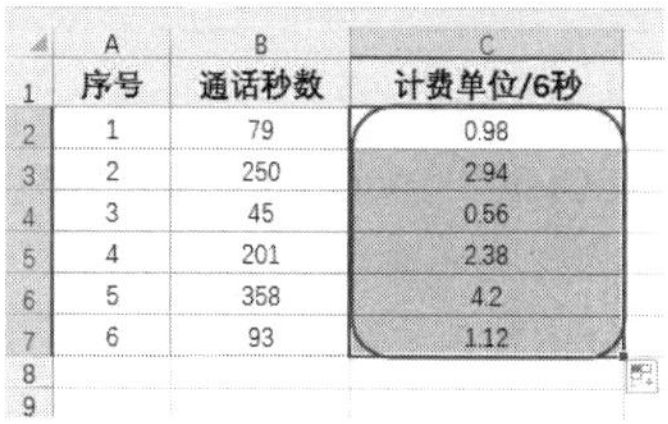

图 7-62　　　　　　　　　　　图 7-63

公式解析

$$= \underbrace{\text{CEILING.PRECISE(B2,6)}}_{①}/\underbrace{6*0.07}_{②}$$

① 用 CEILING.PRECISE 函数将 B2 单元格中的通话时长向上舍入，表示返回最接近通话秒数的 6 的倍数（因为计价单位是 6 秒，并且向上舍入可以达到不足 6 秒按 6 秒计算的目的）。用结果除以 6 表示计算出共有多少个计价单位。

② 用①步结果乘以每 6 秒的费用（0.07 元/6 秒），得到总费用。

7.2.6 FLOOR.PRECISE：向下舍入到最接近指定数字的某个值的倍数值

FLOOR.PRECISE 函数用于将参数 number 向下舍入（正向无穷大的方向）为最接近的 significance 的倍数。无论该数字的符号如何，该数字都向下舍入。但是，如果该数字或有效位为零，则将返回零。

【函数语法】FLOOR.PRECISE(number, [significance])

- number：必需。要进行舍入计算的值。
- significance：可选。要将数字舍入的倍数。如果忽略 significance，则其默认值为 1。

下面通过基本公式及其返回值来具体看看 FLOOR.PRECISE 是如何返回值的，如图 7-64 所示。

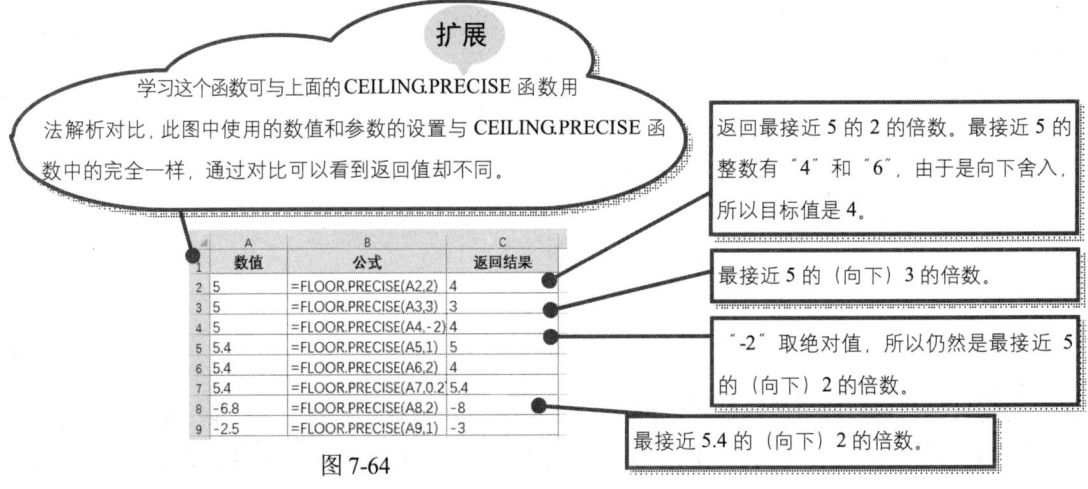

图 7-64

经验之谈

FLOOR.PRECISE 与 ROUNDDOWN 同为向下舍入函数，但二者是不同的。ROUNDDOWN 是对数据按指定位数舍去，只是不考虑四舍五入情况总是不向前进位，而只是直接将剩余的小数位截去。而 FLOOR.PRECISE 函数是将数据向下舍入（绝对值增大的方向）为最近基数的倍数。当 FLOOR.PRECISE 函数的参数为 1 时，两函数的作用相同，因为 1 的倍数始终是数据本身。

例：计算计件工资中的奖金

本例表格中统计了车间工人 4 月份的产值，需要根据产值计算月奖金，奖金发放规则：生产件数小于 300 件时无奖金；生产件数大于等于 300 件时奖金为 300 元，并且每增加 10 件，奖金增加 50 元。

❶ 选中 D2 单元格，在编辑栏中输入公式：**=IF(C2<300,0,FLOOR.PRECISE(C2–300,10)/10*50+300)**，如图 7-65 所示。

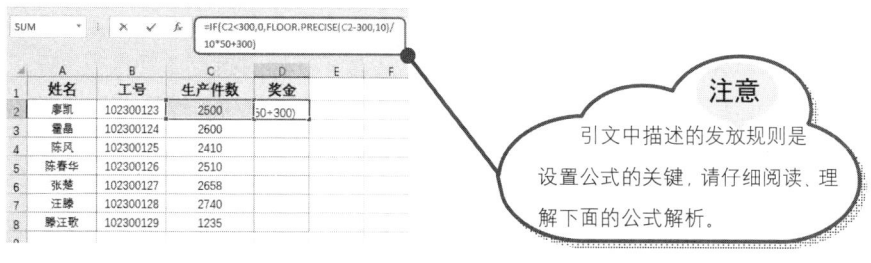

注意

引文中描述的发放规则是设置公式的关键，请仔细阅读，理解下面的公式解析。

图 7-65

❷ 按 Enter 键，即可根据 C2 单元格中的数值计算奖金，如图 7-66 所示。

❸ 选中 D2 单元格，向下填充公式到 D8 单元格，一次性得出其他员工的奖金，如图 7-67 所示。

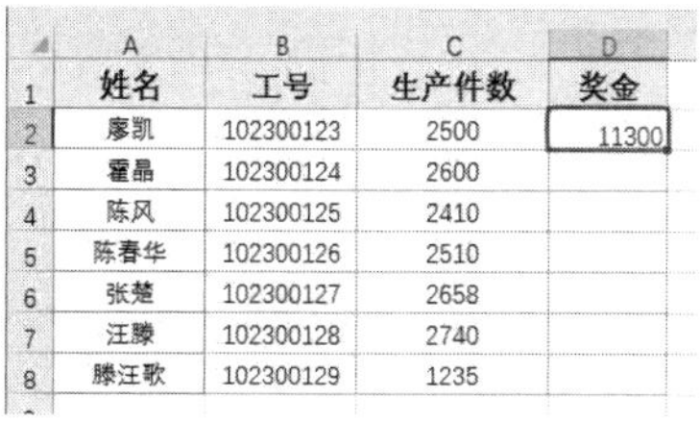

姓名	工号	生产件数	奖金
廖凯	102300123	2500	11300
霍晶	102300124	2600	
陈风	102300125	2410	
陈春华	102300126	2510	
张楚	102300127	2658	
汪滕	102300128	2740	
滕汪歌	102300129	1235	

图 7-66

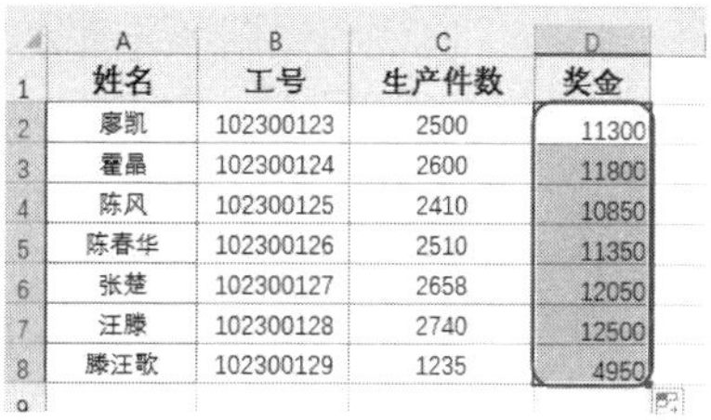

姓名	工号	生产件数	奖金
廖凯	102300123	2500	11300
霍晶	102300124	2600	11800
陈风	102300125	2410	10850
陈春华	102300126	2510	11350
张楚	102300127	2658	12050
汪滕	102300128	2740	12500
滕汪歌	102300129	1235	4950

图 7-67

公式解析

= IF(C2<300,0,FLOOR.PRECISE(C2–300,10)/10*50+300)

① C2 小于 300 表示无奖金。如果大于 300 则进入后面的计算判断，即 "FLOOR.PRECISE(C2–300,10)/10*50+300"。

② C2 减 300 表示去除 300 后还剩多少件，使用 FLOOR.PRECISE 向下舍入表示返回最接近剩余件数的 10 的倍数。即满 10 件的计算在内，不满 10 件的舍去。

③ 用②步结果除以 10 表示计算出共有几个 10 件，即能获得 50 元奖金的次数。

④ 用计算得到的可获到 50 元奖金的次数乘以 50 表示除 300 元外所获取的资金额。最后再将结果加上 300，得到最终的奖金总额。

7.2.7 MROUND：按照指定基数的倍数对参数四舍五入

MROUND 函数用于返回参数按指定基数舍入后的数值。

【函数语法】MROUND(number, multiple)

- number：必需。要舍入的值。
- multiple：必需。要将数值 number 舍入到的倍数。

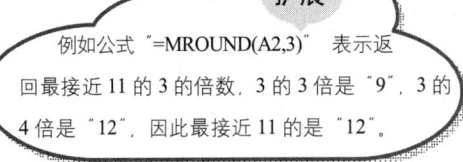

> **扩展**
> 参数 number 和 multiple 的正负符号必须一致，否则 MROUND 函数将返回 "#NUM!" 错误值。

如图 7-68 所示，以 A 列中各值为参数 1，参数 2 的设置不同时可返回不同的值。

	A	B	C
1	数值	公式	公式返回值
2	11	=MROUND(A2,3)	12
3	14	=MROUND(A3,3)	15
4	13	=MROUND(A4,2)	14
5	-3.5	=MROUND(A5,-2)	-4

图 7-68

> **扩展**
> 例如公式 "=MROUND(A2,3)" 表示返回最接近 11 的 3 的倍数，3 的 3 倍是 "9"，3 的 4 倍是 "12"，因此最接近 11 的是 "12"。

例：计算商品运送车次

本例将根据运送商品总数量与每车可装箱数量来计算运送车次。具体规定如下：每 52 箱商品装一辆车。如果最后剩余商品数量大于半数（即 26 箱），可以再装一车运送一次，否则剩余商品不使用车辆运送。

❶ 选中 B4 单元格，在编辑栏中输入公式：**=MROUND(B1,B2)**，如图 7-69 所示。

❷ 按 Enter 键得出最接近 1200 的 52 的倍数，如图 7-70 所示。

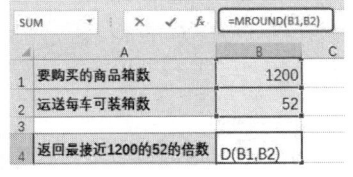

图 7-69

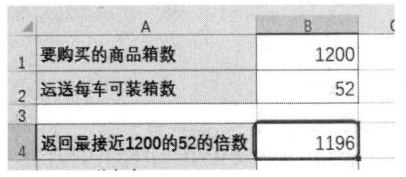

图 7-70

❸ 选中 B5 单元格，在编辑栏中输入公式：**=B4/B2**，如图 7-71 所示。

❹ 按 Enter 键，计算出需要运送的车次，如图 7-72 所示（运送 23 次后还剩 4 箱，所以不再运送一次）。

❺ 假如商品总箱数为 1223，运送车次变成了 24，因为运送 23 车后，还有 27 箱，所以需要再运送一次，即总运送车次为 24 次，如图 7-73 所示。

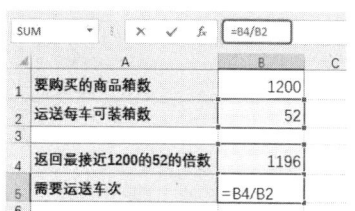

图 7-71　　　　　　　　　　图 7-72　　　　　　　　　　图 7-73

公式解析

= MROUND(B1,B2)

公式中 MROUND(B1,B2)这一部分的原理就是返回 B2 的倍数，并且这个倍数的值最接近 B1 单元格中的值。"最接近"这 3 个字非常重要，在上例中它决定了不过半数少装一车，过半数就多装一车。

7.2.8　EVEN：将数值向上舍入到最接近的偶数

EVEN 函数返回沿绝对值增大方向取整后最接近的偶数。

【函数语法】EVEN(number)

number：必需。要舍入的值。

例：将数值向上舍入到最接近的偶数

本例需要计算出数值向上最接近的偶数，可以使用 EVEN 函数来实现。

❶ 选中 B2 单元格，在编辑栏中输入公式：**=EVEN(A2)**，如图 7-74 所示。

❷ 按 Enter 键，即可计算出该数值向上最接近的偶数，如图 7-75 所示。

❸ 选中 B2 单元格，向下填充公式到 B5 单元格，一次性得出其他最接近的偶数数值，如图 7-76 所示。

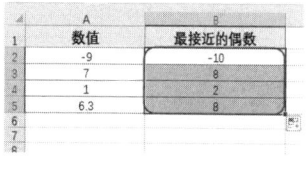

图 7-74　　　　　　　　　　图 7-75　　　　　　　　　　图 7-76

7.2.9　ODD：将数值向上舍入到最接近的奇数

ODD 函数用于返回对指定数值进行向上舍入后的奇数。

【函数语法】 ODD(number)

number：必需。要舍入的值。

例：将数值向上舍入到最接近的奇数

本例需要计算出数值向上最接近的奇数，可以使用 ODD 函数来实现。

❶ 选中 B2 单元格，在编辑栏中输入公式：**=ODD(A2)**，如图 7-77 所示。

❷ 按 Enter 键，即可计算出该数值向上最接近的奇数，如图 7-78 所示。

❸ 选中 B2 单元格，向下填充公式到 B5 单元格，一次性得出其他最接近的奇数值，如图 7-79 所示。

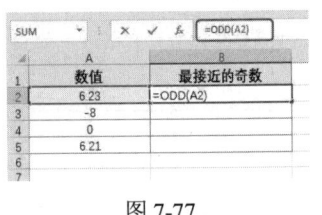
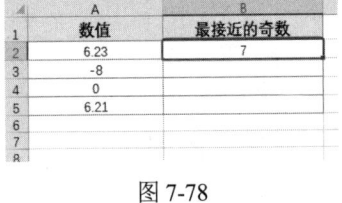
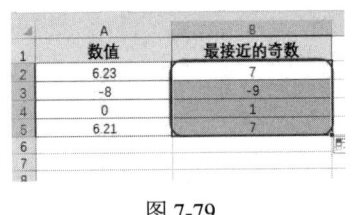

图 7-77　　　　　　　图 7-78　　　　　　　图 7-79

7.3　随机数函数

随机函数就是产生随机数的函数，主要有 RAND 函数和 RANDBETWEEN 函数。RAND 函数用于返回大于等于 0 及小于 1 的随机数，而 RANDBETWEEN 函数返回的是整数随机数。

7.3.1　RAND：返回大于等于 0 及小于 1 的均匀分布随机数

RAND 函数返回大于等于 0 及小于 1 的均匀分布随机实数，每次计算工作表时都将返回一个新的随机实数。

【函数语法】 RAND()

RAND 函数语法没有参数。

例：随机获取选手编号

在进行某项比赛时，为各位选手分配编号时自动生成随机编号，要求编号是 1～100 之间的整数。

❶ 选中 B2 单元格，在编辑栏中输入公式：**=ROUND(RAND()*100-1,0)**，如图 7-80 所示。

❷ 按 Enter 键，即可随机自动生成 1～100 之间的整数（每次按 F9 键编号都随机生成），如图 7-81 所示。

❸ 选中 B2 单元格，向下填充公式到 B7 单元格，一次性得出其他随机编号，如图 7-82 所示。

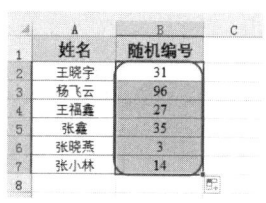

图 7-80　　　　　　　　　　　图 7-81　　　　　　　　　　　图 7-82

公式解析

= ROUND(RAND( )*100−1,0)

① 使用 RAND 函数获取 0~1 间的随机值。

② 进行乘 100 处理是将小数转换为有两位整数的数值，减 1 处理是避免随机生成 100 这个数值。

③ 最后使用 ROUND 函数将②步得到的小数向上舍入取整。

7.3.2　RANDBETWEEN：产生整数的随机数

RANDBETWEEN 函数返回位于指定的两个数之间的一个随机整数。每次计算工作表时都将返回一个新的随机整数。

【函数语法】RANDBETWEEN(bottom, top)

● bottom：必需。函数 RANDBETWEEN 将返回的最小整数。
● top：必需。函数 RANDBETWEEN 将返回的最大整数。

例：自动生成三位数编码

在开展某项活动时，选手的编号需要随机生成，并且要求编号都是 3 位数。

❶ 选中 B2 单元格，在编辑栏中输入公式：**=RANDBETWEEN(100,1000)**，如图 7-83 所示。

❷ 按 Enter 键，即可随机自动生成 100～1000 之间的整数（每次按 F9 键编号都随机生成），如图 7-84 所示。

❸ 选中 B2 单元格，向下填充公式到 B7 单元格，一次性得出其他随机编号（且是三位数），如图 7-85 所示。

图 7-83

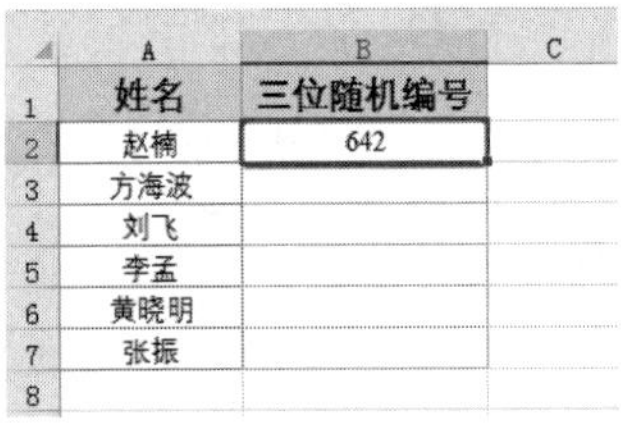

图 7-84

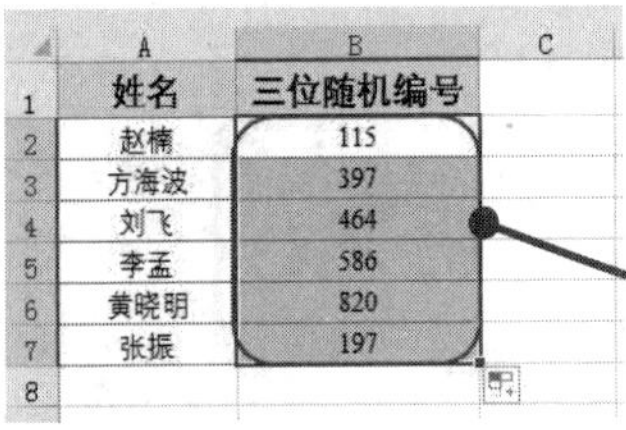

图 7-85

注意

向下复制公式后得到随机数后，可以看到 B2 中的数字与图 7-84 中的随机数不一样了，这是因为随机数进行了更新。

第 8 章

统 计 函 数

```
统计函数
├─ 8.1 基础统计函数
│   ├─ 8.1.1 AVERAGE: 计算平均值 ─┬─ 例1: 计算车间工人平均工资
│   │                           └─ 例2: 实现平均业绩的动态计算
│   ├─ 8.1.2 AVERAGEA: 计算平均值(包括文本、逻辑值) ── 例: 求包含文本值的平均值
│   ├─ 8.1.3 AVERAGEIF: 对区域中满足条件的单元格求平均值 ─┬─ 例1: 各个车间平均工资统计比较
│   │                                                 └─ 例2: 使用通配符对某一类数据求平均值
│   ├─ 8.1.4 AVERAGEIFS: 对区域中满足多个条件的单元格求平均值 ─┬─ 例1: 计算满足双条件的平均值
│   │                                                       └─ 例2: 计算企划部女员工的平均成绩
│   ├─ 8.1.5 COUNT: 统计单元格区域中含有数值数据的单元格个数 ── 例: 统计本月份获取交通补助的总人数
│   ├─ 8.1.6 COUNTA: 统计单元格区域中含有数据的单元格个数(包含文本、逻辑值) ── 例: 统计出非正常出勤的人数
│   ├─ 8.1.7 COUNTIF: 统计满足给定条件的数据个数 ─┬─ 例1: 统计某课程的报名人数
│   │                                           └─ 例2: 统计工资额大于(小于)指定值的人数
│   ├─ 8.1.8 COUNTIFS: 统计满足多个条件的数据个数 ─┬─ 例1: 初级技工产量大于350件人数
│   │                                             └─ 例2: 统计指定产品每日的销售记录数
│   ├─ 8.1.9 MAX(MIN): 返回一组值中的最大值(最小值) ─┬─ 例1: 返回考核成绩表中的最高分数
│   │                                               ├─ 例2: 返回车间女职工的最高产量
│   │                                               ├─ 例3: 忽略0值求出最低分数
│   │                                               ├─ 例4: 计算出中最高的销售额
│   │                                               └─ 例5: 根据部门与工龄计算应发奖金
│   ├─ 8.1.10 LARGE(SMALL): 返回某数据集的某个最大(小)值 ─┬─ 例1: 返回排名前三的销售额
│   │                                                   ├─ 例2: 分班级统计各班级的前三名成绩
│   │                                                   └─ 例3: 返回倒数第一名的成绩与对应姓名
│   ├─ 8.1.11 TRIMMEAN: 截头去尾返回数据集的平均值 ── 例: 通过6位评委打分计算选手的最后得分
│   ├─ 8.1.12 GEOMEAN: 返回数据集的几何平均值 ── 例: 判断两组数据的稳定性
│   └─ 8.1.13 RANK.EQ: 返回数组的最高排位 ── 例: 对销售业绩进行排名
│
├─ 8.2 方差、协方差与偏差
│   ├─ 8.2.1 VAR.S: 计算基于样本的方差 ── 例: 估算产品质量的方差
│   ├─ 8.2.2 VAR.P: 计算基于样本总体的方差 ── 例: 以样本值估算总体的方差
│   ├─ 8.2.3 STDEV.S: 计算基于样本估算标准偏差 ── 例: 估算入伍军人身高的标准偏差
│   ├─ 8.2.4 STDEV.P: 计算样本总体的标准偏差 ── 例: 以样本值估算总体的标准偏差
│   ├─ 8.2.5 COVARIANCE.S: 返回样本协方差 ── 例: 计算甲状腺与碘食用量的协方差
│   ├─ 8.2.6 COVARIANCE.P: 返回总体协方差 ── 例: 以样本值估算总体的协方差
│   └─ 8.2.7 AVEDEV: 计算数值的平均绝对偏差 ── 例: 判断哪个小组生产的货品合格度更高
│
├─ 8.3 数据预测
│   ├─ 8.3.1 LINEST: 对已知数据进行最佳直线拟合 ── 例: 根据生产数量预测产品的单个成本
│   ├─ 8.3.2 TREND: 构造线性回归直线方程 ── 例: 根据上半年各月销售额预测后期销售额
│   ├─ 8.3.3 LOGEST: 回归拟合曲线返回该曲线的数值 ── 例: 预测网站专题的点击量
│   ├─ 8.3.4 GROWTH: 对给定的数据预测指数增长值 ── 例: 预测销售量
│   ├─ 8.3.5 FORECAST: 根据已有的数值计算或预测未来值 ── 例: 预测未来值
│   └─ 8.3.6 CORREL: 求一元线性回归的相关系数 ── 例: 返回两个不同事物之间的相关系数
│
└─ 8.4 其他常用指标统计函数
    ├─ 8.4.1 MODE.SNGL: 返回数组中的众数 ── 例: 返回最高气温中的众数
    ├─ 8.4.2 MEDIAN: 求一组数的中值 ── 例: 返回中间的成绩
    ├─ 8.4.3 MODE.MULT: 返回一组数据集中出现频率最高的数值 ── 例: 统计被投诉次数最多的工号
    ├─ 8.4.4 FREQUENCY: 频数分布统计 ── 例: 统计考试分数的分布区间
    ├─ 8.4.5 PROB: 返回数值落在指定区间内的概率 ── 例: 计算出中奖概率
    └─ 8.4.6 KURT: 返回数据集的峰值 ── 例: 计算商品在一段时期内价格的峰值
```

8.1 基础统计函数

统计函数在工作中是较常使用的函数，如：计算平均值（包括常规计算与按条件计算）、统计数据个数（包括常规统计与按条件统计）、求最大值（最小值）等，这些函数我们可以将它们归纳为基础统计函数，它们经常应用于日常工作中。

8.1.1 AVERAGE：计算平均值

AVERAGE 函数用于计算所有参数的算术平均值。

【函数语法】AVERAGE(number1,number2,...)

number1,number2,...：表示要计算平均值的 1~30 个参数。

经验之谈

AVERAGE 函数参数的最常见写法是对一块单元格区域进行求平均值，但其参数还有其他灵活的写法。

=AVERAGE(1,2,3)，可以都是常量，中间使用逗号间隔。

= AVERAGE(D2:D3,D9:D10,Sheet2!A1:A3)，可以是不同的单元格区域，还可以引用其他工作表中数据区域，中间使用逗号间隔。

= AVERAGE(4,SUM(3,3),A1)，可以是函数的返回值，中间使用逗号间隔。

例 1：计算车间工人平均工资

本例表格中对车间工人的工资进行了统计，现在需要计算出平均工资，可以利用 AVERAGE 函数来计算。

❶ 选中 G2 单元格，在"公式"选项卡的"函数库"组中单击"自动求和"按钮，在下拉菜单中选择"平均值"命令（如图 8-1 所示），即可自动插入函数，选择 E2:E13 区域作为目标区域，如图 8-2 所示。

图 8-1   图 8-2

❷ 按 Enter 键，即可计算出车间工人的平均工资，如图 8-3 所示。

	A	B	C	D	E	F	G
1	职工工号	姓名	车间	性别	工资		工人平均工资
2	RCH001	张佳佳	男装车间	女	3500		5381.25
3	RCH002	周传明	女装车间	男	2720		
4	RCH003	陈秀月	女装车间	女	2800		
5	RCH004	杨世奇	女装车间	男	3400		
6	RCH005	袁晓宇	男装车间	男	2900		
7	RCH006	夏甜甜	男装车间	女	3100		
8	RCH007	吴晶晶	女装车间	女	3850		
9	RCH008	蔡天放	女装车间	男	3050		
10	RCH009	朱小琴	男装车间	女	3420		
11	RCH010	袁庆元	女装车间	男	2780		
12	RCH011	张芯瑜	男装车间	女	3200		
13	RCH012	李慧珍	男装车间	女	29855		

图 8-3

例 2：实现平均业绩的动态计算

实现数据动态计算这一需求很多时候都会应用到，例如销售记录随时添加时可以即时更新平均值、总和值等。下面的例子中要求实现平均业绩的动态计算，即有新条目添加时，平均值能自动重算。要实现平均业绩能动态计算，实际要借助"表格"功能，此功能相当于将数据转换为动态区域，具体操作如下。

❶ 在当前表格中选中任意单元格，在"插入"选项卡的"表格"组中单击"表格"按钮（如图 8-4 所示），打开"创建表"对话框。

❷ 勾选"表包含标题"复选框（如图 8-5 所示），单击"确定"按钮，即可完成表的创建。

图 8-4

图 8-5

❸ 在表格中选中 E2 单元格，在编辑栏中输入公式：**=AVERAGE(C2:C9)**，如图 8-6 所示。

❹ 按 Enter 键，即可计算出平均业绩，如图 8-7 所示。

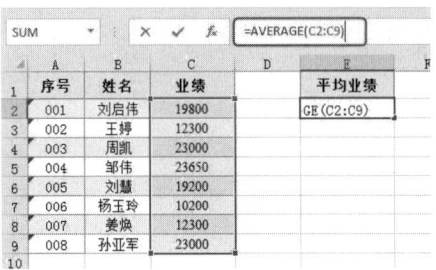

图 8-6

图 8-7

❺ 当添加了一行新数据时，平均业绩也自动计算，如图 8-8 所示。

图 8-8

经验之谈

　　将数据区域转换为"表格"后，使用其他函数引用数据区域进行计算时都可以实现计算结果的自动更新（如求和、求最大值、计数统计等），而并不只局限于本例中介绍的 AVERAGE 函数。

8.1.2　AVERAGEA：计算平均值（包括文本、逻辑值）

AVERAGEA 函数返回其参数（包括数字、文本和逻辑值）的平均值。

【函数语法】 AVERAGEA(value1,value2,...)

value1,value2,...：表示为需要计算平均值的 1~30 个单元格、单元格区域或数值。

AVERAGEA 与 AVERAGE 的区别仅在于：AVERAGE 不计算文本值，如图 8-9 所示的例子。

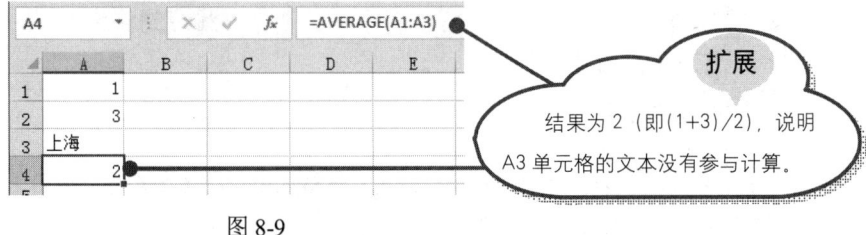

图 8-9

AVERAGEA 的主要特点为：参数可以是逻辑值、文本，如图 8-10 所示的例子。

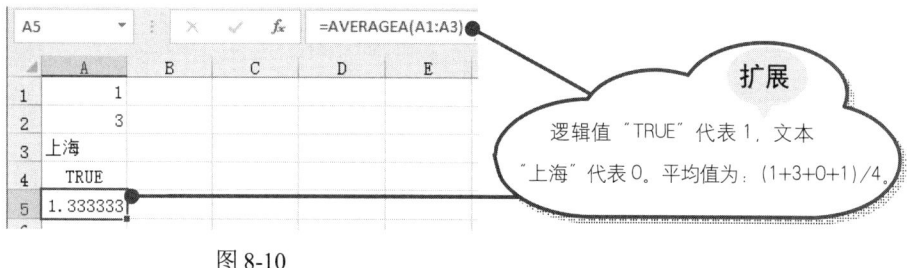

图 8-10

例：求包含文本值的平均值

本例对全班学生的分数进行了统计，其中有部分学生因为缺考而没有成绩，其成绩单元格中备注为缺考，需要根据有成绩学生的分数计算出平均分数，可以利用 AVERAGEA 函数来实现。

❶ 选中 E2 单元格，在编辑栏中输入公式：**=AVERAGEA(B2:D2)**，如图 8-11 所示。

❷ 按 Enter 键并且向下填充公式到 E9 单元格，即可计算出每一位学生的平均分数，如图 8-12 所示。

	A	B	C	D	E	F
1	姓名	语文	数学	英语	平均分	
2	张佳佳	90	100	98	B2:D2)	
3	韩成义	91	缺考	100		
4	侯琪琪	93	97	92		
5	陈志峰	缺考	97	90		
6	周秀芬	85	92	缺考		
7	白明玉	缺考	92	95		
8	杨世成	74	94	93		
9	吴虹飞	69	96	91		

图 8-11

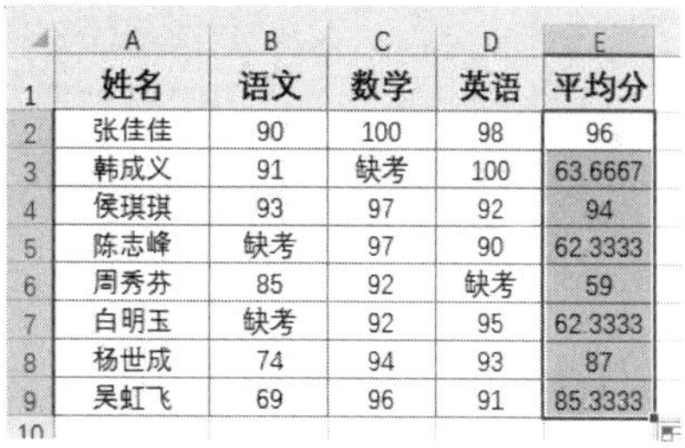

	A	B	C	D	E
1	姓名	语文	数学	英语	平均分
2	张佳佳	90	100	98	96
3	韩成义	91	缺考	100	63.6667
4	侯琪琪	93	97	92	94
5	陈志峰	缺考	97	90	62.3333
6	周秀芬	85	92	缺考	59
7	白明玉	缺考	92	95	62.3333
8	杨世成	74	94	93	87
9	吴虹飞	69	96	91	85.3333

图 8-12

8.1.3　AVERAGEIF：对区域中满足条件的单元格求平均值

AVERAGEIF 函数返回某个区域内满足给定条件的所有单元格的平均值（算术平均值）。

【函数语法】 AVERAGEIF(range,criteria,average_range)

● range：是要计算平均值的一个或多个单元格，其中包括数字、包含数字的名称、数组或引用。

● criteria：是数字、表达式、单元格引用或文本形式的条件，用于定义要对哪些单元格计算平均值。例如：条件可以表示为 32、"32"、">32"、"apples"或 b4。

● average_range：是要计算平均值的实际单元格集。如果忽略，则使用 range。

=AVERAGEIF (❶条件判断区域,❷条件,❸求平均值区域)

扩展

条件可以是文本、单元格引用、表达式或公式，可以使用通配符来设计条件，达到的目的是对一类数据求平均值。

例 1：各个车间平均工资统计比较（计件工资）

某工厂车间工人工资采用计件工资方式，表格中统计了某个月中各个车间工人的工资额（抽样，各个车间抽取 5 人），现在想统计出各个车间的平均工资。

❶ 选中 H2 单元格，在编辑栏中输入公式：**=AVERAGEIF($C$2:$C$16,G2,$E$2:$E$16)**，如图 8-13 所示。

❷ 按下 Enter 键得到的是“女装车间”的平均工资，如图 8-14 所示。

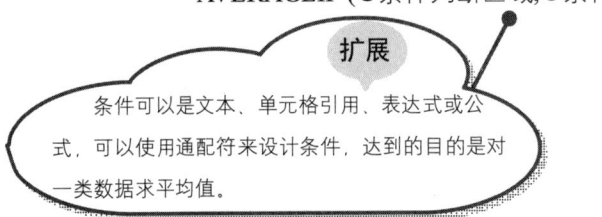

SUMIF　=AVERAGEIF($C$2:$C$16,G2,$E$2:$E$16)

	A	B	C	D	E	F	G	H
1	职工工号	姓名	车间	性别	工资		车间	平均工资
2	RCH001	张佳佳	男装车间	女	3500		女装车间	$2:$E$16)
3	RCH002	周传明	配饰车间	男	2700		男装车间	
4	RCH003	陈秀月	配饰车间	女	2800		配饰车间	
5	RCH004	杨世奇	女装车间	男	3400			
6	RCH005	袁晓宇	配饰车间	男	2900			
7	RCH006	夏甜甜	男装车间	女	3100			
8	RCH007	吴晶晶	女装车间	女	3850			
9	RCH008	蔡天放	女装车间	男	3050			
10	RCH009	朱小琴	男装车间	女	3420			
11	RCH010	袁庆元	女装车间	男	2780			
12	RCH011	张芯瑜	配饰车间	女	3000			
13	RCH012	李慧珍	男装车间	女	2980			
14	RCH013	何丽	女装车间	男	2980			
15	RCH014	刘怡	配饰车间	女	3200			
16	RCH015	陈慧	男装车间	女	3280			

扩展

因为公式要向下复制，不需要变动的区域用绝对引用方式。

图 8-13

	A	B	C	D	E	F	G	H
1	职工工号	姓名	车间	性别	工资		车间	平均工资
2	RCH001	张佳佳	男装车间	女	3500		女装车间	3212
3	RCH002	周传明	配饰车间	男	2700		男装车间	
4	RCH003	陈秀月	配饰车间	女	2800		配饰车间	
5	RCH004	杨世奇	女装车间	男	3400			
6	RCH005	袁晓宇	配饰车间	男	2900			
7	RCH006	夏甜甜	男装车间	女	3100			
8	RCH007	吴晶晶	女装车间	女	3850			
9	RCH008	蔡天放	女装车间	男	3050			
10	RCH009	朱小琴	男装车间	女	3420			
11	RCH010	袁庆元	女装车间	男	2780			
12	RCH011	张芯瑜	配饰车间	女	3000			
13	RCH012	李慧珍	男装车间	女	2980			
14	RCH013	何丽	女装车间	男	2980			
15	RCH014	刘怡	配饰车间	女	3200			
16	RCH015	陈慧	男装车间	女	3280			

图 8-14

❸ 选中 H2 单元格，然后再向下复制公式得到各个车间的平均工资，如图 8-15 所示。

	A	B	C	D	E	F	G	H	I
1	职工工号	姓名	车间	性别	工资		车间	平均工资	
2	RCH001	张佳佳	男装车间	女	3500		女装车间	3212	
3	RCH002	周传明	配饰车间	男	2700		男装车间	3256	
4	RCH003	陈秀月	配饰车间	女	2800		配饰车间	2920	
5	RCH004	杨世奇	女装车间	男	3400				
6	RCH005	袁晓宇	配饰车间	男	2900				
7	RCH006	夏甜甜	男装车间	女	3100				
8	RCH007	吴晶晶	女装车间	女	3850				
9	RCH008	蔡天放	女装车间	男	3050				
10	RCH009	朱小琴	男装车间	女	3420				
11	RCH010	袁庆元	女装车间	男	2780				
12	RCH011	张芯瑜	配饰车间	女	3000				
13	RCH012	李慧珍	男装车间	女	2980				
14	RCH013	何丽	女装车间	男	2980				
15	RCH014	刘怡	配饰车间	女	3200				
16	RCH015	陈慧	男装车间	女	3280				

图 8-15

公式解析

= AVERAGEIF($C$2:$C$16,G2,$E$2:$E$16)
　　　　　　　　　　　　①　　　　　②

① 在 $C$2:$C$16 区域中找到满足 G2 单元格中指定的车间名称。

② 将①步中找到的满足条件的对应在 $E$2:$E$16 区域中的工资额求平均值运算。

例 2：使用通配符对某一类数据求平均值

表格统计了本月店铺各电器商品的销量数据，现在只想统计出电视类产品的平均销量。要找出电视类商品，其规则是只要商品名称中包含有"电视"文字就为符合条件的数据，因此可以在设置判断条件时使用通配符。

❶ 选中 D2 单元格，在编辑栏中输入公式：**=AVERAGEIF(A2:A11,"*电视*",B2:B11)**，如图 8-16 所示。

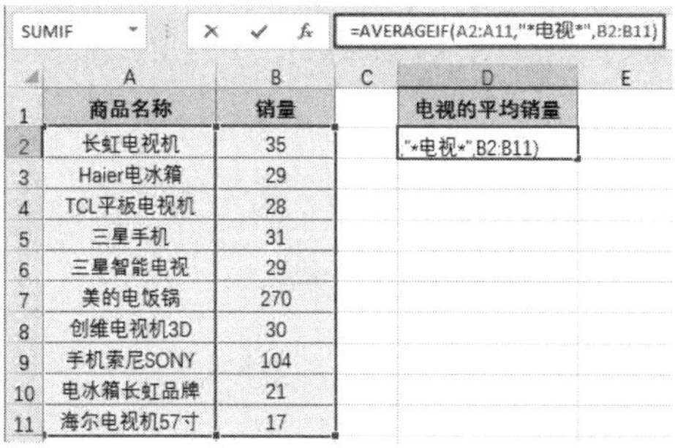

图 8-16

❷ 按 Enter 键，即可依据 A2:A11 和 B2:B11 单元格区域的商品名称和销量计算出电视类商品的平均销量，如图 8-17 所示。

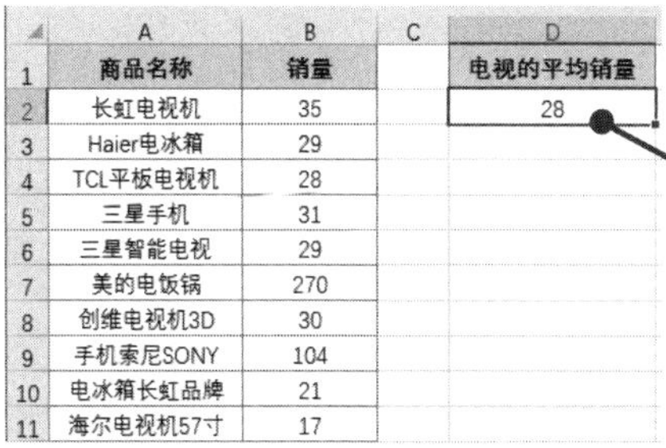

图 8-17

扩展

在本例中，如果将 AVERAGEIF 更改为 SUMIF 函数，则可以实现求出任意某类商品的总销售量，这也是日常工作中很实用的一项操作。

> **公式解析**
>
> **=AVERAGEIF(A2:A11,"*电视*",B2:B11)**
>
> 公式的关键点是对第 2 个参数的设置，其中使用了"*"通配符。"*"可以代替任意字符，如 "*电视*"即等同于"长虹电视机""海尔电视机 57 寸"等都为满足条件的记录。除了"*"是通配符以外，"?"也是通配符，它用于代替任意单个字符，如"张?"即代表"张三""张四"和"张有"等，但不能代替"张有才"，因为"有才"是两个字符。

8.1.4　AVERAGEIFS：对区域中满足多个条件的单元格求平均值

AVERAGEIFS 函数返回满足多重条件的所有单元格的平均值（算术平均值）。

【函数语法】AVERAGEIFS(average_range,criteria_range1,criteria1,criteria_range2,criteria2,…)

- average_range：表示是要计算平均值的一个或多个单元格，其中包括数字、包含数字的名称、数组或引用。
- criteria_range1, criteria_range2, …：表示是计算关联条件的 1 ~ 127 个区域。
- criteria1, criteria2, …：表示是数字、表达式、单元格引用或文本形式的 1 ~ 127 个条件，用于定义要对哪些单元格求平均值。例如：条件可以表示为 32、"32"、">32"、"apples"或 B4。

$$= AVERAGEIFS(❶用于求平均值的区域,❷用于条件判断的区域 1,❸条件 1,$$
$$❹用于条件判断的区域 2,❺条件 2…)$$

> **扩展**
>
> AVERAGEIF 函数只能设置一个条件，而 AVERAGEIFS 可以设置多个条件。多条件就按"条件判断区域 1,条件 1,条件判断区域 2,条件 2,…"这样的顺序依次设置即可。

例 1：计算满足双条件的平均值

表格中规定了某仪器测试的有效值范围，现在要排除 2.0 以下与 3.0 以上的结果并计算出平均值。可以利用 AVERAGEIFS 函数来实现。

---

❶ 选中 E2 单元格，在编辑栏中输入公式：**=AVERAGEIFS(B2:B9,B2:B9,">=2.0",B2:B9, "<=3.0")**，如图 8-18 所示。

❷ 按 Enter 键，即可排除 2.0 以下与 3.0 以上的测试结果，计算出平均值，如图 8-19 所示。

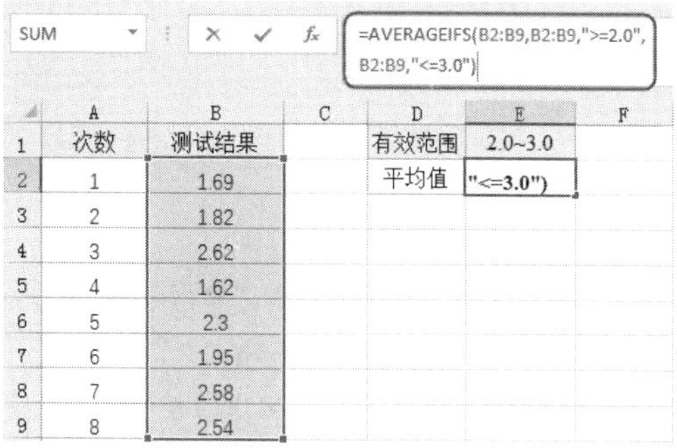

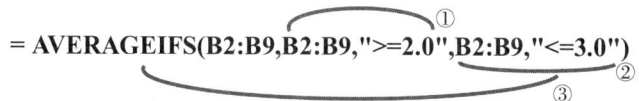

图 8-18

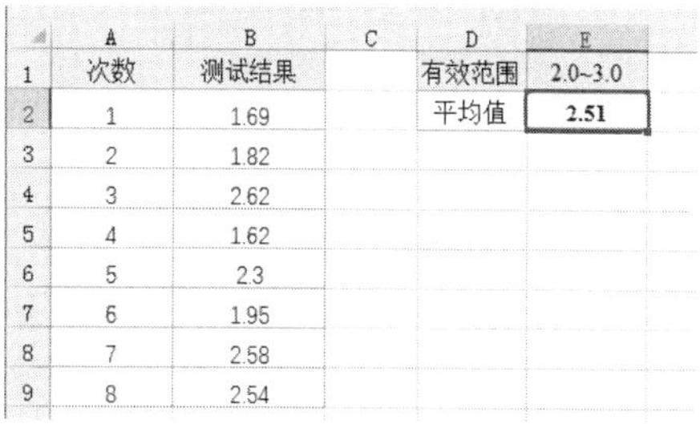

图 8-19

公式解析

$$= AVERAGEIFS(B2:B9,B2:B9,">=2.0",B2:B9,"<=3.0")$$

① 第一个用于条件判断的区域与第一个条件，表示在 B2:B9 单元格区域中找大于等于 2.0 的数据。

② 第二个用于条件判断的区域与第二个条件，表示在 B2:B9 单元格区域中找小于等于 3.0 的数据。

③ 使用 AVERAGEIFS 函数将同时满足①步与②步条件的对应在 B2:B9 单元格区域中的数值进行求平均值。

例 2：计算企划部女员工的平均成绩

本例表格中统计了员工考核成绩，其中包含"部门"列与"性别"列，现在需要统计出企划部中女性员工的平均成绩。可以利用 AVERAGEIFS 函数来实现。

❶ 选中 F2 单元格，在编辑栏中输入公式：**=AVERAGEIFS(D2:D9,B2:B9,"企划部", C2:C9,"女")**，如图 8-20 所示。

❷ 按 Enter 键，即可计算出企划部女员工的平均成绩，如图 8-21 所示。

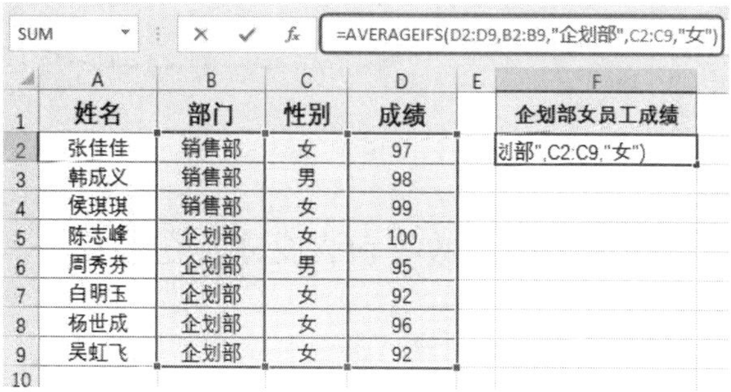

图 8-20

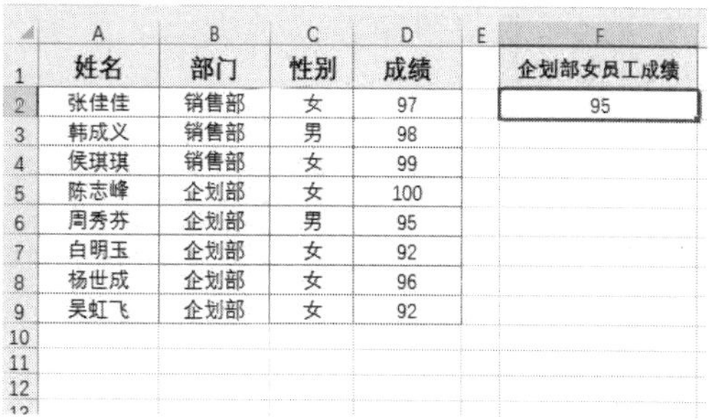

图 8-21

公式解析

= AVERAGEIFS(D2:D9,B2:B9,"企划部",C2:C9,"女")

① 第一个用于条件判断的区域与第一个条件，表示在 B2:B9 单元格区域中满足条件"企划部"的数据。

② 第二个用于条件判断的区域与第二个条件，表示在 C2:C9 单元格区域中满足条件"女"的数据。

③ 使用 AVERAGEIFS 函数将同时满足①步与②步条件的对应在 D2:D9 单元格区域中的数值进行求平均值。

8.1.5　COUNT：统计单元格区域中含有数值数据的单元格个数

COUNT 函数用于返回数字参数的个数，即统计数组或单元格区域中含有数字的单元格个数。

【函数语法】COUNT(value1,value2,...)

value1,value2,...：表示包含或引用各种类型数据的参数（1～30 个），其中只有数字类型的数据才能被统计。

例：统计本月份获取交通补助的总人数

表格中统计了本月销售部的交通补贴情况，要求统计出获取交通补贴的总人数。

❶ 选中 E2 单元格，在编辑栏中输入公式：**=COUNT(C2:C13)**，如图 8-22 所示。

❷ 按 Enter 键，即可统计出获取交通补助的人数，如图 8-23 所示。

图 8-22

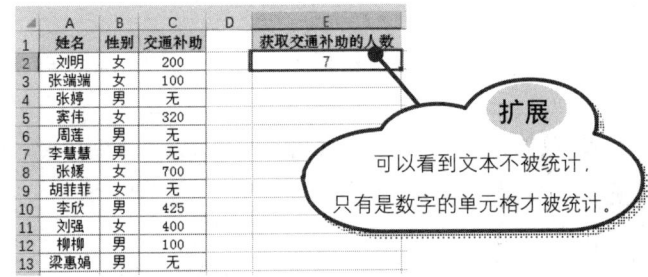

图 8-23

扩展

可以看到文本不被统计，只有是数字的单元格才被统计。

8.1.6　COUNTA：统计单元格区域中含有数据的单元格个数（包含文本、逻辑值）

COUNTA 函数返回包含任何值（包括数字、文本或逻辑数字）的参数列表中的单元格数或项数。

【函数语法】COUNTA(value1,value2,...)

value1,value2,…：表示包含或引用各种类型数据的参数（1～30 个），其中参数可以是任何类型，它们包括空格但不包括空白单元格。

例：统计出非正常出勤的人数

本例对员工当天的出勤情况进行了记录。当员工出现请假时，会直接在单元格中使用文本进行标注，现在需要根据标注的结果将异常出勤的人数统计出来，可以利用 COUNTA 函数来实现。

❶ 选中 E2 单元格，在编辑栏中输入公式：**=COUNTA(C2:C8)**，如图 8-24 所示。
❷ 按 Enter 键，即可计算出异常出勤的人数，如图 8-25 所示。

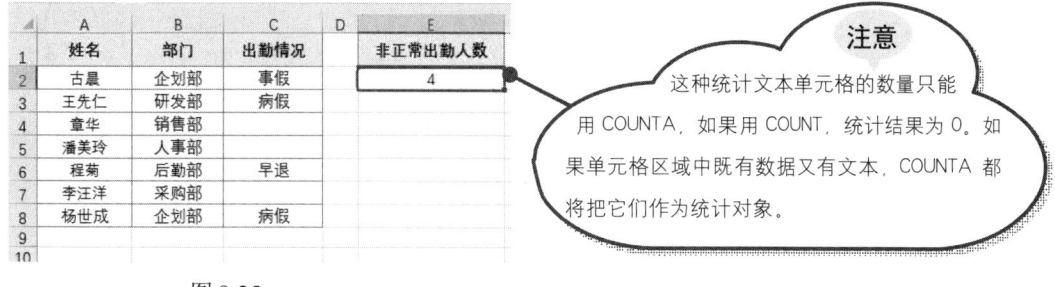

图 8-24

图 8-25

经验之谈

COUNT 家族中还有一个 COUNTBLANK 函数，它用于统计单元格区域中空白单元格的数目。用法与 COUNT、COUNTA 函数一样，功能也很好理解，读者可自行学习。

8.1.7　COUNTIF：统计满足给定条件的数据个数

COUNTIF 函数计算区域中满足给定条件的单元格的个数。

【函数语法】COUNTIF(range,criteria)

- range：表示需要计算其中满足条件的单元格数目的单元格区域。
- criteria：表示确定哪些单元格将被计算在内的条件，其形式可以为数字、表达式或文本。

=COUNTIF(❶计数区域,❷计数条件)

> **注意**
>
> COUNTIF 函数专门用于解决按条件计数的问题。
> 在 COUNT 函数家族中此函数是最常用与实用的。

例 1：统计某课程的报名人数

本例表格中统计了学生报名课程统计表，下面需要统计出某项课程的报名人数，例如要统计"轻粘土手工"课程的报名人数，公式设置如下。

❶ 选中 G2 单元格，在编辑栏中输入公式：**=COUNTIF(D2:D18,"轻粘土手工")**，如图 8-26 所示。

❷ 按 Enter 键，即可统计出"轻粘土手工"课程的报名人数，如图 8-27 所示。

图 8-26

> **扩展**
>
> 条件中也可以使用通配符，例如设置条件为"*手工"，则可以统计出"轻粘土手工"与"剪纸手工"两种手工课程的总人数。

图 8-27

例2：统计工资额大于（小于）指定值的人数

本例中的表格是销售部员工的工资统计表，现在想分别统计出工资额小于 3000 元的人数与工资额大于 8000 元的人数。

❶ 选中 E2 单元格，在编辑栏中输入公式：**=COUNTIF(B2:B13,"<="&D2)**，如图 8-28 所示。

❷ 按 Enter 键，即可统计出 B2:B13 单元格区域中值小于等于 3000 的条目数，如图 8-29 所示。

图 8-28

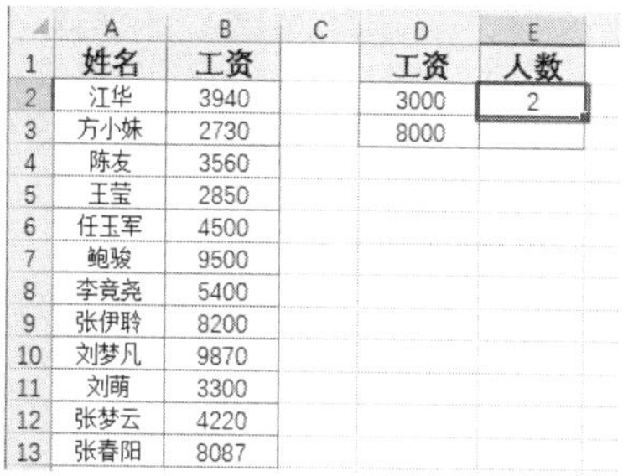

图 8-29

❸ 按相同的方法在 E3 单元格中输入公式为：**=COUNTIF(B2:B13,">="&D3)**，按 Enter 键即可统计出 B2:B13 单元格区域中值大于等于 8000 的条目数，如图 8-30 所示。

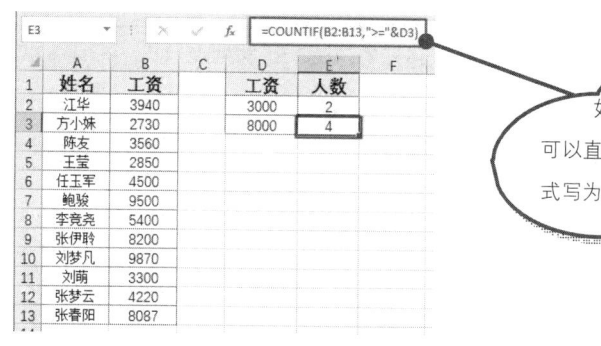

扩展

如果不引用单元格的地址，也可以直接把条件设置为 ">=8000"。即公式写为 "=COUNTIF(B2:B13,">=8000")"

图 8-30

经验之谈

此公式 "B2:B13,">="&D3" 处设置是关键，COUNTIF 函数中的参数条件要使用单元格地址时，要使用连接符 "&" 把关系符 ">" 和单元格地址连接起来。这是公式设置的一个规则，需要读者记住。

8.1.8　COUNTIFS：统计满足多个条件的数据个数

COUNTIFS 函数计算某个区域中满足多重条件的单元格数目。

【函数语法】 COUNTIFS(range1, criteria1,range2, criteria2…)

- range1, range2, …：表示计算关联条件的 1～127 个区域。每个区域中的单元格必须是数字、包含数字的名称、数组或引用。空值和文本值会被忽略。
- criteria1, criteria2, …：表示数字、表达式、单元格引用或文本形式的 1～127 个条件，用于定义要对哪些单元格进行计算。例如：条件可以表示为 32、"32"、">32"、"apples"或 B4。

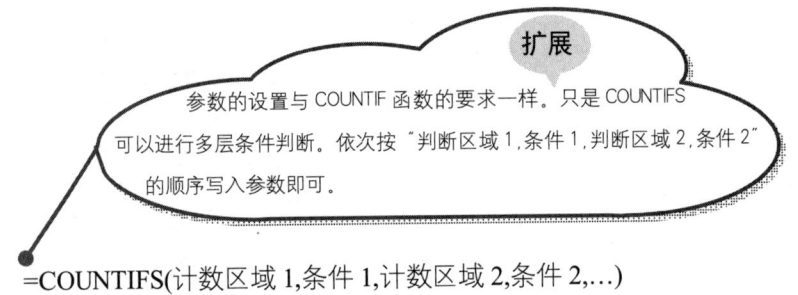

扩展

参数的设置与 COUNTIF 函数的要求一样，只是 COUNTIFS 可以进行多层条件判断。依次按"判断区域 1,条件 1,判断区域 2,条件 2"的顺序写入参数即可。

=COUNTIFS(计数区域 1,条件 1,计数区域 2,条件 2,…)

例 1：初级技工产量大于 350 件人数

表格统计了不同职级工人的产量数据，现在想统计出初级技工产量大于 350 件的人数。

❶ 选中 D2 单元格，在编辑栏中输入公式：**=COUNTIFS(C2:C13,"初级技工", D2:D13,">350")**，如图 8-31 所示。

❷ 按 Enter 键，即可统计出初级技工产量大于 350 件的人数，如图 8-32 所示。

SUMIF			fx	=COUNTIFS(C2:C13,"初级技工",D2:D13,">350")

	A	B	C	D	E	F	G
1	姓名	性别	职级	产量		初级技工产量大于 350件人数	
2	林洋	男	高级技工	380		",D2:D13,">350")	
3	李金	男	高级技工	415			
4	刘小慧	女	初级技工	319			
5	周金星	女	初级技工	328			
6	张明宇	男	高级技工	400			
7	赵思飞	男	初级技工	375			
8	赵新芳	女	高级技工	402			
9	刘莉莉	女	初级技工	365			
10	吴世芳	女	初级技工	322			
11	杨传霞	女	初级技工	345			
12	顾心怡	女	初级技工	378			
13	侯诗奇	男	初级技工	374			

图 8-31

	A	B	C	D	E	F
1	姓名	性别	职级	产量		初级技工产量大于 350件人数
2	林洋	男	高级技工	380		4
3	李金	男	高级技工	415		
4	刘小慧	女	初级技工	319		
5	周金星	女	初级技工	328		
6	张明宇	男	高级技工	400		
7	赵思飞	男	初级技工	375		
8	赵新芳	女	高级技工	402		
9	刘莉莉	女	初级技工	365		
10	吴世芳	女	初级技工	322		
11	杨传霞	女	初级技工	345		
12	顾心怡	女	初级技工	378		
13	侯诗奇	男	初级技工	374		

图 8-32

公式解析

=COUNTIFS(C2:C13,"初级技工",D2:D13,">350")
① ③ ②

① 判断 C2:C13 单元格区域中哪些是"初级技工"。

② 判断 D2:D13 单元格区域中有哪些满足">350"条件。

③ 使用 COUNTIFS 函数统计出同时满足①步和②步条件的记录数。

例 2：统计指定产品每日的销售记录数

本例对产品每日的销售情况进行了统计，这里需要根据 E 列中建立的指定日期统计出"圆钢"对应的销售记录，可以利用 COUNTIFS 函数来实现。

❶ 选中 F2 单元格，在编辑栏中输入公式：**=COUNTIFS(B\$2:B\$10,"圆钢", A\$2:A\$10, "2018/9/" &ROW(A1))**，如图 8-33 所示。

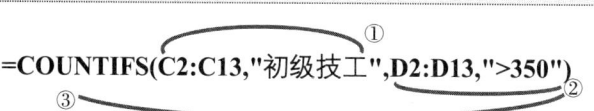

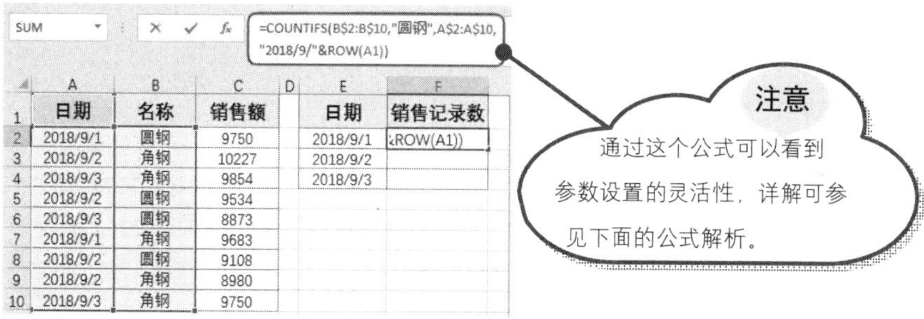

图 8-33

❷ 按 Enter 键，即可统计出圆钢在 2018/9/1 的销售记录数，如图 8-34 所示。

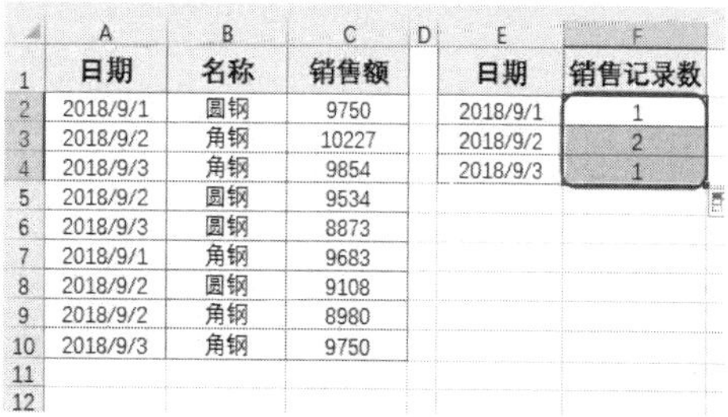

❸ 选中 F2 单元格，向下填充公式到 F4 单元格，一次性得出其他日期下的销售记录条数，如图 8-35 所示。

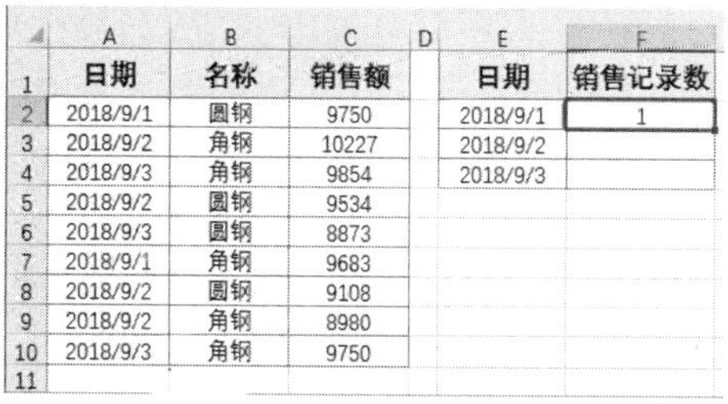

图 8-34

图 8-35

167

公式解析

= COUNTIFS(B$2:B$10,"圆钢",A$2:A$10,"2018/9/"&ROW(A1))

① 使用 ROW 函数返回 A1 单元格的行号，返回的值为 1，随着公式向下复制会依次返回 2，3，4，…。

② 使用 "&" 连字符将①步返回值与"2018/9/"合并，得到 "2018/9/1" 这个日期（随着公式向下复制可依次得到 "2018/9/2" "2018/9/3" 这些日期）。

③ 使用 COUNTIFS 函数统计 B$2:B$10 单元格区域中为 "圆钢" 且 A$2:A$10 单元格区域中日期为②步结果指定的日期的记录条数。

8.1.9 MAX(MIN)：返回一组值中的最大值（最小值）

MAX(MIN)函数用于返回数据集中的最大（最小）数值。

【函数语法】MAX(number1,number2,...)

number1,number2,...：表示要找出最大数值的 1 ～ 30 个数值。

例 1：返回考核成绩表中的最高分数

本例表格统计了学生的成绩，要求快速返回最高的分数并显示出来，可以使用 MAX 函数来实现。

---

❶ 选中 D2 单元格，在编辑栏中输入公式：**=MAX(B2:B8)**，如图 8-36 所示。

❷ 按 Enter 键，即可计算出最高分数，如图 8-37 所示。

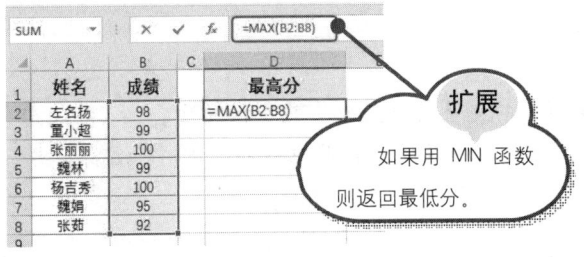

图 8-36   图 8-37

例 2：返回车间女职工的最高产量

本例表格统计了某车间的本月的生产产量数据，现在想统计出该车间女性员工的产量最高值。因为求最大值需满足性别为 "女" 这一条件，因此要使用 IF 函数配合 MAX 函数来设计此公式。

---

❶ 选中 E2 单元格，在编辑栏中输入公式：**=MAX(IF(B2:B13="女",C2:C13))**，如图 8-38 所示。

❷ 按 Ctrl+Shift+Enter 组合键，即可返回女职工的最高产量，如图 8-39 所示。

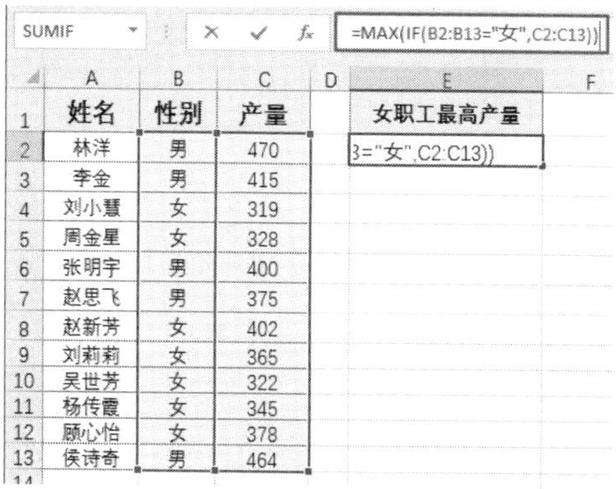

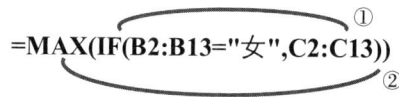

	A	B	C	D	E	F
1	姓名	性别	产量		女职工最高产量	
2	林洋	男	470		3="女",C2:C13))	
3	李金	男	415			
4	刘小慧	女	319			
5	周金星	女	328			
6	张明宇	男	400			
7	赵思飞	男	375			
8	赵新芳	女	402			
9	刘莉莉	女	365			
10	吴世芳	女	322			
11	杨传霞	女	345			
12	顾心怡	女	378			
13	侯诗奇	男	464			

图 8-38

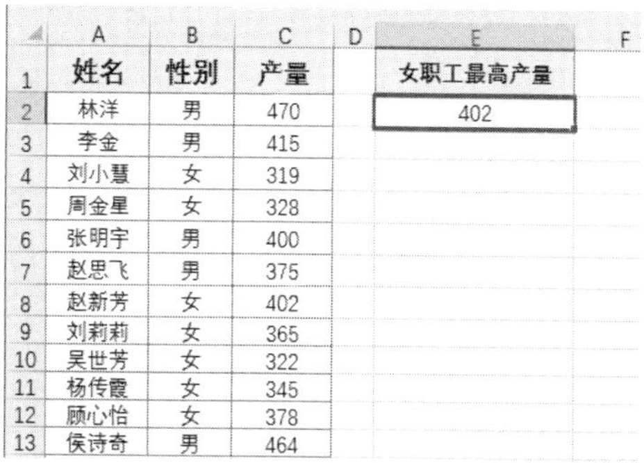

	A	B	C	D	E	F
1	姓名	性别	产量		女职工最高产量	
2	林洋	男	470		402	
3	李金	男	415			
4	刘小慧	女	319			
5	周金星	女	328			
6	张明宇	男	400			
7	赵思飞	男	375			
8	赵新芳	女	402			
9	刘莉莉	女	365			
10	吴世芳	女	322			
11	杨传霞	女	345			
12	顾心怡	女	378			
13	侯诗奇	男	464			

图 8-39

公式解析

=MAX(IF(B2:B13="女",C2:C13))
　　　　①
　　　　②

① 这是一个数组公式,首先使用 IF 函数依次判断 B2:B13 单元格区域中各个值是否性别为"女",取对应在 C2:C13 区域上的数值,得到所有女职工的工资,返回的是一个数组。

② 从①步数组中用 MAX 函数从中取出最大值。

经验之谈

因为 MAX 函数不像 SUM、AVERAGE 等函数一样,对应的有 SUMIF、AVERAGEIF 函数来实现按条件判断。要想实现按条件求最大值函数(包括后面要介绍的求最小值函数),可以借助 IF 函数设计数组公式即可达到目的。因此可以记住此公式的模式,以方便在其他应用场合中套用。

例 3：忽略 0 值求出最低分数

本例表格对学生的分数进行了统计(其中有些单元格内显示的是 0 分),下面需要忽略其中的 0 值计算出最低分数值,可以使用 MIN 函数和 IF 函数来实现。

❶ 选中 E2 单元格,在编辑栏中输入公式：**=MIN(IF(C2:C9<>0,C2:C9))**,如图 8-40 所示。

❷ 按 Ctrl+Shift+Enter 组合键,即可忽略 0 值求出最低分数,如图 8-41 所示。

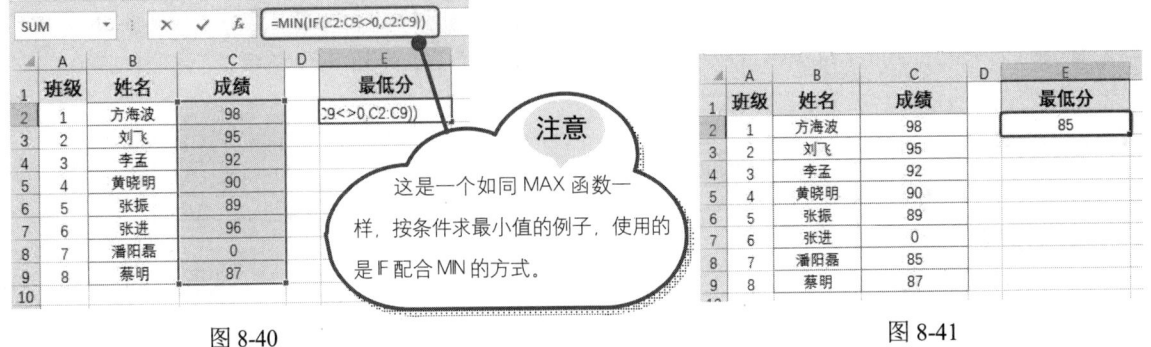

图 8-40　　　　　　　　　　　　　　　　图 8-41

公式解析

$$= \text{MIN}(\underbrace{\text{IF}(\text{C2:C9}<>0,\text{C2:C9})}_{②})^{①}$$

① 依次判断 C2:C9 单元格区域中各个值是否是不等于 0 的值，如果是则取出其值；如果不是则返回 FALSE，返回一个数组。

② 使用 MIN 函数将①步数组中的最小值取出。

例 4：计算出单日最高的销售额

本例表格记录了不同日期下的销售额情况，要求统计出单日里面最高的销售额是多少（单日可能有多条记录），可以使用 MAX 函数和 SUMIF 函数来设计此公式。

❶ 选中 F2 单元格，在编辑栏中输入公式：**=MAX(SUMIF(A2:A9,A2:A9,C2:C9))**，如图 8-42 所示。

❷ 按 Ctrl+Shift+Enter 组合键，即可计算出单日最大销售额，结果如图 8-43 所示。

图 8-42　　　　　　　　　　　　　　　　图 8-43

公式解析

$$= \text{MAX}(\underbrace{\text{SUMIF}(A2:A9,A2:A9,C2:C9)}_{①})_{②}$$

① 因为是数组公式，所以 SUMIF 函数的作用是以 A 列中的日期为条件汇总出每一天的销售金额，得到的是一个数组。

② 再使用 MAX 函数提取出①数组中的最大值，即单日的最高销售金额。

例 5：根据部门与工龄计算应发奖金

在某一项目完成后企业预备给研发部与企划部两个部门的员工发放奖金，其规则如下：

（1）研发部的员工按工龄以 400 元递增，企划部员工按工龄以 200 元递增。

（2）计算年限为工龄数减一年。

（3）最高不得超过 1500 元。

可以使用 MIN 函数和 SUM 函数来设计公式。

❶ 选中 D2 单元格，在编辑栏中输入公式：**=MIN(SUM((B2={"研发部","企划部"})*{400,200})*(C2-1),1500)**，如图 8-44 所示。

SUMIF		× ✓ fx	=MIN(SUM((B2={"研发部","企划部"})*{400,200})*(C2-1),1500)				
▲	A	B	C	D	E	F	G	H
1	姓名	部门	工龄	奖金				
2	张俊	研发部	5	*(C2-1),1500)				
3	桂萍	研发部	7					
4	古晨	研发部	4					
5	王先仁	研发部	8					
6	童华	企划部	3					
7	潘美玲	企划部	5					

图 8-44

❷ 按 Enter 键，即可计算出第一位员工的奖金，如图 8-45 所示。

❸ 选中 D2 单元格，向下填充公式到 D10 单元格，一次性得出其他员工的奖金，如图 8-46 所示。

▲	A	B	C	D
1	姓名	部门	工龄	奖金
2	张俊	研发部	5	1500
3	桂萍	研发部	7	
4	古晨	研发部	4	
5	王先仁	研发部	8	
6	童华	企划部	3	
7	潘美玲	企划部	5	
8	杨世成	企划部	4	
9	李再成	企划部	2	
10	刘威	企划部	3	

图 8-45

▲	A	B	C	D
1	姓名	部门	工龄	奖金
2	张俊	研发部	5	1500
3	桂萍	研发部	7	1500
4	古晨	研发部	4	1200
5	王先仁	研发部	8	1500
6	童华	企划部	3	400
7	潘美玲	企划部	5	800
8	杨世成	企划部	4	600
9	李再成	企划部	2	200
10	刘威	企划部	3	400

图 8-46

公式解析

$$= MIN(SUM((B2=\{"研发部","企划部"\})*\{400,200\})*(C2-1),1500)$$

① 判断 B2 单元格中的员工部门是{"研发部","企划部"}中哪一个，对应哪一个级别返回 TRUE，其他返回 FALSE，返回的是由 TRUE 和 FALSE 组成的数组。

② 将①中数组与{400,200}数组相乘，FALSE 值转换为 0，TRUE 值转换为奖金幅度，即当前单元格公式得到的是数组{400,0}。

③ 在②步返回奖金幅度后，再将 C2 中的工龄减去 1 得到年份数。两者相乘即为员工可获得的奖金，即 400*(5-1)=1600（元）。

④ 由于规定不能超过 1500 元，最后可以利用 MIN 函数取前面步骤得出的结果与 1500 之间的最小值。

经验之谈

在读懂了上面的公式解析后可以看到这是一个活用 MIN 函数的例子，MIN 在此公式中起到的作用就是要在计算值与 1500 间取最小值，即满足最高不超过 1500 元这个条件。公式的关键处在于 SUM 函数的部门，这是数组函数的写法，可以选中 D2 单元格，在"公式"选项卡的"公式审核"组中单击"公式求值"按钮，通过逐步分解公式去学习。

8.1.10 LARGE(SMALL)：返回某数据集的某个最大（小）值

LARGE 函数返回某一数据集中的某个最大值。

【函数语法】LARGE(array,k)

- array：表示需要从中查询第 k 个最大值的数组或数据区域。
- k：表示返回值在数组或数据单元格区域里的位置，即名次。

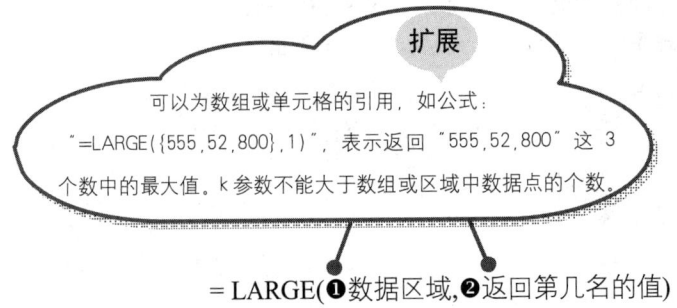

扩展

可以为数组或单元格的引用，如公式："=LARGE({555,52,800},1)"，表示返回"555,52,800"这 3 个数中的最大值。k 参数不能大于数组或区域中数据点的个数。

= LARGE(❶数据区域,❷返回第几名的值)

例1：返回排名前三的销售额

表格中统计了 1~6 月份中两个店铺的销售金额，现在需要查看排名前三位的销售金额分别为多少。

❶ 选中 F2:F4 单元格区域，在编辑栏中输入公式：**=LARGE(A2:D7,{1;2;3})**，如图 8-47 所示。

❷ 按 Ctrl+Shift+Enter 组合键，即可统计出 A2:D7 单元格区域中第 1、2、3 名的数据，如图 8-48 所示。

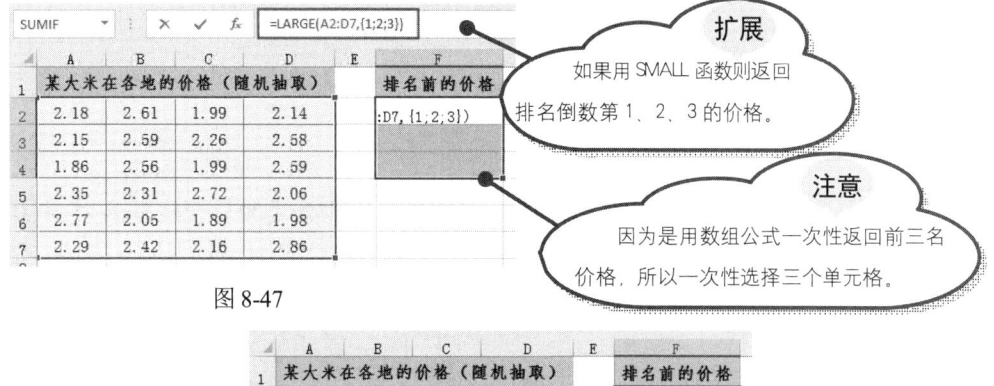

图 8-47

扩展

如果用 SMALL 函数则返回排名倒数第 1、2、3 的价格。

注意

因为是用数组公式一次性返回前三名价格，所以一次性选择三个单元格。

	A	B	C	D	E	F
1	某大米在各地的价格（随机抽取）					排名前的价格
2	2.18	2.61	1.99	2.14		2.86
3	2.15	2.59	2.26	2.58		2.77
4	1.86	2.56	1.99	2.59		2.72
5	2.35	2.31	2.72	2.06		
6	2.77	2.05	1.89	1.98		
7	2.29	2.42	2.16	2.86		

图 8-48

公式解析

= LARGE(A2:D7,{1;2;3})

如果一次只返回一个名次的值，可以直接指定为 1、2、3 等，但此处使用数组公式一次性返回前三名的数据，则使用数组来指定，指定方式是使用分号间隔。

例2：分班级统计各班级的前三名成绩

要求分班级统计各班级的前三名成绩，不仅要使用 LARGE 函数，还要使用 IF 函数辅助判断，具体公式设置如下。

❶ 选中 F2:F4 单元格区域，在编辑栏中输入公式：**=LARGE(IF($A$2:$A$12=F1, $C$2:$C$12), {1;2;3})**，如图 8-49 所示。

❷ 按 Ctrl+Shift+Enter 组合键，即可对 F1 单元格中的班级进行判断并返回对应班级前三名的成绩，如图 8-50 所示。

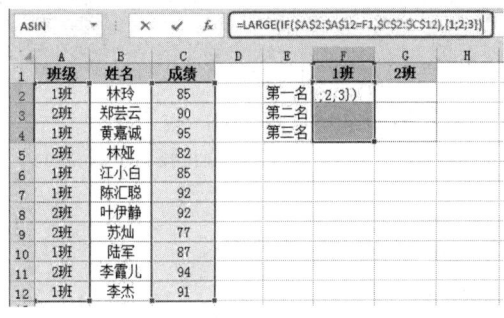

图 8-49   图 8-50

❸ 选中 G2:G4 单元格区域，在编辑栏中输入公式：**=LARGE(IF($A$2:$A$12 =G1,$C$2:$C$12),{1;2;3})**，如图 8-51 所示。

❹ 按 Ctrl+Shift+Enter 组合键，即可对 G1 单元格中的班级进行判断并返回对应班级前三名的成绩，如图 8-52 所示。

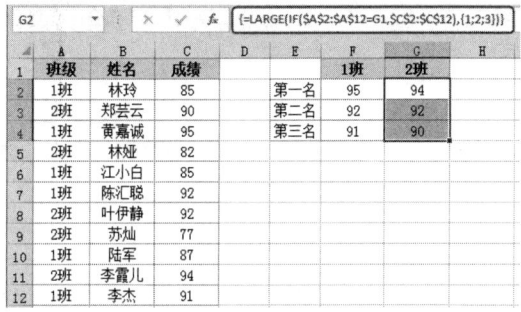

图 8-51   图 8-52

公式解析

$$= \underbrace{\text{LARGE}(\overbrace{\text{IF}(\$A\$2:\$A\$12=F1,\$C\$2:\$C\$12)}^{①},\{1;2;3\})}_{②}_{③}$$

① 因为是数组公式，所以用 IF 函数依次判断 A2:A12 单元格区域中的各个值是否等于 F1 单元格的值，如果等于则返回 TRUE，否则返回 FALSE。返回的是一个数组。

② 将①步数组依次对应 C2:C12 单元格区域取值，①步数组中为 TRUE 的返回其对应的值，①步数组为 FALSE 的返回 FALSE。结果还是一个数组。

③ 一次性从②步数组中提取前三名的值。

例 3：返回倒数第一名的成绩与对应姓名

SMALL 函数可以返回数据区域中的第几个最小值，因此可以从成绩表返回任意指定的第几个最小值，并且通过搭配其他函数使用，还可以返回这个指定最小值对应的姓名。下面来看具体的公式设计与分析。

❶ 选中 D2 单元格，在编辑栏中输入公式：**=SMALL(B2:B12,1)**，按 Enter 键，即可返回 B2:B12 单元格区域中的最低分数，如图 8-53 所示。

图 8-53

❷ 选中 E2 单元格，在编辑栏中输入公式：**=INDEX(A2:A12,MATCH(SMALL(B2:B12,1), B2:B12,))**，如图 8-54 所示，按 Enter 键即可得出最低分对应的姓名，如图 8-55 所示。

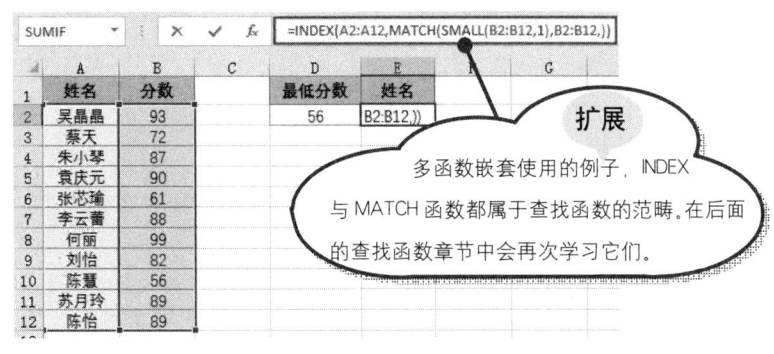

扩展

多函数嵌套使用的例子，INDEX 与 MATCH 函数都属于查找函数的范畴。在后面的查找函数章节中会再次学习它们。

图 8-54　　　　　　　　　　　　　　　　　　图 8-55

公式解析

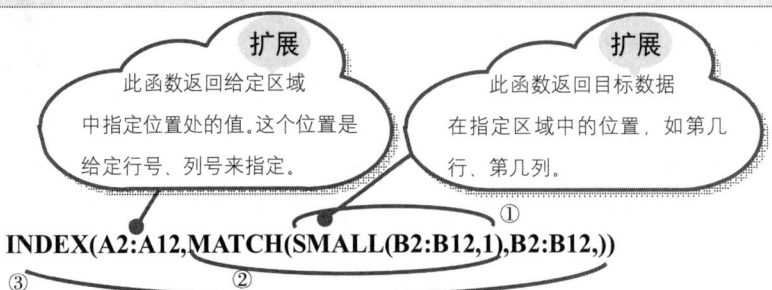

扩展
此函数返回给定区域中指定位置处的值。这个位置是给定行号、列号来指定。

扩展
此函数返回目标数据在指定区域中的位置，如第几行、第几列。

①
= INDEX(A2:A12,MATCH(SMALL(B2:B12,1),B2:B12,))
③　　　　　②

① 返回 B2:B12 单元格区域最小的一个值。

② 返回①返回值在 B2:B12 单元格区域中的位置，如在第 5 行，就返回数字"5"。

③ 返回 A2:A12 单元格区域中②步返回结果所指定行处的值。

经验之谈

如果 LARGE 函数的参数 k 设置为 1，可以达到与 MAX 函数一样的统计结果。如果 SMALL 函数的参数 k 设置为 1，可以达到与 MIN 函数一样的统计结果。

如果只是返回最低分对应的姓名，使用 MIN 函数也能代替 SMALL 函数使用。如图 8-56 所示便是使用公式"=INDEX(A2:A12,MATCH(MIN(B2:B12),B2:B12,))"。

但如果返回的不是最低分，而是要求返回倒数第二名、第三名等，则必须要使用 SMALL 函数，公式的修改也很简单，只需要将公式中 SMALL 函数的第二个参数重新指定即可，如图 8-57 所示。

图 8-56

图 8-57

8.1.11　TRIMMEAN：截头尾返回数据集的平均值

TRIMMEAN 函数用于从数据集的头部和尾部除去一定百分比的数据点后，再求该数据集的平均值。

【函数语法】TRIMMEAN(array,percent)

- array：表示为需要进行筛选，并求平均值的数组或数据区域。
- percent：表示为计算时所要除去的数据点的比例。当 percent=0.2，在 10 个数据中去除 2 个数据点（10*0.2=2）、在 20 个数据中去除 4 个数据点（20*0.2=4）。

例：通过 6 位评委打分计算选手的最后得分

　　某公司正在进行技能比赛，评分规则是：6 位评委分别为进入决赛的 3 名选手打分。最后通过 6 位评委的打分结果计算出 3 名选手的最后得分，可以使用 TRIMMEAN 函数。

❶ 选中 B10 单元格，在编辑栏中输入公式：**= TRIMMEAN (B3:B8,0.2)**，如图 8-58 所示。

❷ 按 Enter 键，即可计算出"黄俊"的最后得分，如图 8-59 所示。

❸ 选中 B10 单元格，向右填充公式到 D10 单元格，一次性得出其他选手的最后得分，如图 8-60 所示。

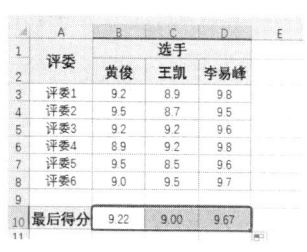

图 8-58　　　　　　　　　　图 8-59　　　　　　　　　　图 8-60

8.1.12　GEOMEAN：返回数据集的几何平均值

　　GEOMEAN 函数用于返回正数数组或数据区域的几何平均值。

　　【函数语法】 GEOMEAN(number1,number2,...)

　　number1,number2,...：表示为需要计算其平均值的 1～30 个参数；也可以不使用这种用逗号分隔参数的形式，而用单个数组或数组引用的形式。

经验之谈

　　计算平均数有两种方式：一种是算术平均数，还有一种是几何平均数。算术平均数就是前面使用 AVERAGE 函数得到的计算结果，它的计算原理是：$(a+b+c+d+\cdots)/n$ 这种方式。这种计算方式下每个数据之间不具有相互影响关系，是独立存在的。

　　那么，什么是几何平均数呢？几何平均数是指 n 个观察值连续乘积的 n 次方根。它的计算原理是：$\sqrt[n]{X_1 \times X_2 \times X_3 \times \cdots \times X_n}$。如果总水平、总成果等于所有阶段、所有环节水平、成果的连乘积总和时，求各阶段、各环节的一般水平、一般成果，要使用几何平均法计算几何平均数，而不能使用算术平均法计算几何平均数。几何平均数多用于计算平均比率和平均速度。如平均利率、平均发展速度、平均合格率等。

　　几何平均数的特点如下：

　　（1）几何平均数受极端值的影响较算术平均数小。

　　（2）如果变量值有负值，计算出的几何平均数就会成为负数或虚数。

　　（3）它仅适用于具有等比或近似等比关系的数据。

例：判断两组数据的稳定性

本例中的表格是对某两种产品 6 个月中销售额的统计，利用求几何平均值的方法可以判断出哪种产品的销售情况比较稳定。

❶ 选中 F1 单元格，在编辑栏中输入公式：**= GEOMEAN(B2:B7)**，如图 8-61 所示。

❷ 按 Enter 键即可得到"产品 1"的月销售额几何平均值，如图 8-62 所示。

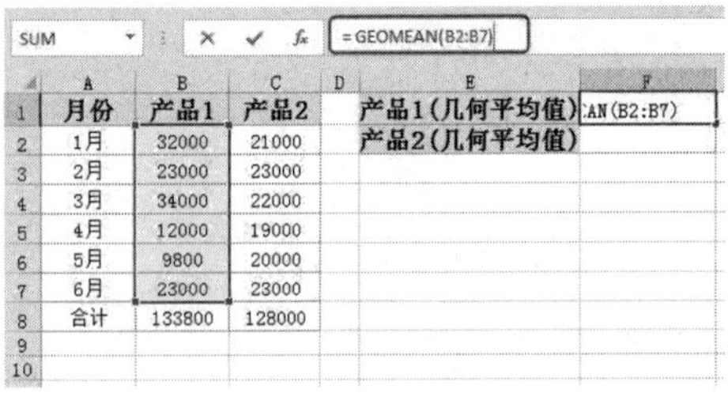

图 8-61

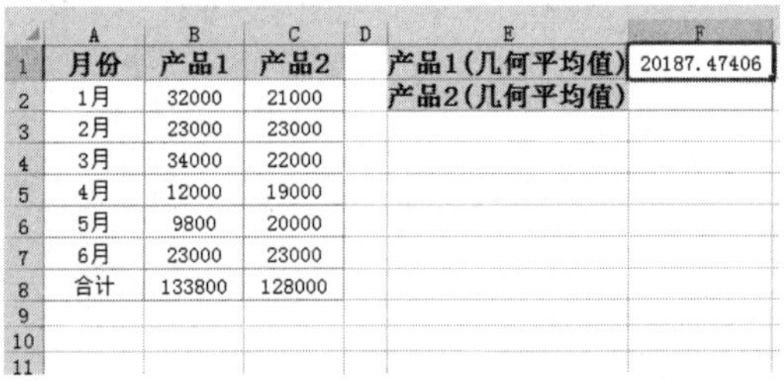

图 8-62

❸ 选中 F2 单元格，在编辑栏中输入公式：**= GEOMEAN(C2:C7)**，按 Enter 键即可得到"产品 2"的月销售额几何平均值，如图 8-63 所示。

图 8-63

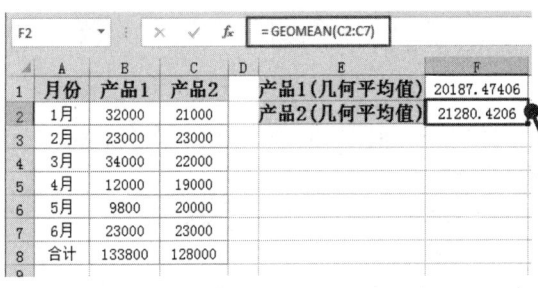

扩展

产品 1 的合计销售额大于产品 2 的合计销售额，但产品 1 的月销售额几何平均值却小于产品 2 的月销售额几何平均值。几何平均值越大表示其值更加稳定，因此产品 2 的销售额更加稳定。

8.1.13 RANK.EQ：返回数组的最高排位

RANK.EQ 函数表示返回一个数字在数字列表中的排位，其大小相对于列表中的其他值。如果多个值具有相同的排位，则返回该组数值的最高排位。

【函数语法】RANK.EQ(number,ref,[order])

● number：表示要查找排名的数字。
● ref：表示要在其中查找排名的数字列表。
● order：表示指定排名方式的数字。

= RANK.EQ(A2,A2:A12,0)

扩展

当此参数为 0 时表示按降序排名，即最大的数值排名值为 1；当此参数为 1 时表示按升序排名，即最小的数值排名为值 1。此参数可省略，省略时默认为 0。

例：对销售业绩进行排名

表格中给出了本月销售部员工的销售额统计数据，现在要求对销售额数据进行排名次，以直观查看每位员工的销售排名情况。

❶ 选中 C2 单元格，在编辑栏中输入公式（如图 8-64 所示）：**=RANK.EQ(B2,\$B\$2:\$B\$11,0)**。

❷ 按 Enter 键，即可返回 B2 单元格中数值在 B2:B11 单元格区域中的排位名次是多少，如图 8-65 所示。将 C2 单元格的公式向下填充，可分别统计出每位销售员的销售业绩在全体销售员中的排位情况，如图 8-66 所示。

	A	B	C
1	姓名	销售额	名次
2	林晨洁	43000	\$B\$11,0)
3	刘美汐	15472	
4	苏竞	25487	
5	何阳	39806	
6	杜云美	54600	
7	李丽芳	45309	
8	徐萍丽	45388	
9	唐晓霞	19800	
10	张鸣	21820	
11	简佳	21890	

图 8-64

	A	B	C
1	姓名	销售额	名次
2	林晨洁	43000	4
3	刘美汐	15472	
4	苏竞	25487	
5	何阳	39806	
6	杜云美	54600	
7	李丽芳	45309	
8	徐萍丽	45388	
9	唐晓霞	19800	
10	张鸣	21820	
11	简佳	21890	

图 8-65

	A	B	C
1	姓名	销售额	名次
2	林晨洁	43000	4
3	刘美汐	15472	10
4	苏竞	25487	6
5	何阳	39806	5
6	杜云美	54600	1
7	李丽芳	45309	3
8	徐萍丽	45388	2
9	唐晓霞	19800	9
10	张鸣	21820	8
11	简佳	21890	7

图 8-66

公式解析

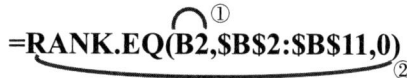

=RANK.EQ(B2,\$B\$2:\$B\$11,0)
　　　　　①
　　　　②

① 用于判断其排位的目标值。

② 目标列表区域，即在这个区域中判断参数 1 指定值的排位。此单元格区域使用绝对引用是因为公式是需要向下复制的，当复制公式时，只有参数 1 发生变化，而用于判断的这个区域是始终不能发生改变的。

经验之谈

与 RANK.EQ 函数类似的还有一个 RANK.AVG 函数。RANK.AVG 函数的不同之处在于，对于数值相等的情况，返回该数值的平均排名。例如，A 列中有两个排名第二的值（如同为 92），RANK.EQ 函数返回它们的最高排名同时为 2（如图 8-67 所示），而 RANK.AVG 函数则返回它们的平均排名，即(2+3)/2=2.5（如图 8-68 所示）。

	A	B	C
1	姓名	考核成绩	名次
2	林晨洁	95	2
3	刘美汐	72	7
4	苏竟	95	2
5	何阳	90	4
6	杜云美	97	1
7	李丽芳	88	5
8	徐萍丽	87	6

图 8-67

	A	B	C
1	姓名	考核成绩	名次
2	林晨洁	95	2.5
3	刘美汐	72	7
4	苏竟	95	2.5
5	何阳	90	4
6	杜云美	97	1
7	李丽芳	88	5
8	徐萍丽	87	6

图 8-68

8.2 方差、协方差与偏差

根据样本数据，可以使用统计函数计算各种基于样本的方差值、标准偏差值、协方差、平均值偏差的平方和，以及平均绝对偏差。

8.2.1 VAR.S：计算基于样本的方差

VAR.S 函数用于估算基于样本的方差（忽略样本中的逻辑值和文本）。

【函数语法】 VAR.S(number1,[number2],...])

- number1：表示对应于样本总体的第一个数值参数。
- number2, ...：可选。对应于样本总体的 2～254 个数值参数。

例：估算产品质量的方差

例如要考察一台机器的生产能力，利用抽样程序来检验生产出来的产品质量，假设提取 14 个值。根据行业通用法则：如果一个样本中的 14 个数据项的方差大于 0.005，则该机器必须关闭待修。

❶ 选中 B2 单元格，在编辑栏中输入公式：**=VAR.S(A2:A15)**，如图 8-69 所示。

❷ 按 Enter 键，即可计算出方差为 0.0025478，如图 8-70 所示。此值小于 0.005，则此机器工作正常。

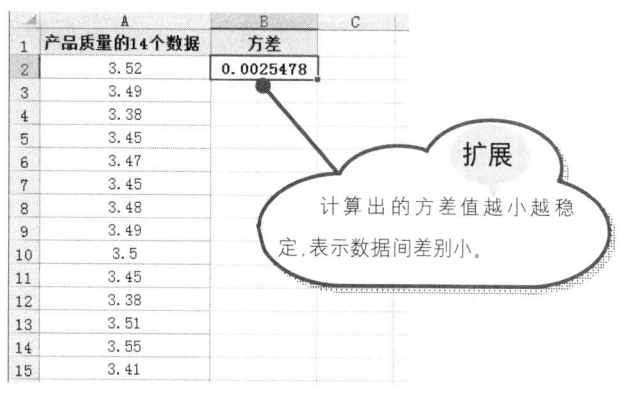

图 8-70

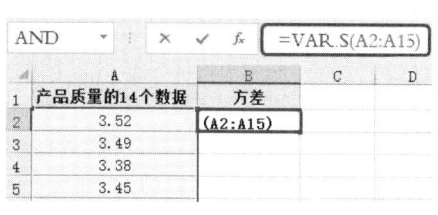

图 8-69

8.2.2　VAR.P：计算基于样本总体的方差

VAR.P 函数用于计算基于样本总体的方差（忽略逻辑值和文本）。

【函数语法】VAR.P(number1,[number2],...])

- number1：表示对应于样本总体的第一个数值参数。
- number2, ...：可选。对应于样本总体的 2～254 个数值参数。

例：以样本值估算总体的方差

例如要考察一台机器的生产能力，利用抽样程序来检验生产出来的产品质量，假设提取 14 个值，想通过这个样本数据估计总体的方差。

❶ 选中 B2 单元格，在编辑栏中输入公式：**=VAR.P(A2:A15)**，如图 8-71 所示。

❷ 按 Enter 键，即可计算出基于样本总体的方差为 0.00236582，如图 8-72 所示。

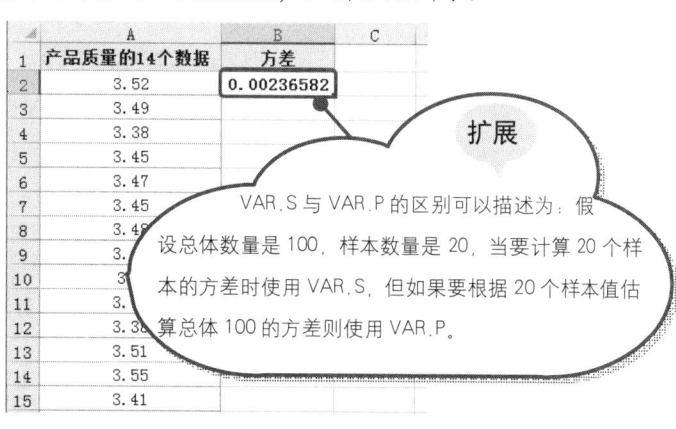

图 8-72

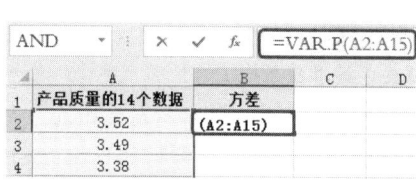

图 8-71

8.2.3 STDEV.S：计算基于样本估算标准偏差

STDEV.S 函数用于计算基于样本估算标准偏差（忽略样本中的逻辑值和文本）。

【函数语法】 STDEV.S(number1,[number2],...])

- number1：表示对应于总体样本的第一个数值参数。也可以用单一数组或对某个数组的引用来代替用逗号分隔的参数。
- number2, ...：可选。对应于总体样本的 2～254 个数值参数。也可以用单一数组或对某个数组的引用来代替用逗号分隔的参数。

例：估算新入伍军人身高的标准偏差

例如要考察一批新入伍军人的身高情况，抽取 14 人的身高数据，要求基于此样本估算标准偏差。

❶ 选中 B2 单元格，在编辑栏中输入公式：**=AVERAGE(A2:A15)**，如图 8-73 所示。

❷ 按 Enter 键，即可计算出身高平均值，如图 8-74 所示。

	A	B	C	D
1	身高数据	平均身高	标准偏差	
2	1.72	:E(A2:A15)		
3	1.82			
4	1.78			
5	1.76			
6	1.74			
7	1.72			

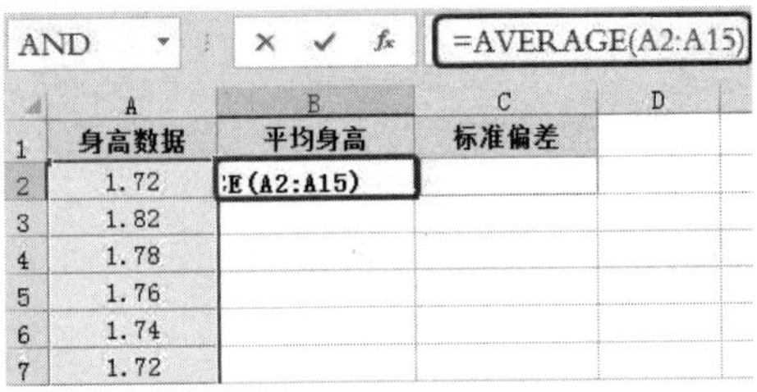

图 8-73

	A	B	C	D
1	身高数据	平均身高	标准偏差	
2	1.72	1.762142857		
3	1.82			
4	1.78			
5	1.76			
6	1.74			
7	1.72			
8	1.70			
9	1.80			
10	1.69			
11	1.82			
12	1.85			
13	1.69			
14	1.76			
15	1.82			

图 8-74

❸ 选中 C2 单元格，在编辑栏中输入公式：**=STDEV.S(A2:A15)**，如图 8-75 所示。

❹ 按 Enter 键，即可基于此样本估算出标准偏差，如图 8-76 所示。通过计算结果可以得出结论为：本次新入伍军人的身高分布在（1.7621±0.0539）m 区间。

经验之谈

标准差又称为均方差，标准差反映数值相对于平均值的离散程度。标准差与均值的量纲（单位）是一致的，在描述一个波动范围时标准差更方便。比如一个班的男生的平均身高是 170cm，标准差是 10cm，方差则是 102，可以简便描述为本班男生的身高分布在（170±10）cm。

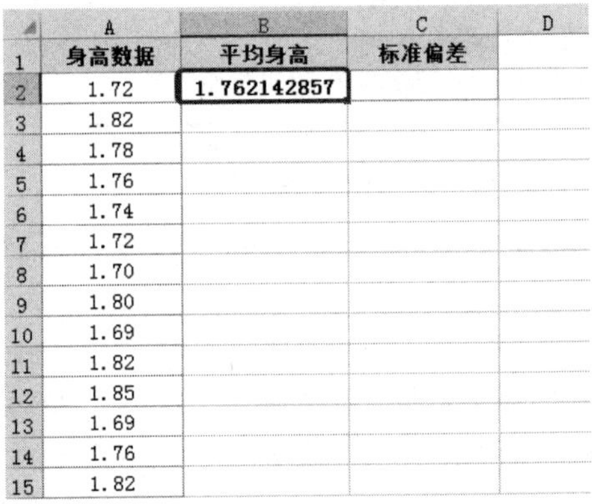

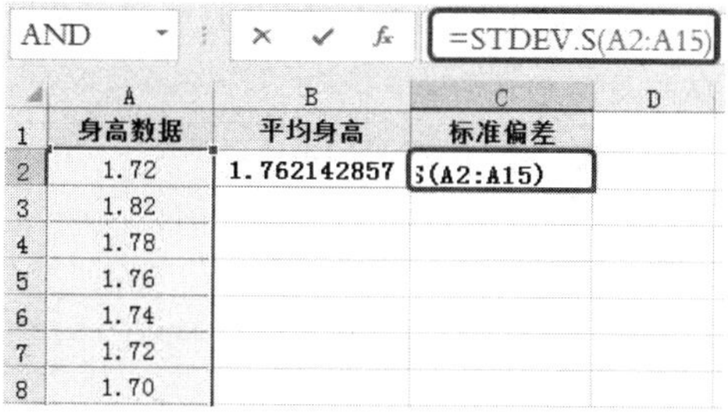

图 8-75

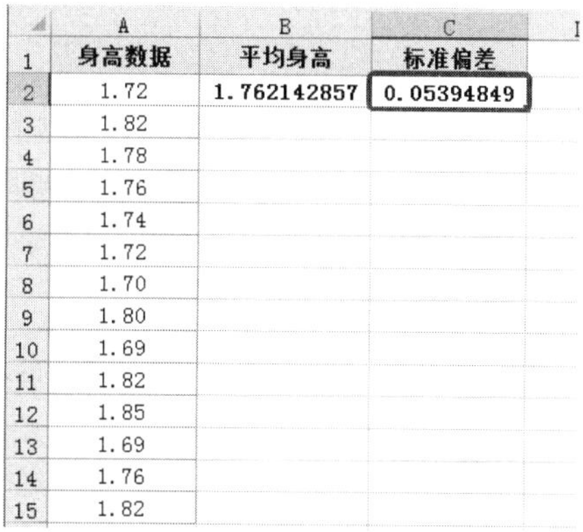

图 8-76

8.2.4　STDEV.P：计算样本总体的标准偏差

STDEV.P 函数计算样本总体的标准偏差（忽略逻辑值和文本）。

【函数语法】STDEV.P(number1,[number2],...)

- number1：表示对应于样本总体的第一个数值参数。
- number2, ...：可选。对应于样本总体的 2～254 个数值参数。

例：以样本值估算总体的标准偏差

例如要考察一批入伍军人的身高情况，抽取 14 人的身高数据，要求基于此样本估算总体的标准偏差。

---

❶ 选中 B2 单元格，在编辑栏中输入公式：**=STDEV.P(A2:A15)**，如图 8-77 所示。

❷ 按 Enter 键，即可基于此样本估算出总体的标准偏差，如图 8-78 所示。

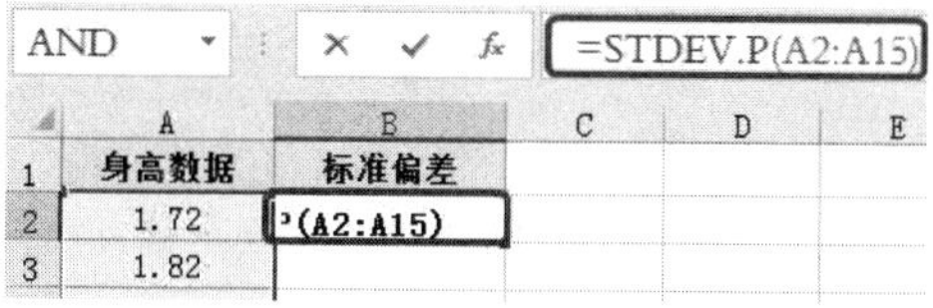

图 8-77

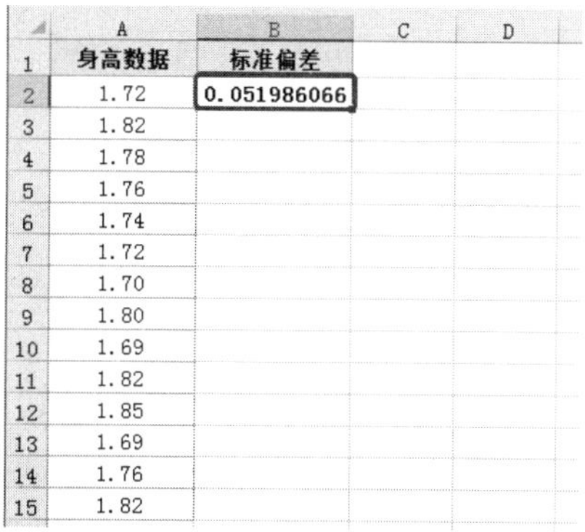

图 8-78

> **经验之谈**
>
> 对于大样本来说，STDEV.S 与 STDEV.P 的计算结果大致相等，但对于小样本来说，二者计算结果差别会很大。STDEV.S 与 STDEV.P 的区别可以描述为：假设总体数量是 100，样本数量是 20，当要计算 20 个样本的标准偏差时使用 STDEV.S，但如果要根据 20 个样本值估算总体 100 的标准偏差则使用 STDEV.P。

8.2.5 COVARIANCE.S：返回样本协方差

COVARIANCE.S 函数表示返回样本协方差，即两个数据集中每对数据点的偏差乘积的平均值。

【函数语法】COVARIANCE.S(array1,array2)
- array1：表示第一个所含数据为整数的单元格区域。
- array2：表示第二个所含数据为整数的单元格区域。

例：计算甲状腺与碘食用量的协方差

例如以 16 个调查地点的地方性甲状腺肿患病量与其食品、水中含碘量的调查数据，现在通过计算协方差可判断甲状腺肿与含碘量是否存在显著关系。

❶ 选中 E2 单元格，在编辑栏中输入公式：**=COVARIANCE.S(B2:B17,C2:C17)**，如图 8-79 所示。

❷ 按 Enter 键，即可返回协方差为 –114.8803，如图 8-80 所示。

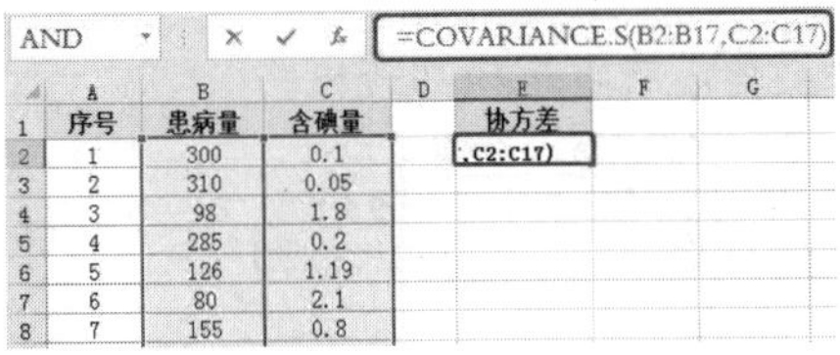

图 8-79

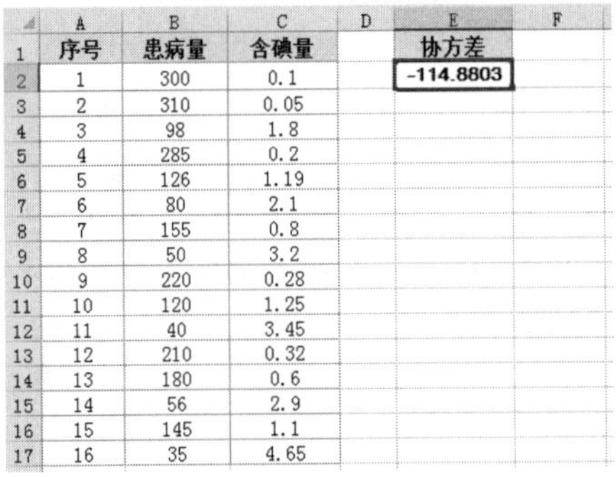

图 8-80

> **公式解析**
>
> **= COVARIANCE.S(B2:B17,C2:C17)**
>
> 返回对应在 B2:B17 和 C2:C17 单元格区域两个数据集中每对数据点的偏差乘积的平均数。通过计算结果可以得出结论为：甲状腺患病量与碘食用量呈负相关，即含碘量越少，甲状腺患病量越高。

> **经验之谈**
>
> 当遇到含有多维数据的数据集时，则需要引入协方差的概念，如判断施肥量与亩产的相关性；判断甲状腺与碘食用量的相关性等。协方差的结果有什么意义呢？如果结果为正值，则说明两者是正相关的；结果为负值就说明是负相关的；结果如果为 0，也就是统计上说的"相互独立"。

8.2.6 COVARIANCE.P：返回总体协方差

COVARIANCE.P 函数表示返回总体协方差，即两个数据集中每对数据点的偏差乘积的平均数。

【函数语法】COVARIANCE.P(array1,array2)
- array1：表示第一个所含数据为整数的单元格区域。
- array2：表示第二个所含数据为整数的单元格区域。

例：以样本值估算总体的协方差

例如以 16 个调查地点的地方性甲状腺患病量与其食品、水中含碘量的调查数据，现在要求基于此样本估算总体的协方差。

❶ 选中 E2 单元格，在编辑栏中输入公式：**=COVARIANCE.P(B2:B17,C2:C17)**，如图 8-81 所示。

❷ 按 Enter 键，即可返回总体协方差为–107.70023，如图 8-82 所示。

	A	B	C	D	E
1	序号	患病量	含碘量		协方差
2	1	300	0.1		-107.70023
3	2	310	0.05		
4	3	98	1.8		
5	4	285	0.2		
6	5	126	1.19		
7	6	80	2.1		
8	7	155	0.8		
9	8	50	3.2		
10	9	220	0.28		
11	10	120	1.25		
12	11	40	3.45		
13	12	210	0.32		
14	13	180	0.6		
15	14	56	2.9		
16	15	145	1.1		
17	16	35	4.65		

图 8-81 / 图 8-82

> **经验之谈**
>
> COVARIANCE.S 与 COVARIANCE.P 的区别可以描述为：假设总体数量是 100，样本数量是 20，当要计算 20 个样本的协方差时使用 COVARIANCE.S，但如果要根据 20 个样本值估算总体 100 的协方差则使用 COVARIANCE.P。

8.2.7 AVEDEV 函数：计算数值的平均绝对偏差

AVEDEV 函数用于返回数值的平均绝对偏差。偏差表示每个数值与平均值之间的差，平均偏差表示每个偏差绝对值的平均值。该函数可以评测数据的离散度。

【函数语法】AVEDEV(number1,number2,...)

number1,number2,...：表示用来计算绝对偏差平均值的一组参数，其个数可以在 1~30 个之间。

例：判断哪个小组生产的货品合格度更高

某公司要求对一批货物的重量大致保持在 500 克左右，在两个小组中各抽取 10 件进行测试。通过计算平均绝对偏差可以判断哪组数据合格度更高。

---

❶ 选中 E2 单元格，在编辑栏中输入公式：**=AVEDEV(B2:B11)**，按 Enter 键即可求出 A 组生产的货物重量的平均绝对偏差，如图 8-83 所示。

❷ 选中 E2 单元格，向右复制公式到 F2 单元格中，可计算出 B 组生产的货物重量的平均绝对偏差，如图 8-84 所示。

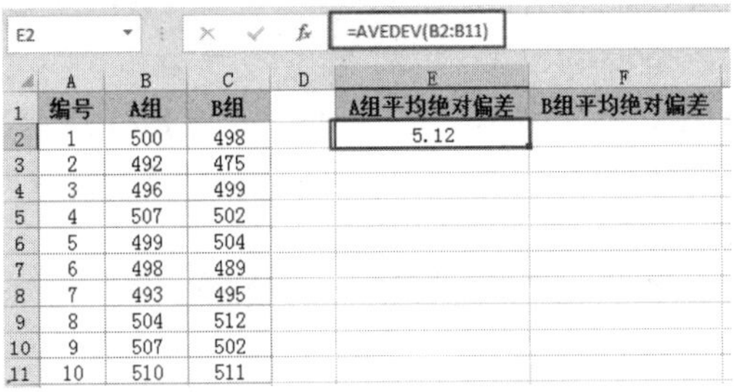

图 8-83

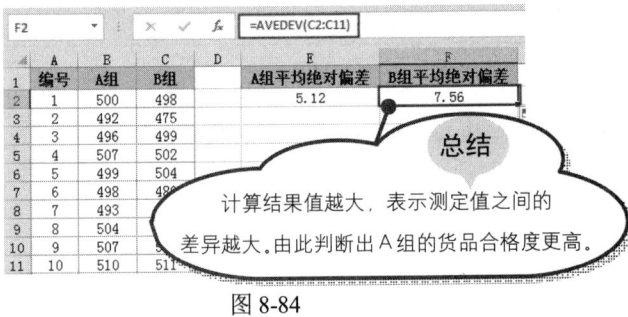

图 8-84

> **总结**
> 计算结果值越大，表示测定值之间的差异越大，由此判断出 A 组的货品合格度更高。

8.3 数据预测

Excel 提供了关于估计线性模型参数和指数模型参数的一些预测函数，使用这些函数可以进行统计学中的数据预测处理。

8.3.1 LINEST：对已知数据进行最佳直线拟合

LINEST 函数使用最小二乘法对已知数据进行最佳直线拟合，并返回描述此直线的数组。

【函数语法】LINEST(known_y's,known_x's,const,stats)

● known_y's：表示关系表达式 y=mx+b 中已知的 y 值集合。

● known_x's：表示关系表达式 y=mx+b 中已知的可选 x 值集合。

- const：表示逻辑值，指明是否强制使常数 b 为 0。若 const 为 TRUE 或省略，b 将参与正常计算；若 const 为 FALSE，b 将被设为 0，并同时调整 m 值使得 y=mx。
- stats：表示逻辑值，指明是否返回附加回归统计值。若 stats 为 TRUE，则函数返回附加回归统计值；若 stats 为 FALSE 或省略，则函数返回系数 m 和常数项 b。

例：根据生产数量预测产品的单个成本

LINEST 函数是在做销售、成本预测分析时使用比较多的函数。下面表格中 A 为产品数量，B 列是对应的单个产品成本。要求预测：当生产 40 个产品时，相对应的成本是多少？

❶ 选中 D2:E2 单元格区域，在编辑栏中输入公式：**=LINEST($B$2:$B$8,$A$2:$A$8)**，如图 8-85 所示。

❷ 按 Ctrl+Shift+Enter 组合键，即可根据两组数据直接取得 a 和 b 的值，如图 8-86 所示。

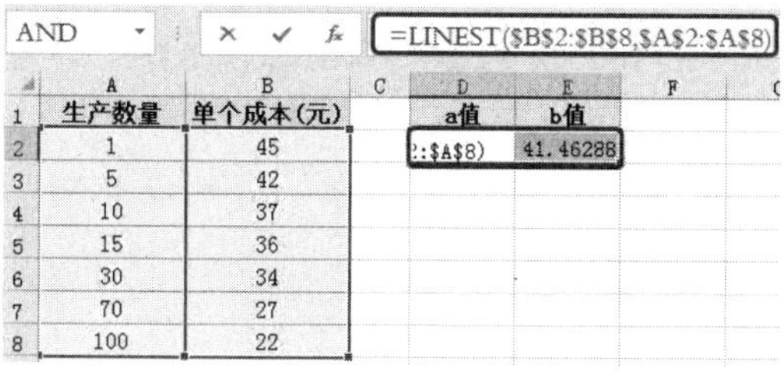

图 8-85

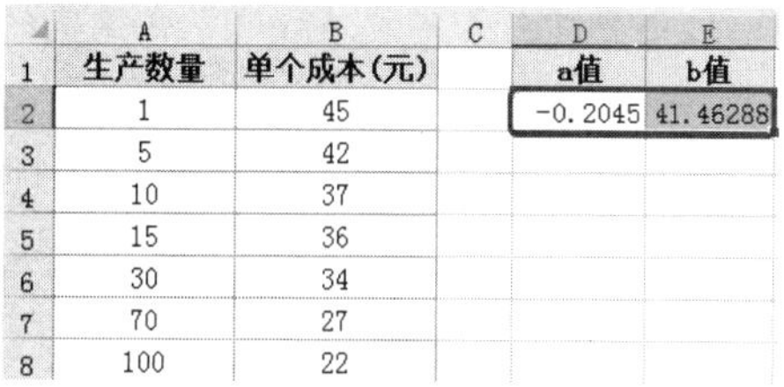

图 8-86

❸ A 列和 B 列对应的线性关系式为 y=ax+b。选中 B11 单元格，在编辑栏中输入公式：**=A11*D2+E2**，按 Enter 键即可预测出生产数量为 40 件时的单个成本值，如图 8-87 所示。

❹ 更改 A11 单元格的生产数量，可以预测出相应的单个成本的金额，如图 8-88 所示。

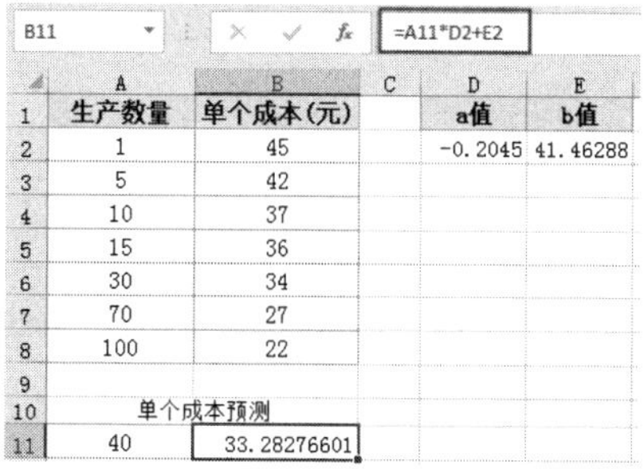

图 8-87

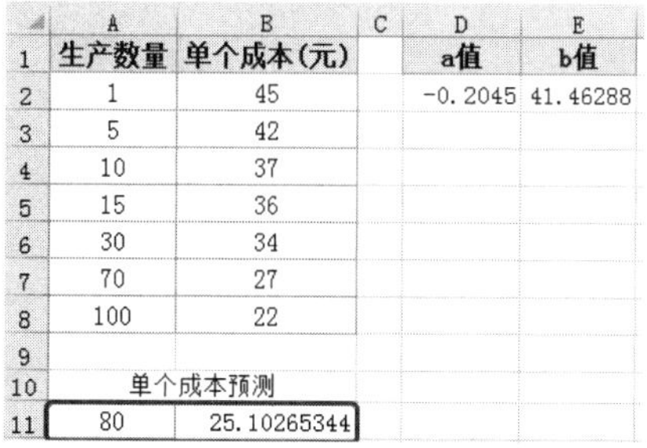

图 8-88

187

8.3.2 TREND：构造线性回归直线方程

TREND 函数用于返回一条线性回归拟合线的值。即找到适合已知数组 known_y's 和 known_x's 的直线（用最小二乘法），并返回指定数组 new_x's 在直线上对应的 y 值。

【函数语法】TREND(known_y's,known_x's,new_x's,const)
- known_y's：表示为已知关系 y=mx+b 中的 y 值集合。
- known_x's：表示为已知关系 y=mx+b 中可选的 x 值集合。
- new_x's：表示为需要函数 TREND 返回对应 y 值的新 x 值。
- const：表示为一逻辑值，指明是否将常量 b 强制为 0。

例：根据上半年各月销售额预测后期销售额

在 Excel 中，如果根据趋势需要预测下个月的销售额，可以使用 TREND 函数预测下个月的销售额。

---

❶ 选中 B10:B11 单元格区域，在编辑栏中输入公式：**=TREND(B2:B7,A2:A7,A10:A11)**，如图 8-89 所示。

❷ 按 Ctrl+Shift+Enter 组合键即可得到七、八月份销售额的预测值，如图 8-90 所示。

月份	销售额
1	150080
2	159980
3	146650
4	98997
5	258900
6	305200
预测七、八月份销售额	
7	A7,A10:A11)
8	318382.5429

图 8-89

月份	销售额
1	150080
2	159980
3	146650
4	98997
5	258900
6	305200
预测七、八月份销售额	
7	289105.2
8	318382.5429

图 8-90

8.3.3 LOGEST：回归拟合曲线返回该曲线的数值

LOGEST 函数在回归分析中，计算最符合观测数据组的指数回归拟合曲线，并返回描述该曲线的数值数组。因为此函数返回数值数组，所以必须以数组公式的形式输入。

【函数语法】LOGEST(known_y's,known_x's,const,stats)
- known_y's：表示为一组符合 y=b*m^x 函数关系的 y 值集合。
- known_x's：表示为一组符合 y=b*m^x 运算关系的可选 x 值集合。
- const：表示为一逻辑值，指明是否强制使常数 b 为 0。若 const 为 TRUE 或省略，b 将参与正常计算；若 const 为 FALSE，b 将被设为 0，并同时调整 m 值使得 y=mx。

● stats：表示逻辑值，指明是否返回附加回归统计值。若 stats 为 TRUE，则函数返回附加回归统计值；若 stats 为 FALSE 或省略，则函数返回系数 m 和常数项 b。

例：预测网站专题的点击量

如果网站中某专题的点击量呈指数增长趋势，则可以使用 LOGEST 函数来对后期点击量进行预测。

❶ 选中 D2:E2 单元格区域，在编辑栏中输入公式：**=LOGEST(B2:B7,A2:A7,TRUE,FALSE)**，如图 8-91 所示。

❷ 按 Ctrl+Shift+Enter 组合键，即可根据两组数据直接取得 m 和 b 的值，如图 8-92 所示。

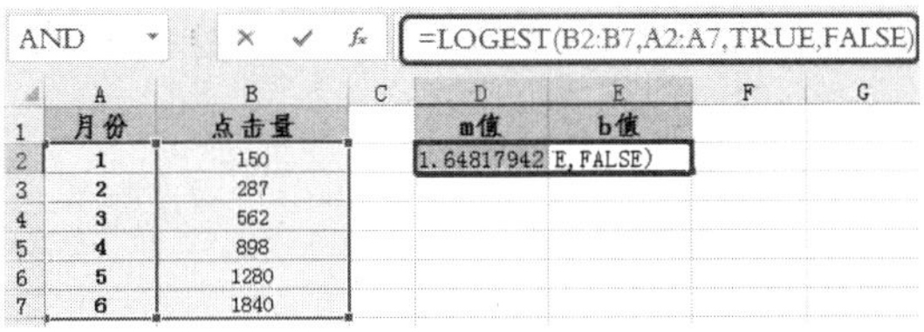

图 8-91

图 8-92

❸ A 列和 B 列对应的线性关系式为 y=b*m^x。选中 B10 单元格，在编辑栏中输入公式：**=E2*POWER(D2,A10)**，按 Enter 键即可预测出 7 月的点击量，如图 8-93 所示。

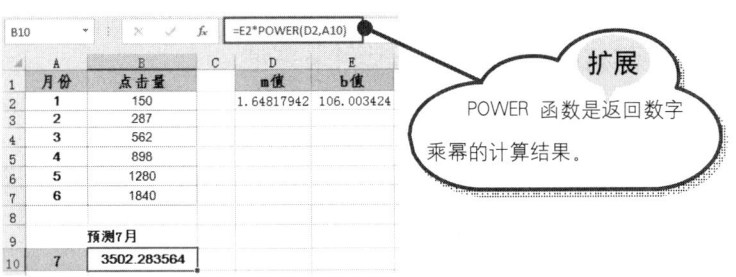

图 8-93

8.3.4　GROWTH：对给定的数据预测指数增长值

GROWTH 函数用于对给定的数据预测指数增长值。根据现有的 x 值和 y 值，GROWTH 函数返回一组新的 x 值对应的 y 值。可以使用 GROWTH 工作表函数来拟合满足现有 x 值和 y 值的指数曲线。

【函数语法】GROWTH(known_y's,known_x's,new_x's,const)

● known_y's：表示满足指数回归拟合曲线的一组已知的 y 值。

- known_x's：表示满足指数回归拟合曲线的一组已知的 x 值。
- new_x's：表示一组新的 x 值，可通过 GROWTH 函数返回各自对应的 y 值。
- const：表示逻辑值，指明是否将系数 b 强制设为 1。若 const 为 TRUE 或省略，则 b 将参与正常计算；若 const 为 FALSE，则 b 将被设为 1。

例：预测销售量

本例报表统计了 9 个月的销量，通过 9 个月产品销售量可以预算出 10 月、11 月、12 月的产品销售量。

❶ 选中 E2:E4 单元格区域，在编辑栏中输入公式：**=GROWTH(B2:B10,A2:A10,D2:D4)**，如图 8-94 所示。

❷ 按 Ctrl+Shift+Enter 组合键，即可预测出 10 月、11 月、12 月产品的销售量，如图 8-95 所示。

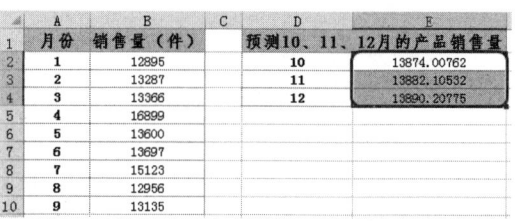

图 8-94 　　　　　　　　　　　　　　图 8-95

8.3.5　FORECAST：根据已有的数值计算或预测未来值

FORECAST 函数根据已有的数值计算或预测未来值，此预测值为基于给定的 x 值推导出 y 值。已知的数值为已有的 x 值和 y 值，再利用线性回归对新值进行预测。可以使用该函数对未来销售额、库存需求或消费趋势进行预测。

【函数语法】FORECAST(x,known_y's,known_x's)
- x：为需要进行预测的数据点。
- known_y's：为因变量数组或数据区域。
- known_x's：为自变量数组或数据区域。

例：预测未来值

通过 1—11 月的库存需求量，预测第 12 月的库存需求量。

❶ 选中 E2 单元格，在编辑栏中输入公式：**=FORECAST(12,B2:B12,A2:A12)**，如图 8-96 所示。

❷ 按 Enter 键，即可预测出第 12 月的库存需求量，如图 8-97 所示。

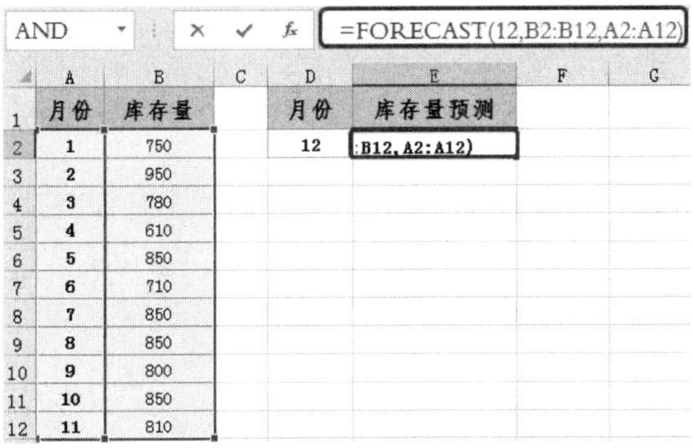

AND | =FORECAST(12,B2:B12,A2:A12)

	A	B	C	D	E
1	月份	库存量		月份	库存量预测
2	1	750		12	:B12,A2:A12)
3	2	950			
4	3	780			
5	4	610			
6	5	850			
7	6	710			
8	7	850			
9	8	850			
10	9	800			
11	10	850			
12	11	810			

图 8-96

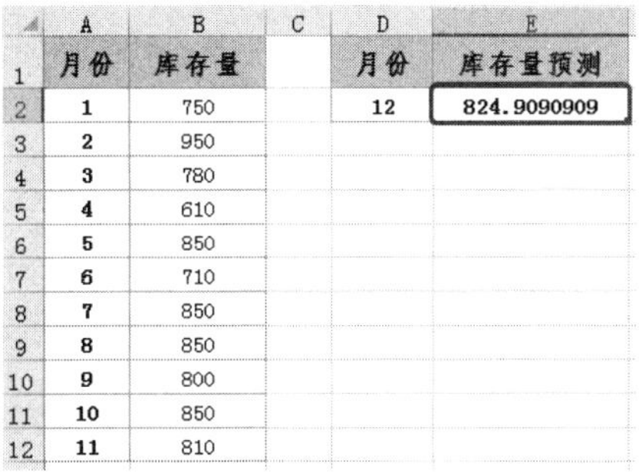

	A	B	C	D	E
1	月份	库存量		月份	库存量预测
2	1	750		12	824.9090909
3	2	950			
4	3	780			
5	4	610			
6	5	850			
7	6	710			
8	7	850			
9	8	850			
10	9	800			
11	10	850			
12	11	810			

图 8-97

经验之谈

FORECAST 函数与 TREND 函数都是根据已知的两列数据得到线性回归方程，并根据给定的新的 x 值得到相应的预测值。但在设置公式时，二者有如下区别。

（1）两者输入参数的顺序不同。如本例中使用公式“=TREND(B2:B12,A2:A12,D2)”可以得到相同的统计结果。

（2）两者参数个数不同。TREND 函数有 4 个参数，第 4 个参数用于控制回归公式 y=ax+b 中 b 是否为 0。第 4 个参数为 1、TRUE 或省略时，与 FORECAST 函数得到的结果相同。当第 4 个参数为 0 时，会强制回归公式的 b 值为 0，此时两公式得到的结果就不一样了。

8.3.6　CORREL：求一元线性回归的相关系数

CORREL 函数返回两个不同事物之间的相关系数，使用相关系数可以确定两种属性之间的关系。例如，可以检测某地的平均温度和空调使用情况之间的关系。

【函数语法】 CORREL(array1,array2)

- array1：表示第一组数值单元格区域。
- array2：表示第二组数值单元格区域。

例：返回两个不同事物之间的相关系数

不同的项目之间可以根据完成时间和奖金总额返回两者之间的相关系数。

❶ 选中 E3 单元格，在编辑栏中输入公式：**=CORREL(A2:A7,B2:B7)**，如图 8-98 所示。

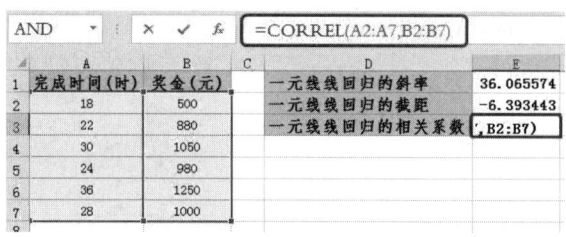

图 8-98

❷ 按 Enter 键，即可返回完成时间与奖金的相关系数，如图 8-99 所示。

图 8-99

总结

当计算出的相关系数值越接近 1，表示二者的相关性越强。

8.4 其他常用指标统计函数

除了前面介绍的各类统计函数，Excel 提供了一些常用指标统计函数，如统计众数、中值、频数、峰值等。

8.4.1 MODE.SNGL：返回数组中的众数

MODE.SNGL 函数用于返回在某一数组或数据区域中出现频率最多的数值。

【函数语法】MODE.SNGL (number1,[number2],...)
● number1：表示要计算其众数的第一个参数。
● number2, ...：可选。表示要计算其众数的 2～254 个参数。

例：返回最高气温中的众数（即出现频率最高的数）

表格中给出的是 7 月份中前半月的最高气温统计列表，要求统计出最高气温的众数。

---

❶ 选中 D2 单元格，在编辑栏中输入公式：= **MODE.SNGL(B2:B16)**，如图 8-100 所示。

❷ 按 Enter 键，即可返回该数组中的众数为 36，如图 8-101 所示。

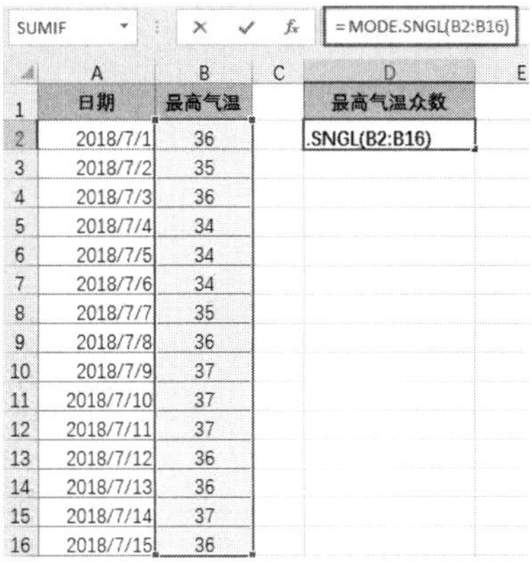

图 8-100

图 8-101

8.4.2　MEDIAN：求一组数的中值

MEDIAN 函数用于返回给定数值集合的中位数。

【函数语法】 MEDIAN(number1,number2,...)

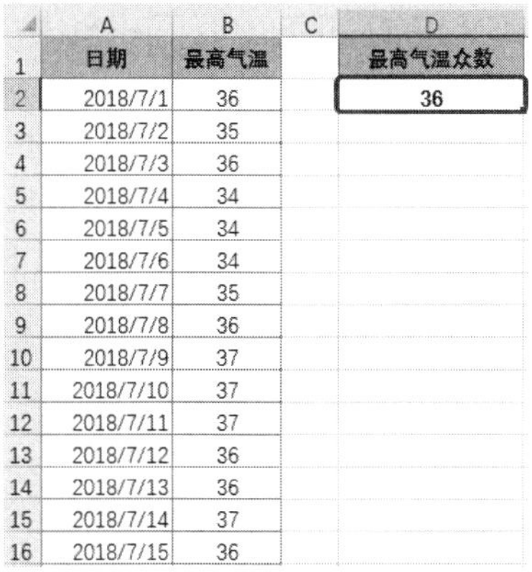

number1,number2,...：表示要找出中位数的 1～30 个数字参数。

例：返回中间的成绩

　　本例表格对学生的成绩进行了统计，要求快速返回处于中间位置的具体分数值，可以使用 MEDIAN 函数。

---

❶ 选中 D2 单元格，在编辑栏中输入公式：**=MEDIAN(B2:B9)**，如图 8-102 所示。

❷ 按 Enter 键，即可返回本次考试位于中间的成绩，结果如图 8-103 所示。

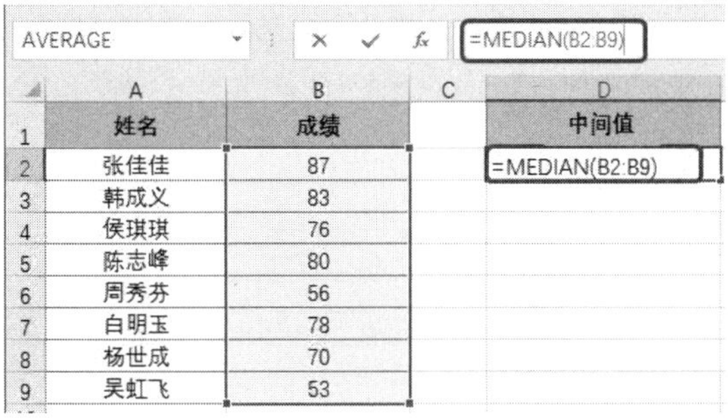

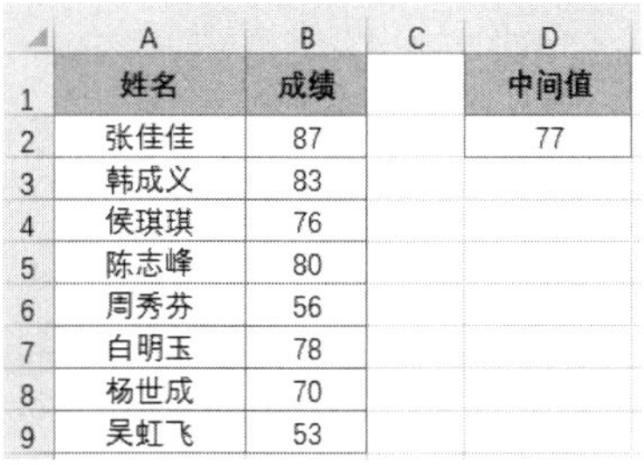

图 8-102

图 8-103

8.4.3 MODE.MULT：返回一组数据集中出现频率最高的数值

MODE.MULT 函数用于返回一组数据或数据区域中出现频率最高或重复出现的数值的垂直数组。对于水平数组，请使用 TRANSPOSE(MODE.MULT(number1,number2,...))。

【函数语法】MODE.MULT(number1,[number2],...)
- number1：表示要计算其众数的第一个数字参数（参数可以是数字或者是包含数字的名称、数组或引用）。
- number2,...：可选。表示要计算其众数的 2~254 个数字参数，也可以用单一数组或对某个数组的引用来代替用逗号分隔的参数。如果数组或引用参数包含文本、逻辑值或空白单元格，则这些值将被忽略；但包含零值的单元格将计算在内。

例：统计被投诉次数最多的工号

表格中统计了本月被投诉的工号列表，可以使用 MODE.MULT 函数统计出被投诉次数最多的工号。被投诉相同次数的工号可能不是只有一个，如同时被投诉两次的可能有三个，使用 MODE.MULT 函数可以一次性返回。

❶ 选中 C2:C4 单元格区域，在编辑栏中输入公式：**=MODE.MULT(A2:A14)**，如图 8-104 所示。
❷ 按 Ctrl+Shift+Enter 组合键，即可返回该数据集中出现频率最高的数值列表，即 1085 和 1015 工号被投诉次数最多，如图 8-105 所示。

图 8-104

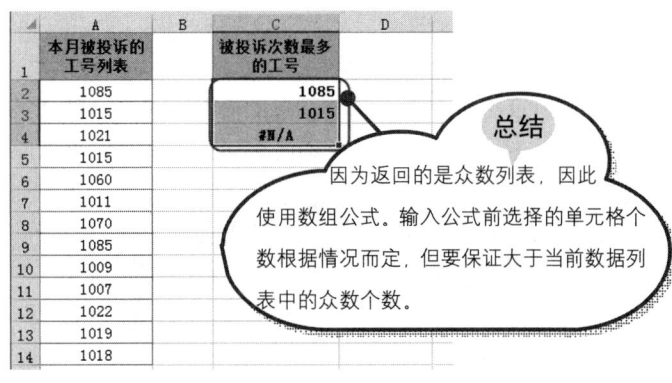

图 8-105

经验之谈

与 MODE.SNGL 函数的区别是，MODE.MULT 函数可以返回众数数组，即同时有多个众数时都会被一次性返回。

8.4.4 FREQUENCY：频数分布统计

FREQUENCY 函数计算数值在某个区域内的出现频率，然后返回一个垂直数组。例如，使用函数 FREQUENCY 可以在分数区域内计算测验分数的个数。由于函数 FREQUENCY 返回一个数组，所以它必须以数组公式的形式输入。

【函数语法】 FREQUENCY(data_array,bins_array)

- data_array：是一个数组或对一组数值的引用，要为它计算频率。
- bins_array：是一个区间数组或对区间的引用，该区间用于对 data_array 中的数值进行分组。

例：统计考试分数的分布区间

当前表格中统计某次驾校考试中 80 名学员的考试成绩，现在需要统计出各个分数段的人数，可以使用 FREQUENCY 函数。

---

❶ 给数据分好组限并写好其代表的区间，一般组限间采用相同的组距，在表格中选中 H3:H6 单元格，在编辑栏中输入公式：**=FREQUENCY(A2:D21, F3:F6)**，如图 8-106 所示。

❷ 按 Ctrl+Shift+Enter 组合键，即可一次性统计出各个分数区间的人数，如图 8-107 所示。

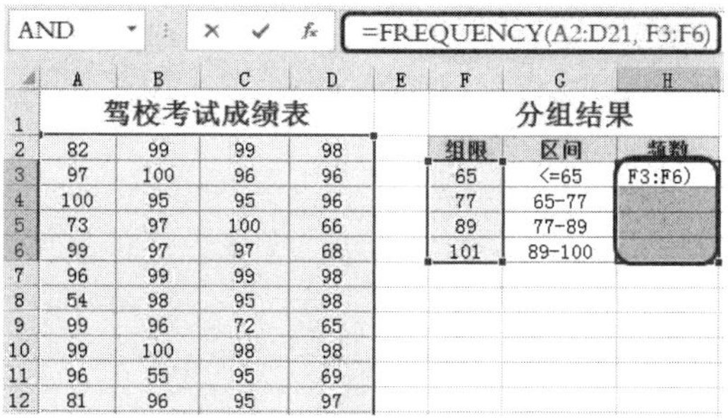

	A	B	C	D	E	F	G	H
1	驾校考试成绩表					分组结果		
2	82	99	99	98		组限	区间	频数
3	97	100	96	96		65	<=65	F3:F6)
4	100	95	95	96		77	65-77	
5	73	97	100	66		89	77-89	
6	99	97	97	68		101	89-100	
7	96	99	99	98				
8	54	98	95	98				
9	99	96	72	65				
10	99	100	98	98				
11	96	55	95	69				
12	81	96	95	97				

图 8-106

	A	B	C	D	E	F	G	H
1	驾校考试成绩表					分组结果		
2	82	99	99	98		组限	区间	频数
3	97	100	96	96		65	<=65	4
4	100	95	95	96		77	65-77	7
5	73	97	100	66		89	77-89	10
6	99	97	97	68		101	89-100	59
7	96	99	99	98				
8	54	98	95	98				
9	99	96	72	65				
10	99	100	98	98				
11	96	55	95	69				
12	81	96	95	97				
13	98	96	84	88				
14	97	97	77	100				
15	88	58	99	98				
16	71	100	96	99				
17	78	97	97	100				
18	96	78	95	78				
19	99	95	96	96				
20	79	97	88	100				
21	96	97	96	100				

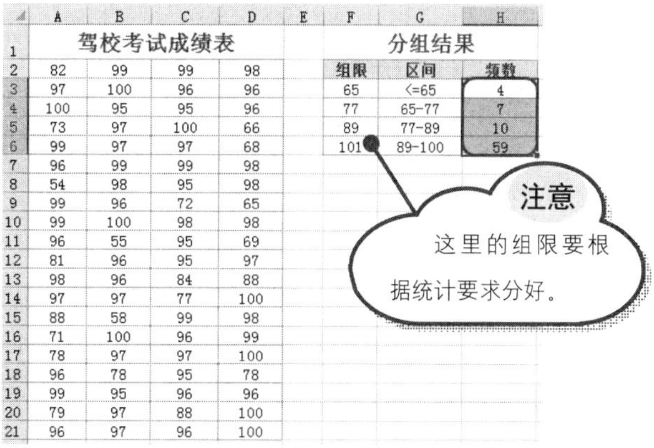

图 8-107

8.4.5 PROB：返回数值落在指定区间内的概率

PROB 函数用于返回区域中的数值落在指定区间内的概率。

【函数语法】 PROB(x_range,prob_range,lower_limit,upper_limit)

- x_range：表示具有各自相应概率值的 x 数值区域。
- prob_range：表示与 x_range 中的数值相对应的一组概率值，并且一组概率值的和为 1。
- lower_limit：表示用于概率求和计算的数值下界。

● upper_limit：表示用于概率求和计算的数值可选上界。

例：计算出中奖概率

本例 A2:A7 单元格区域为奖项的编号，并设置了对应的奖项类别，C 列为中奖率统计。

❶ 选中 E2 单元格，在编辑栏中输入公式：**=PROB(A2:A7,C2:C7,1,2)**，如图 8-108 所示。

❷ 按 Enter 键，即可返回中特等奖或一等奖的概率（默认是小数值），如图 8-109 所示。

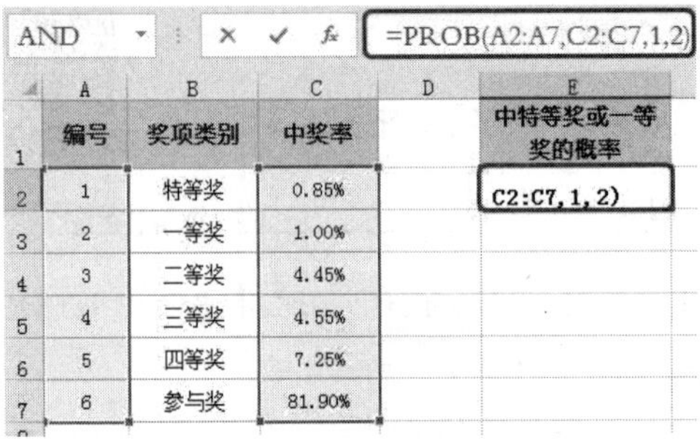

图 8-108

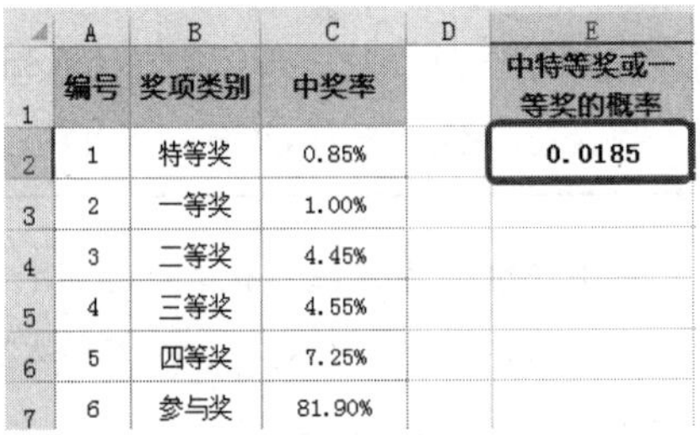

图 8-109

❸ 选中 E2 单元格，在"开始"选项卡的"数字"组中单击"百分比样式"按钮，如图 8-110 所示，即可将其更改为百分比数据格式（默认为整数）。

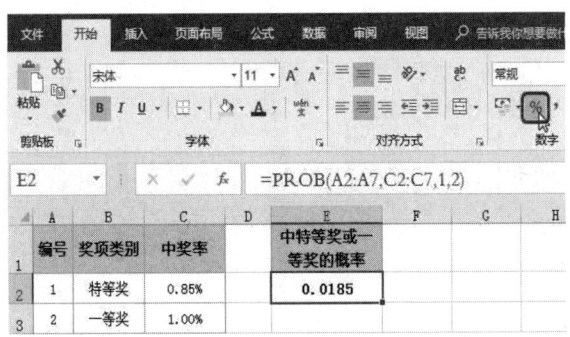

图 8-110

❹ 选中 E2 单元格，在"开始"选项卡的"数字"组中单击两次"增加小数位数"按钮（如图 8-111 所示），即可将其更改为两位小数的百分比样式，效果如图 8-112 所示。

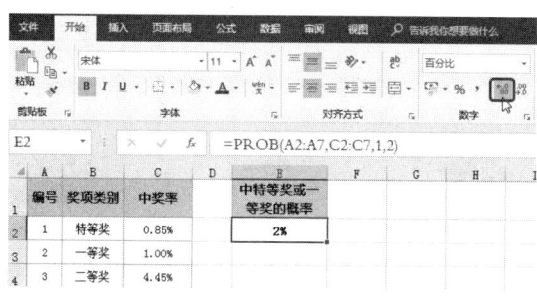

图 8-111

中特等奖或一等奖的概率

编号	奖项类别	中奖率		中特等奖或一等奖的概率
1	特等奖	0.85%		1.85%
2	一等奖	1.00%		
3	二等奖	4.45%		
4	三等奖	4.55%		
5	四等奖	7.25%		
6	参与奖	81.90%		

图 8-112

8.4.6 KURT：返回数据集的峰值

KURT 函数用于返回一组数据的峰值，峰值反映与正态分布相比某一分布的相对尖锐度或平坦度，正峰值表示相对尖锐的分布，负峰值表示相对平坦的分布。

【函数语法】KURT(number1,number2, ...)

number1,number2,...：为需要计算其峰值的 1～30 个参数。可以使用逗号分隔参数的形式，还可以使用单一数组，即对数组单元格的引用。

例：计算商品在一段时期内价格的峰值

表格中为随机抽取一段时间内各城市大米的价格，要计算该组数据的峰值，检验大米价格分布得尖锐还是平坦。

❶ 选中 G1 单元格，在编辑栏中输入公式：**=KURT(A2:D7)**，如图 8-113 所示。

❷ 按 Enter 键，即可返回 A2:D7 单元格区域数据集的峰值，如图 8-114 所示。

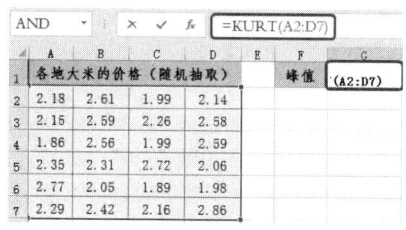

图 8-113

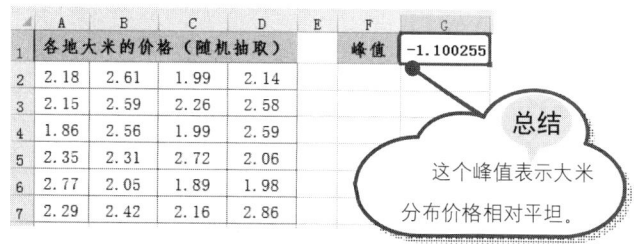

图 8-114

第 9 章

日期与时间函数

日期与时间函数

- 9.1构建与提取日期、时间
  - 9.1.1 TODAY: 返回当前日期
    - 例1: 统计实习员工工作天数
    - 例2: 判断会员是否升级
  - 9.1.2 DATE: 构建标准日期 — 例: 将不规范日期转换为标准日期
  - 9.1.3 TIME: 构建标准时间 — 例: 计算各促销商品的结束时间
  - 9.1.4 YEAR: 返回某日期中的年份值 — 例: 计算员工年龄
  - 9.1.5 MONTH: 返回某日期中的月份值
    - 例1: 判断是否是本月的应收账款
    - 例2: 统计指定月份的销售额
  - 9.1.6 DAY: 返回某日期中的天数 — 例: 按本月缺勤天数计算缺勤扣款
  - 9.1.7 EOMONTH: 返回某个月份最后一天的序列号
    - 例1: 根据促销开始时间计算促销天数
    - 例2: 计算优惠券有效期的截止日期
  - 9.1.8 WEEKDAY: 返回日期对应的星期数
    - 例1: 判断加班日期是星期几
    - 例2: 判断值班日期是工作日还是双休日
  - 9.1.9 HOUR: 返回时间值的小时数 — 例: 确定客户来访时间区间
  - 9.1.10 MINUTE: 返回时间值的分钟数
    - 例1: 比赛用时统计(分钟数)
    - 例2: 计算停车费
  - 9.1.11 SECOND: 返回时间值的秒数 — 例: 计算商品秒杀的秒数
- 9.2期间差
  - 9.2.1 DATEDIF: 计算起始日和结束日之间的年数、月数、天数等
    - 例1: 计算员工年龄
    - 例2: 计算各分校设立至今的时长
    - 例3: 动态生日提醒
  - 9.2.2 DAYS360: 返回两日期间相差的天数(按照一年360天的算法)
    - 例1: 计算账龄
    - 例2: 计算还款剩余天数
  - 9.2.3 NETWORKDAYS: 计算某时段中的工作日天数 — 例: 计算临时工的实际工作天数
  - 9.2.4 NETWORKDAYS.INTL函数 — 例: 计算临时工的实际工作天数(指定只有同一休息日)
  - 9.2.5 WORKDAY: 根据起始日期计算出指定工作日之后的日期 — 例: 根据参赛时间计算完成时间
  - 9.2.6WORKDAY.INTL函数 — 例: 根据项目各流程所需要工作日计算项目结束日期
  - 9.2.7EDATE: 计算出间隔指定月份数后的日期 — 例1: 快速计算食品过期日期
- 9.3 文本日期与文本时间的转换
  - 9.3.1 DATEVALUE: 将文本日期转换为可计算的日期序列号 — 例: 计算各商品的促销天数
  - 9.3.2 TIMEVALUE: 将文本时间转换为可计算的小数值
    - 例1: 根据下班打卡时间计算加班时间
    - 例2: 统计某测试计时的达标次数

9.1 构建与提取日期、时间

构建日期是指将年份、月份、日数据组合在一起，形成标准的日期数据，构建日期的函数是 DATE 函数。提取日期的函数如 YEAR、MONTH、DAY 等，它们用于从给定的日期数据中提取年、月、日等信息，并且提取后的数据还可以进行数据计算。时间函数是 HOUR、MINUTE、SECOND 几个函数。

9.1.1 TODAY：返回当前日期

TODAY 返回当前日期的序列号，该函数可以单独使用，也可以作为其他函数的参数使用。

【函数语法】 TODAY()
该函数没有参数。

例1：统计实习员工工作天数

某公司招聘了数十名实习生，并规定满两个月才有可能转正。要想知道员工的实习天数，可以使用 TODAY 函数的设置公式，并通过实时查看结果可得知员工是否到转正日期。

❶ 选中 C2 单元格，在编辑栏中输入公式：**=TODAY()–B2**，如图 9-1 所示。

❷ 按 Enter 键，即可计算出第一位实习员工的实习天数（默认的是一个日期值，后面需要转换为"常规"格式），如图 9-2 所示。

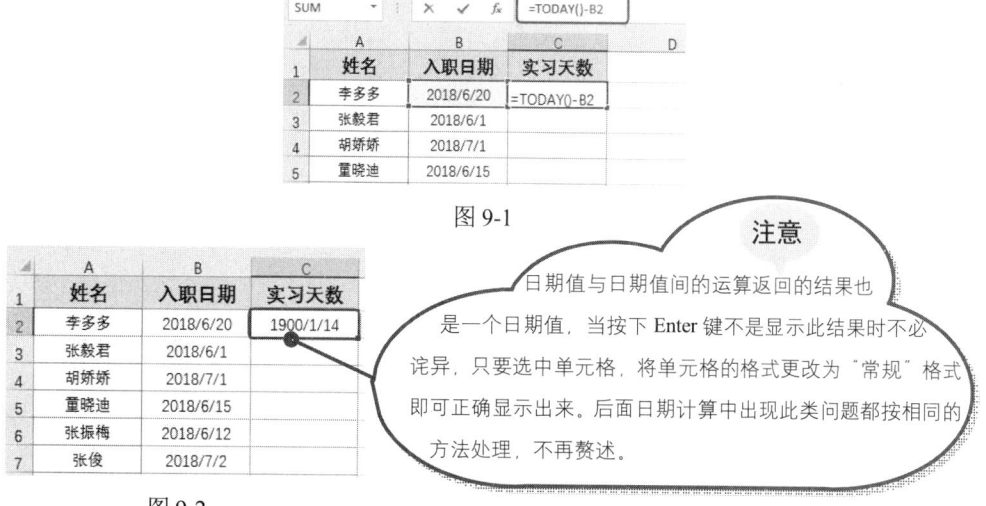

图 9-1

图 9-2

> **注意**
>
> 日期值与日期值间的运算返回的结果也是一个日期值，当按下 Enter 键不是显示此结果时不必诧异，只要选中单元格，将单元格的格式更改为"常规"格式即可正确显示出来。后面日期计算中出现此类问题都按相同的方法处理，不再赘述。

❸ 选中 C2 单元格，在"开始"选项卡的"数字"组中单击下拉按钮，在下拉菜单中选择"常规"命令，即可更改数值显示格式，如图 9-3 所示。

❹ 选中 C2 单元格，向下填充公式到 C7 单元格，一次计算出其他员工的实习天数，如图 9-4 所示。

图 9-3

图 9-4

例 2：判断会员是否升级

某商店规定：凡办理会员卡的客户，办卡日期满一年，可升级为高级卡。如想知道有哪些客户可以升级为高级，即可使用 TODAY 函数来判断其办卡日期是否满一年，再使用 IF 函数返回对应的值。

❶ 选中 D2 单元格，在编辑栏中输入公式：**=IF(TODAY( )-B2>360,"升级","不升级")**，如图 9-5 所示。

❷ 按 Enter 键，即可判断出第一位客户的结果为"升级"，如图 9-6 所示。

❸ 选中 D2 单元格，向下填充公式到 D9 单元格，一次性判断出其他客户会员等级是否升级，如图 9-7 所示。

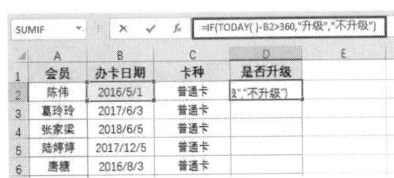

图 9-5

图 9-6

图 9-7

公式解析

$$= IF(\underbrace{TODAY( )-B2>360}_{①}, \underbrace{\text{"升级","不升级"}}_{②})$$

① 使用 TODAY 函数获得当前日期，然后将当前日期减去 B2 单元格的日期值。

② 当步骤①的结果大于 360 时，返回"升级"，否则返回"不升级"。

9.1.2　DATE：构建标准日期

DATE 函数表示返回日期的序列号，用于把普通数据构建成标准日期。

【函数语法】 DATE(year,month,day)

- year：为指定的年份数值，参数的值可以包含 1～4 位数字。
- month：为指定的月份数值，一个正整数或负整数，表示一年中从 1 月至 12 月的各个月。
- day：为指定的天数，一个正整数或负整数，表示一个月中从 1 日到 31 日的各天。

= DATE (❶年份,❷月份,❸日期)

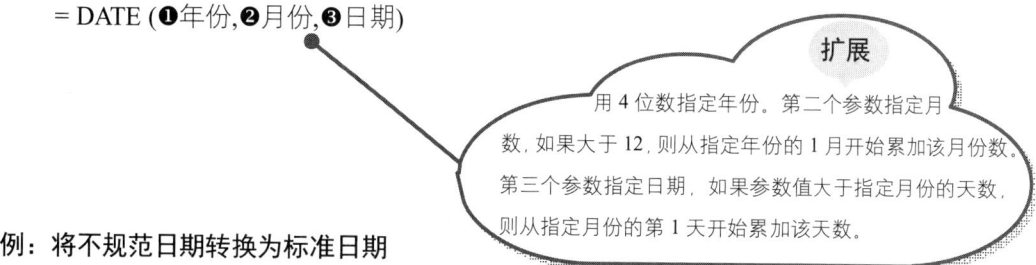

> **扩展**
>
> 用 4 位数指定年份。第二个参数指定月数，如果大于 12，则从指定年份的 1 月开始累加该月份数。第三个参数指定日期，如果参数值大于指定月份的天数，则从指定月份的第 1 天开始累加该天数。

例：将不规范日期转换为标准日期

由于数据来源不同或输入不规范，经常会出现将日期录入为不规范的样式（如 20180704）的情况。为了方便后期对数据的分析，可以一次性将其转换为标准日期。

❶ 选中 C2 单元格，在编辑栏中输入公式：**=DATE(MID(B2,1,4),MID(B2,5,2),MID(B2,7,2))**，如图 9-8 所示。

	A	B	C	D	E	F
1	姓名	参与日期	标准日期			
2	夏梓	20180704	MID(B2,7,2))			
3	胡伟立	20180710				
4	江华	20180711				
5	方小妹	20180715				
6	陈友	20180715				

图 9-8

❷ 按 Enter 键，即可将 B2 单元格中数据转换为标准日期，如图 9-9 所示。

❸ 选中 C2 单元格，向下填充公式到 C8 单元格，一次性转换其他日期为标准日期格式，如图 9-10 所示。

	A	B	C
1	姓名	参与日期	标准日期
2	夏梓	20180704	2018/7/4
3	胡伟立	20180710	
4	江华	20180711	
5	方小妹	20180715	
6	陈友	20180715	
7	王莹	20180720	
8	任玉军	20180721	

图 9-9

	A	B	C
1	姓名	参与日期	标准日期
2	夏梓	20180704	2018/7/4
3	胡伟立	20180710	2018/7/10
4	江华	20180711	2018/7/11
5	方小妹	20180715	2018/7/15
6	陈友	20180715	2018/7/15
7	王莹	20180720	2018/7/20
8	任玉军	20180721	2018/7/21

图 9-10

公式解析

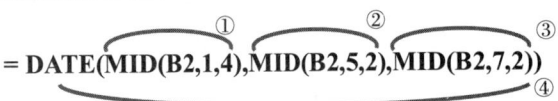

① 使用 MID 函数从第 1 位开始提取，共提取 4 位。

② MID 函数从第 5 位开始提取共提取 2 位。

③ MID 函数从第 7 位开始提取共提取 2 位。

④ 使用 DATE 函数以①、②、③步的返回结果构建为一个标准日期。

9.1.3 TIME：构建标准时间

TIME 函数表示返回某一时间的小数值。用于把普通数据构建成标准时间数据。

【函数语法】TIME(hour, minute, second)

- hour：表示 0（零）到 32767 之间的数值，代表小时。
- minute：表示 0 到 32767 之间的数值，代表分钟。
- second：表示 0 到 32767 之间的数值，代表秒。

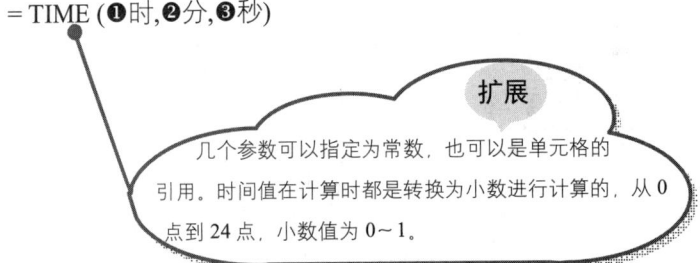

例：计算各促销商品的结束时间

　　例如某网店预备在某日的几个时段进行促销活动，开始时间不同，但促销时长都是 1 小时 30 分，利用时间函数可以求出每个促销商品的结束时间。

❶ 选中 C2 单元格，在编辑栏中输入公式：**=B2+TIME(1,30,0)**，如图 9-11 所示。

❷ 按 Enter 键计算出的是第一件促销商品结束时间，如图 9-12 所示。

❸ 选中 C2 单元格，向下填充公式到 C5 单元格，一次性计算出其他各促销商品的结束时间，如图 9-13 所示。

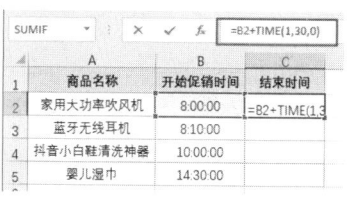

图 9-11

图 9-12

图 9-13

公式解析

$$= B2 + TIME(1,30,0)$$
① ②

① 使用 TIME 函数将"1""30""0"三个数字转换为"1:30:00"这个时间（注意实际运算时是转换为小数值再进行计算的）。

② 使用 B2 中的促销时间加上①步中的数值得到结束时间。

9.1.4　YEAR：返回某日期中的年份值

YEAR 函数返回某日期对应的年份，返回值为 1900 到 9999 之间的整数。

【函数语法】 YEAR(serial_number)

serial_number：表示为一个日期值，其中包含要查找年份的日期。应使用 DATE 函数输入日期，或者将日期作为其他公式或函数的结果输入。

=YEAR(日期)

注意

应使用标准格式的日期，或使用 DATE 函数来构建标准日期。

例：计算员工年龄

表格记录了员工的出生日期。要根据出生日期计算出员工的年龄，可以使用 YEAR 函数配合 TODAY 函数来设计公式。

❶ 选中 C2 单元格，在编辑栏中输入公式：**=YEAR(TODAY( ))–YEAR(B2)**，如图 9-14 所示。

❷ 按 Enter 键，即可计算出第一位员工的年龄（默认的是一个日期值，后面需要转换为"常规"格式），如图 9-15 所示。

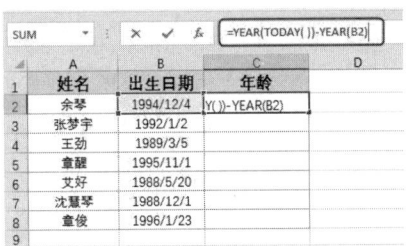

图 9-14 图 9-15

❸ 选中 C2 单元格，向下填充公式到 C8 单元格，一次性计算出其他员工的年龄，如图 9-16 所示。

❹ 选中 C2:C8 单元格区域，在"开始"选项卡的"数字"组中单击下拉按钮，在下拉菜单中选择"常规"命令，即可将日期值转换为数值，如图 9-17 所示。

图 9-16

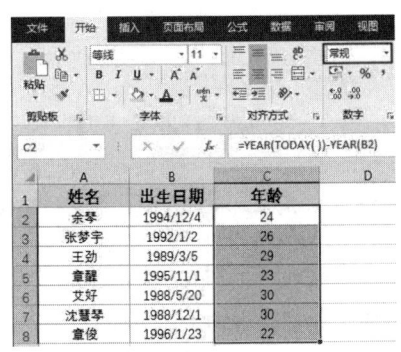

图 9-17

公式解析

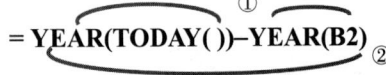

= YEAR(TODAY( ))–YEAR(B2)

① 用 TODAY 函数返回当前日期，然后使用 YEAR 函数从当前日期中提取年份。

② 提取 B2 单元格中日期的年份。最终结果为二者之差。

9.1.5 MONTH：返回某日期中的月份值

MONTH 函数表示返回以序列号表示的日期中的月份。月份是介于 1（一月）到 12（十二月）之间的整数。

【函数语法】MONTH(serial_number)

serial_number：表示要查找的那一月的日期。应使用 DATE 函数输入日期，或者将日期作为其他公式或函数的结果输入。

= MONTH (日期)

> **注意**
>
> 应使用标准格式的日期，或使用 DATE 函数来构建标准日期。

例 1：判断是否是本月的应收账款

本例表格对公司往来账款的应收账款进行了统计，现在需要快速找到本月的账款。

❶ 选中 C2 单元格，在编辑栏中输入公式：**=IF(MONTH(B2)=MONTH(TODAY()),"本月","")**，如图 9-18 所示。

❷ 按 Enter 键，返回结果为"本月"，表示 B2 单元格中的日期是本月的，如图 9-19 所示。

❸ 选中 C2 单元格，向下填充公式到 C8 单元格，一次性判断出其他日期是否为本月，如图 9-20 所示。

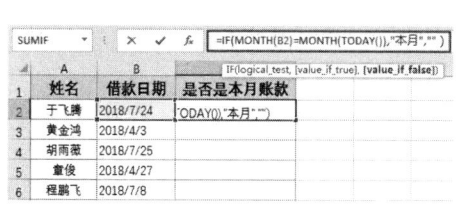

图 9-18

图 9-19

图 9-20

公式解析

= **IF(MONTH(B2)=MONTH(TODAY()),"本月","")**

① MONTH 函数提取 B2 单元格中日期的月份数。

② MONTH 函数提取当前日期的月份数。

③ 当①步与②步结果相等时返回"本月"文字，否则返回空值。

例 2：统计指定月份的销售额

销售报表按日期记录了 6 月份与 7 月份的销售额，数据显示次序混乱，如果要想对月总销额统计会比较麻烦，此时可以使用 MONTH 函数自动对日期进行判断，快速统计出指定月份的销售额。

❶ 选中 E2 单元格，在编辑栏中输入公式：**=SUM(IF(MONTH(A2:A19)=7,C2:C19))**，如图 9-21 所示。

❷ 按 Ctrl+Shift+Enter 组合键，即可返回 7 月份总销售额，如图 9-22 所示。

图 9-21   图 9-22

公式解析

$$= \underset{③}{\underbrace{\text{SUM}(\overset{①}{\overbrace{\text{IF}(\text{MONTH}(A2:A19)=7}},\overset{②}{\overbrace{C2:C19}}))}}$$

① 依次提取 A2:A19 单元格区域中各日期的月份数，并依次判断是否等于 7，如果是则返回 TRUE，否则返回 FALSE，返回的是一个数组。

② 将①步数组中是 TRUE 值的对应在 C2:C19 单元格区域上取值，返回一个数组。

③ 对②步数组进行求和运算。

9.1.6　DAY：返回某日期中的天数

DAY 函数返回以序列号表示的某日期的天数，用整数 1～31 表示。

【函数语法】 DAY(serial_number)

serial_number：表示要查找的那一天的日期。

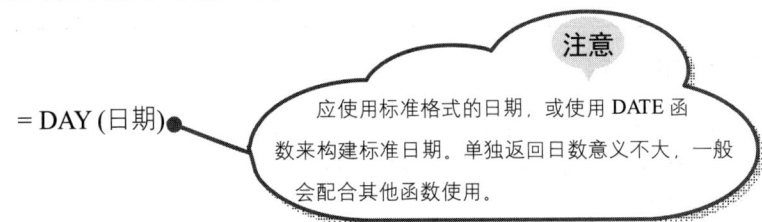

= DAY (日期)

注意

应使用标准格式的日期，或使用 DATE 函数来构建标准日期。单独返回日数意义不大，一般会配合其他函数使用。

例：按本月缺勤天数计算缺勤扣款

某企业招收了一批临时工，月工资为 3000 元。月末进行统计时有多人出现缺勤情况，缺勤工资按月工资除以本月天数再乘以缺勤天数来计算。此时可以在公式中使用 DAY 函数来返回本月天数并计算出应扣款金额。

❶ 选中 C2 单元格，在编辑栏中输入公式：**=B2*(3000/(DAY(DATE(2018,7,0))))**，如图 9-23 所示。

❷ 按 Enter 键，即可计算出第一位临时工的应扣款金额，如图 9-24 所示。

❸ 选中 C2 单元格，向下填充公式到 C8 单元格，一次性得到其他临时工的扣款金额，如图 9-25 所示。

| | 图 9-23 | 图 9-24 | 图 9-25 |

公式解析

= B2*(3000/(DAY(DATE(2018,7,0))))

① 使用 DATE 函数将 "2018-7-0" 转换为日期序列，此日期是 7 月份的第 0 天，其序列号即为 6 月的最后一天，因为当你不确定前一月的最后一天是 30 日还是 31 日时，可以使用下一月的第 0 天来表示。

② 使用 DAY 函数从①步结果中提取天数。

③ 3000 除以月天数为日平均工资，再用 B2 单元格中的缺勤天数乘以日平均工资即总扣款金额。

9.1.7　EOMONTH：返回某个月份最后一天的序列号

EOMONTH 函数表示返回某个月份最后一天的序列号。可以用第二个参数指定间隔月份数，可以计算在特定月份中或间隔指定月数后最后一天到期的到期日。

【函数语法】 EOMONTH(start_date, months)

● start_date：表示一个代表开始日期的日期。应使用 date 函数输入日期，或者将日期作为其他公式或函数的结果输入。

● months：表示 start_date 之前或之后的月份数。months 为正值将生成未来日期；months 为负值将生成过去日期。如果 months 不是整数，将截尾取整。

= EOMONTH (❶起始日期,❷指定之前或之后的月份)

注意

此参数为正值将生成未来日期；为负值将生成过去日期。如果该参数不是整数，将截尾取整。

例 1：根据促销开始时间计算促销天数

某专卖店本月举行商品促销活动，各款型商品活动的起始日期不同，但是其结束日期均为本月末。使用 EOMONTH 函数设置公式可以分别计算各个活动产品的促销天数分别为多少天。

❶ 选中 C2 单元格，在编辑栏中输入公式：**=EOMONTH(B2,0)–B2**，如图 9-26 所示。

❷ 按 Enter 键，即可计算出第一个活动产品的活动天数（返回的是一个日期值），如图 9-27 所示。

扩展

参数指定为 0 表示是当前指定日期所在月的最后一天。

图 9-26

图 9-27

❸ 选中 C3 单元格，向下填充公式到 C7 单元格，一次性得到其他活动的天数（这里返回的是一个日期值），如图 9-28 所示。

❹ 保持选中状态，在"开始"选项卡的"数字"组中单击下拉按钮，在下拉列表中选择"常规"命令即可将日期值转换为具体活动天数，如图 9-29 所示。

图 9-28

图 9-29

公式解析

$$= \text{EQMONTH(B2,0)} - \text{B2}$$

① 使用 EOMONTH 函数获取 B2 单元格中给定日期的本月的最后一天日期，也就是 2018 年 7 月的最后一天，即 7 月 31 日。

② 将①步结果减去 B2 单元格的日期，差值为活动天数，即 31-2=29（天）。

例 2：计算优惠券有效期的截止日期

某商场发放的优惠券的使用规则是：在发出日期起的特定几个月的最后一天内使用有效，现在要在表格中返回各种优惠券的有效截止日期。

❶ 选中 D2 单元格，在编辑栏中输入公式：**=EOMONTH(B2,C2)**，如图 9-30 所示。

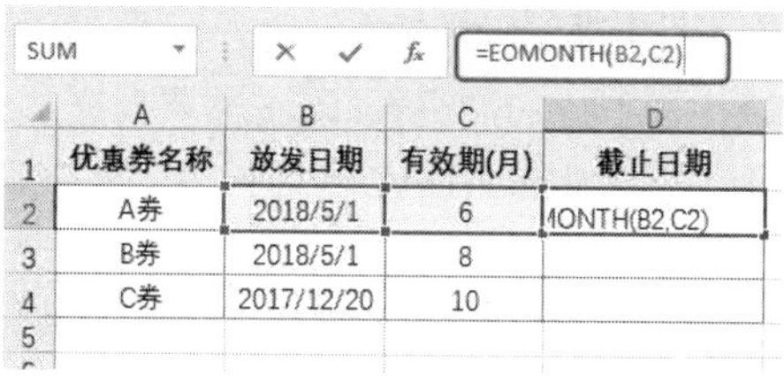

	SUM		✕ ✓ f_x	=EOMONTH(B2,C2)
▲	A	B	C	D
1	优惠券名称	放发日期	有效期(月)	截止日期
2	A券	2018/5/1	6	1ONTH(B2,C2)
3	B券	2018/5/1	8	
4	C券	2017/12/20	10	
5				

图 9-30

❷ 按 Enter 组合键返回一个日期的序列号，注意将单元格的格式更改为"日期"格式即可正确显示日期（前面的例子已经有步骤介绍），如图 9-31 所示。

❸ 选中 D2 单元格，向下填充公式到 D4 单元格，一次性得到其他优惠券的截止日期，如图 9-32 所示。

▲	A	B	C	D
1	优惠券名称	放发日期	有效期(月)	截止日期
2	A券	2018/5/1	6	2018/11/30
3	B券	2018/5/1	8	
4	C券	2017/12/20	10	
5				
6				

图 9-31

▲	A	B	C	D
1	优惠券名称	放发日期	有效期(月)	截止日期
2	A券	2018/5/1	6	2018/11/30
3	B券	2018/5/1	8	2019/1/31
4	C券	2017/12/20	10	2018/10/31
5				
6				

图 9-32

公式解析

= EOMONTH(B2,C2)

返回的是 B2 单元格日期间隔 C2 中指定月份后那一月最后一天的日期。

9.1.8 WEEKDAY：返回日期对应的星期数

WEEKDAY 函数表示返回某日期为星期几。默认情况下，其值为 1（星期一）到 7（星期日）之间的整数。

【函数语法】 WEEKDAY(serial_number,[return_type])

● serial_number：表示一个序列号，代表尝试查找的那一天的日期。应使用 date 函数输入日期，或者将日期作为其他公式或函数的结果输入。

● return_type：可选。用于确定返回值类型的数字。

= WEEKDAY (❶日期,❷返回值类型)

> **扩展**
> 指定为数字 1 或省略，则 1~7 代表星期日到星期六；指定为数字 2 时，则 1~7 代表星期一到星期日；指定为数字 3 时，则 1~7 代表星期二到星期一。

例 1：判断加班日期是星期几

人事部门拟定了本月的加班表，现在需要根据加班日期表快速得到这些日期对应的是星期几，可以使用 WEEKDAY 函数设置公式来返回。

❶ 选中 C2 单元格，在编辑栏中输入公式：**=WEEKDAY(B2,2)**，如图 9-33 所示。

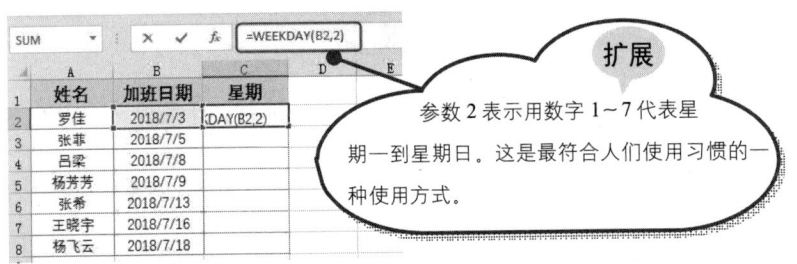

> **扩展**
> 参数 2 表示用数字 1~7 代表星期一到星期日。这是最符合人们使用习惯的一种使用方式。

图 9-33

❷ 按 Enter 键，即可判断出 B2 单元格中日期对应的星期数，如图 9-34 所示。

❸ 选中 C2 单元格，向下填充公式到 C8 单元格，一次性得到其他员工的加班星期数，如图 9-35 所示。

图 9-34

图 9-35

例 2：判断值班日期是工作日还是双休日

本例表格中统计了员工的值班日期，因为平时值班与双休日值班的补助费用有所不同，因此要根据值班日期判断各条值班记录是平时值班还是双休日值班。

❶ 选中 C2 单元格，在编辑栏中输入公式：**=IF(OR(WEEKDAY(A2,2)=6,WEEKDAY(A2,2) =7),"双休日值班","平时值班")**，如图 9-36 所示。

	值班日期	姓名	值班类型	D	E	F
1	值班日期	姓名	值班类型			
2	2018/7/3	张进	平时值班			
3	2018/7/5	潘阳磊				
4	2018/7/7	蔡明				
5	2018/7/10	杨浪				
6	2018/7/12	邓敏				

图 9-36

❷ 按 Enter 键，即可根据 A2 单元格的日期判断值班类型，如图 9-37 所示。

❸ 选中 C2 单元格，向下填充公式到 C8 单元格，一次性得到其他值班人员的值班类型，如图 9-38 所示。

	值班日期	姓名	值班类型
1	值班日期	姓名	值班类型
2	2018/7/3	张进	平时值班
3	2018/7/5	潘阳磊	
4	2018/7/7	蔡明	
5	2018/7/10	杨浪	
6	2018/7/12	邓敏	
7	2018/7/15	江河	
8	2018/7/18	刘晓俊	

图 9-37

	值班日期	姓名	值班类型
1	值班日期	姓名	值班类型
2	2018/7/3	张进	平时值班
3	2018/7/5	潘阳磊	平时值班
4	2018/7/7	蔡明	双休日值班
5	2018/7/10	杨浪	平时值班
6	2018/7/12	邓敏	平时值班
7	2018/7/15	江河	双休日值班
8	2018/7/18	刘晓俊	平时值班

图 9-38

公式解析

= **IF(OR(WEEKDAY(A2,2)=6,WEEKDAY(A2,2)=7),"双休日值班","平时值班")**

① 使用 WEEKDAY 函数判断 A2 单元格的星期数是否为 6。

② 使用 WEEKDAY 函数判断 A2 单元格的星期数是否为 7。

③ 使用 OR 函数判断当①步与②步结果有一个为真时，就返回"双休日值班"，否则返回"平时值班"。

9.1.9 HOUR：返回时间值的小时数

HOUR 函数表示返回时间值的小时数。

【函数语法】HOUR(serial_number)

serial_number：表示一个时间值，其中包含要查找的小时。

= HOUR (时间)

注意

可以使用单元格的引用或使用 TIME 函数构建的标准时间。

如果使用单元格的引用作为参数，可参见图 9-39 所示，图中也显示了 MINUTE 函数（用于返回时间中的分钟数）与 SECOND 函数（用于返回时间中的秒数）的返回值。

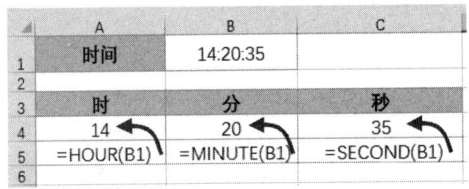

	A	B	C
1	时间	14:20:35	
2			
3	时	分	秒
4	14	20	35
5	=HOUR(B1)	=MINUTE(B1)	=SECOND(B1)
6			

图 9-39

例：确定客户来访时间区间

表格记录了客户来访的具体时间，现在要求根据来访时间显示时间区间。通过这种统计可以实现对哪个时间区段访问人数最多的统计分析。

❶ 选中 D2 单元格，在编辑栏中输入公式：**=HOUR(C2)&":00-"&HOUR(C2)+1&":00"**，如图 9-40 所示。

❷ 按 Enter 键，即可计算出第一位访客记录的时间区间，如图 9-41 所示。

图 9-40

图 9-41

❸ 选中 D2 单元格,向下填充公式到 D9 单元格,一次性得到其他访客所在的时间段区域,如图 9-42 所示。

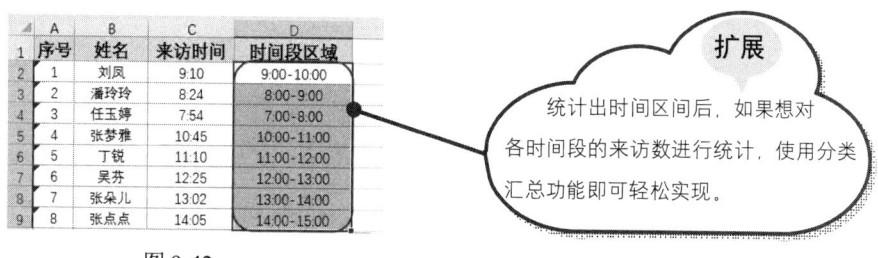

图 9-42

> **扩展**
>
> 统计出时间区间后,如果想对各时间段的来访数进行统计,使用分类汇总功能即可轻松实现。

公式解析

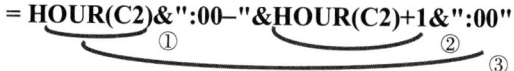

= HOUR(C2)&":00-"&HOUR(C2)+1&":00"

① 使用 HOUR 函数根据 C2 单元格中时间提取小时数。

② 提取 C2 单元格中的小时数并加 1,得出时间区间。

③ 使用&符号将①步和②步中的两个时间之间用"—"进行连接,得到完整的时间段区域。

9.1.10　MINUTE:返回时间值的分钟数

MINUTE 函数表示返回时间值的分钟数。

【函数语法】 MINUTE(serial_number)

serial_number:表示一个时间值,其中包含要查找的分钟。

= MINUTE (时间)

> **注意**
>
> 可以使用单元格的引用或使用 TIME 函数构建的标准时间。

例 1:比赛用时统计(分钟数)

表格中对某次万米跑步比赛中各选手的开始时间与结束时间做了记录,现在需要统计出每位选手完成全程所用的分钟数。

❶ 选中 D2 单元格,在编辑栏中输入公式:**=(HOUR(C2)*60+MINUTE(C2)-(HOUR(B2)*60-MINUTE(B2)))**,如图 9-43 所示。

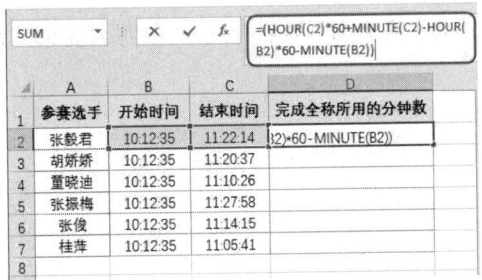

图 9-43

❷ 按 Enter 键计算出的是第一位选手完成全程所用分钟数，如图 9-44 所示。

❸ 选中 D2 单元格，向下填充公式到 D7 单元格，一次性得到其他参赛选手完成全程所用的分钟数，如图 9-45 所示。

图 9-44　　　　　　　　　　　　　　　　图 9-45

公式解析

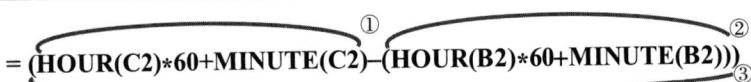

$$= (HOUR(C2)*60+MINUTE(C2)–(HOUR(B2)*60+MINUTE(B2)))$$

① HOUR 函数提取 C2 单元格时间的小时数，再乘 60 表示转换为分钟数，再与 MINUTE 函数提取的 C2 单元格中的分钟数相加，即 11*60+22=682（分钟）。

② HOUR 函数提取 B2 单元格时间的小时数，再乘 60 表示转换为分钟数，再与 MINUTE 函数提取的 B2 单元格中的分钟数相加，即 10*60+12=612（分钟）。

③ ①步结果减②步结果为用时分钟数，即 682–612=70（分钟）。

例2：计算停车费

表格中对某车库车辆的进入与驶出时间进行了记录，可以通过建立公式进行停车费的计算。计算标准为以半小时为计费单位，不足半小时按半小时计算。每半小时停车费为 4 元。

❶ 选中 D2 单元格，在编辑栏中输入公式：**=HOUR(C2–B2)*60+MINUTE(C2–B2)**，如图 9-46 所示。

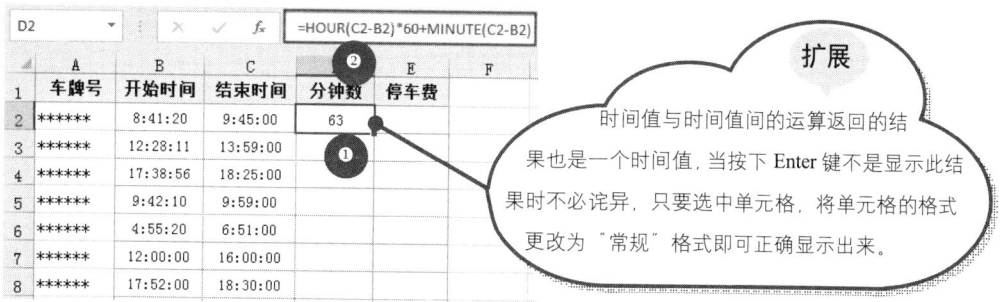

图 9-46

❷ 按下 Enter 键后再向下复制公式，即可得到所有车辆的停车分钟数，如图 9-47 所示。

	A	B	C	D	E
1	车牌号	开始时间	结束时间	分钟数	停车费
2	******	8:41:20	9:45:00	63	
3	******	12:28:11	13:59:00	90	
4	******	17:38:56	18:25:00	46	
5	******	9:42:10	9:59:00	16	
6	******	4:55:20	6:51:00	115	
7	******	12:00:00	16:00:00	240	
8	******	17:52:00	18:30:00	38	
9	******	9:09:00	10:30:00	81	
10	******	12:09:00	12:30:00	21	

图 9-47

❸ 选中 E2 单元格并在编辑栏中输入公式：**=ROUNDUP((D2/30),0)*4**，如图 9-48 所示。

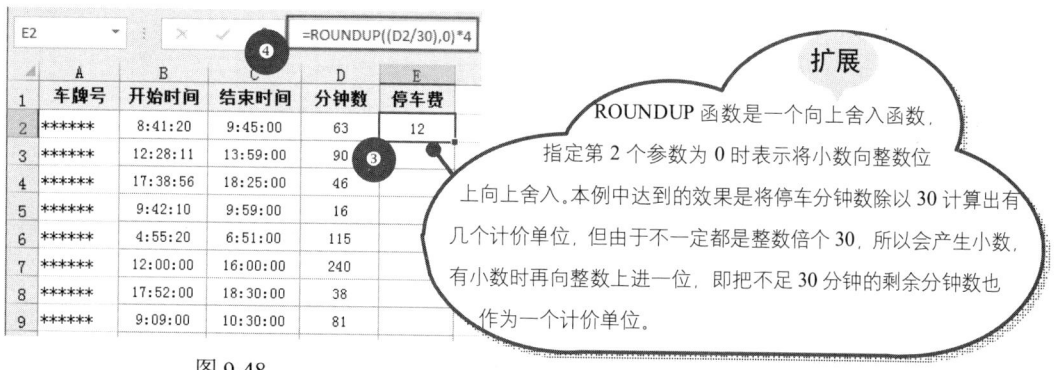

图 9-48

❹ 按下 Enter 键后再向下复制公式，即可计算出所有车辆的停车费，如图 9-49 所示。

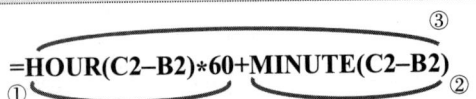

图 9-49

公式解析

$$=\underbrace{HOUR(C2-B2)*60}_{①}+\underbrace{MINUTE(C2-B2)}_{②}$$ ③

① 使用 HOUR 函数计算 C2 和 B2 间隔的小时数，再乘以 60，转换为分钟数。

② 使用 MINUTE 函数计算 C2 和 B2 间隔的分钟数。

③ 将得到的分钟数相加即为停车总分钟数。

9.1.11 SECOND：返回时间值的秒数

SECOND 函数表示返回时间值的秒数。

【函数语法】 SECOND(serial_number)

serial_number：表示一个时间值，其中包含要查找的秒数。

= SECOND (时间)

> **注意**
> 可以使用单元格的引用或使用 TIME 函数构建的标准时间。

例：计算商品秒杀的秒数

　　某网店某日安排了几种商品进行秒杀。当统计出特卖商品秒杀开始与结束的时间后，可以对每种商品的秒杀总秒数进行统计，想要计算出秒杀秒数，需要使用 SECOND 函数来设置公式。

---

❶ 选中 D2 单元格，在编辑栏中输入公式：**=HOUR(C2–B2)*60*60+MINUTE(C2–B2)*60 +SECOND(C2–B2)**，如图 9-50 所示。

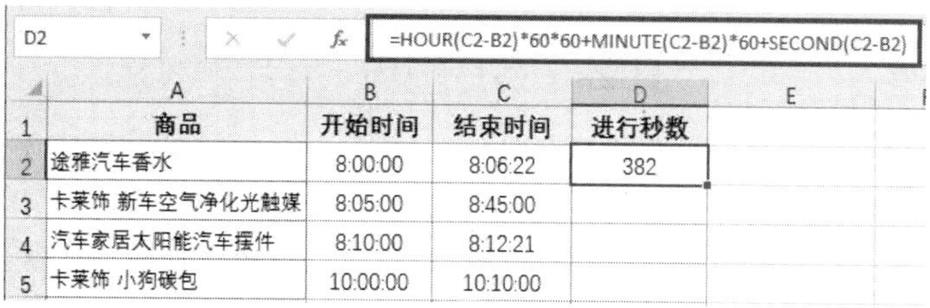

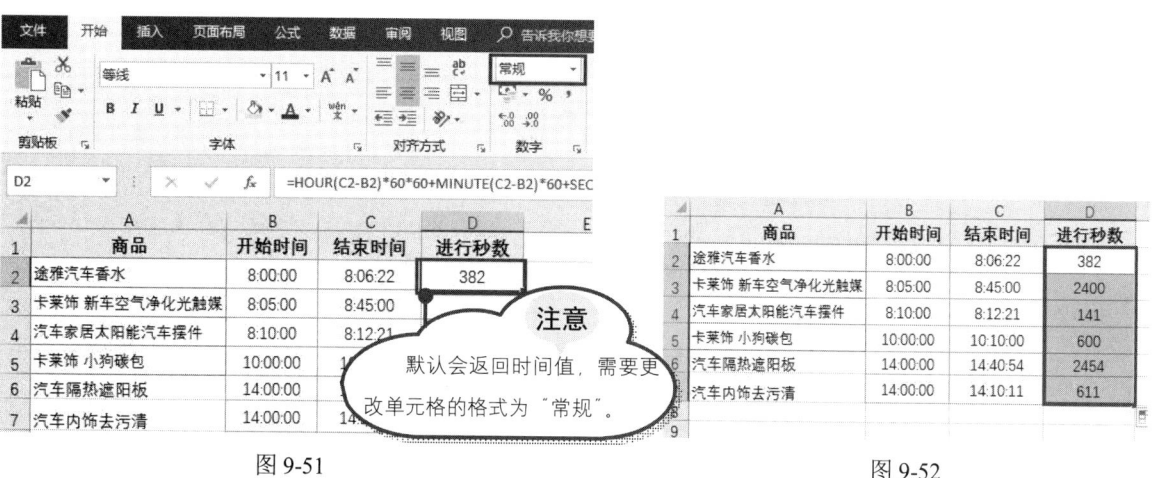

图 9-50

❷ 按 Enter 键，即可计算出第一件商品的运行秒数（默认返回的是一个时间值），在"开始"选项卡的"数字"组中单击下拉按钮，在下拉菜单中选择"常规"命令，即可将时间值转换为具体秒数，如图 9-51 所示。

❸ 选中 D2 单元格，向下填充公式到 D7 单元格，一次性得到其他秒杀的总秒数，如图 9-52 所示。

图 9-51

注意

默认会返回时间值，需要更改单元格的格式为"常规"。

图 9-52

公式解析

$$= \text{HOUR}(C2-B2)*60*60 + \text{MINUTE}(C2-B2)*60 + \text{SECOND}(C2-B2)$$

① HOUR 函数计算 C2 与 B2 单元格时间的差值并返回小时数，两次乘以 60 时表示转换为秒数，即 0 秒。

② MINUTE 函数计算 C2 与 B2 单元格时间的差值并返回分钟数，乘以 60 时表示转换为秒数，即 6×60=360（秒）。

③ SECOND 函数计算 C2 与 B2 单元格时间的差值并返回秒数，即 0 秒。

④ ①～③步结果相加为最终运行秒数，即 0+360+22=382（秒）。

9.2 期 间 差

期间差计算即两个日期间的差值，本节归纳的几个函数用于计算两个日期间的天数、两个日期间的工作日天数，以及任意指定的两个日期间相差的年数、月数或天数。这些函数在日常财务数据运算中使用非常频繁。

9.2.1 DATEDIF：计算起始日和结束日之间的年数、月数、天数等

DATEDIF 函数用于计算两个日期之间的年数、月数和天数。

【函数语法】DATEDIF(date1,date2,code)

- date1：表示起始日期。
- date2：表示结束日期。
- code：表示要返回两个日期的参数代码。

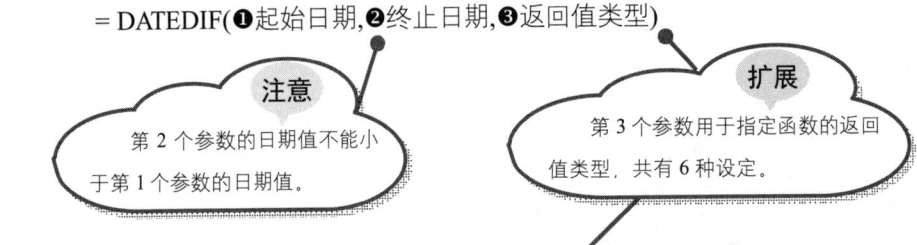

= DATEDIF(❶起始日期,❷终止日期,❸返回值类型)

注意　第 2 个参数的日期值不能小于第 1 个参数的日期值。

扩展　第 3 个参数用于指定函数的返回值类型，共有 6 种设定。

参　数	函数返回值
"Y"	返回两个日期值间隔的整年数
"M"	返回两个日期值间隔的整月数
"D"	返回两个日期值间隔的天数
"MD"	返回两个日期值间隔的天数（忽略日期中的年和月）
"YM"	返回两个日期值间隔的月数（忽略日期中的年和日）
"YD"	返回两个日期值间隔的天数（忽略日期中的年）

例 1：计算员工年龄

根据员工的出生日期，要想快速计算年龄，可使用 DATEDIF 函数计算。

❶ 选中 D2 单元格，在编辑栏中输入公式：**=DATEDIF(C2,TODAY(),"Y")**，如图 9-53 所示。

❷ 按 Enter 键，即可计算出第一位员工的年龄，如图 9-54 所示。

❸ 选中 D2 单元格，向下填充公式到 D7 单元格，一次性得到其他员工的年龄，如图 9-55 所示。

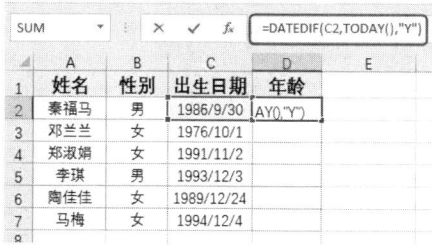

| | 图 9-53 | 图 9-54 | 图 9-55 |

公式解析

$$= \text{DATEDIF(C2,TODAY(),"Y")}$$
①
②

① TODAY 函数返回当前系统日期。

② C2 单元格中的日期为起始日期，返回 C2 与①步返回日期相差的年份数（因为最后一个参数为 Y）。

例 2：计算各分校设立至今的时长

表格中对各个分校的设立日期进行了记录，现在想统计出各分校的设立日期至今日时长，可以使用 DATEDIF 函数设置公式，并且这个时长会每日自动更新。

❶ 选中 C2 单元格，在编辑栏中输入公式：**=CONCATENATE(DATEDIF(B2,TODAY(), "Y"),"年",DATEDIF(B2,TODAY(),"YM"),"个月",DATEDIF(B2,TODAY(),"MD"),"天")**，如图 9-56 所示。

❷ 按 Enter 键，即可计算出 1 分校的设立时长，如图 9-57 所示。

❸ 选中 C2 单元格，向下填充公式到 C6 单元格，一次性得到其他分校的设立总时长，如图 9-58 所示。

图 9-56

	A	B	C
1	分校	设立日期	至今日时长
2	1	1998/10/30	19年8个月4天
3	2	1999/12/10	
4	3	2008/11/12	
5	4	2012/10/3	
6	5	2017/1/24	

图 9-57

	A	B	C
1	分校	设立日期	至今日时长
2	1	1998/10/30	19年8个月4天
3	2	1999/12/10	18年6个月24天
4	3	2008/11/12	9年7个月22天
5	4	2012/10/3	5年9个月1天
6	5	2017/1/24	1年5个月10天
7			

图 9-58

公式解析

=CONCATENATE(DATEDIF(B2,TODAY(),"Y"),"年",DATEDIF(B2,TODAY(),"YM"),
"个月", DATEDIF(B2,TODAY(),"MD"),"天")

① 使用 TODAY 函数返回系统当前的时间，再使用 DATEDIF 函数计算系统当前日期的年份和 B2 单元格开店日期中的年份的差值（参数指定为"Y"），即 19 年。

② 和①步公式类似，计算 B2 单元格日期与当前日期相差的月数（参数指定为"YM"，表示忽略年数与日数），即 8 个月。

③ 和①步公式类似，计算 B2 单元格日期与当前日期相差的天数（参数指定为"MD"，表示忽略年数与月数），即 4 天。

④ 使用 CONCATENATE 函数将①、②、③步的返回结果与"年""个月""天"文字相连接，即 19 年 8 个月 4 天。

例 3：动态生日提醒

公司有在员工生日时赠送生日礼品的福利，为了方便人事部的工作，保证每位员工及时收到生日礼物，即可使用 DATEDIF 来设置公式，以实现判断近几日内是否有员工过生日，以便及时给予提醒。

❶ 选中 C2 单元格，在编辑栏中输入公式：**=IF(DATEDIF($B2−7,TODAY(),"YD")<=7,"提醒","")**，如图 9-59 所示。

SUMIF		× ✓ fx	=IF(DATEDIF($B2-7,TODAY(),"YD")<=7,"提醒","")		
	A	B	C	D	E
1	姓名	出生日期	是否七日内过生日		
2	杨娜	1989/7/10	)"YD")<=7,"提醒","")		
3	邓超超	1990/12/1			
4	苗兴华	1993/7/25			
5	包娟娟	1992/7/5			
6	于涛	1993/8/24			
7	陈潇	1993/9/25			

图 9-59

❷ 按 Enter 键，即可计算出第一位员工的生日提醒情况，如图 9-60 所示。

❸ 选中 C2 单元格，向下填充公式到 C7 单元格，一次性得到其他员工的生日提醒情况，如图 9-61 所示。

	A	B	C
1	姓名	出生日期	是否七日内过生日
2	杨娜	1989/7/10	提醒
3	邓超超	1990/12/1	
4	苗兴华	1993/7/25	
5	包娟娟	1992/7/5	
6	于涛	1993/8/24	
7	陈潇	1993/9/25	
8			

图 9-60

	A	B	C
1	姓名	出生日期	是否七日内过生日
2	杨娜	1989/7/10	提醒
3	邓超超	1990/12/1	
4	苗兴华	1993/7/25	
5	包娟娟	1992/7/5	提醒
6	于涛	1993/8/24	
7	陈潇	1993/9/25	
8			

图 9-61

公式解析

= IF(DATEDIF($B2–7,TODAY(),"YD")<=7,"提醒","")
　①
　②

① 使用 DATEDIF 函数将 "B2-7" 的日期值为起始日期，结束日期为系统当前的日期值（TODAY 函数返回），忽略年份数，判断这两个日期的差值。

② 当步骤①中的结果小于等于 7 时返回 "提醒"，否则返回空值。

9.2.2　DAYS360：返回两日期间相差的天数（按照一年 360 天的算法）

DAYS360 按照一年 360 天的算法（每个月以 30 天计，一年共计 12 个月），返回两日期间相差的天数，这在一些会计计算中将会用到。

【函数语法】DAYS360(start_date,end_date,[method])

- start_date：表示计算期间天数的起始日期。
- end_date：表示计算的终止日期。如果 start_date 在 end_date 之后，则 DAYS360 将返回一个负数。应使用 DATE 函数来输入日期，或者将日期作为其他公式或函数的结果输入。
- method：可选。一个逻辑值，它指定在计算中是采用欧洲方法还是美国方法。

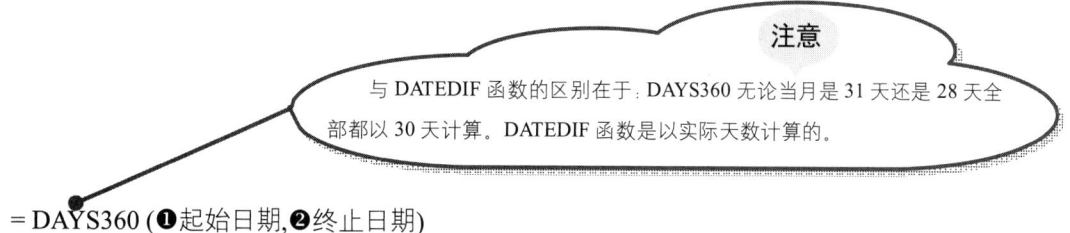

注意

与 DATEDIF 函数的区别在于：DAYS360 无论当月是 31 天还是 28 天全部都以 30 天计算。DATEDIF 函数是以实际天数计算的。

= DAYS360 (❶起始日期,❷终止日期)

例 1：计算账龄

财务部门在进行账款统计时，根据借款日期与应还日期，需要计算出各项账款的账龄，使用 DAYS360 函数可完成此项计算。

❶ 选中 D2 单元格，在编辑栏中输入公式：**=DAYS360(B2,C2)**，如图 9-62 所示。

	A	B	C	D	E
			fx	=DAYS360(B2,C2)	
1	借款金额	借款日期	应还日期	账龄	
2	25000	2017/8/18	2018/3/28	(B2,C2)	
3	30000	2017/12/7	2018/2/17		
4	19000	2017/12/8	2018/10/10		
5	27000	2018/1/29	2018/3/15		
6	100000	2017/11/25	2018/1/30		

图 9-62

❷ 按 Enter 键，即可计算出第一项借款的账龄，如图 9-63 所示。

❸ 选中 D2 单元格，向下填充公式到 D6 单元格，一次性得到其他款项的账龄，如图 9-64 所示。

	A	B	C	D
1	借款金额	借款日期	应还日期	账龄
2	25000	2017/8/18	2018/3/28	220
3	30000	2017/12/7	2018/2/17	
4	19000	2017/12/8	2018/10/10	
5	27000	2018/1/29	2018/3/15	
6	100000	2017/11/25	2018/1/30	
7				

图 9-63

	A	B	C	D	E
1	借款金额	借款日期	应还日期	账龄	
2	25000	2017/8/18	2018/3/28	220	
3	30000	2017/12/7	2018/2/17	70	
4	19000	2017/12/8	2018/10/10	302	
5	27000	2018/1/29	2018/3/15	46	
6	100000	2017/11/25	2018/1/30	65	
7					

图 9-64

例 2：计算还款剩余天数

财务部门在进行账款统计时，根据借款日期与账期，可以快速批量计算出各项账款到今天为止的剩余天数，从而时刻提醒哪些款项需要进行催缴了。要完成此项计算可以使用 DAYS360 函数。

❶ 选中 E2 单元格，在编辑栏中输入公式：**=DAYS360(TODAY(),C2+D2)**，如图 9-65 所示。

	A	B	C	D	E
				fx	=DAYS360(TODAY(),C2+D2)
1	序号	账款金额	借款日期	账期(天)	剩余还款天数
2	1	¥ 65,000.00	2018/6/18	40	TODAY(),C2+D2)
3	2	¥ 25,800.00	2018/6/15	30	
4	3	¥ 20,000.00	2018/6/15	20	
5	4	¥ 8,000.00	2018/7/1	10	
6	5	¥ 12,000.00	2018/6/25	20	

图 9-65

❷ 按 Enter 键，即可计算出第一项账款的剩余还款天数，如图 9-66 所示。

❸ 选中 E2 单元格，向下填充公式到 E6 单元格，一次性得到其他账款的剩余还款天数，如图 9-67 所示。

	A	B	C	D	E
1	序号	账款金额	借款日期	账期(天)	剩余还款天数
2	1	¥ 65,000.00	2018/6/18	40	20
3	2	¥ 25,800.00	2018/6/15	30	
4	3	¥ 20,000.00	2018/6/15	20	
5	4	¥ 8,000.00	2018/7/1	10	
6	5	¥ 12,000.00	2018/6/25	20	
7					

图 9-66

	A	B	C	D	E
1	序号	账款金额	借款日期	账期(天)	剩余还款天数
2	1	¥ 65,000.00	2018/6/18	40	20
3	2	¥ 25,800.00	2018/6/15	30	7
4	3	¥ 20,000.00	2018/6/15	20	-3
5	4	¥ 8,000.00	2018/7/1	10	3
6	5	¥ 12,000.00	2018/6/25	20	7
7					

图 9-67

公式解析

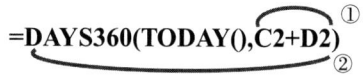

=DAYS360(TODAY(),C2+D2) ① ②

① 二者相加为借款的到期日期。

② 按照一年 360 天的算法计算当前日期与①步返回结果间的差值。

9.2.3　NETWORKDAYS：计算某时段中的工作日天数

NETWORKDAYS 函数表示返回参数 start_date 和 end_date 之间完整的工作日数值。工作日不包括周末和专门指定的假期。可以使用函数 NETWORKDAYS，根据某一特定时期内雇员的工作天数，计算其应计的报酬。

【函数语法】NETWORKDAYS(start_date, end_date, [holidays])

- start_date：表示一个代表开始日期的日期。
- end_date：表示一个代表终止日期的日期。
- holidays：可选。不在工作日历中的一个或多个日期所构成的可选区域。

= NETWORKDAYS (❶起始日期,❷终止日期,❸指定的节假日)

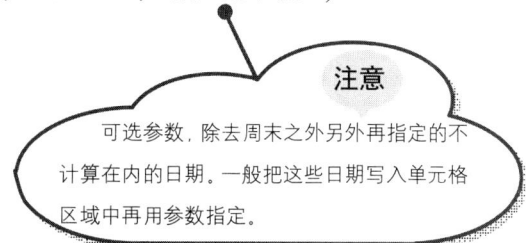

注意

可选参数，除去周末之外另外再指定的不计算在内的日期。一般把这些日期写入单元格区域中再用参数指定。

例：计算临时工的实际工作天数

假设企业在某一段时间使用一批零时工，根据开始使用日期与结束日期可以计算每位人员的实际工作日天数，以方便对他们工资的核算。

❶ 选中 D2 单元格，在编辑栏中输入公式：**=NETWORKDAYS (B2,C2,$F$2)**，如图 9-68 所示。

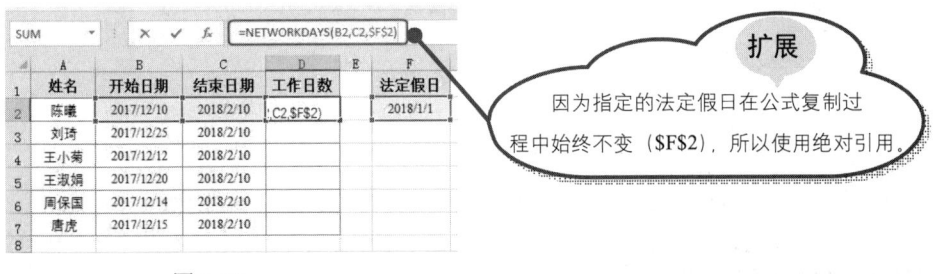

扩展

因为指定的法定假日在公式复制过程中始终不变（$F$2），所以使用绝对引用。

图 9-68

❷ 按 Enter 键计算出的是开始日期为"2017/12/10"、结束日期为"2018/2/10"这期间的工作日数，如图 9-69 所示。

❸ 选中 D2 单元格，向下填充公式到 D7 单元格，一次性得到其他临时工的工作日数，如图 9-70 所示。

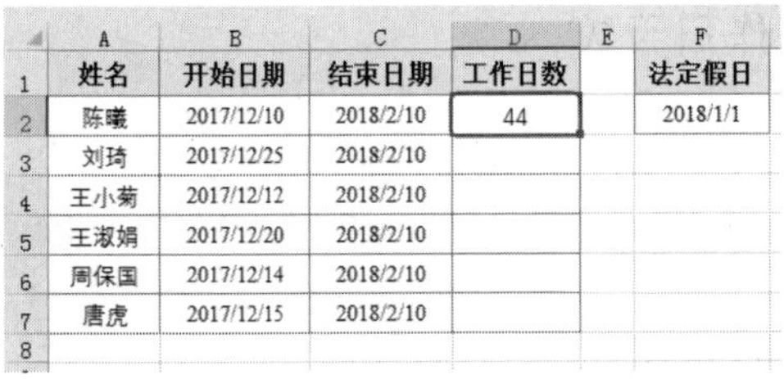

	A	B	C	D	E	F
1	姓名	开始日期	结束日期	工作日数		法定假日
2	陈曦	2017/12/10	2018/2/10	44		2018/1/1
3	刘琦	2017/12/25	2018/2/10			
4	王小菊	2017/12/12	2018/2/10			
5	王淑娟	2017/12/20	2018/2/10			
6	周保国	2017/12/14	2018/2/10			
7	唐虎	2017/12/15	2018/2/10			
8						

图 9-69

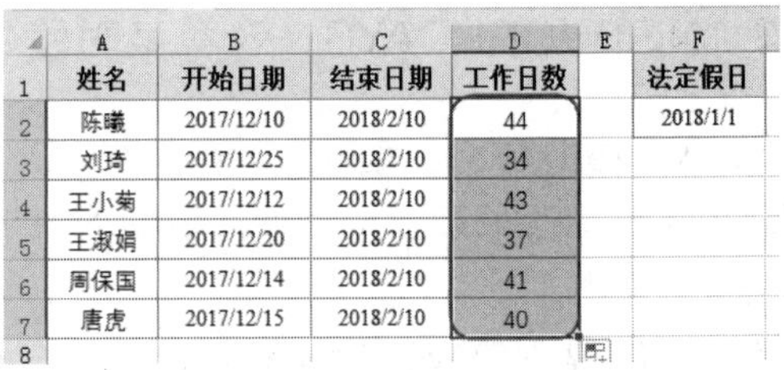

	A	B	C	D	E	F
1	姓名	开始日期	结束日期	工作日数		法定假日
2	陈曦	2017/12/10	2018/2/10	44		2018/1/1
3	刘琦	2017/12/25	2018/2/10	34		
4	王小菊	2017/12/12	2018/2/10	43		
5	王淑娟	2017/12/20	2018/2/10	37		
6	周保国	2017/12/14	2018/2/10	41		
7	唐虎	2017/12/15	2018/2/10	40		
8						

图 9-70

9.2.4 NETWORKDAYS.INTL 函数

NETWORKDAYS.INTL 函数表示返回两个日期之间的所有工作日数，使用参数指示哪些天是周末，以及有多少天是周末。工作日不包括周末和专门指定的假日。

【函数语法】NETWORKDAYS.INTL(start_date, end_date, [weekend], [holidays])
- start_date 和 end_date：表示要计算其差值的日期。start_date 可以早于或晚于 end_date，也可以与它相同。
- weekend：表示介于 start_date 和 end_date 之间但又不包括在所有工作日数中的周末日。
- holidays：可选。表示要从工作日历中排除的一个或多个日期。holidays 应是一个包含相关日期的单元格区域，或者是一个由表示这些日期的序列值构成的数组常量。holidays 中的日期或序列值的顺序可以是任意的。

=NETWORKDAYS.INTL (❶起始日,❷结束日,❸用参数指定周末日,❹节假日)

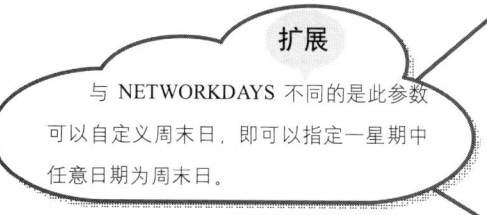

扩展

与 NETWORKDAYS 不同的是此参数可以自定义周末日,即可以指定一星期中任意日期为周末日。

参　　数	函数返回值
1 或省略	星期六、星期日
2	星期日、星期一
3	星期一、星期二
4	星期二、星期三
5	星期三、星期四
6	星期四、星期五
7	星期五、星期六
11	仅星期日
12	仅星期一
13	……

例：计算临时工的实际工作天数（指定只有周一为休息日）

沿用上面的例子,要求根据临时工的开始工作日期与结束工作日期计算工作日数,但此时要求指定每周只有周一一天为周末日,此时则可以使用 NETWORKDAYS.INTL 函数来建立公式。

❶ 选中 D2 单元格,在编辑栏中输入公式：**=NETWORKDAYS.INTL(B2,C2,12,$F$2)**,如图 9-71 所示。

扩展

指定参数为 12 表示仅周一为周末日。

图 9-71

❷ 按 Enter 键计算出的是开始日期为"2017/12/10"、结束日期为"2018/2/10"这期间的工作日数（这期间只有周一为周末日）。然后向下复制 D2 单元格的公式可以依次返回满足指定条件的工作日数，如图 9-72 所示。

	A	B	C	D	E	F
1	姓名	开始日期	结束日期	工作日数		法定假日
2	陈曦	2017/12/10	2018/2/10	54		2018/1/1
3	刘琦	2017/12/25	2018/2/10	41		
4	王小菊	2017/12/12	2018/2/10	53		
5	王淑娟	2017/12/20	2018/2/10	46		
6	周保国	2017/12/14	2018/2/10	51		
7	唐虎	2017/12/15	2018/2/10	50		
8						

图 9-72

公式解析

= NETWORKDAYS.INTL(B2,C2,12,$F$2)

以 B2 为起始日期，以 C2 单元格日期为结束日期计算期间的工作日数。这期间指定仅周一为周末日，并排除 F2 单元格区域的节假日日期。

9.2.5 WORKDAY：根据起始日期计算出指定工作日之后的日期

WORKDAY 函数表示返回在某日期（起始日期）之前或之后、与该日期相隔指定工作日的日期值。工作日不包括周末和专门指定的假日。

【函数语法】 WORKDAY(start_date, days, [holidays])
- start_date：表示一个代表开始日期的日期。
- days：表示 start_date 之前或之后不含周末及节假日的天数。days 为正值将生成未来日期；days 为负值将生成过去日期。
- holidays：可选。一个可选列表，其中包含需要从工作日历中排除的一个或多个日期。

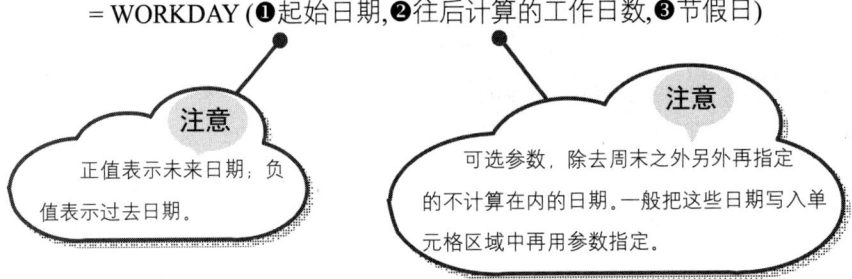

= WORKDAY (❶起始日期,❷往后计算的工作日数,❸节假日)

注意：正值表示未来日期；负值表示过去日期。

注意：可选参数，除去周末之外另外再指定的不计算在内的日期。一般把这些日期写入单元格区域中再用参数指定。

226

例：根据参赛时间计算完成时间

某大学在 7 月份举行了一次飞机模型大赛，根据各参赛者的参加时间与预计完成时间，现在要计算出除周末日后每位参赛者的完成时间。

❶ 选中 D2 单元格，在编辑栏中输入公式：**=WORKDAY(B2,C2)**，如图 9-73 所示。

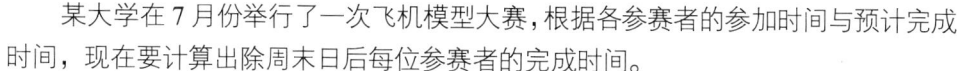

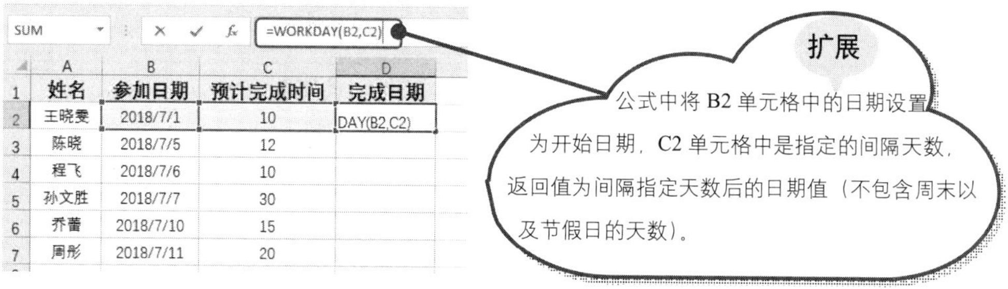

扩展

公式中将 B2 单元格中的日期设置为开始日期，C2 单元格中是指定的间隔天数，返回值为间隔指定天数后的日期值（不包含周末以及节假日的天数）。

图 9-73

❷ 按 Enter 键，即可计算出第一位学生的完成日期，如图 9-74 所示。

❸ 选中 D2 单元格，向下填充公式到 D7 单元格，一次性得到其他学生的完成日期，如图 9-75 所示。

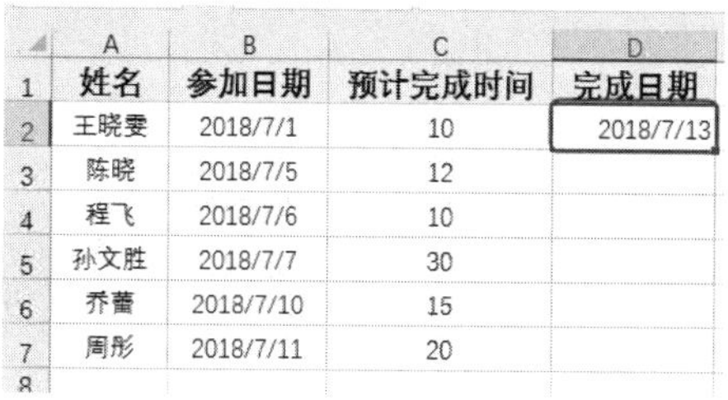

姓名	参加日期	预计完成时间	完成日期
王晓雯	2018/7/1	10	2018/7/13
陈晓	2018/7/5	12	
程飞	2018/7/6	10	
孙文胜	2018/7/7	30	
乔蕾	2018/7/10	15	
周彤	2018/7/11	20	

图 9-74

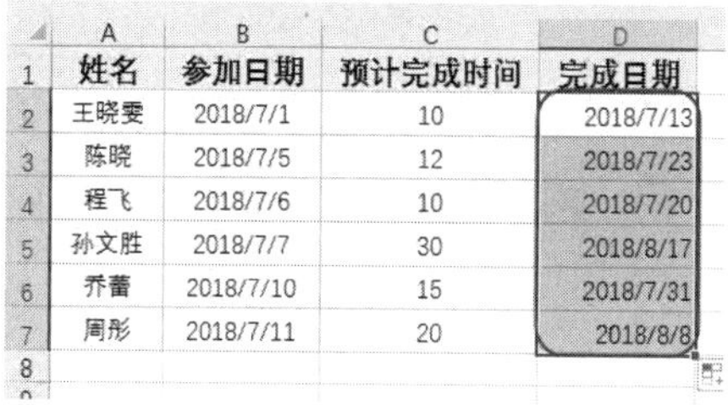

姓名	参加日期	预计完成时间	完成日期
王晓雯	2018/7/1	10	2018/7/13
陈晓	2018/7/5	12	2018/7/23
程飞	2018/7/6	10	2018/7/20
孙文胜	2018/7/7	30	2018/8/17
乔蕾	2018/7/10	15	2018/7/31
周彤	2018/7/11	20	2018/8/8

图 9-75

9.2.6　WORKDAY.INTL 函数

WORKDAY.INTL 函数返回指定的若干个工作日之前或之后的日期的序列号（使用自定义周末参数）。周末参数指明周末有几天以及是哪几天。工作日不包括周末和专门指定的假日。

【函数语法】 WORKDAY.INTL(start_date, days, [weekend], [holidays])

● start_date：表示开始日期（将被截尾取整）。

● days：表示 start_date 之前或之后的工作日的天数。

● weekend：可选。表示一周中属于周末的日子和不作为工作日的日子。

● holidays：可选。一个可选列表，其中包含需要从工作日历中排除的一个或多个日期。

= WORKDAY.INTL (❶起始日,❷间隔的工作日数,❸指定周末日的参数,❹节假日)

> **扩展**
>
> 与 WORKDAY 不同的是，此参数可以自定义周末日，即可以指定一星期中任意日期为周末日。

参　　数	函数返回值
1 或省略	星期六、星期日
2	星期日、星期一
3	星期一、星期二
4	星期二、星期三
5	星期三、星期四
6	星期四、星期五
7	星期五、星期六
11	仅星期日
12	仅星期一
13	……

例：根据项目各流程所需要工作日计算项目结束日期

　　一个项目的完成在各个流程上需要一定的工作日，并且该企业约定每周只有周日是非工作日，周六算正常工作日。要求根据整个流程计算项目的大概结束时间。

❶ 选中 C3 单元格，在编辑栏中输入公式：**=WORKDAY.INTL(C2,B3,11,$E$2:$E$4)**，如图 9-76 所示。

	A	B	C	D	E	F
SUM			fx	=WORKDAY.INTL(C2,B3,11,$E$2:$E$4)		
1	流程	所需工作日	执行日期		劳动节	
2	1		2018/4/23		2018/5/1	
3	2	6	$E$2:$E$4)		2018/5/2	
4	3	4			2018/5/3	
5	4	2				
6	5	10				
7	6	3				
8						
9						

> **扩展**
>
> 指定参数为 11 表示仅周日为周末日。

图 9-76

❷ 按 Enter 键，即可计算出的是执行日期为"2018/4/23"、间隔工作日为 6 日后的日期，如果此日期间含有周末日期，则只把周日当周末日。然后向下复制 C3 单元格的公式可以依次返回间隔指定工作日后的日期，如图 9-77 所示。

❸ 查看 C4 单元格的公式，可以看到当公式向下复制到 C7 单元格时，起始日期变成了 C3 中的日期，而指定的节假日数据区域是不变的（因为使用了绝对引用方式），如图 9-78 所示。

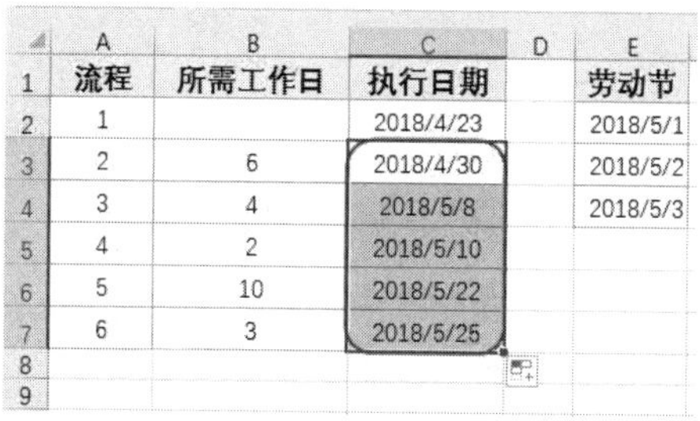

图 9-77

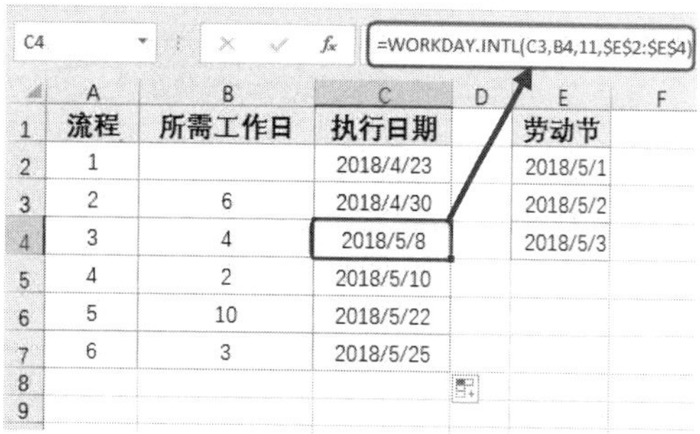

图 9-78

公式解析

=WORKDAY.INTL(C2,B3,11,$E$2:$E$4)

以 C2 为起始日期，间隔 B3 指定天数后的日期。这期间指定仅周日为周末日，并排除 E2:E4 单元格区域的节假日日期。

9.2.7　EDATE：计算出间隔指定月份数后的日期

EDATE 函数返回表示某个日期的序列号，该日期与指定日期（start_date）相隔（之前或之后）指定的月份数。

【函数语法】EDATE(start_date, months)

- start_date：表示一个代表开始日期的日期。应使用 DATE 函数输入日期，或者将日期作为其他公式或函数的结果输入。
- months：表示 start_date 之前或之后的月份数。months 为正值将生成未来日期；months 为负值将生成过去日期。

= EDATE (❶起始日,❷之前或之后的月份数)

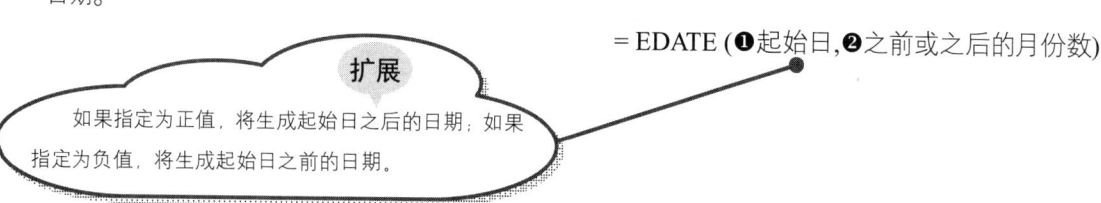

扩展

如果指定为正值，将生成起始日之后的日期；如果指定为负值，将生成起始日之前的日期。

例：快速计算食品过期日期

　　某食品店检查商品过期日期，在知道了生产日期和保质期的情况下，如想知道过期日期，即可使用 EDATE 函数计算。

❶ 选中 D2 单元格，在编辑栏中输入公式：**=EDATE(B2,C2)**，如图 9-79 所示。

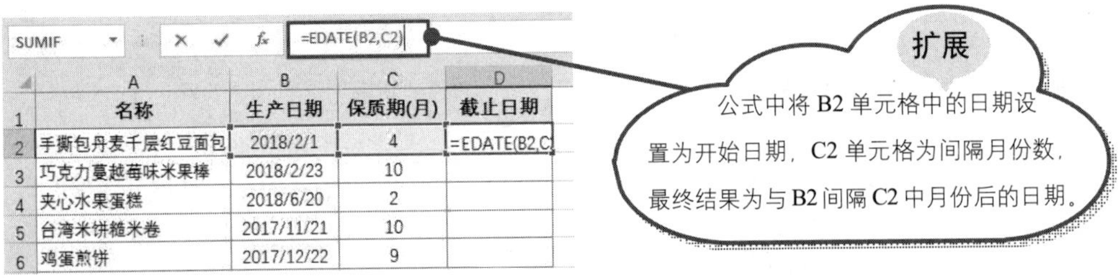

	A	B	C	D
1	名称	生产日期	保质期(月)	截止日期
2	手撕包丹麦千层红豆面包	2018/2/1	4	=EDATE(B2,C2
3	巧克力蔓越莓味米果棒	2018/2/23	10	
4	夹心水果蛋糕	2018/6/20	2	
5	台湾米饼糖米卷	2017/11/21	10	
6	鸡蛋煎饼	2017/12/22	9	

扩展

公式中将 B2 单元格中的日期设置为开始日期，C2 单元格为间隔月份数，最终结果为与 B2 间隔 C2 中月份后的日期。

图 9-79

❷ 按 Enter 键，即可计算出第一个商品的过期日期，如图 9-80 所示。

❸ 选中 D2 单元格，向下填充公式到 D6 单元格，一次性得到其他商品的过期日期，如图 9-81 所示。

	A	B	C	D
1	名称	生产日期	保质期(月)	截止日期
2	手撕包丹麦千层红豆面包	2018/2/1	4	2018/6/1
3	巧克力蔓越莓味米果棒	2018/2/23	10	
4	夹心水果蛋糕	2018/6/20	2	
5	台湾米饼糖米卷	2017/11/21	10	
6	鸡蛋煎饼	2017/12/22	9	
7				

图 9-80

	A	B	C	D
1	名称	生产日期	保质期(月)	截止日期
2	手撕包丹麦千层红豆面包	2018/2/1	4	2018/6/1
3	巧克力蔓越莓味米果棒	2018/2/23	10	2018/12/23
4	夹心水果蛋糕	2018/6/20	2	2018/8/20
5	台湾米饼糖米卷	2017/11/21	10	2018/9/21
6	鸡蛋煎饼	2017/12/22	9	2018/9/22

图 9-81

9.3　文本日期与文本时间的转换

　　由于数据的来源不同，日期与时间在表格中表现为不规则的文本格式是很常见的，当日期或时间不是标准格式时会无法进行数据计算，此时可以使用 DATEVALUE 与 TIMEVALUE 两个函数进行文本日期与文本时间的转换。

9.3.1　DATEVALUE：将文本日期转换为可计算的日期序列号

　　DATEVALUE 函数可将存储为文本的日期转换为 Excel 识别日期的序列号。

【函数语法】 DATEVALUE(date_text)

date_text：表示 Excel 日期格式的文本，或者日期格式文本所在单元格的单元格引用。

如图 9-82 所示，A 列中的日期不规范（文本格式），可以使用 DATEVALUE 函数转换为日期值对应的序列号。

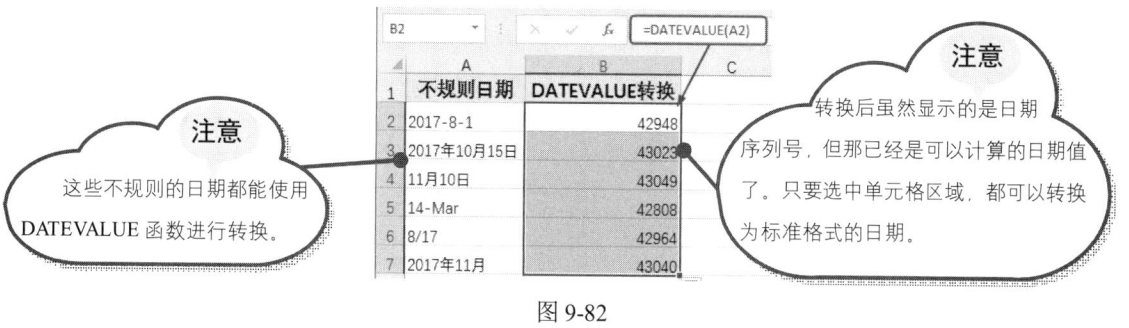

注意

这些不规则的日期都能使用 DATEVALUE 函数进行转换。

注意

转换后虽然显示的是日期序列号，但那已经是可以计算的日期值了。只要选中单元格区域，都可以转换为标准格式的日期。

图 9-82

经验之谈

　　DATEVALUE 的参数可以是单元格的引用或使用双引号来直接输入文本时间。如 "=DATEVALUE("2017-8-1")" "=DATEVALUE("2017 年 10 月 15 日")" "=DATEVALUE("14-Mar")" 等。

例：计算各商品的促销天数

　　某商场为了感恩新老客户对部分商品进行了促销活动，各商品的促销起始日期不同，但结束日期都为 2018 年 7 月 15 日，现在要计算出各商品的促销天数。由于要指定 "2018-7-15" 这个日期，所以需要使用 DATEVALUE 函数，具体操作如下。

❶ 选中 C2 单元格，在编辑栏中输入公式：**=DATEVALUE("2018-7-15")-B2**，如图 9-83 所示。

❷ 按 Enter 键，即可计算出第一件商品的促销天数（返回的是一个日期值），如图 9-84 所示。

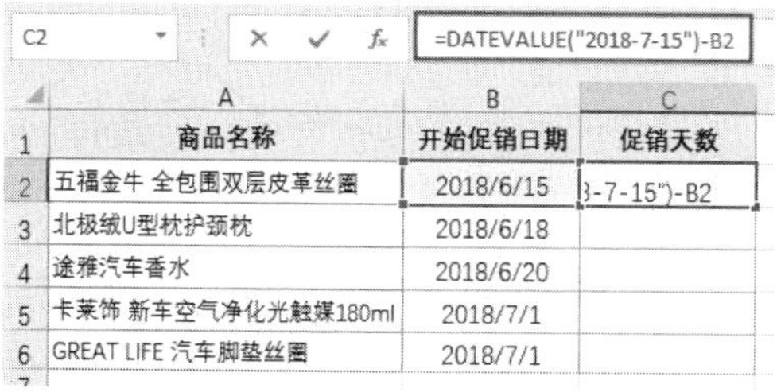

A	B	C
商品名称	开始促销日期	促销天数
五福金牛 全包围双层皮革丝圈	2018/6/15	3-7-15")-B2
北极绒U型枕护颈枕	2018/6/18	
途雅汽车香水	2018/6/20	
卡莱饰 新车空气净化光触媒180ml	2018/7/1	
GREAT LIFE 汽车脚垫丝圈	2018/7/1	

图 9-83

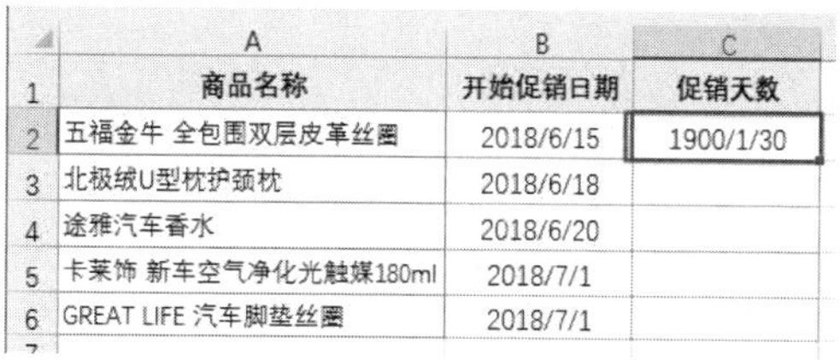

A	B	C
商品名称	开始促销日期	促销天数
五福金牛 全包围双层皮革丝圈	2018/6/15	1900/1/30
北极绒U型枕护颈枕	2018/6/18	
途雅汽车香水	2018/6/20	
卡莱饰 新车空气净化光触媒180ml	2018/7/1	
GREAT LIFE 汽车脚垫丝圈	2018/7/1	

图 9-84

❸ 保持单元格选中状态，在"开始"选项卡的"数字"组中单击下拉按钮，在下拉菜单中选择"常规"命令（如图 9-85 所示），即可将日期值转换为具体促销天数。

❹ 选中 C2 单元格，向下填充公式到 C6 单元格，一次性得到其他商品的促销天数，如图 9-86 所示。

图 9-85

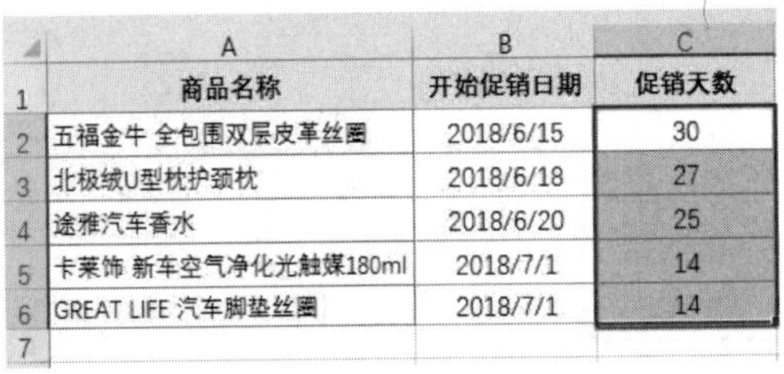

图 9-86

公式解析

=DATEVALUE("2018-7-15")–B2

使用 DATEVALUE 函数将"2018-7-15"日期转换为日期对应的序列号。

9.3.2　TIMEVALUE：将文本时间转换为可计算的小数值

TIMEVALUE 函数可将存储为文本的时间转换为 Excel 可识别的时间对应的小数值。

【函数语法】TIMEVALUE(time_text)

time_text：表示一个时间格式的文本字符串，或者时间格式文本字符串所在的单元格的单元格引用。

如图 9-87 所示，A 列中的时间不规范（文本格式），可以使用 TIMEVALUE 函数转换为时间值对应的序列号。

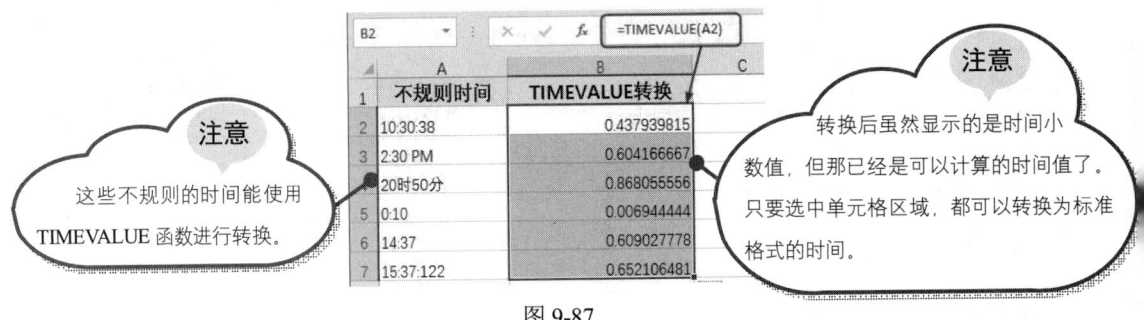

图 9-87

经验之谈

　　TIMEVALUE 函数在某种意义上与 TIME 函数具有相同的作用，如在介绍 TIME 函数的实例中使用了公式"=TIME(2,30,0)"来构建"2:30:00"这个时间，而如果将公式改为"=B2+TIMEVALUE("2:30:0")"，也可以获取相同的统计结果，如图 9-88 所示。

C2			✕ ✓ fx	=B2+TIMEVALUE("2:30:0")

▲	A	B	C	D	E
1	商品名称	促销时间	结束时间		
2	清风抽纸	8:10:00	10:40:00		
3	行车记录仪	8:15:00	10:45:00		
4	控油洗面奶	10:30:00	13:00:00		
5	金龙鱼油	14:00:00	16:30:00		

图 9-88

例 1：根据下班打卡时间计算加班时间

　　表格中记录了某日几名员工的下班打卡时间，正常下班时间为 17 点 50 分，根据下班打卡时间可以变向计算出几位员工的加班时长。由于下班打卡时间是文本形式的，因此在进行时间计算时需要使用 TIMEVALUE 函数来转换。

❶ 选中 C2 单元格，在编辑栏中输入公式：**=TIMEVALUE(B2)–TIMEVALUE("17:50")**，如图 9-89 所示。

❷ 按 Enter 键计算出的值是时间对应的小数值，如图 9-90 所示。

SUM			✕ ✓ fx	=TIMEVALUE(B2)-TIMEVALUE("17:50")

▲	A	B	C	D	E	F
1	姓名	下班打卡	加班时间			
2	王劲	20时18分	E("17:50")			
3	章醒	19时20分				
4	艾好	19时55分				
5	沈慧琴	19时15分				
6	章俊	19时26分				
7	于飞腾	20时12分				
8						

图 9-89

▲	A	B	C
1	姓名	下班打卡	加班时间
2	王劲	20时18分	0.10277778
3	章醒	19时20分	
4	艾好	19时55分	
5	沈慧琴	19时15分	
6	章俊	19时26分	
7	于飞腾	20时12分	

图 9-90

❸ 选中公式返回的结果，在"开始"选项卡的"数字"组中单击 🔲 按钮，打开"设置单元格格式"对话框。在"分类"列表中选择"时间"，在"类型"列表中选择"13 时 30 分"命令，如图 9-91 所示。此时可以看到转换为正确的时间格式，如图 9-92 所示。

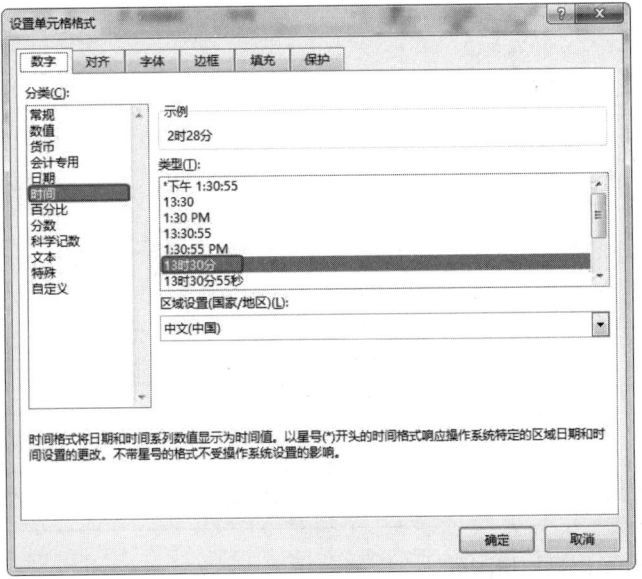

图 9-91

❹ 选中 C2 单元格，向下填充公式到 C7 单元格，一次性得到其他员工的加班时间，如图 9-93 所示。

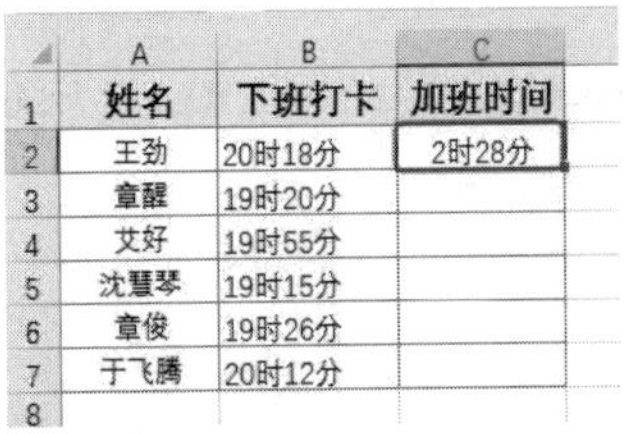

	A	B	C
1	姓名	下班打卡	加班时间
2	王劲	20时18分	2时28分
3	章醒	19时20分	
4	艾好	19时55分	
5	沈慧琴	19时15分	
6	章俊	19时26分	
7	于飞腾	20时12分	
8			

图 9-92

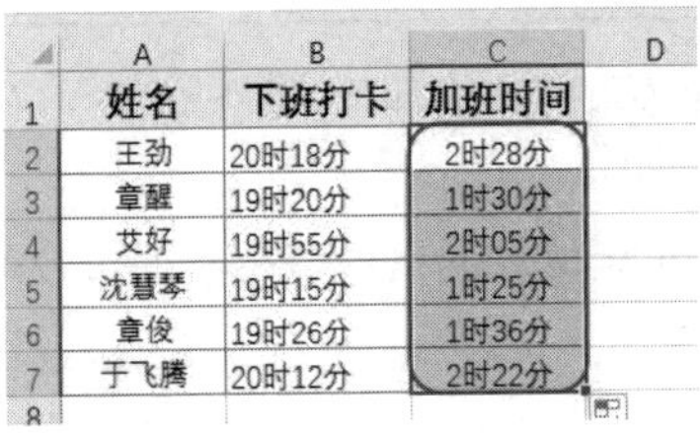

	A	B	C	D
1	姓名	下班打卡	加班时间	
2	王劲	20时18分	2时28分	
3	章醒	19时20分	1时30分	
4	艾好	19时55分	2时05分	
5	沈慧琴	19时15分	1时25分	
6	章俊	19时26分	1时36分	
7	于飞腾	20时12分	2时22分	
8				

图 9-93

公式解析

= TIMEVALUE(B2)−TIMEVALUE("17:50")

① 使用 TIMEVALUE 函数将 B2 单元格的时间转换为标准时间值（时间对应的小数）。

② 使用 TIMEVALUE 函数将"17:50"转换为时间值对应的小数值。

③ ①步和②步二者得到的时间差即为加班时间。

例2：统计某测试计时的达标次数

本例中的表格统计了某机器的 8 次测试结果，其中有达标的，也有未达标的。达标的要满足指定的时间区间，此时可以使用 SUMPRODUCT 函数进行时间区间的判断，并返回计数统计的结果。要完成此项统计需要使用 TIMEVALUE 函数来辅助。

❶　选中 D2 单元格，在编辑栏中输入公式：**=SUMPRODUCT((B3:B10>TIMEVALUE ("2:02:00"))*(B3:B10<TIMEVALUE("2:03:00")))**，如图 9-94 所示。

❷　按 Enter 键即可判断 B3:B10 单元格区域的值中满足达标的次数，如图 9-95 所示。

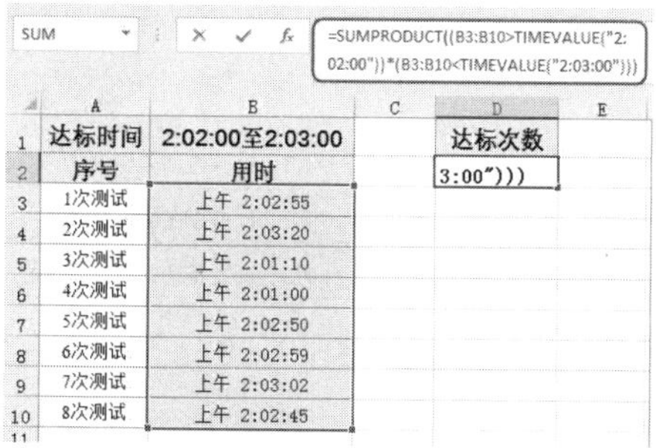

图 9-94

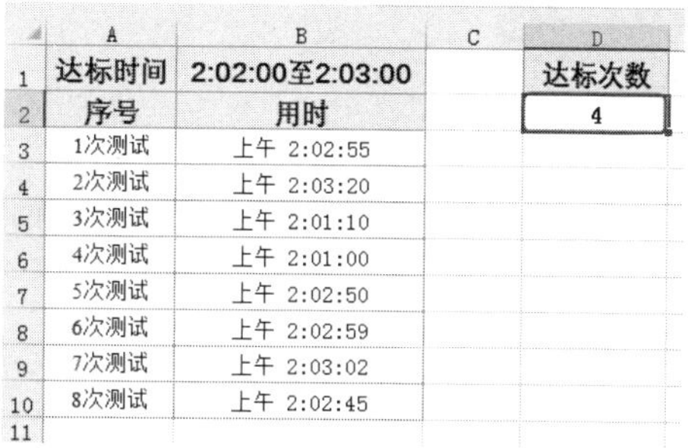

图 9-95

公式解析

①

=SUMPRODUCT((B3:B10>TIMEVALUE("2:02:00"))*(B3:B10<TIMEVALUE("2:03:00")))

②　　　　　　　　　　　　　　　　　　　　　　　　　　　　　　　　③

①　TIMEVALUE("2:02:00") 和 TIMEVALUE("2:03:00")表示将"2:02:00"和"2:03:00"这两个时间值转换成小数，即转换成可计算时间值。

②　"(B3:B10>TIMEVALUE("2:02:00"))*(B3:B10<TIMEVALUE("2:03:00"))"是判断 B3:B10 单元格区域中的各个值是否同时满足大于"2:02:00"这个时间并小于"2:03:00"这个条件。这里得到的是一个数组，也就是由大于"2:02:00"这个时间并小于"2:03:00"这一组时间数据组成的数组。

③　使用 SUMPRODUCT 函数将②步的结果进行计数统计，也就是将②步中满足条件的个数统计出来。

第 10 章

财 务 函 数

```
财务函数 ─┬─ 10.1 投资计算函数 ─┬─ 10.1.1 FV:固定利率及等额分期付款方式返回投资未来值 ─┬─ 例1: 计算住房公积金的未来值
         │                    │                                              ├─ 例2: 计算投资的未来值
         │                    │                                              └─ 例3: 计算某项保险的未来值
         │                    ├─ 10.1.2 FVSCHEDULE: 计算投资在变动或可调利率下的未来值 ── 例: 计算投资在可变利率下的未来值
         │                    ├─ 10.1.3 IPMT: 返回贷款的给定期间内利息偿还额 ── 例: 计算贷款每年偿还额中的利息额 (等额分期付款方式)
         │                    ├─ 10.1.4 ISPMT: 等额本金还款方式下的利息计算 ── 例: 计算贷款每年偿还额中的利息额 (等额本金付款方式)
         │                    ├─ 10.1.5 PMT: 返回贷款的每期等额付款额 ─┬─ 例1: 计算贷款的每年偿还额
         │                    │                                      └─ 例2: 按季度(月)支付时计算每期应偿还额
         │                    ├─ 10.1.6 PPMT: 返回贷款的给定期间内本金偿还额 ── 例: 计算指定期间的本金偿还额
         │                    ├─ 10.1.7 NPV: 返回投资的净现值 ── 例: 计算一笔投资的净现值
         │                    ├─ 10.1.8 PV: 返回投资的现值 ── 例: 计算一笔投资的现值
         │                    ├─ 10.1.9 XNPV: 返回一组不定期现金流的净现值 ── 例: 计算出一组不定期盈利额的净现值
         │                    ├─ 10.1.10 EFFECT: 计算实际年利率 ── 例: 计算债券的年利率
         │                    ├─ 10.1.11 NOMINAL: 计算名义利率 ── 例: 将实际年利率转换为名义年利率
         │                    └─ 10.1.12 NPER: 返回投资的总期数 ── 例: 计算一笔投资的期数
         │
         └─ 10.2 偿还率计算函数 ─┬─ 10.2.1 IRR: 计算内部收益率 ── 例: 计算一笔投资的内部收益率
                               ├─ 10.2.2 MIRR: 计算修正内部收益率 ── 例: 计算不同利率下的修正内部收益率
                               ├─ 10.2.3 RATE: 返回年金的各期利率 ── 例: 计算一笔投资的年增长率
                               └─ 10.2.4 XIRR: 计算不定期现金流的内部收益率 ── 例: 计算一组不定期盈利额的内部收益率
```

10.1　投资计算函数

投资计算函数主要用于计算各种投资的未来值、利息额、净现值、偿还额等数值。例如：计算分期偿还的本金和利息额、计算住房公积金的未来值、计算某项保险的未来值、将实际年利率转换为名义年利率、计算一笔投资的期数等。

10.1.1　FV：固定利率及等额分期付款方式返回投资未来值

FV 函数基于固定利率及等额分期付款方式，返回某项投资的未来值。

【函数语法】FV(rate,nper,pmt,pv,type)

- rate：表示各期利率。
- nper：表示总投资期，即该项投资的付款期总数。
- pmt：表示各期所应支付的金额。
- pv：表示现值，即从该项投资开始计算时已经入账的款项，或一系列未来付款的当前值的累积和，也称为本金。
- type：表示数字 0 或 1（0 为期末，1 为期初）。

例 1：计算住房公积金的未来值

本例表格数据为一笔住房公积金缴纳数据，缴纳的月数为 80 个月，月缴纳金额为 350 元，年利率为 25%，要求计算出该住房公积金的未来值，可以使用 FV 函数来实现。

❶ 在表格中将光标定位在单元格 B5 中，输入公式：**=FV(B1/12,B2,B3)**，如图 10-1 所示。

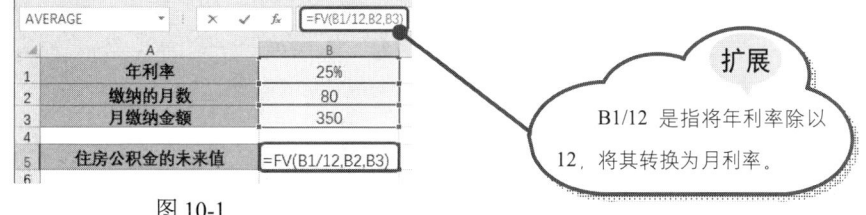

图 10-1

❷ 按 Enter 键，即可计算出住房公积金的未来值，如图 10-2 所示。

图 10-2

例2：计算投资的未来值

本例表格数据为一笔 95000 元的投资，存款期限为 6 年，年利率为 3.45%，每月的存款额为 2850 元，要求计算出该笔投资在 5 年后的收益额，可以使用 FV 函数来实现。

❶ 在表格中将光标定位在单元格 B5 中，输入公式：**=FV(B3/12,B2*12,−B4,−B1)**，如图 10-3 所示。

❷ 按 Enter 键，即可计算出该笔投资 5 年后的收益金额，如图 10-4 所示。

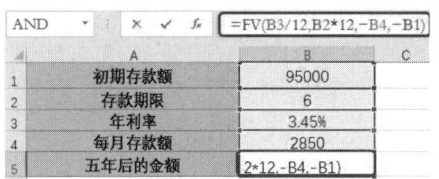

图 10-3

图 10-4

例3：计算某项保险的未来值

本例表格数据为一笔 10000 元的保险，保险的年利率为 4.34%，付款年限为 25 年，要求计算出购买该笔保险的未来值是多少，可以使用 FV 函数来实现。

❶ 在表格中将光标定位在单元格 B5 中，输入公式：**=FV(B1,B2,B3,1)**，如图 10-5 所示。

❷ 按 Enter 键，即可计算出购买该保险的未来值，如图 10-6 所示。

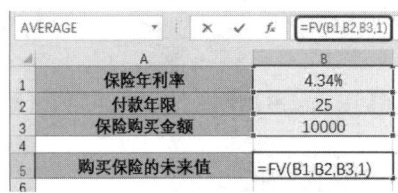

图 10-5

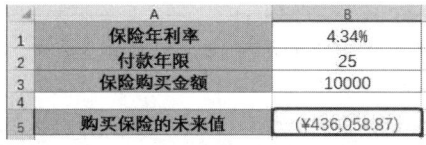

图 10-6

10.1.2　FVSCHEDULE：计算投资在变动或可调利率下的未来值

FVSCHEDULE 函数基于一系列复利返回本金的未来值，用于计算某项投资在变动或可调利率下的未来值。

【函数语法】FVSCHEDULE(principal,schedule)
- principal：表示现值。
- schedule：表示利率数组。

例：计算投资在可变利率下的未来值

本例表格数据为某笔 30 万元的借款在 4 年间的利率分别为 5.21%、4.97%、5.16%、4.89%，要求计算出该笔借款在 4 年后的回收金额，可以使用 FVSCHEDULE 函数来实现。

❶ 在表格中将光标定位在单元格 B4 中，输入公式：**=FVSCHEDULE(B1,B2:E2)**，如图 10-7 所示。

❷ 按 Enter 键，即可计算出 4 年后该笔借款的回收金额，如图 10-8 所示。

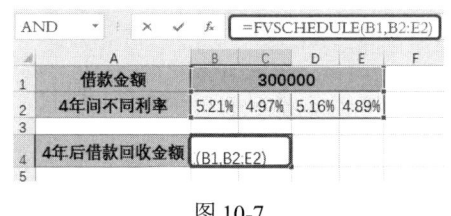

图 10-7

图 10-8

10.1.3　IPMT：返回贷款的给定期间内利息偿还额

IPMT 函数基于固定利率及等额分期付款方式，返回投资或贷款在某一给定期限内的利息偿还额。

【函数语法】IPMT(rate,per,nper,pv,fv,type)

- rate：表示各期利率。
- per：表示用于计算其利息数额的期数，在 1 ~ nper 之间。
- nper：表示总投资期。
- pv：表示现值，即本金。
- fv：表示未来值，即最后一次付款后的现金余额。如果省略 fv，则假设其值为零。
- type：表示指定各期的付款时间是在期初还是期末。若是 0，则为期末；若是 1，则为期初。

例：计算贷款每年偿还额中的利息额（等额分期付款方式）

本例表格数据为一笔 100 万元的贷款额，贷款年利率为 6.65%，贷款年限为 20 年，要求计算该笔贷款每年偿还金额中有多少是利息。

❶ 在表格中将光标定位在单元格 B6 中，输入公式：**=IPMT($B$1,A6,$B$2,$B$3)**，如图 10-9 所示。

❷ 按 Enter 键，即可计算出第 1 年中偿还额中的利息额，如图 10-10 所示。

❸ 选中 B6 单元格，向下复制公式到 B11 单元格，即可返回直到第 6 年各年中的利息额，如图 10-11 所示。

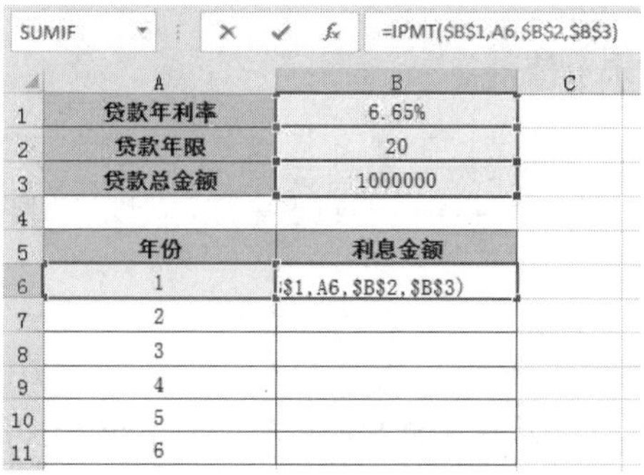

	A	B	C
SUMIF		=IPMT($B$1,A6,$B$2,$B$3)	

	A	B	C
1	贷款年利率	6.65%	
2	贷款年限	20	
3	贷款总金额	1000000	
4			
5	年份	利息金额	
6	1	($1,A6,$B$2,$B$3)	
7	2		
8	3		
9	4		
10	5		
11	6		

图 10-9

	A	B
1	贷款年利率	6.65%
2	贷款年限	20
3	贷款总金额	1000000
4		
5	年份	利息金额
6	1	(¥66,500.00)
7	2	
8	3	
9	4	
10	5	
11	6	

图 10-10

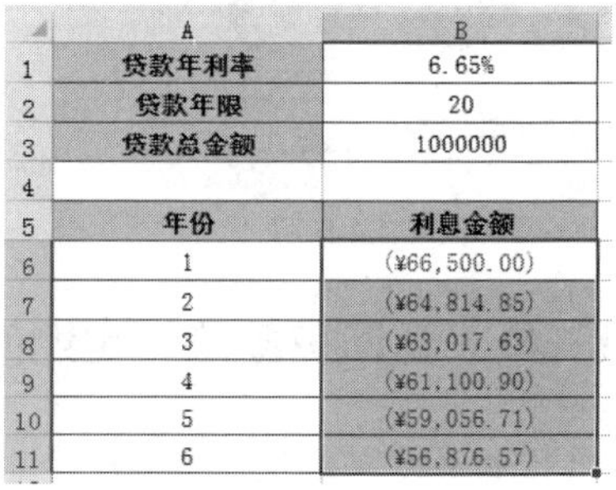

	A	B
1	贷款年利率	6.65%
2	贷款年限	20
3	贷款总金额	1000000
4		
5	年份	利息金额
6	1	(¥66,500.00)
7	2	(¥64,814.85)
8	3	(¥63,017.63)
9	4	(¥61,100.90)
10	5	(¥59,056.71)
11	6	(¥56,876.57)

图 10-11

10.1.4 ISPMT：等额本金还款方式下的利息计算

ISPMT 函数基于等额本金还款方式下，计算特定投资期内要支付的利息额。

【函数语法】ISPMT(rate,per,nper,pv)
- rate：表示投资的利率。
- per：表示要计算利息的期数，在 1～nper 之间。
- nper：表示投资的总支付期数。
- pv：表示投资的当前值，而对于贷款来说，pv 为贷款数额。

例：计算贷款每年偿还额中的利息额（等额本金付款方式）

本例表格数据为一笔 100 万元的贷款额，贷款年利率为 6.65%，贷款年限为 20 年，要求计算该笔贷款每年偿还金额中有多少是利息。

❶ 在表格中将光标定位在单元格 B6 中，输入公式：**=ISPMT($B$1,A6,$B$2,$B$3)**，如图 10-12 所示。

❷ 按 Enter 键，即可计算出第 1 年中偿还额中的利息额，如图 10-13 所示。

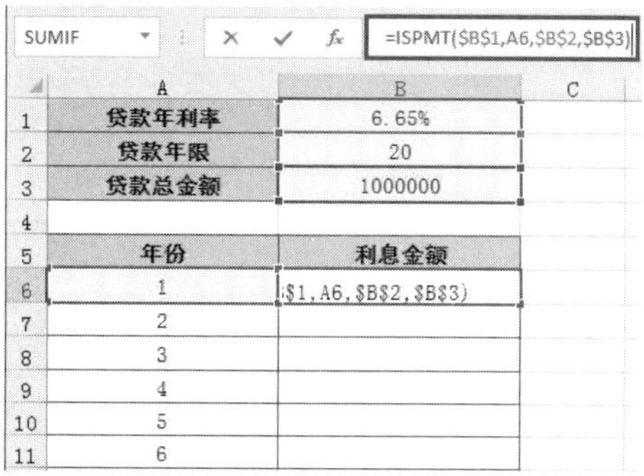

图 10-12

图 10-13

❸ 选中 B6 单元格,向下复制公式到 B11 单元格,即可返回直到第 6 年各年中的利息额,如图 10-14 所示。

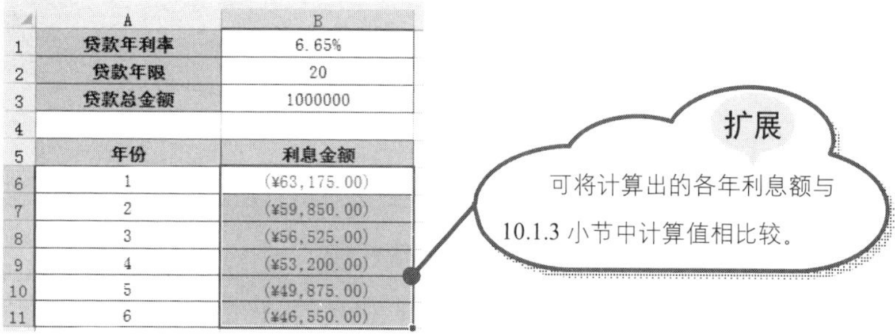

图 10-14

扩展

可将计算出的各年利息额与 10.1.3 小节中计算值相比较。

经验之谈

　　IPMT 函数与 ISPMT 函数都是计算利息,它们的区别如下。

　　这两个函数的还款方式不同。IPMT 基于固定利率和等额本息还款方式,返回一项投资或贷款在指定期间内的利息偿还额。

　　在等额本息还款方式下,贷款偿还过程中每期还款总金额保持相同,其中本金逐期递增、利息逐期递减。

　　ISPMT 基于等额本金还款方式,返回某一指定投资或贷款期间内所需支付的利息。在等额本金还款方式下,贷款偿还过程中每期偿还的本金数额保持相同,利息逐期递减。

10.1.5　PMT:返回贷款的每期等额付款额

PMT 函数基于固定利率及等额分期付款方式,返回贷款的每期付款额。

【函数语法】PMT(rate,nper,pv,fv,type)

● rate:表示贷款利率。

- nper：表示该项贷款的付款总数。
- pv：表示现值，即本金。
- fv：表示未来值，即最后一次付款后希望得到的现金余额。
- type：表示指定各期的付款时间是在期初还是期末。若是 0，则为期末；若是 1，则为期初。

 **例 1：计算贷款的每年偿还额**

　　本例表格数据为一笔 260 万元的贷款额，贷款年利率为 7.43%，贷款年限为 40 年，要求计算该笔贷款的每年偿还额，可以使用 PMT 函数来实现。

❶ 在表格中将光标定位在单元格 D2 中，输入公式：**=PMT(B1,B2,B3)**，如图 10-15 所示。

❷ 按 Enter 键，即可计算出每年的偿还额，如图 10-16 所示。

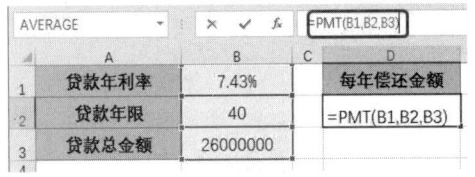

图 10-15　　　　　　　　　　　　　　　图 10-16

 **例 2：按季度（月）支付时计算每期应偿还额**

　　本例表格数据为一笔 260 万元的贷款额，贷款年利率为 7.43%，贷款年限为 40 年，要求计算该笔贷款每个季度以及每个月的偿还额是多少，可以使用 PMT 函数来实现。

❶ 在表格中将光标定位在单元格 D2 中，输入公式：**=PMT(B1/4,B2*4,B3)**，如图 10-17 所示。

❷ 按 Enter 键，即可计算出每季度的偿还额，如图 10-18 所示。

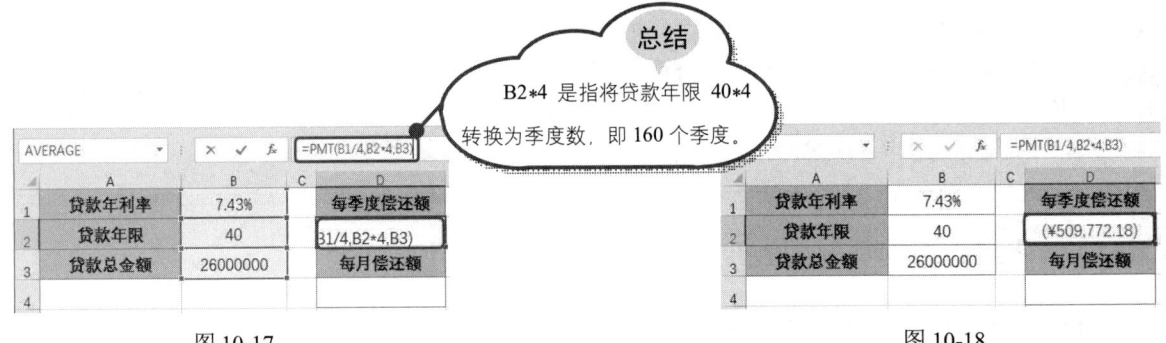

图 10-17　　　　　　　　　　　　　　　图 10-18

❸ 在表格中将光标定位在单元格 D4 中，输入公式：**=PMT(B1/12,B2*12,B3)**，如图 10-19 所示。

❹ 按 Enter 键，即可计算出每月的偿还额，如图 10-20 所示。

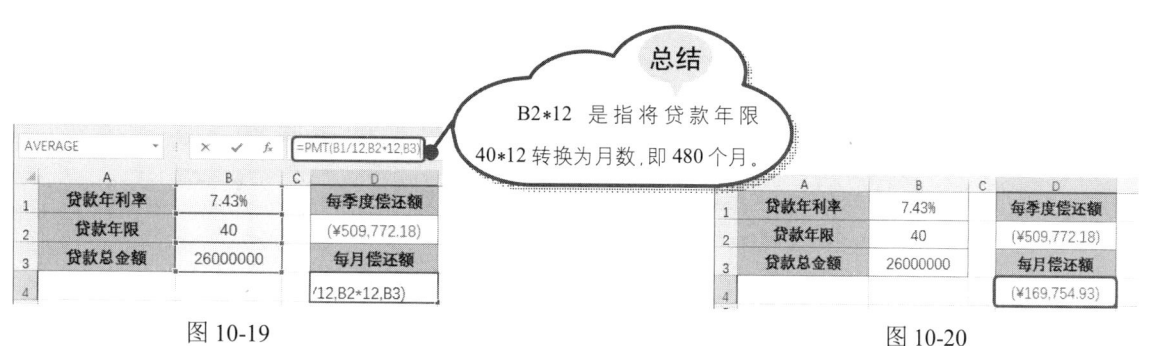

图 10-19

图 10-20

10.1.6　PPMT：返回贷款的给定期间内本金偿还额

PPMT 函数基于固定利率及等额分期付款方式，返回投资在某一给定期间内的本金偿还额。

【函数语法】 PPMT(rate,per,nper,pv,fv,type)

- rate：表示各期利率。
- per：表示用于计算其利息数额的期数，在 1～nper 之间。
- nper：表示总投资期。
- pv：表示现值，即本金。
- fv：表示未来值，即最后一次付款后的现金余额。如果省略 fv，则假设其值为零。
- type：表示指定各期的付款时间是在期初还是期末。若是 0，则为期末；若是 1，则为期初。

例：计算指定期间的本金偿还额

　　本例表格数据为一笔 260 万元的贷款额，贷款年利率为 7.43%，贷款年限为 40 年，要求计算出该笔贷款前两年的本金额，可以使用 PPMT 函数来实现。

---

❶ 在表格中将光标定位在单元格 B5 中，输入公式：**=PPMT($B$1,1,$B$2,$B$3)**，如图 10-21 所示。

❷ 按 Enter 键，即可计算出第一年的本金，如图 10-22 所示。

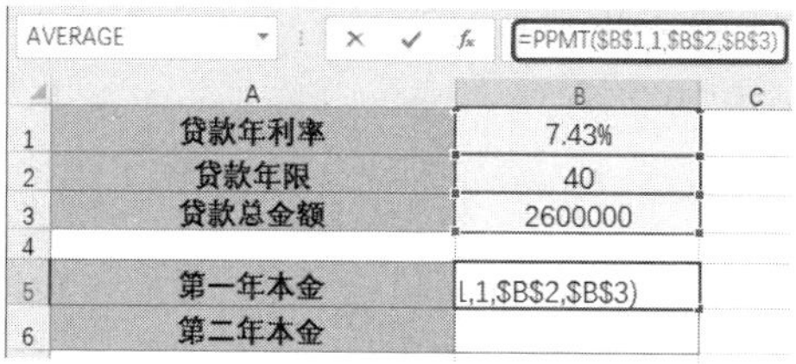

图 10-21

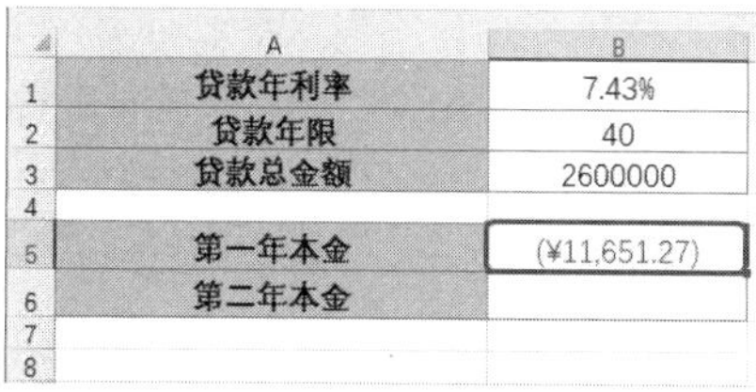

图 10-22

❸ 在表格中将光标定位在单元格 B6 中，输入公式：**=PPMT($B$1,2,$B$2,$B$3)**，如图 10-23 所示。

❹ 按 Enter 键，即可计算出第二年的本金，如图 10-24 所示。

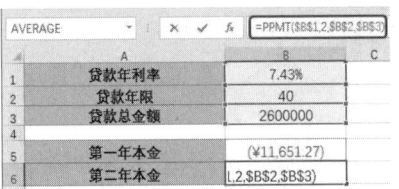

图 10-23　　　　　　　　　　　　　　　　　图 10-24

10.1.7　NPV：返回投资的净现值

NPV 函数用于通过使用贴现率以及一系列未来支出（负值）和收入（正值），返回一项投资的净现值。

【函数语法】NPV(rate,value1,value2,...)

● rate：表示某一期间的贴现率。

● value1,value2,...：表示 1~29 个参数，代表支出及收入。

例：计算一笔投资的净现值

本例表格数据为一笔投资的年贴现率、初期投资金额，以及第 1 年至第 3 年的收益额，要求计算出年末、年初发生的投资净现值，可以使用 NPV 函数来实现。

❶ 在表格中将光标定位在单元格 B7 中，输入公式：**=NPV(B1,B2:B5)**，如图 10-25 所示。

❷ 按 Enter 键，即可计算出年末发生的净现值，如图 10-26 所示。

图 10-25　　　　　　　　　　　　　　　　　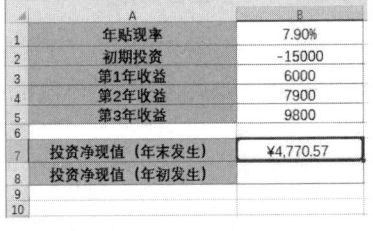

图 10-25　　　　　　　　　　　　　　　　　图 10-26

❸ 在表格中将光标定位在单元格 B8 中，输入公式：**=NPV(B1,B3:B5)+B2**，如图 10-27 所示。

❹ 按 Enter 键，即可计算出年初发生的净现值，如图 10-28 所示。

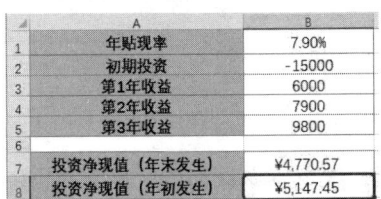

图 10-27　　　　　　　　　　　　　　　　　图 10-28

10.1.8　PV：返回投资的现值

PV 函数用于返回投资的现值，即一系列未来付款的当前值的累积和。

【函数语法】PV(rate,nper,pmt,fv,type)

- rate：表示各期利率。
- nper：表示总投资（或贷款）期数。
- pmt：表示各期所应支付的金额。
- fv：表示未来值。
- type：表示指定各期的付款时间是在期初还是期末。若是 0，则为期末；若是 1，则为期初。

例：计算一笔投资的现值

　　本例表格数据为一笔投资的年利率为 7.65%，贷款年限为 15 年，月偿还额为 350 元，要求计算出该笔投资的现值是多少，可以使用 PV 函数来实现。

❶ 在表格中将光标定位在单元格 B4 中，输入公式：**=PV(B1/12,B2*12,–B3)**，如图 10-29 所示。

❷ 按 Enter 键，即可计算出该笔投资的现值，如图 10-30 所示。

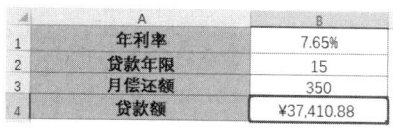

图 10-29　　　　　　　　　　　　　　图 10-30

10.1.9　XNPV：返回一组不定期现金流的净现值

XNPV 函数用于返回一组不定期现金流的净现值。

【函数语法】XNPV(rate,values,dates)

- rate：表示现金流的贴现率。
- values：表示与 dates 中的支付时间相对应的一系列现金流转。
- dates：表示与现金流支付相对应的支付日期表。

例：计算出一组不定期盈利额的净现值

　　本例表格数据为一项投资的年贴现率 13%、具体的投资额以及不同日期中预计的投资回报金额，要求计算出该投资项目的净现值是多少，可以使用 XNPV 函数来实现。

❶ 在表格中将光标定位在单元格 C8 中，输入公式：**=XNPV(C1,C2:C6,B2:B6)**，如图 10-31 所示。

❷ 按 Enter 键，即可计算出该笔不定期现金流的投资净现值，如图 10-32 所示。

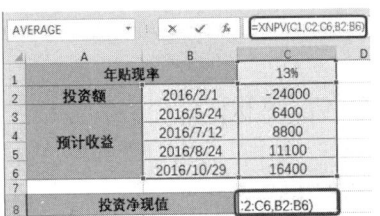

图 10-31

图 10-32

10.1.10　EFFECT：计算实际年利率

EFFECT 函数是利用给定的名义年利率和一年中的复利期次，计算实际年利率。

【函数语法】EFFECT(nominal_rate,npery)

- nominal_rate：表示名义利率。
- npery：表示每年的复利期数。

例：计算债券的年利率

　　本例表格给出了某项债券的名义利率为 8.89%，每年复利期数为 4，要求计算出年利率，可以使用 EFFECT 函数来实现。

❶ 在表格中将光标定位在单元格 B4 中，输入公式：**EFFECT(B1,B2)**，如图 10-33 所示。

❷ 按 Enter 键，即可计算出债券的实际（年）利率，如图 10-34 所示。

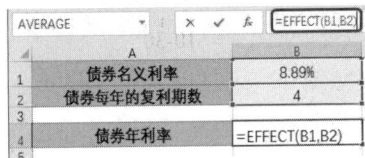

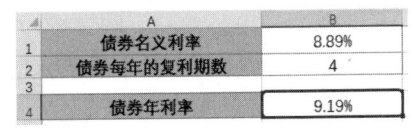

图 10-33

图 10-34

10.1.11　NOMINAL：计算名义年利率

NOMINAL 函数基于给定的实际利率和年复利期数，返回名义年利率。

【函数语法】NOMINAL(effect_rate,npery)

- effect_rate：表示实际利率。
- npery：表示每年的复利期数。

例：将实际年利率转换为名义年利率

　　本例表格给出了某项债券的名义利率为 8.89%，每年复利期数为 4，要求计算出名义年利率，可以使用 NOMINAL 函数来实现。

❶ 在表格中将光标定位在单元格 B4 中，输入公式：**=NOMINAL(B1,B2)**，如图 10-35 所示。

❷ 按 Enter 键，即可将实际年利率转换为名义年利率，如图 10-36 所示。

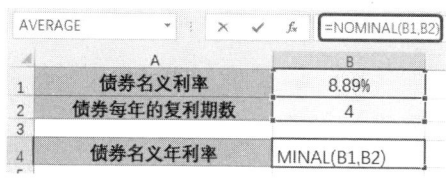

AVERAGE　=NOMINAL(B1,B2)

	A	B
1	债券名义利率	8.89%
2	债券每年的复利期数	4
3		
4	债券名义年利率	MINAL(B1,B2)

图 10-35

	A	B
1	债券名义利率	8.89%
2	债券每年的复利期数	4
3		
4	债券名义年利率	8.61%

图 10-36

10.1.12　NPER：返回投资的总期数

NPER 函数基于固定利率及等额分期付款方式，返回某项投资（或贷款）的总期数。

【函数语法】NPER(rate,pmt,pv,fv,type)

- rate：表示各期利率。
- pmt：表示各期所应支付的金额。
- pv：表示现值，即本金。
- fv：表示未来值，即最后一次付款后希望得到的现金余额。
- type：表示指定各期的付款时间是在期初还是期末。若是 0，则为期末；若是 1，则为期初。

例：计算一笔投资的期数

本例表格数据为一项投资的初期投资额 0 元，希望的投资未来值为 85 万元，年利率为 5.89%，每月的投资额为 25000 元，要求计算出本项投资的期数是多少，可以使用 NPER 函数和 ROUNDUP 函数来实现。

❶ 在表格中将光标定位在单元格 B5 中，输入公式：**=ROUNDUP(NPER(B1/12,-B4,B3, B2),0)**，如图 10-37 所示。

❷ 按 Enter 键，即可计算出该笔投资的所需支付期数，如图 10-38 所示。

SUMIF　=ROUNDUP(NPER(B1/12,-B4,B3,B2),0)

	A	B	C	D
1	年利率	5.89%		
2	投资未来值	850000		
3	初期投资额	0		
4	每月投资额	25000		
5	所需的支付期数	2,-B4,B3,B2),0)		

图 10-37

	A	B	C
1	年利率	5.89%	
2	投资未来值	850000	
3	初期投资额	0	
4	每月投资额	25000	
5	所需的支付期数	32	

图 10-38

公式解析

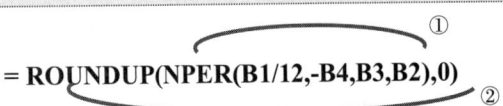

① 使用 NPER 函数返回投资的总期数，得到一个非整数额。

② 使用 ROUNDUP 函数将①步得到的值向上舍入，无小数位表示向上舍入到整数位。

10.2　偿还率计算函数

偿还率计算函数主要用于计算各种收益率等，例如：计算一笔投资的内部收益率、计算不同利率下的修正内部收益率、计算一笔投资的年增长率、计算一组不定期盈利额的内部收益率等。

10.2.1　IRR：计算内部收益率

IRR 函数返回由数值代表的一组现金流的内部收益率。

【函数语法】IRR(values,guess)
- values：表示进行计算的数组，即用来计算返回的内部收益率的数字。
- guess：表示对函数 IRR 计算结果的估计值。

　　**例：计算一笔投资的内部收益率**

　　本例表格记录了某投资在不同年份的现金流情况，要求计算出该笔投资的内部收益率，可以使用 IRR 函数来实现。

---

❶ 在表格中将光标定位在单元格 D2 中，输入公式：**=IRR(B2:B6)**，如图 10-39 所示。

❷ 按 Enter 键，即可计算出该笔投资的内部收益率，如图 10-40 所示。

年份	现金流量		内部收益率
1	4300.00		=IRR(B2:B6)
2	-12000.00		
3	1800.00		
4	2800.00		
5	5000.00		

图 10-39

年份	现金流量		内部收益率
1	4300.00		14.11%
2	-12000.00		
3	1800.00		
4	2800.00		
5	5000.00		

图 10-40

10.2.2　MIRR：计算修正内部收益率

MIRR 函数是返回某一连续期间内现金流的修正内部收益率。函数 MIRR 同时考虑了投资的成本和现金再投资的收益率。

【函数语法】MIRR(values,finance_rate,reinvest_rate)
- values：表示进行计算的数组，即用来计算返回的内部收益率的数字。
- finance_rate：表示现金流中使用的资金支付的利率。
- reinvest_rate：表示将现金流再投资的收益率。

例：计算不同利率下的修正内部收益率

本例表格记录了某项投资每年的现金流量值，并且给出了支付利率和再投资利率，要求计算出其修正内部收益率，可以使用 MIRR 函数来实现。

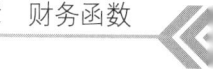

❶ 在表格中将光标定位在单元格 D2 中，输入公式：**=MIRR(B2:B6,B8,B9)**，如图 10-41 所示。
❷ 按 Enter 键，即可计算出一系列现金流下的修正内部收益率，如图 10-42 所示。

图 10-41　　　　　　　　　　　　　图 10-42

10.2.3　RATE：返回年金的各期利率

RATE 函数返回年金的各期利率。

【函数语法】RATE(nper,pmt,pv,fv,type,guess)
- nper：表示总投资期，即该项投资的付款期总数。
- pmt：表示各期付款额。
- pv：表示现值，即本金。
- fv：表示未来值。
- type：表示指定各期的付款时间是在期初还是期末。若是 0，则为期末；若是 1，则为期初。
- guess：表示预期利率。如果省略预期利率，则假设该值为 10%。

例：计算一笔投资的年增长率

本例表格数据为一笔 35 万元的投资额，投资年限为 6 年，收益金额为 58 万元，要求计算出该笔投资的年增长率是多少，可以使用 RATE 函数来实现。

❶ 在表格中将光标定位在单元格 B5 中，输入公式：**=RATE(B2,0,-B1,B3)**，如图 10-43 所示。

❷ 按 Enter 键，即可计算出该笔投资的年增长率，如图 10-44 所示。

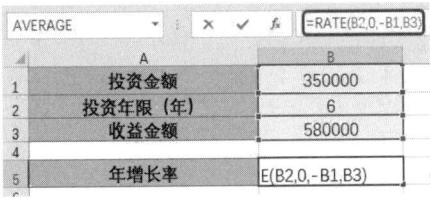

	A	B
1	投资金额	350000
2	投资年限（年）	6
3	收益金额	580000
4		
5	年增长率	E(B2,0,-B1,B3)

图 10-43

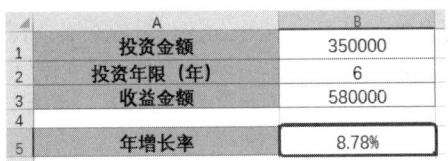

	A	B
1	投资金额	350000
2	投资年限（年）	6
3	收益金额	580000
4		
5	年增长率	8.78%

图 10-44

10.2.4　XIRR：计算不定期现金流的内部收益率

XIRR 函数返回一组不定期现金流的内部收益率。

【函数语法】XIRR(values,dates,guess)

- values：表示与 dates 中的支付时间相对应的一系列现金流。
- dates：表示与现金流支付相对应的支付日期表。
- guess：表示对函数 XIRR 计算结果的估计值。

例：计算一组不定期盈利额的内部收益率

　　本例假设某项投资的期初投资额为 25 万元，未来几个月的收益日期不定，收益金额也是不确定的，要求计算出该项投资的内部收益率是多少，可以使用 XIRR 函数来实现。

❶ 在表格中将光标定位在单元格 C8 中，输入公式：**=XIRR(C1:C6,B1:B6)**，如图 10-45 所示。

❷ 按 Enter 键，即可计算出该组不定期盈利额的内部收益率，如图 10-46 所示。

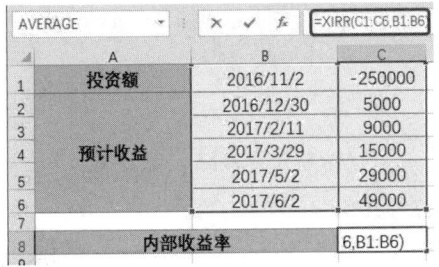

	A	B	C
1	投资额	2016/11/2	-250000
2		2016/12/30	5000
3		2017/2/11	9000
4	预计收益	2017/3/29	15000
5		2017/5/2	29000
6		2017/6/2	49000
7			
8	内部收益率		6,B1:B6)

图 10-45

	A	B	C
1	投资额	2016/11/2	-250000
2		2016/12/30	5000
3		2017/2/11	9000
4	预计收益	2017/3/29	15000
5		2017/5/2	29000
6		2017/6/2	49000
7			
8	内部收益率		-81.79%

图 10-46

第 11 章

引用与查找函数

引用与查找函数

- 11.1 数据的引用
  - 11.1.1 CHOOSE：根据给定的索引值，返回数值参数清单中的数值
    - 例1：快速判断业绩是否达标
    - 例2：找出短跑成绩的前三名
    - 例3：返回销售额最低的三位销售员
  - 11.1.2 ROW：返回引用的行号
    - 例1：自动生成大批量序号
    - 例2：分科目统计平均分
  - 11.1.3 COLUMN：返回引用的列号
    - 例：实现隔列求总销售额
  - 11.1.4 OFFSET：以指定引用为参照系，通过给定偏移量得到新引用
    - 例1：对销量进行累计求和
    - 例2：OFFSET用于创建动图表的数据源
- 11.2 数据的查找
  - 11.2.1 VLOOKUP：查找目标数据并返回当前行中指定列处的值
    - 例1：根据序号自动查询相关信息
    - 例2：代替IF函数的多层嵌套（模糊匹配）
    - 例3：根据多条件派发赠品
    - 例4：实现通配符查找
    - 例5：查找并返回符合条件的多条记录
  - 11.2.2 LOOKUP：查找目标数据并返回当前行中指定数组中的值
    - 例1：LOOKUP模糊查找
    - 例2：通过简称或关键字模糊匹配
    - 例3：LOOKUP满足多条件查找
  - 11.2.3 MATCH：查找并返回找到值所在位置
    - 例1：查找目标数据的位置
    - 例2：查找指定消费者是否发放奖品
  - 11.2.4 INDEX：从引用或数组中返回指定位置处的值
    - 例1：返回指定行列交叉处的值
    - 例2：查找指定月份指定人员的销售额
    - 例3：反向查询最高金额的销售员

11.1　数据的引用

数据的引用函数包括对行号、列号、单元格地址等的引用，它们多数属于辅助性的函数，除 OFFSET 函数外，其他函数一般不单独使用，多是用于作为其他函数的参数。

11.1.1　CHOOSE：根据给定的索引值，返回数值参数清单中的数值

CHOOSE 函数用于从给定的参数中返回指定的值。

【函数语法】CHOOSE(index_num, value1, [value2], ...)

● index_num：表示指定所选定的值参数。index_num 必须为 1 到 254 之间的数字，或者为公式，或者对包含 1 到 254 之间某个数字的单元格的引用。

● value1, value2, ...：value1 是必需的，后续值是可选的。这些值参数的个数介于 1 到 254 之间，函数 CHOOSE 基于 index_num 从这些值参数中选择一个数值或一项要执行的操作。参数可以为数字、单元格引用、已定义名称、公式、函数或文本。

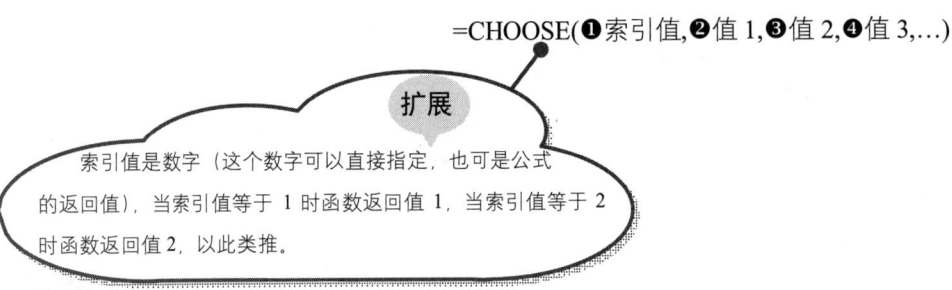

=CHOOSE(❶索引值,❷值 1,❸值 2,❹值 3,...)

扩展

索引值是数字（这个数字可以直接指定，也可是公式的返回值），当索引值等于 1 时函数返回值 1，当索引值等于 2 时函数返回值 2，以此类推。

例 1：快速判断业绩是否达标

表格中对员工的本月的销售额进行了统计，使用 CHOOSE 函数可以快速判断业绩是否达标（约定大于 20000 为合格）。

---

❶ 选中 C2 单元格，在编辑栏中输入公式：**=CHOOSE(IF(B2>20000,1,2),"达标","不达标")**，如图 11-1 所示。

姓名	销售额	是否达标			
龙富春	¥ 24,689.00	示","不达标")			
李思	¥ 27,976.00				
陈欧	¥ 19,464.00				
李多多	¥ 21,447.00				
张毅君	¥ 18,069.00				
胡娇娇	¥ 25,640.00				
董晓迪	¥ 21,434.00				

SUM ▼ × ✓ fx =CHOOSE(IF(B2>20000,1,2),"达标","不达标")

图 11-1

❷ 按 Enter 键，即可返回第一位员工的业绩是否达标，如图 11-2 所示。

❸ 选中 C2 单元格，向下填充公式到 C8 单元格，一次性判断出其他员工业绩是否达标，如图 11-3 所示。

	A	B	C
1	姓名	销售额	是否达标
2	龙富春	¥ 24,689.00	达标
3	李思	¥ 27,976.00	
4	陈欧	¥ 19,464.00	
5	李多多	¥ 21,447.00	
6	张毅君	¥ 18,069.00	
7	胡娇娇	¥ 25,640.00	
8	童晓迪	¥ 21,434.00	
9			

图 11-2

	A	B	C
1	姓名	销售额	是否达标
2	龙富春	¥ 24,689.00	达标
3	李思	¥ 27,976.00	达标
4	陈欧	¥ 19,464.00	不达标
5	李多多	¥ 21,447.00	达标
6	张毅君	¥ 18,069.00	不达标
7	胡娇娇	¥ 25,640.00	达标
8	童晓迪	¥ 21,434.00	达标
9			

图 11-3

公式解析

= CHOOSE(IF(B2>20000,1,2),"达标","不达标")
　　　　　　　　　　　　　　　①
　　　　　　　　　　　②

① 使用 IF 函数判断如果 B2 中的销售额大于 20000 返回 "1"，否则返回 "2"。

② 使用 CHOOSE 函数设置当①步结果为 "1" 时，返回 "达标"；当①步结果为 "2" 时，返回 "不达标"。

例 2：找出短跑成绩的前三名

本例中的表格是一份短跑成绩记录表，现在要求根据排名情况找出短跑成绩的前三名（也就是金、银、铜牌得主，非前三名的显示 "未得奖" 文字），即要通过设置公式得到 D 列中的结果。

❶ 选中 D2 单元格，在编辑栏中输入公式：=IF(C2>3,"未得奖",CHOOSE(C2,"金牌","银牌","铜牌"))，如图 11-4 所示。

SUM	▼	× ✓ fx	=IF(C2>3,"未得奖",CHOOSE(C2,"金牌","银牌","铜牌"))

	A	B 短跑成绩(秒)	C 排名	D 是否得奖	E	F
1	姓名	短跑成绩(秒)	排名	是否得奖		
2	黄雅黎	27	4	牌","铜牌"))		
3	夏梓	35	9			
4	胡伟立	16	1			
5	江华	28	5			
6	方小妹	33	8			
7	陈友	19	3			
8	王莹	32	7			
9	刘雨菲	31	6			
10	何力	18	2			

图 11-4

❷ 按 Enter 键，即可返回第一位员工的短跑成绩评定，如图 11-5 所示。

❸ 选中 D2 单元格，向下填充公式到 D10 单元格，一次性判断出其他员工的短跑成绩，如图 11-6 所示。

	A	B	C	D
1	姓名	短跑成绩（秒）	排名	是否得奖
2	黄雅黎	27	4	未得奖
3	夏梓	35	9	
4	胡伟立	16	1	
5	江华	28	5	
6	方小妹	33	8	
7	陈友	19	3	
8	王莹	32	7	
9	刘雨菲	31	6	
10	何力	18	2	
11				

图 11-5

	A	B	C	D
1	姓名	短跑成绩（秒）	排名	是否得奖
2	黄雅黎	27	4	未得奖
3	夏梓	35	9	未得奖
4	胡伟立	16	1	金牌
5	江华	28	5	未得奖
6	方小妹	33	8	未得奖
7	陈友	19	3	铜牌
8	王莹	32	7	未得奖
9	刘雨菲	31	6	未得奖
10	何力	18	2	银牌
11				

图 11-6

公式解析

= IF(C2>3,"未得奖",CHOOSE(C2,"金牌","银牌","铜牌")) ①②

① IF 函数判断 C2 单元格数据是否大于 3，C2 大于 3 就都返回"未得奖"，小于等于 3 的执行"CHOOSE(C2,"金牌","银牌","铜牌")"。这样，首先排除了大于 3 的数字，只剩下 1、2、3 了。

② CHOOSE 函数判断当 C2 值为 1 时返回"金牌"，当 C2 值为 2 时返回"银牌"，当 C2 值为 3 时返回"铜牌"。

例 3：返回销售额最低的三位销售员

在众多数据中通常会查找一些最大值、最小值等，通过查找功能可以实现在找到这些值后能返回其对应的项目，如某产品、某销售员、某学生等。例如下面的表格中需要快速返回销售额最低的三位销售员姓名。

❶ 选中 E2 单元格，在编辑栏中输入公式：**=VLOOKUP(SMALL($B$2:$B$12,D2),CHOOSE({1,2},$B$2:$B$12,$A$2:$A$12),2,0)**，如图 11-7 所示。

SUM		× ✓ fx	=VLOOKUP(SMALL($B$2:$B$12,D2),CHOOSE({1,2},$B$2:$B$12,$A$2:$A$12),2,0)			

	A	B	C	D	E	F	G
1	姓名	销售额		最末名次	姓名		
2	董小超	¥24,689.00		1	$12),2,0)		
3	张丽丽	¥29,976.00		2			
4	魏林	¥19,464.00		3			
5	杨吉秀	¥21,447.00					
6	魏娟	¥18,069.00					
7	张菊	¥25,640.00					
8	唐晓燕	¥21,434.00					
9	陈家乐	¥18,564.00					
10	赵青军	¥23,461.00					
11	石小波	¥35,890.00					
12	欧群	¥21,898.00					

图 11-7

❷ 按 Enter 键返回的是销售额倒数第一位对应的销售员姓名，如图 11-8 所示。

❸ 选中 E2 单元格，向下填充公式到 E4 单元格，一次性返回倒数第二名和倒数第三名的销售员姓名，如图 11-9 所示。

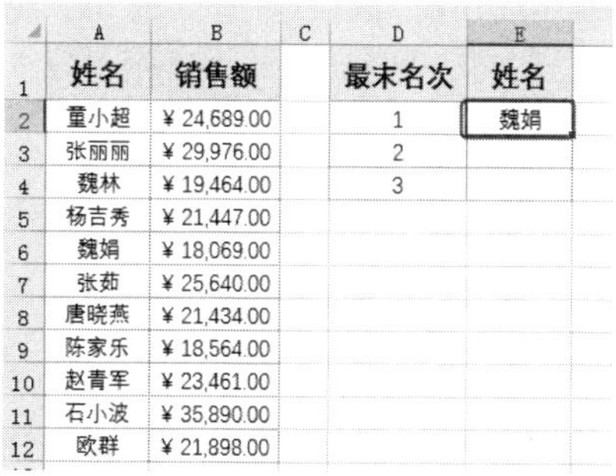

图 11-8

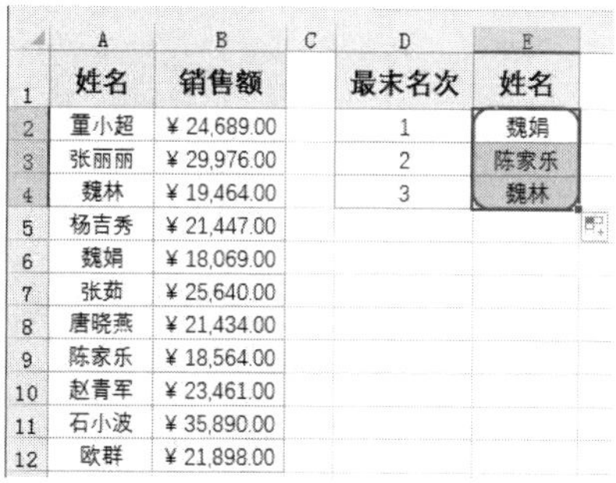

图 11-9

公式解析

=VLOOKUP(SMALL($B$2:$B$12,D2),CHOOSE({1,2},$B$2:$B$12,$A$2:$A$12),2,0)

① SMALL 函数返回 B2:B12 单元格区域中对应于 D2 中的最小值。此值是作为 VLOOKUP 函数的查找对象，即第一个参数值。

② CHOOSE 函数参数可以使用数组，因此这部分返回的是"{24689,"童小超";29976,"张丽丽";19464,"魏林";21447,"杨吉秀";18069,"魏娟";25640,"张茹";21434,"唐晓燕";18564,"陈家乐";23461,"赵青军";35890,"石小波";21898,"欧群"}"这样一个数组。就是把 B2:B12 作为第一列，把 A2:A12 作为第二列。

③ VLOOKUP 函数从②步返回的第 1 列数组中查找①值，也就是最小值，找到后返回②步返回的第 2 列数组上的值，即最低销售额对应的姓名。

经验之谈

本例实际是 VLOOKUP 函数反向查找的示例，即查找值在右侧，返回值在左侧。VLOOKUP 函数本身不具备反向查找的能力，因此借助 CHOOSE 函数将数组的顺序颠倒了，从而实现反向查询。在讲解 VLOOKUP 函数时未牵涉反向查找的问题，此处学习后，当再次遇到反向查找问题，可以套用此公式模板。

应对反向查找"INDEX+MATCH"函数也是不错的选择，如针对本例需求，也可以使用公式"=INDEX(A2:A12,MATCH(SMALL($B$2:$B$12,D2),B2:B12,))"（类似于 INDEX 函数中的例 3，读者可自行学习对公式的分析）。还有 LOOKUP 函数也可以解决反向查找的问题。

11.1.2 ROW：返回引用的行号

ROW 函数用于返回引用的行号。

【函数语法】ROW (reference)

reference：表示为需要得到其行号的单元格或单元格区域。如果省略 reference，则假定是对函数 ROW 所在单元格的引用。如果 reference 为一个单元格区域，并且函数 ROW 作为垂直数组输入，则函数 ROW 将 reference 的行号以垂直数组的形式返回。reference 不能引用多个区域。

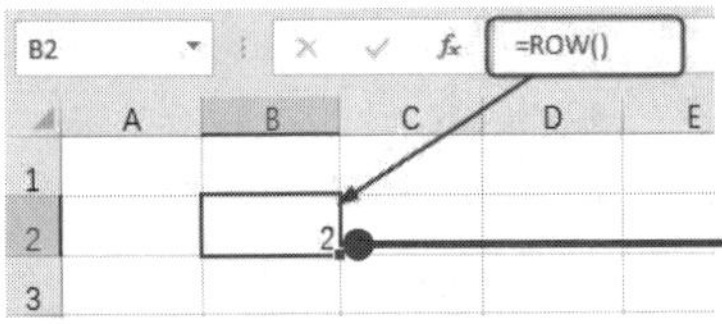

=ROW()

扩展

如果无参数，则返回函数所在单元格的行号。如图 11-10 所示，在 B2 单元格中使用公式"=ROW()"，返回值就是 B2 的行号，所以返回"2"。

图 11-10

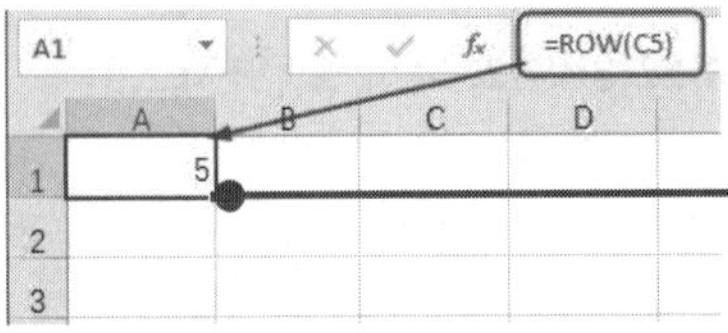

{=ROW(C5)}

扩展

如果参数是单个单元格，则返回的是给定引用的行号。如图 11-11 所示，使用公式"=ROW(C5)"，返回值就是"5"。而至于选择哪个单元格来返回这个值可以任意。

图 11-11

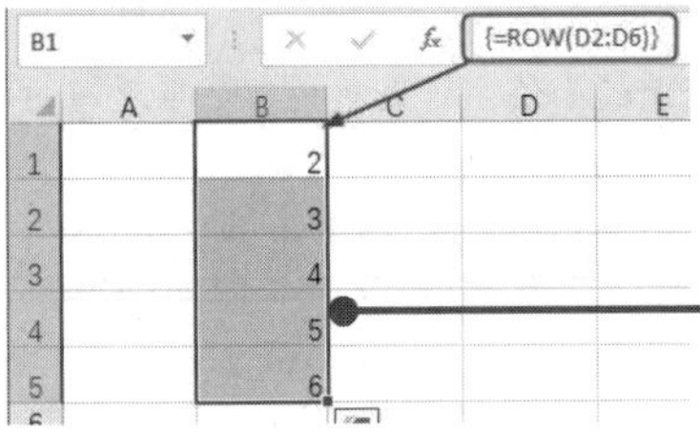

{=ROW(D2:D6)}

扩展

如果参数是一个单元格区域，则必须纵向选择连续的单元格区域再输入公式（因为水平数组无论有多少列，其行号只有一个）。如图 11-12 所示，使用公式"{=ROW(D2:D6)}"，按 Ctrl+Shift+Enter 组合键结束，可以返回 D2:D6 单元格区域的一组行号。

图 11-12

经验之谈

通过上面的示例可以看到，单独使用这个函数（包括后面的 COLUMN 函数）去返回行号或一组行号并不具备太大意义，它们一般都是应用于其他函数中，用它的返回值作为其他函数的参数使用，以实现更加灵活的判断。读者可继续学习下面的实例，并仔细查看公式解析，以学习 ROW 函数是如何应用于其他函数中的。

例 1：自动生成大批量序号

在制作工作表时，由于输入的数据较多，自动生成的编号也较长。例如，要在下面工作表的 A2:A101 单元格自动生成序号 POC_1：POC_100（甚至更多），通过 ROW 函数可以快速进行序号的生成。

❶ 选中 A2:A101 单元格，在编辑栏中输入公式：="POC_"&ROW()–1，如图 11-13 所示。

❷ 按 Ctrl+Shift+Enter 组合键一次性得出批量序号，如图 11-14 所示。

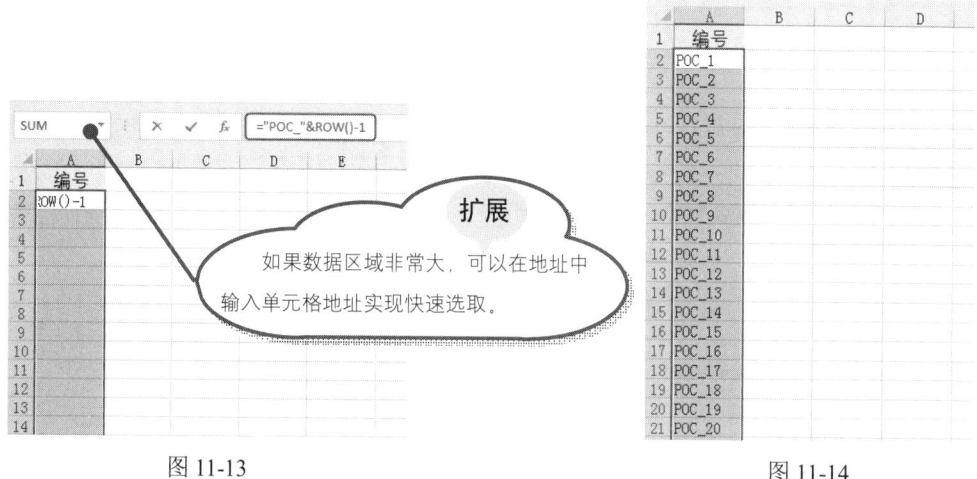

图 11-13

图 11-14

公式解析

= "POC_"&ROW()–1

① 用当前行号减 1，因为当前行是 A2 单元格，所以当前行号是 2，要得到序号 1，所以进行减 1 处理。

② 使用 "&" 符号将 "POC _" 与①步返回值相连接；"POC _" 为自由设定的，你想使用什么与序号相连接就设置成什么。

例 2：分科目统计平均分

表格中统计了学生成绩，但其统计方式如图 11-15 所示，即将语文与数学两个科目统计在一列中了，那么如果想分科目统计平均分就无法直接求取了，此时可以使用 ROW 函数辅助，以使公式能自动判断奇偶行，从而完成只对目标数据计算。

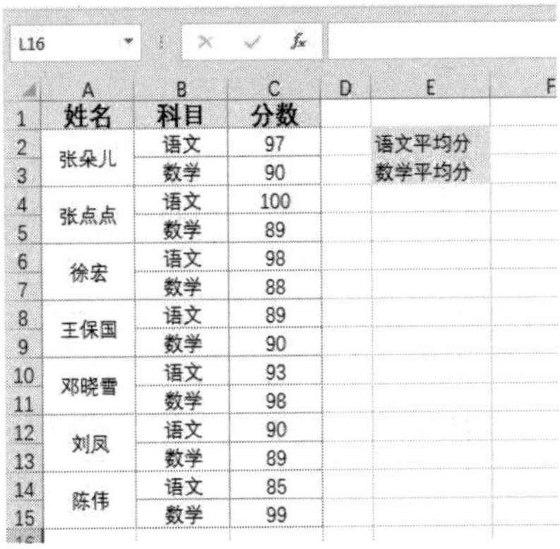

	A	B	C	D	E	F
1	姓名	科目	分数			
2	张朵儿	语文	97		语文平均分	
3		数学	90		数学平均分	
4	张点点	语文	100			
5		数学	89			
6	徐宏	语文	98			
7		数学	88			
8	王保国	语文	89			
9		数学	90			
10	邓晓雪	语文	93			
11		数学	98			
12	刘凤	语文	90			
13		数学	89			
14	陈伟	语文	85			
15		数学	99			

图 11-15

❶ 选中 F2 单元格，在编辑栏中输入公式：**=AVERAGE(IF(MOD(ROW(B2:B15),2)=0, C2:C15))**，如图 11-16 所示。

❷ 按 Ctrl+Shift+Enter 组合键求出语文科目平均分，如图 11-17 所示。

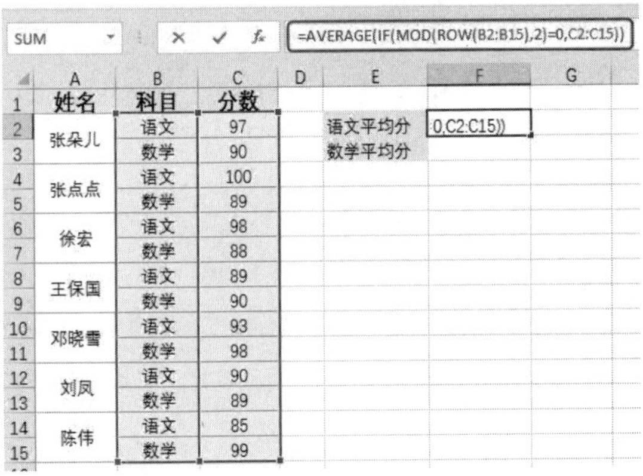

图 11-16

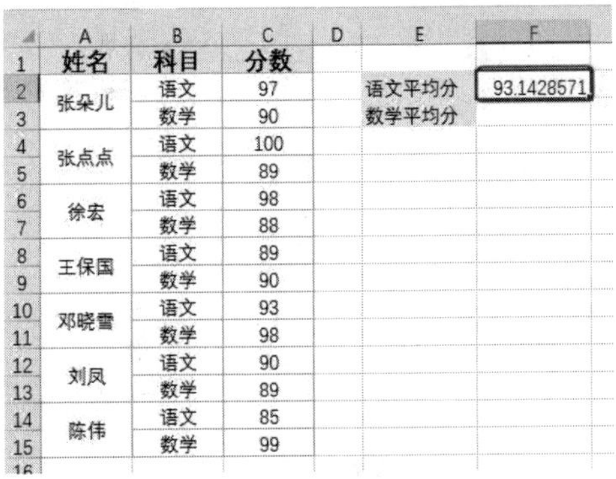

图 11-17

❸ 选中 F3 单元格，在编辑栏中输入公式：**=AVERAGE(IF(MOD(ROW(B2:B15)+1,2) =0,C2:C15))**，如图 11-18 所示。

❹ 按 Ctrl+Shift+Enter 组合键求出数学科目平均分，如图 11-19 所示。

经验之谈

由于“ROW(B2:B15)”返回的是“{2;3;4;5;6;7;8;9;10;11;12;13;14;15}”这样一个数组，首个是偶数，“语文”位于偶数行，因此求“语文”平均分时正好偶数行的值求平均值。相反的“数学”位于奇数行，因此需要加 1 处理将“ROW(B2:B15)”的返回值转换成“{3;4;5;6;7;8;9;10;11;12;13;14;15;16}”，这时奇数行上的值除以 2 余数为 0，表示是符合求值条件的数据。

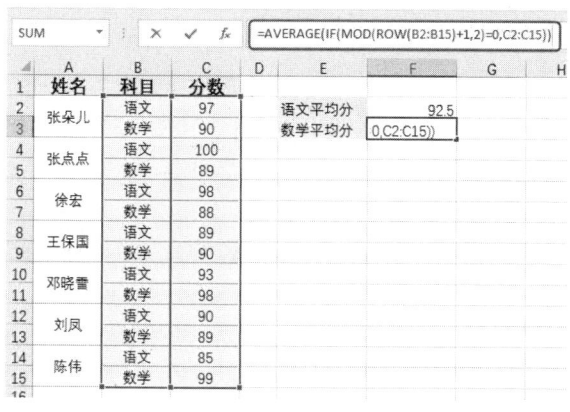

图 11-18

图 11-19

公式解析

= AVERAGE(IF(MOD(ROW(B2:B15),2)=0,C2:C15))

① 使用 ROW 返回 B2:B15 所有的行号。构建的是一个"{2;3;4;5;6;7;8;9;10;11;12;13;14;15}"数组。如果要计算数学成绩平均分，此处公式为"ROW(B2:B15)+1"，即构建的数组为"{3;4;5;6;7;8;9;10;11;12;13;14;15;16}"。

② 使用 MOD 函数将①数组中各值除以 2，当①为偶数时，返回结果为 0；当①为奇数时，返回结果为 1。最终返回的数组是："{0;1;0;1;0;1;0;1;0;1;0;1;0;1}"。

③ 使用 IF 函数判断②的结果是否为 0，若是则返回 TRUE，否则返回 FALSE。然后将结果为 TRUE 对应在 C2:C15 单元格区域的数值返回，返回一个数组。即返回的数组是"{97; FALSE;100; FALSE;98; FALSE;89; FALSE;93; FALSE;90; FALSE;85; FALSE}"。

④ 将③步返回数组中结果为 0 的对应在 C2:C15 单元格区域中的值进行求平均值。

11.1.3　COLUMN：返回引用的列号

COLUMN 函数用于返回引用的列号。

【函数语法】 COLUMN(reference)

reference：可选。要返回其列号的单元格或单元格区域。如果省略参数 reference 或该参数为一个单元格区域，并且 COLUMN 函数是以水平数组公式的形式输入的,则 COLUMN 函数将以水平数组的形式返回参数 reference 的列号。

=COLUMN()

=COLUMN(F1)

=COLUMN(A:F)

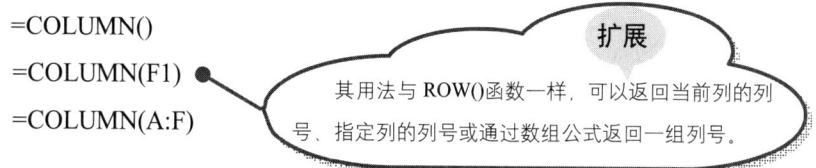

扩展

其用法与 ROW()函数一样，可以返回当前列的列号、指定列的列号或通过数组公式返回一组列号。

例：实现隔列求总销售额

由于 COLUMN 函数用于返回给定引用的列号，如果只是单一使用这个函数似乎意义并不大，因此它常配合其他函数，例如在 VLOOKUP 函数的例 1 中使用了 COLUMN 函数的返回值来作为 VLOOKUP 函数的一个参数，用于指定返回哪一列上的值，因此方便了公式的复制使用。下面学习一个隔列求总销售额的例子，读者可注意学习公式解析。

❶ 选中 H2 单元格，在编辑栏中输入公式：**=SUM(IF(MOD(COLUMN($A2:$G2),2)=0, $B2:$G2))**，如图 11-20 所示。

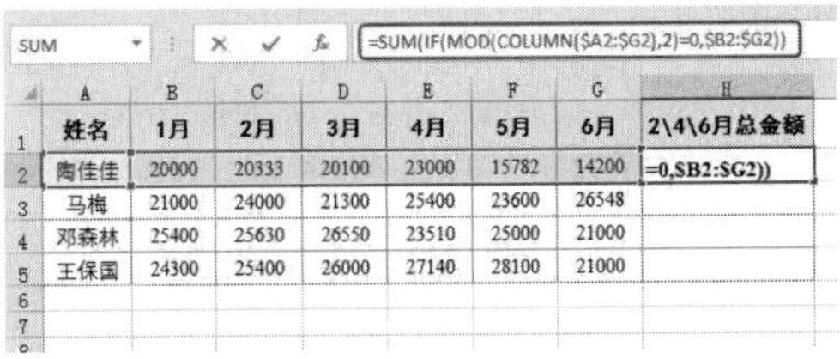

图 11-20

❷ 按 Ctrl+Shift+Enter 组合键，统计出"陶佳佳"的偶数月份的总销售额，如图 11-21 所示。

❸ 选中 H2 单元格，向下填充公式到 H5 单元格，一次性返回其他员工偶数月的总销售额，如图 11-22 所示。

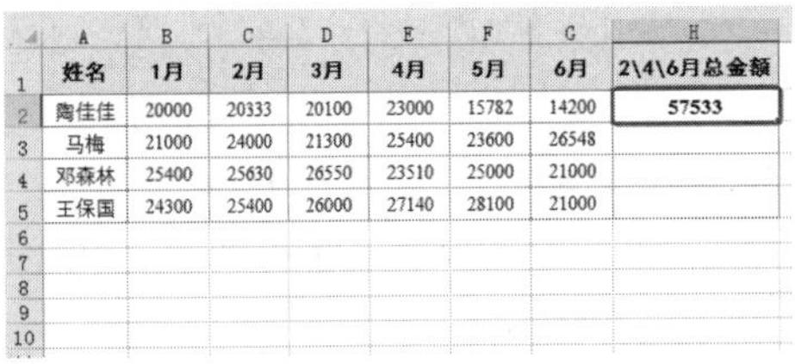

图 11-21   图 11-22

公式解析

① COLUMN 函数返回 A2:G2 单元格区域中各列的列号，返回的是一个数组，即"{1;2;3;4;5;6;7}"这个数组。

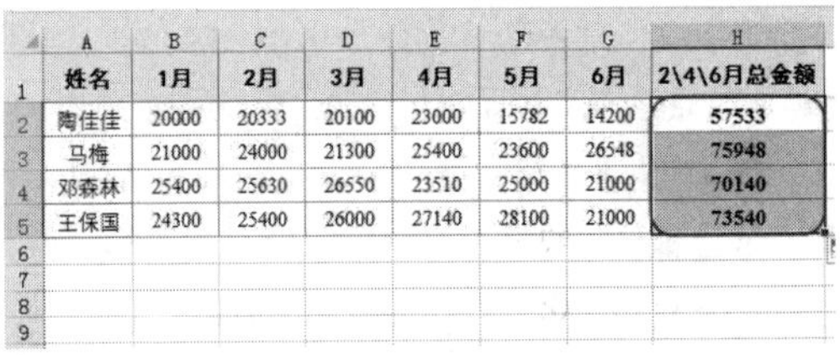

② MOD 函数判断①步返回数组的各值与 2 相除后的余数是否为 0。

③ 用 IF 函数判断，如果余数是 0 则返回 0，否则返回 FALSE，得到数组为"{FALSE;0; FALSE;0; FALSE;0; FALSE }"。

④ 将②步返回数组中结果为 0 的对应在 B2:G2 单元格区域中的值进行求和，即将数组"{FALSE,20333,FALSE,23000,FALSE,14200,FALSE}"中的数据进行求和。

11.1.4　OFFSET：以指定引用为参照系，通过给定偏移量得到新的引用

OFFSET 函数以指定的引用为参照系，通过给定偏移量得到新的引用。返回的引用可以为一个单元格或单元格区域，并可以指定返回的行数或列数。

【函数语法】OFFSET(reference,rows,cols,height,width)

- reference：表示作为偏移量参照系的引用区域。reference 必须为对单元格或相连单元格区域的引用；否则，函数 OFFSET 返回错误值 #VALUE!。
- rows：表示相对于偏移量参照系的左上角单元格，上（下）偏移的行数。如果使用 5 作为参数 rows，则说明目标引用区域的左上角单元格比 reference 低 5 行。行数可为正数（代表在起始引用的下方）或负数（代表在起始引用的上方）。
- cols：表示相对于偏移量参照系的左上角单元格，左（右）偏移的列数。如果使用 5 作为参数 cols，则说明目标引用区域的左上角的单元格比 reference 靠右 5 列。列数可为正数（代表在起始引用的右边）或负数（代表在起始引用的左边）。
- height：高度，即所要返回的引用区域的行数。height 必须为正数。
- width：宽度，即所要返回的引用区域的列数。width 必须为正数。

如图 11-23 所示，公式：=OFFSET(起点,3,1)，表示以"起点"为参照点，向下偏移 3 行，再向右偏移 1 列，获取的为"D 列-7"处的值。

如果使用第四个和第五个参数，则新的返回值就是一个区域了。如图 11-24 所示，公式：=OFFSET(起点,2,1,2,2)，表示以"起点"为参照点，向下偏移 2 行，再向右偏移 1 列，然后返回 2 行 2 列的区域。

如果参数使用负数，则表示向相反的方向偏移。如图 11-25 所示，公式：=OFFSET(起点,–3,–1,4,1)，表示以"起点"为参照点，向上偏移 3 行，再向左偏移 1 列，然后返回 4 行 1 列的区域。

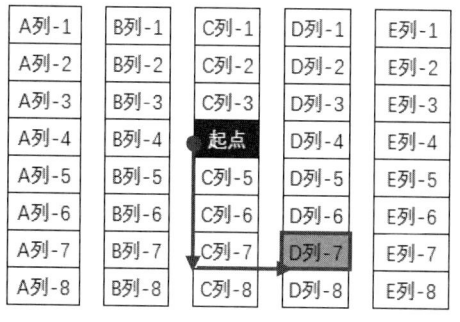

图 11-23

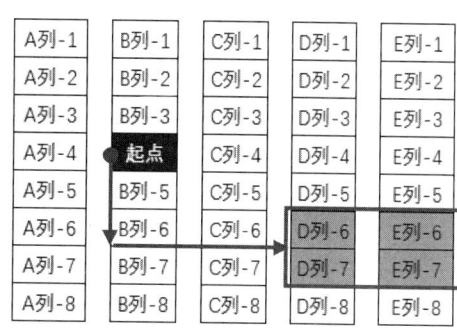

图 11-24

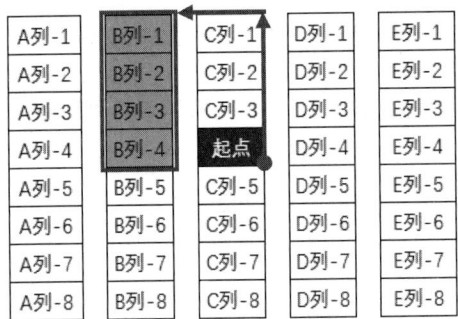

图 11-25

例 1：对销量进行累计求和

表格中按日统计了各店铺每个月的销量，要求对销量按月累计进行求和。

❶ 选中 D2 单元格，输入公式**=SUM(OFFSET($B$2,0,0,ROW()–1))**，如图 11-26 所示。

❷ 按 Enter 键，即可得到第一条累计结果（即当月的销量），如图 11-27 所示。

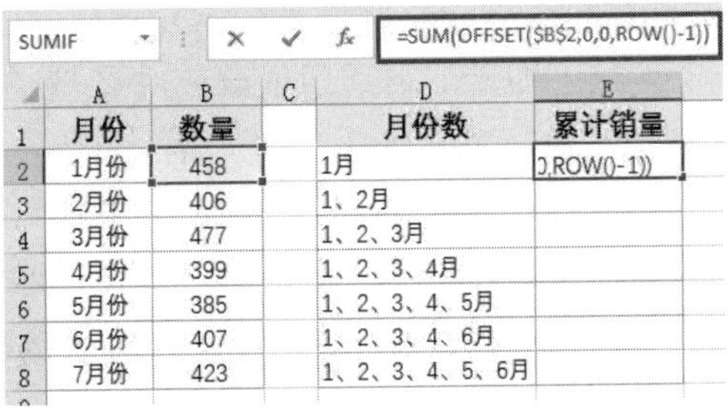

图 11-26

❸ 选中 D2 单元格，向下填充公式到 D8 单元格，一次性判断出其他月份的累计销量值，如图 11-28 所示。

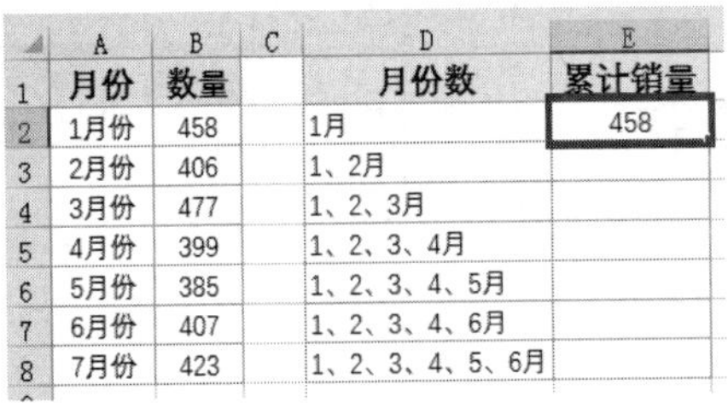

图 11-27

图 11-28

公式解析

$$= SUM(OFFSET(\$B\$2,0,0,ROW()–1))$$

①　用当前行的行号减去 1,表示需要返回的引用区域的行数,随着公式向下复制这个行数逐渐增加,如 E2 中的公式,ROW()的值是 2,返回值是"2–1";E3 中的公式,ROW()的值是 3,返回值是"3–1",后面以此类推。

②　OFFSET 函数以 B2 单元格参照,向下偏移 0 行,向右偏移 0 列(表示仍然还在本列中),返回①步结果指定的几行的值。

③　将②步结果求和。

例 2：OFFSET 用于创建动态图表的数据源

OFFSET 在动态图表的创建中应用得很广泛,只要活用公式就可以创建出众多有特色的图表,下面再举出一个实例。在本例中要求图表中只显示最近 7 日的注册量情况,并且随着数据的更新,图表也会始终重新绘制最近 7 日的走势图。

❶　打开"日注册量统计"工作表,在"公式"选项卡的"定义的名称"组中单击"定义的名称"功能按钮(如图 11-29 所示),打开"新建名称"对话框。

❷　在"名称"文本框中输入"日期",在"引用位置"文本框中输入公式:**=OFFSET ($A$1,COUNT($A:$A),0,–7)**(如图 11-30 所示),单击"确定"按钮即可定义此名称。

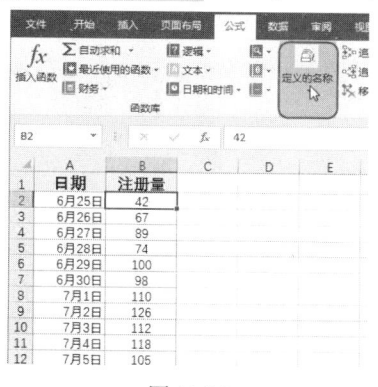

图 11-29

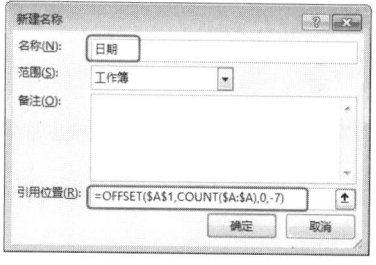

图 11-30

❸　继续打开"新建名称"对话框,并在"名称"文本框中输入"注册量",在"引用位置"文本框中输入公式:**=OFFSET($B$1,COUNT($A:$A),0,–7)**(如图 11-31 所示),单击"确定"按钮即可定义此名称。

❹　单击表格中的任意空白单元格,在"插入"选项卡的"图表"组中单击"插入柱形图或条形图"下拉按钮,在打开的下拉菜单中选择"簇状柱形图"命令(如图 11-32 所示),即可插入空白图表。

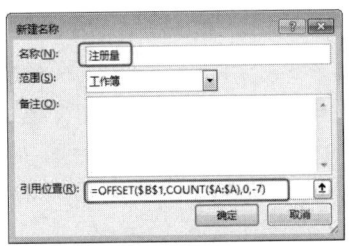

图 11-31

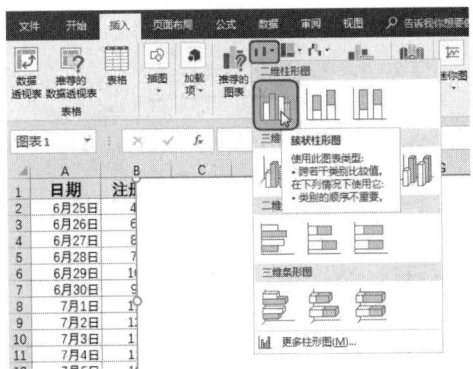

图 11-32

❺ 在图表上右击，在打开的菜单中选择"选择数据"命令（如图 11-33 所示），打开"选择数据源"对话框。

❻ 单击"图例项（系列）"下方的"添加"按钮（如图 11-34 所示），打开"编辑数据系列"对话框。

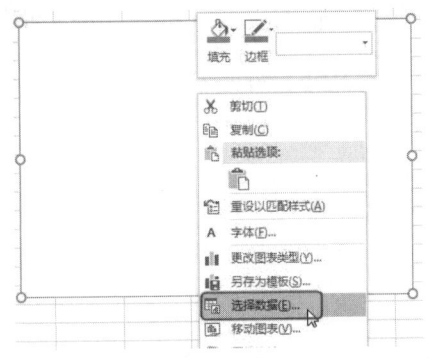

图 11-33

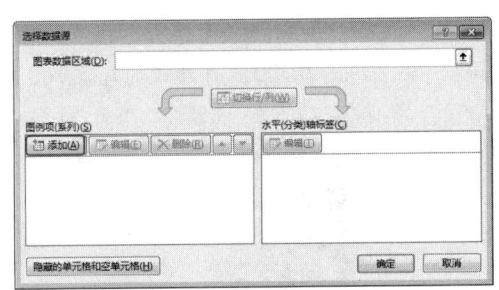

图 11-34

❼ 设置"系列值"为"=日注册量统计!注册量"，如图 11-35 所示。

❽ 单击"确定"按钮回到"选择数据源"对话框，再单击"水平（分类）轴标签"下方的"编辑"按钮（如图 11-36 所示），打开"轴标签"对话框。

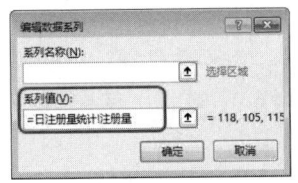

图 11-35

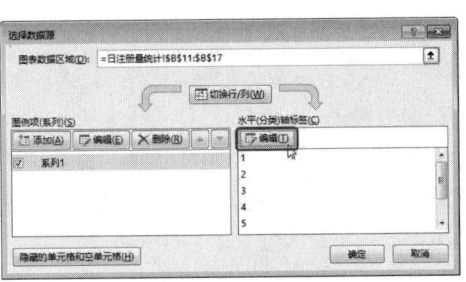

图 11-36

❾ 设置"轴标签区域"为"＝日注册量统计!日期"，如图 11-37 所示。

图 11-37

❿ 依次单击"确定"按钮回到表格中，可以看到图表显示的是最后 7 日的数据，如图 11-38 所示。

⓫ 当有新数据添加时，图表又随之自动更新，如图 11-39 所示。

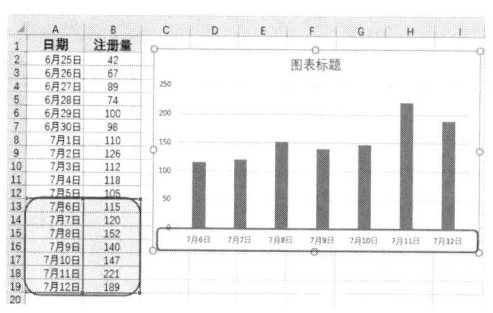

图 11-38

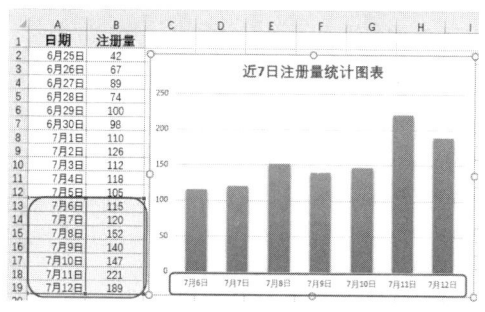

图 11-39

公式解析

＝OFFSET($A$1,COUNT($A:$A),0,–7)

① 使用 COUNT 函数统计 A 列的条目数。

② 以 A1 单元格为参照，向下偏移行数为①步返回值，即偏移到最后一条记录。根据数据条目的变动，此返回值根据实际情况变动。向右偏移 0 列（表示仍然在本列中），并最终返回"日期"列的最后的 7 行。

　　=OFFSET($B$1,COUNT($A:$A),0,–7)

以 B1 单元格为参照，并最终返回"注册量"列（因为是以 B1 单元格为参照单元格）的最后的 7 行。（原理与上面公式一样）

11.2　数据的查找

数据的查找函数主要有 VLOOKUP、LOOKUP、MATCH、INDEX 等几个，这几个函数可能大家日常见到得比较多，需要使用的场合也非常多，它们是非常实用的函数。利用它们可以设置按条件查找，并返回指定的数据。

11.2.1　VLOOKUP：查找目标数据并返回当前行中指定列处的值

VLOOKUP 函数在表格或数值数组的首行查找指定的数值，并由此返回表格或数组当前行中指定列处的值。

【函数语法】 VLOOKUP(lookup_value,table_array,col_index_num,[range_lookup])

- lookup_value：表示要在表格或区域的第一列中搜索的值。lookup_value 参数可以是值或引用。
- table_array：表示包含数据的单元格区域。可以使用对区域或区域名称的引用。
- col_index_num：表示 table_array 参数中必须返回的匹配值的列号。
- range_lookup：可选。一个逻辑值，指定希望 VLOOKUP 查找精确匹配值还是近似匹配值。指定值是 0 或 FALSE 就表示精确查找，而值为 1 或 TRUE 时则表示模糊查找。

VLOOKUP 函数有三个必备参数，分别用来指定查找的值、查找区域，以及要返回哪一列上的值的指定返回值对应的列号。

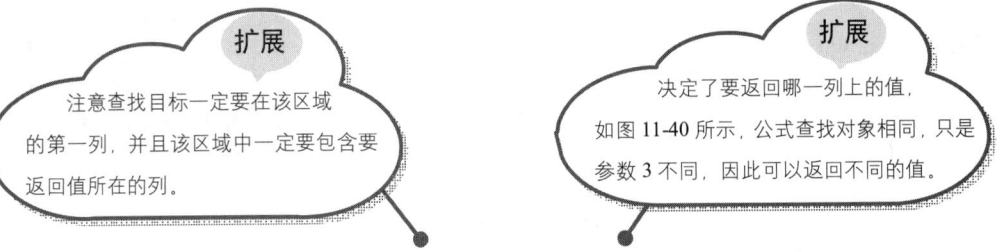

图 11-40

例 1：根据序号自动查询相关信息

建立一张员工成绩表后（如图 11-41 所示），如果数据条目很多，那么当想查看某位员工的成绩则不方便快速找到，这时可以使用 VLOOKUP 函数来建立一个查询系统，从而实现根据序号自动查询他的成绩明细数据。

❶ 在"成绩表"后新建"查询表"工作表，并建立查询列标识。选中 A2 单元格，输入一个待查询的序号（例如：1），如图 11-42 所示。

图 11-41

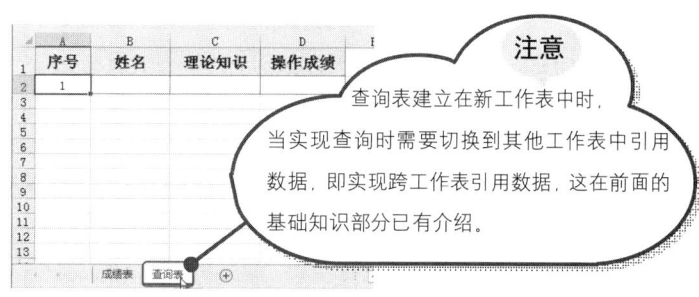

图 11-42

❷ 选中 B2 单元格，在编辑栏中输入公式：= **VLOOKUP($A2,成绩表!$A:$D,COLUMN (成绩表!B1),FALSE)**，如图 11-43 所示。

❸ 按 Enter 键，返回 A2 单元格中指定序号对应的姓名，如图 11-44 所示。

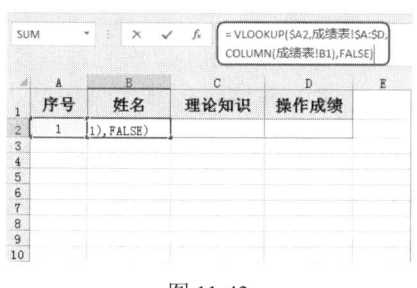

图 11-43

图 11-44

❹ 选中 B2 单元格，向右填充公式到 D2 单元格，依次返回该序号下对应的理论知识、操作成绩，如图 11-45 所示。

❺ 将光标定位在单元格 A2 中，重新输入查询工号（例如：9），按 Enter 键，即可查询其他员工的成绩，如图 11-46 所示。

图 11-45

图 11-46

公式解析

= VLOOKUP($A2,成绩表!$A:$D,COLUMN(成绩表!B1),FALSE)
　　　　　　　　　　　　　　　　　　　　　　　①
　　　　　　　　　　　　　　　　　　　　　　　②

① COLUMN 函数返回 B1 单元格的列号，返回结果为 2，随着公式向右复制，会依次返回 C1、D1、E1……的列号，值依次为 3、4、5……。因此使用这个值来为 VLOOKUP 函数指定返回哪一列上的值。这正是一个嵌套 COLUMN 函数的例子，用该函数的返回值作为 VLOOKUP 函数的参数。

② 利用 VLOOKUP 函数在档案表的 A:D 单元格区域的首列中（即第 1 列也就是 A 列"序号"列）寻找与查询表 A2 单元格相同的值，即序号"1"。找到后返回对应在①步返回值指定那一列上的值，也就是返回第 2 列，即 B1 中对应的姓名。公式向右复制后，依次返回"理论知识""操作成绩"信息。

例2：代替 IF 函数的多层嵌套（模糊匹配）

VLOOKUP 函数具有模糊匹配的属性，即由 VLOOKUP 的第 4 个可选参数决定。这个参数在前面没有介绍，这里牵涉到具体的实例时再介绍给大家。当要实现精确的查询时，第 4 个参数必须要指定为 FALSE，表示精确匹配。但如果设置此参数为 TRUE 或省略此参数，则表示模糊匹配。例如下面的例子要根据不同的分数区间对员工按实际考核成绩进行等级评定。先来看公式设置，并通过仔细学习公式解析得知 VLOOKUP 函数是怎样返回结果的。

❶ 要建立好分段区间，如图 11-47 所示中 A4:B7 单元格区域（这个区域在公式中要被引用）。

❷ 选中 G3 单元格，在编辑栏中输入公式：**=VLOOKUP(F3,$A$3:$B$7,2)**，如图 11-47 所示。

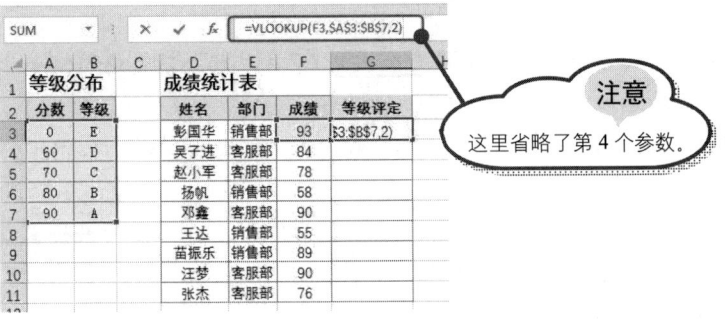

图 11-47

❸ 按 Enter 键，即可根据 F3 单元格的成绩得到该员工的成绩评定结果，如图 11-48 所示。

❹ 选中 G3 单元格，向下填充公式到 G11 单元格，一次性对其他员工的成绩等级进行评定，如图 11-49 所示。

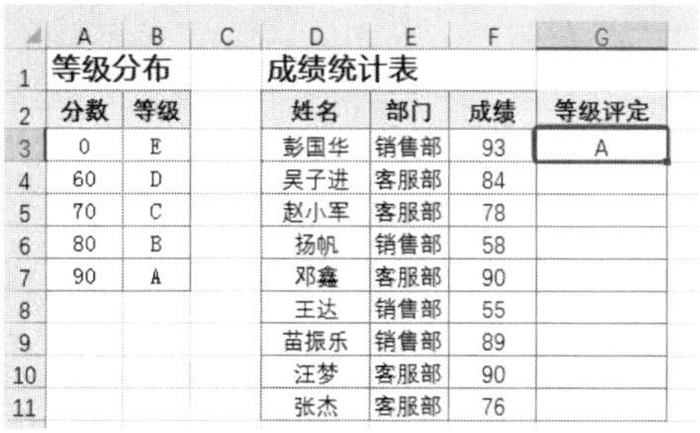

A	B	C	D	E	F	G
1	等级分布		成绩统计表			
2	分数	等级	姓名	部门	成绩	等级评定
3	0	E	彭国华	销售部	93	A
4	60	D	吴子进	客服部	84	
5	70	C	赵小军	客服部	78	
6	80	B	扬帆	销售部	58	
7	90	A	邓鑫	客服部	90	
8			王达	销售部	55	
9			苗振乐	销售部	89	
10			汪梦	客服部	90	
11			张杰	客服部	76	

图 11-48

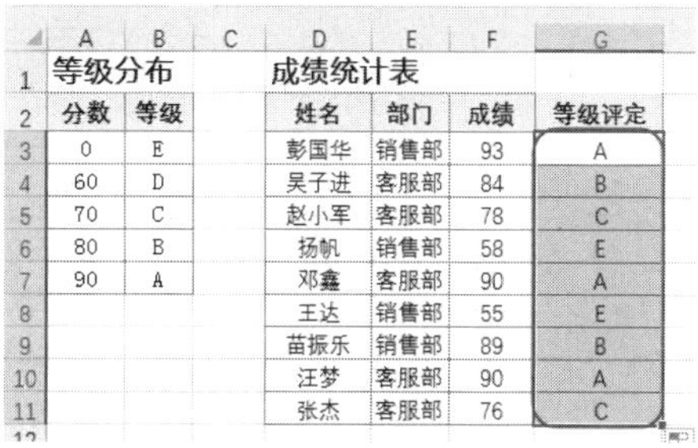

A	B	C	D	E	F	G
1	等级分布		成绩统计表			
2	分数	等级	姓名	部门	成绩	等级评定
3	0	E	彭国华	销售部	93	A
4	60	D	吴子进	客服部	84	B
5	70	C	赵小军	客服部	78	C
6	80	B	扬帆	销售部	58	E
7	90	A	邓鑫	客服部	90	A
8			王达	销售部	55	E
9			苗振乐	销售部	89	B
10			汪梦	客服部	90	A
11			张杰	客服部	76	C

图 11-49

公式解析

= VLOOKUP(F3,$A$3:$B$7,2)

① F3 单元格为要查找的成绩，即 93 分。

② 查询的区间为 $A$3:$B$7，93 在 $A$3:$B$7 单元格区域中找不到，因此会去找小于这个值的最大值，因此找到的是 90。

③ 返回对应在 $A$3:$B$7 单元格区域中的第 2 列，也就是"等级"列中的值。

经验之谈

（1）这样的多条件判断，一般首先会想到 IF 函数，但有几个判断区间就需要有几层 IF 嵌套，当条件过多时，使用此函数的写入公式则会更加简洁，也可以有效避免出错。

（2）也可以直接将数组写到参数中，例如本例中如果未建立 A2:B7 的等级分布区域，则可以直接将公式写为"=VLOOKUP(F3, {0,"E";60,"D";70,"C";80,"B";90,"A"},2)"，在这样的数组中，逗号间隔的为列，因此分数为第 1 列，等级为第 2 列，在第 1 列上判断分数区间，然后返回第 2 列上对应的值。

例3：根据多条件派发赠品

本例中需要根据卡种类别返回对应的赠品，这里的发放规则为"金卡"与"银卡"两个不同的卡种，而不同的卡种下不同的消费金额对应的赠品有所不同。要解决这一问题则需要多一层判断，可以使用嵌套 IF 函数来解决。

❶ 选中 D8 单元格，在编辑栏中输入公式：**=VLOOKUP(B8,IF(C8="金卡",$A$3:$B$5, $C$3:$D$5),2)**，如图 11-50 所示。

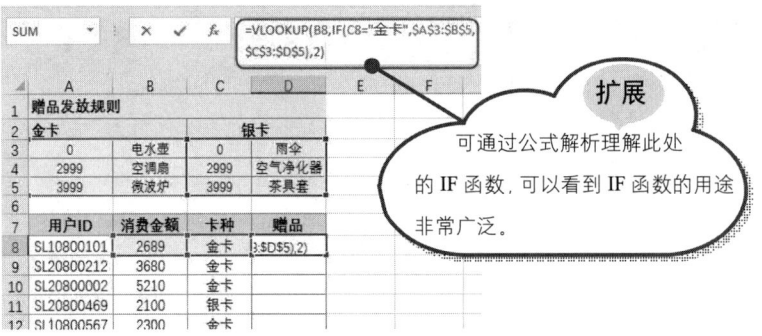

图 11-50

❷ 按 Enter 键，即可返回第一位用户的赠品，如图 11-51 所示。

❸ 选中 D8 单元格，向下填充公式到 D17 单元格，一次性返回其他用户对应的赠品，如图 11-52 所示。

图 11-51

图 11-52

公式解析

= VLOOKUP(B8,IF(C8="金卡",\$A\$3:\$B\$5,\$C\$3:\$D\$5),2)

① 使用 IF 函数判断 C8 单元格中是否为"金卡"，如果是则返回查找范围为"\$A\$3:\$B\$5"，否则返回查找范围为"\$C\$3:\$D\$5"。

② 将①步中使用 IF 函数返回的值作为 VLOOKUP 函数的第 2 个参数。第 1 个参数为 B8 单元格中的值，也就是要查询的消费金额为"2689"，将其对应在"\$A\$3:\$B\$5"单元格区域中第 2 列的值，也就是赠品的名称，即在 0 到 2999 之间，也就是"电水壶"。

例 4：实现通配符查找

当在具有众多数据的数据库中实现查询时，通常会不记得要查询对象的准确全称，只记得是什么开头或什么结尾，这时可以在查找值参数中使用通配符。

❶ 在 A13 单元格输入大概的名称（这里只模糊记得固定资产名称的最后两个字是"喷绘机"），比如：喷绘机。选中 B13 单元格，在编辑栏中输入公式：**=VLOOKUP("*"&A13,A1:H10,8,0)**，如图 11-53 所示。

❷ 按 Enter 键，即可返回固定资产的月折旧额，如图 11-54 所示。

SUM		× ✓ fx	=VLOOKUP("*"&A13,A1:H10,8,0)					
	A	B	C	D	E	F	G	H
1	固定资产名称	开始使用日期	预计使用年限	原值	净残值率	净残值	已计提月数	月折旧额
2	冰箱	13.01.01	10	84000	5%	4200	66	665
3	奔驰轿车	13.10.01	10	408000	5%	20400	57	1805
4	电视	13.01.01	5	2980	5%	149	66	47
5	冰箱	15.01.01	5	3205	5%	160	42	51
6	打印机	16.02.03	5	2350	5%	118	29	37
7	沙发	13.11.07	5	2980	5%	149	55	47
8	空调	14.06.05	5	5800	5%	290	49	92
9	冷暖空调机	14.06.22	4	2200	5%	110	48	44
10	uv喷绘机	14.05.01	10	98000	10%	9800	50	735
11								
12	固定资产名称	月折旧额						
13	喷绘机	,H10,8,0)						
14								

图 11-53

	A	B	C	D	E	F	G	H
1	固定资产名称	开始使用日期	预计使用年限	原值	净残值率	净残值	已计提月数	月折旧额
2	冰箱	13.01.01	10	84000	5%	4200	66	665
3	奔驰轿车	13.10.01	10	408000	5%	20400	57	1805
4	电视	13.01.01	5	2980	5%	149	66	47
5	冰箱	15.01.01	5	3205	5%	160	42	51
6	打印机	16.02.03	5	2350	5%	118	29	37
7	沙发	13.11.07	5	2980	5%	149	55	47
8	空调	14.06.05	5	5800	5%	290	49	92
9	冷暖空调机	14.06.22	4	2200	5%	110	48	44
10	uv喷绘机	14.05.01	10	98000	10%	9800	50	735
11								
12	固定资产名称	月折旧额						
13	喷绘机	735						
14								

图 11-54

公式解析

= VLOOKUP("*"&A13,A1:H10,8,0)

""*"&A13"表示将 A13 单元格中的名称和"*"通配符连接，记住这种连接方式。如果知道以某字符开头，则把通配符放在右侧即可。将此值作为要查找的值，查找范围是 A1:H10 单元格区域，要查询的值所在范围内的列数是第 8 列，也就是"月折旧额"列的数据。

例 5：查找并返回符合条件的多条记录

在使用 VLOOKUP 函数查询时，如果同时有多条满足条件的记录（如图 11-55 所示），默认只能查找出第一条满足条件的记录。而在这种情况下一般都希望能找到并显示出所有找到的记录。要解决此问题可以借助辅助列，在辅助列中为每条记录添加一个唯一的、用于区分不同记录的字符来解决，具体操作如下。

❶ 选中 A 列列标并右击，在打开的下拉菜单中选择"插入"命令（如图 11-56 所示），即可在 A 列前插入新的空白列。

图 11-55   图 11-56

❷ 选中 A1 单元格，在编辑栏中输入公式：**=COUNTIF(B$2:B2,$G$2)**，如图 11-57 所示。

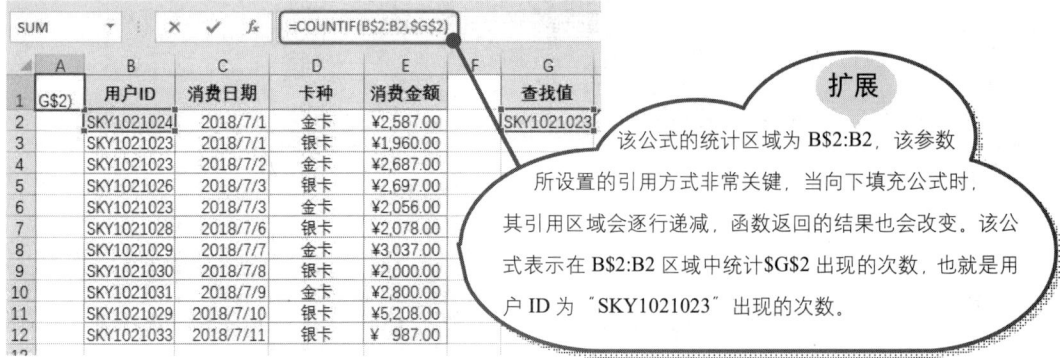

扩展

该公式的统计区域为 B$2:B2，该参数所设置的引用方式非常关键，当向下填充公式时，其引用区域会逐行递减，函数返回的结果也会改变。该公式表示在 B$2:B2 区域中统计$G$2 出现的次数，也就是用户 ID 为"SKY1021023"出现的次数。

图 11-57

❸ 按 Enter 键，返回辅助数字"0"，如图 11-58 所示。

❹ 选中 A1 单元格，向下填充公式到 A12 单元格，一次性得到 B 列中各个 ID 号在 B 列共出现的次数，第 1 次显示 1，第 2 次显示 2，第 3 次显示 3，以此类推，如图 11-59 所示。

图 11-58   图 11-59

❺ 选中 H2 单元格，在编辑栏中输入公式：**=VLOOKUP(ROW(1:1),$A:$E, COLUMN(C:C), FALSE)**，按 Enter 键，返回的是 G2 单元格中查找值对应的第 1 个消费日期，如图 11-60 所示。

	A	B	C	D	E	F	G	H
1	0	用户ID	消费日期	卡种	消费金额		查找值	消费日期
2	1	SKY1021024	2018/7/1	金卡	¥2,587.00		SKY1021023	43282
3	2	SKY1021023	2018/7/1	银卡	¥1,960.00			
4	2	SKY1021023	2018/7/2	金卡	¥2,687.00			
5	3	SKY1021026	2018/7/3	银卡	¥2,697.00			
6	3	SKY1021023	2018/7/3	金卡	¥2,056.00			
7	3	SKY1021028	2018/7/6	银卡	¥2,078.00			
8	3	SKY1021029	2018/7/7	金卡	¥3,037.00			
9	3	SKY1021030	2018/7/8	银卡	¥2,000.00			
10	3	SKY1021031	2018/7/9	金卡	¥2,800.00			
11	3	SKY1021029	2018/7/10	银卡	¥5,208.00			
12	3	SKY1021033	2018/7/11	银卡	¥ 987.00			

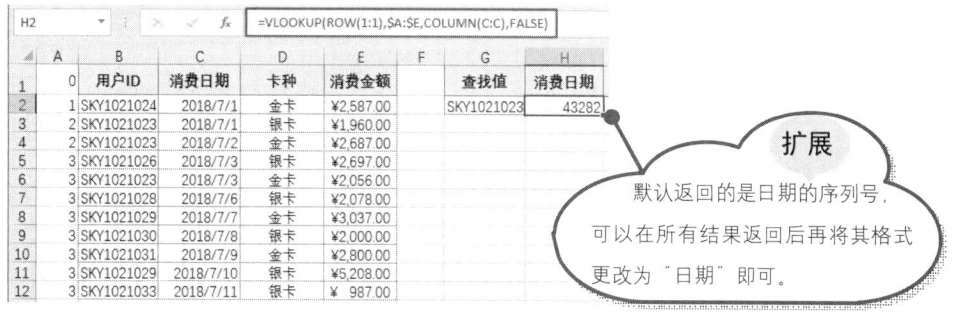

图 11-60

❻ 选中 H2 单元格，向右填充公式到 J2 单元格，返回的是第一条找到的记录的相关数据，如图 11-61 所示。

	A	B	C	D	E	F	G	H	I	J
1	0	用户ID	消费日期	卡种	消费金额		查找值	消费日期	卡种	消费金额
2	1	SKY1021024	2018/7/1	金卡	¥2,587.00		SKY1021023	43282	金卡	2587
3	2	SKY1021023	2018/7/1	银卡	¥1,960.00					
4	2	SKY1021023	2018/7/2	金卡	¥2,687.00					
5	3	SKY1021026	2018/7/3	银卡	¥2,697.00					
6	3	SKY1021023	2018/7/3	金卡	¥2,056.00					
7	3	SKY1021028	2018/7/6	银卡	¥2,078.00					
8	3	SKY1021029	2018/7/7	金卡	¥3,037.00					
9	3	SKY1021030	2018/7/8	银卡	¥2,000.00					
10	3	SKY1021031	2018/7/9	金卡	¥2,800.00					
11	3	SKY1021029	2018/7/10	银卡	¥5,208.00					
12	3	SKY1021033	2018/7/11	银卡	¥ 987.00					
13										
14										

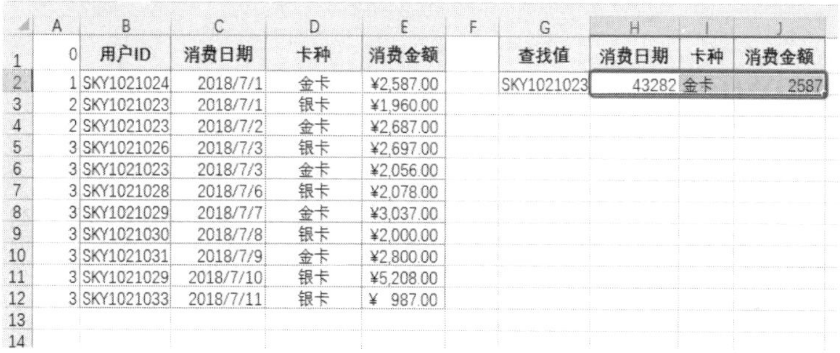

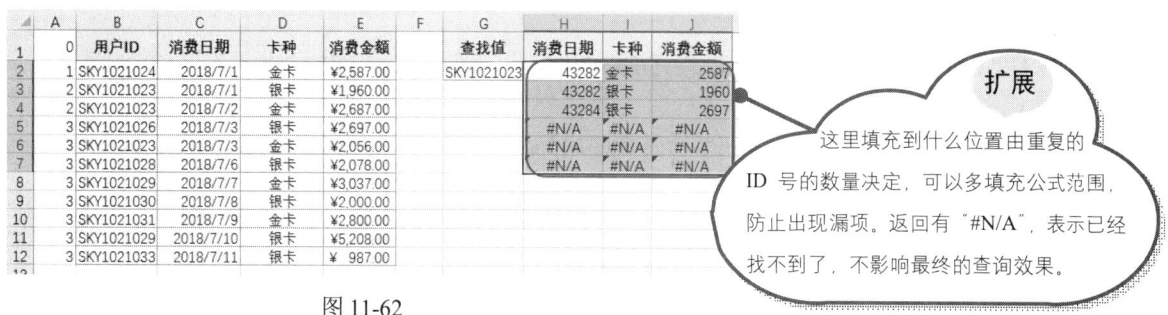

图 11-61

❼ 选中 H2:J2 单元格区域，再向下填充公式，一次性得到其他相同用户 ID 的各种消费信息，如图 11-62 所示。

	A	B	C	D	E	F	G	H	I	J
1	0	用户ID	消费日期	卡种	消费金额		查找值	消费日期	卡种	消费金额
2	1	SKY1021024	2018/7/1	金卡	¥2,587.00		SKY1021023	43282	金卡	2587
3	2	SKY1021023	2018/7/1	银卡	¥1,960.00			43282	银卡	1960
4	2	SKY1021023	2018/7/2	金卡	¥2,687.00			43284	银卡	2697
5	3	SKY1021026	2018/7/3	银卡	¥2,697.00			#N/A	#N/A	#N/A
6	3	SKY1021023	2018/7/3	金卡	¥2,056.00			#N/A	#N/A	#N/A
7	3	SKY1021028	2018/7/6	银卡	¥2,078.00			#N/A	#N/A	#N/A
8	3	SKY1021029	2018/7/7	金卡	¥3,037.00					
9	3	SKY1021030	2018/7/8	银卡	¥2,000.00					
10	3	SKY1021031	2018/7/9	金卡	¥2,800.00					
11	3	SKY1021029	2018/7/10	银卡	¥5,208.00					
12	3	SKY1021033	2018/7/11	银卡	¥ 987.00					

图 11-62

❽ 选中 H2:H4 单元格区域，在"开始"选项卡的"数字"组中单击"数字格式"下拉按钮，在打开的下拉菜单中选择"短日期"命令，即可显示正确的日期格式，如图 11-63 所示。

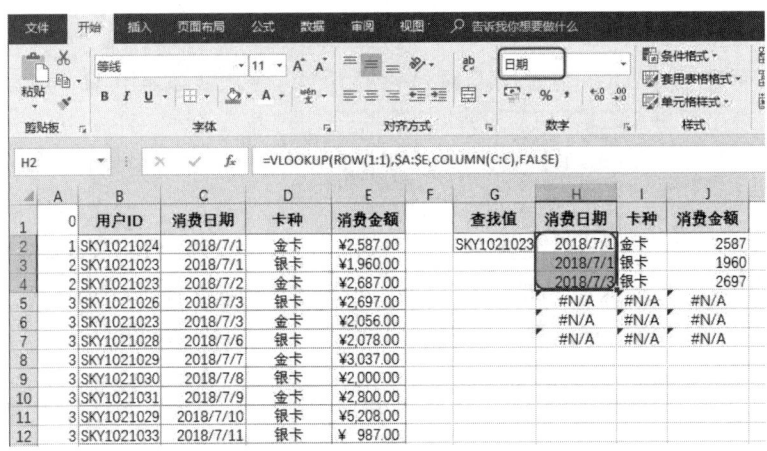

图 11-63

公式解析

= VLOOKUP(ROW(1:1),\$A:\$E,COLUMN(C:C),FALSE)

① 将 "ROW(1:1)" 作为 VLOOKUP 函数的查找值，当前返回第 1 行的行号 1，向下填充公式时，会随之变为 ROW(2:2)、ROW(3:3)……，即首先找 "1"、其次找 "2"、然后找 "3"……直到找不到为止。

② 将 "COLUMN(C:C)" 作为 VLOOKUP 函数的第三个参数值，匹配值所在的列号，即指定返回哪一列上的值。使用 "COLUMN(C:C)" 的返回值是为了便于公式向右复制时不必手动逐一指定此值。在本节例 1 中已详细介绍过这种用法。

③ 使用 VLOOKUP 函数查找①步中的值在\$A:\$E 单元格区域中对应在②步中的值。

11.2.2 LOOKUP：查找目标数据并返回当前行中指定数组中的值

LOOKUP 函数可从单行或单列区域或者从一个数组返回值。LOOKUP 函数具有两种语法形式：向量形式和数组形式。

- LOOKUP 的向量形式语法是在单行区域或单列区域（称为"向量"）中查找值，然后返回第 2 个单行区域或单列区域中相同位置的值。
- LOOKUP 的数组形式在数组的第 1 行或第 1 列中查找指定的值，并返回数组最后一行或最后一列内同一位置的值。

【函数语法】 语法 1（向量型）：LOOKUP(lookup_value, lookup_vector, [result_vector])

- lookup_value：表示 LOOKUP 在第 1 个向量中搜索的值。lookup_value 可以是数字、文本、逻辑值、名称或对值的引用。
- lookup_vector：表示只包含一行或一列的区域。lookup_vector 中的值可以是文本、数字或逻辑值。

- result_vector：可选。只包含一行或一列的区域。result_vector 参数必须与 lookup_vector 大小相同。

语法 2（数组型）：LOOKUP(lookup_value, array)

- lookup_value：表示 LOOKUP 在数组中搜索的值。lookup_value 参数可以是数字、文本、逻辑值、名称或对值的引用。
- array：表示包含要与 lookup_value 进行比较的文本、数字或逻辑值的单元格区域。

扩展

在这个数组上查找目标值。找到后返回对应在③数组中相应位置上的值。

注意

无论是哪种语法，用于查找的那一行或列的数据都应按升序排列。如果不排序，在查找时会出现查找错误的情况。

=LOOKUP(❶查找的目标值,❷查找的数组,❸返回值的数组)

经验之谈

　　LOOKUP 具有模糊查找的特性，有两项重要的总结如下，同时这里也讲一下 LOOKUP 函数与 VLOOKUP 函数的区别。

　　（1）如果查找对象小于查找区域中的最小值，函数 LOOKUP 将返回错误值 #N/A。

　　（2）如果函数 LOOKUP 找不到完全匹配的查找对象，则查找所设定的查找区域中小于或等于查找值的最大数值，即我们所说的有模糊查找（这一特性可以在学习下面第 1 个例子后再回头理解一次）。

　　利用这一特性，可以用一个通用公式来作查找引用。（关于这个通用公式，下面的例 2、例 3 都是使用的此公式并给出了详细的公式解析。因为这个公式很重要，在理解了其用法后，建议牢记。）

=LOOKUP(1,0/(条件),用于返回值的区域)

　　（3）VLOOKUP 一般用于精确查找，虽然将最后一个参数省略或设置为 TRUE 时也可以实现模糊查找，但一般模糊查找可以直接交给 LOOKUP。VLOOKUP 函数只能从给定数据区域的首列中查找，而 LOOKUP 函数则可以使用向量型语法任意指定查找的列和用于返回值的列，因此它可以进行反向查找，VLOOKUP 函数则不能（除非借助其他函数的帮助）。

例 1：LOOKUP 模糊查找

　　在 VLOOKUP 函数中通过设置第 4 个参数为 TRUE 时，可以实现模糊查找，而 LOOKUP 函数本身就具有模糊查找的属性。即如果 LOOKUP 找不到所设定的目标值，则会寻找小于或等于目标值的最大数值。利用这个特性可以实现模糊匹配。

　　例如沿用 11.2.1 小节中例 2 的数据，使用 LOOKUP 函数也可以很便捷地解决问题。大家可以比较一下这两个函数的用法有什么不同。

❶ 选中 G3 单元格，在编辑栏中输入公式：**=LOOKUP(F3,$A$3:$B$7)**，如图 11-64 所示。

❷ 按 Enter 键，即可根据 F3 单元格的成绩得到该学生的成绩评定结果，如图 11-65 所示。

❸ 选中 G3 单元格，向下填充公式到 G11 单元格，一次性对其他学生的成绩等级进行评定，如图 11-66 所示。

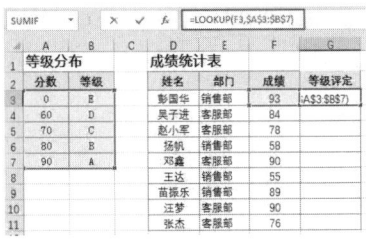

图 11-64 　　　　　　　　　　图 11-65 　　　　　　　　　　图 11-66

经验之谈

其判断原理为：例如，93 在 A3:A7 单元格区域中找不到，则找到的就是小于 93 的最大数 90，其对应在 B 列上的数据是"A"。再如，85 在 A3:A7 单元格区域中找不到，则找到的就是小于 85 的最大数 80，其对应在 B 列上的数据是"B"。

例 2：通过简称或关键字模糊匹配

在例中给出了个各个银行对应的利率（名称是银行简称），而在实际查询匹配时使用的银行是全称（如某某路某某支行），现在要求根据全称能自动从 A、B 两列中匹配相应的利率。

---

❶ 选中 G2 单元格，在编辑栏中输入公式：**=LOOKUP(1,0/FIND($A$2:$A$6,D2), $B$2:$B$6)**，如图 11-67 所示。

❷ 按 Enter 键，即可根据银行的全称匹配得到相应的利率，如图 11-68 所示。

图 11-67 　　　　　　　　　　　　　　　　图 11-68

❸ 选中 G2 单元格，向下填充公式，即可获取各项借款的利率，如图 11-69 所示。

图 11-69

公式解析

=LOOKUP(1,0/FIND($A$2:$A$6,D2),$B$2:$B$6)

① 用 FIND 查找当前银行全称中是否包括$A$2:$A$6 区域中的名称。如果包括则返回起始位置数字;如果不包括则返回错误值#VALUE!, 返回的是一个数组。针对 G2 单元格的公式, 返回的是 "{#VALUE!;#VALUE!;#VALUE!;#VALUE!;1}"。

② 用 0 与①步数组中各个值相除。0/#VALUE!,返回#VALUE!, 0 除以数字返回 0。表示能找到数据返回 0, 构成一个由#VALUE!和 0 组成的数组。即{#VALUE!;#VALUE!;#VALUE!;#VALUE!;0}"。

③ LOOKUP 在②组数中查找 1, 在②组数中最大的只有 0, 因此与 0 匹配, 并返回对应在 B 列上的值。

例 3:LOOKUP 满足多条件查找

LOOKUP 使用通用公式 "=LOOKUP(1,0/(条件),引用区域)" 可以很方便地实现同时满足多条件的查找, 并且也很容易理解。

本例中需要根据指定的店面名称和指定的月份两个条件, 查询对应的销售额数据。

❶ 选中 G2 单元格, 在编辑栏中输入公式: **=LOOKUP(1,0/((E2=A2:A11)*(F2=B2:B11)), C2:C11)**, 如图 11-70 所示。

❷ 按 Enter 键, 即可返回 "1 店" 在 "2 月" 的销售额, 如图 11-71 所示。

SUMIF			fx =LOOKUP(1,0/((E2=A2:A11)*(F2=B2:B11)),C2:C11)				
	A	B	C	D	E	F	G	H
1	店面	月份	销售额		店面	月份	销售额
2	1店	1月	¥ 24,689.00		1店	2月	C2:C11
3	1店	2月	¥ 27,976.00				
4	1店	3月	¥ 19,464.00				
5	2店	1月	¥ 21,447.00				
6	2店	2月	¥ 18,069.00				
7	2店	3月	¥ 25,640.00				
8	3店	1月	¥ 21,434.00				
9	3店	2月	¥ 18,564.00				
10	3店	3月	¥ 23,461.00				
11	3店	4月	¥ 20,410.00				

图 11-70

	A	B	C	D	E	F	G
1	店面	月份	销售额		店面	月份	销售额
2	1店	1月	¥ 24,689.00		1店	2月	27976
3	1店	2月	¥ 27,976.00				
4	1店	3月	¥ 19,464.00				
5	2店	1月	¥ 21,447.00				
6	2店	2月	¥ 18,069.00				
7	2店	3月	¥ 25,640.00				
8	3店	1月	¥ 21,434.00				
9	3店	2月	¥ 18,564.00				
10	3店	3月	¥ 23,461.00				
11	3店	4月	¥ 20,410.00				

图 11-71

❸ 更改店面名称和指定月份后（如"2店""2月"），即可实现快速更新查询，如图 11-72 所示。

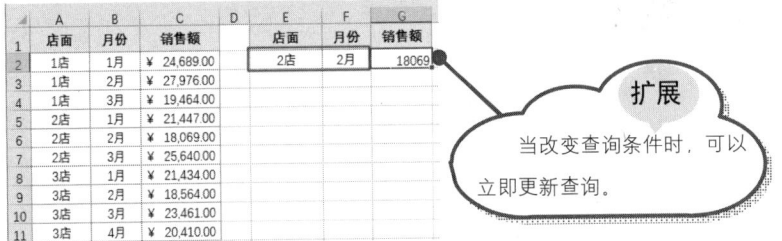

图 11-72

公式解析

= **LOOKUP(1,0/((E2=A2:A11)*(F2=B2:B11)),C2:C11)**

在上一范例中已通过实例讲解了"=LOOKUP(1,0/(条件),用于返回值的区域)"这个通用公式，并解析了公式是如何逐步返回值的。此处要同时满足两个条件，作为初学者而言，如果暂时还不能理解这样的公式，不如牢记通用公式（在此函数起始处已强调此公式的重要性）。当要满足两个条件时，只需要中间用"*"连接。(E2=A2:A11)*(F2=B2:B11)，即在 A2:A11 中查找和 E2 中相同的店面名称，在 B2:B11 中查找和 F2 中相同的查询月份。如果还有第 3 个条件，可再按相同的方法连接第 3 个条件。只要把条件都写在"0/"下方即可。

11.2.3 MATCH：查找并返回找到值所在位置

MATCH 函数用于返回在指定方式下与指定数值匹配的数组中元素的相应位置。

【函数语法】MATCH(lookup_value,lookup_array,match_type)

- lookup_value：为需要在数据表中查找的数值。
- lookup_array：可能包含所要查找数值的连续单元格区域。
- match_type：为数字–1、0 或 1，指明如何在 lookup_array 中查找 lookup_value。当 match_type 为 1 或省略时，函数查找小于或等于 lookup_value 的最大数值，lookup_array 必须按升序排列；如果 match_type 为 0，函数查找等于 lookup_value 的第 1 个数值，lookup_array 可以按任何顺序排列；如果 match_type 为–1，函数查找大于或等于 lookup_value 的最小值，lookup_array 必须按降序排列。

=MATCH(❶查找值,❷查找值区域)

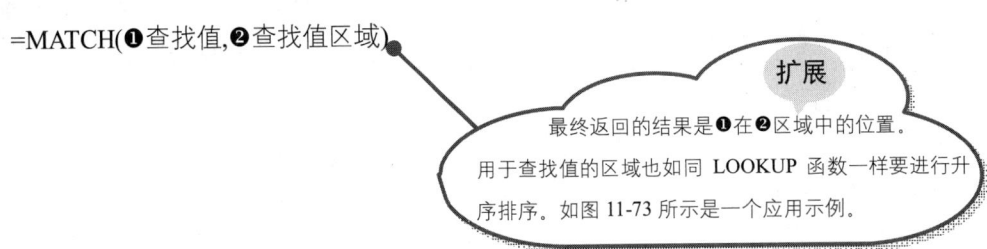

最终返回的结果是❶在❷区域中的位置。用于查找值的区域也如同 LOOKUP 函数一样要进行升序排序。如图 11-73 所示是一个应用示例。

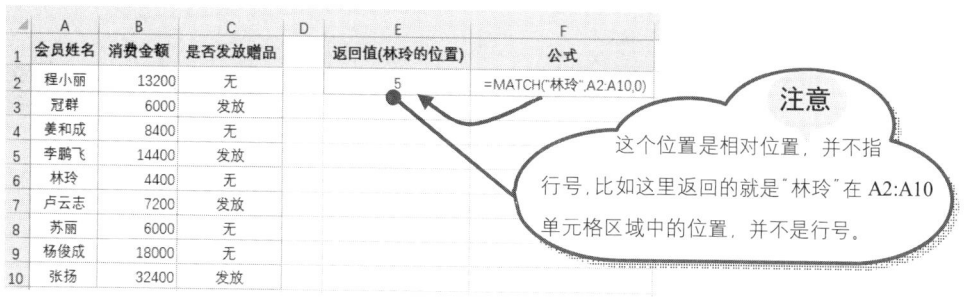

图 11-73

例1：查找目标数据的位置

使用 MATCH 函数可以返回目标数据的给定单元格区域中的位置。

选中 F2 单元格，在编辑栏中输入公式：=MATCH("孙婷",A1:A11)，按 Enter 键，即可返回"孙婷"所在的位置，如图 11-74 所示。

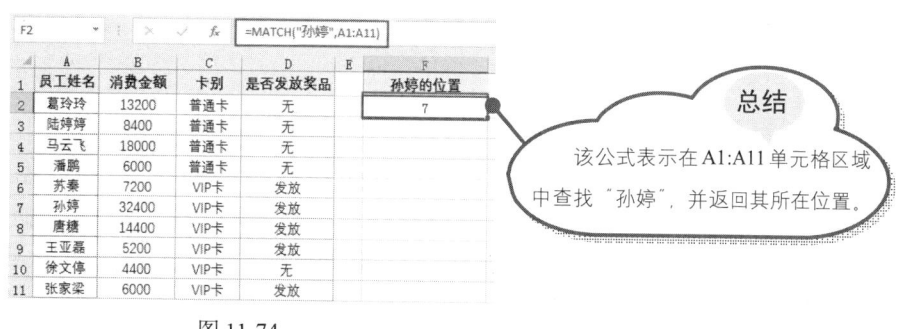

图 11-74

例2：查找指定消费者是否发放奖品

MATCH 函数用于返回目标数据的位置，如果只是查找位置似乎并不起什么作用，所以 MATCH 函数常搭配 INDEX 函数使用（在下一节中将介绍此函数的参数），INDEX 函数用于返回指定位置上的值，配合使用这两个函数就可以实现对目标数据的查询并返回其值。例如，沿用上面的例子可以通过两个函数配合查询任意指定消费者是否发放奖品的信息。

❶ 选中 F2 单元格，在编辑栏中输入公式：**=INDEX(A1:D11,MATCH("孙婷",A1:A11),4)**，如图 11-75 所示。

❷ 按 Enter 键，即可返回"孙婷"是否发放奖品的结果，如图 11-76 所示。

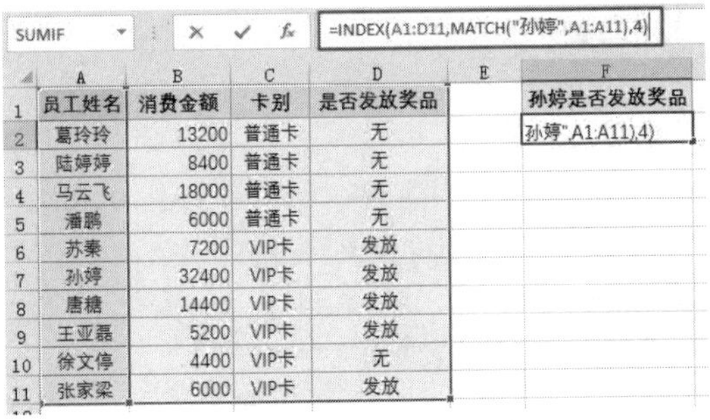

SUMIF =INDEX(A1:D11,MATCH("孙婷",A1:A11),4)

	A	B	C	D	E	F
1	员工姓名	消费金额	卡别	是否发放奖品		孙婷是否发放奖品
2	葛玲玲	13200	普通卡	无		孙婷",A1:A11),4)
3	陆婷婷	8400	普通卡	无		
4	马云飞	18000	普通卡	无		
5	潘鹏	6000	普通卡	无		
6	苏秦	7200	VIP卡	发放		
7	孙婷	32400	VIP卡	发放		
8	唐糖	14400	VIP卡	发放		
9	王亚磊	5200	VIP卡	发放		
10	徐文停	4400	VIP卡	无		
11	张家梁	6000	VIP卡	发放		

图 11-75

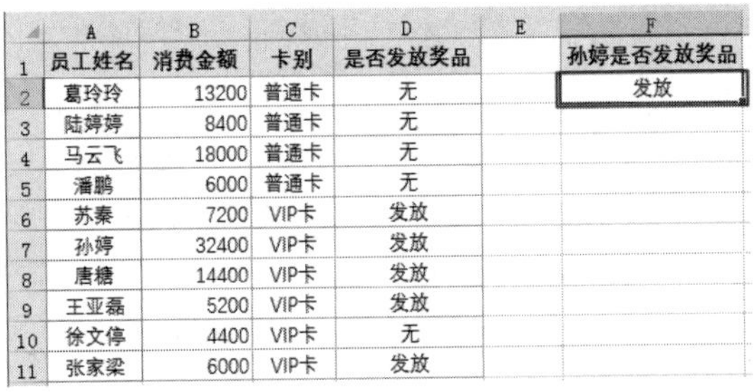

	A	B	C	D	E	F
1	员工姓名	消费金额	卡别	是否发放奖品		孙婷是否发放奖品
2	葛玲玲	13200	普通卡	无		发放
3	陆婷婷	8400	普通卡	无		
4	马云飞	18000	普通卡	无		
5	潘鹏	6000	普通卡	无		
6	苏秦	7200	VIP卡	发放		
7	孙婷	32400	VIP卡	发放		
8	唐糖	14400	VIP卡	发放		
9	王亚磊	5200	VIP卡	发放		
10	徐文停	4400	VIP卡	无		
11	张家梁	6000	VIP卡	发放		

图 11-76

公式解析

①

=INDEX(A1:D11,MATCH("孙婷",A1:A11),4)

②

① 使用 MATCH 函数在 A1:A11 单元格区域中寻找“孙婷”，并返回其位置（位于第几行中），即第 7 行。

② 使用 INDEX 函数在 A1:D11 单元格区域中返回①步指定行处与第 4 列交叉处的值，也就是第 7 行第 4 列交叉处的值，即“发放”。

11.2.4 INDEX：从引用或数组中返回指定位置处的值

INDEX 函数返回表格或区域中的值或值的引用。函数 INDEX 有两种形式：引用形式和数组形式。INDEX 函数引用形式通常返回引用。INDEX 函数的数组形式通常返回数值或数值数组。当函数 INDEX 的第 1 个参数为数组常数时，使用数组形式。

【函数语法】

语法 1（引用型）：INDEX(reference, row_num, [column_num], [area_num])

- reference：表示对一个或多个单元格区域的引用。
- row_num：表示引用中某行的行号，函数从该行返回一个引用。
- column_num：可选。引用中某列的列标，函数从该列返回一个引用。
- area_num：可选。选择引用中的一个区域，可以从中返回 row_num 和 column_num 的交叉区域。选中或输入的第 1 个区域序号为 1，第 2 个区域序号为 2，以此类推。如果省略 area_num，则函数 index 使用区域 1。

语法 2（数组型）：INDEX(array, row_num, [column_num])

- array：表示单元格区域或数组常量。
- row_num：表示选择数组中的某行，函数从该行返回数值。
- column_num：可选。选择数组中的某列，函数从该列返回数值。

=INDEX (❶要查找的区域,❷指定行,❸指定列)

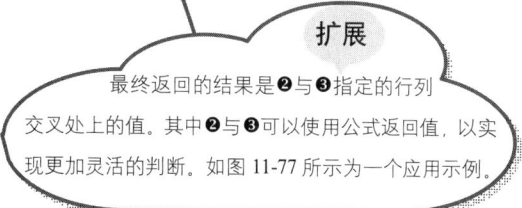

扩展

最终返回的结果是❷与❸指定的行列交叉处上的值。其中❷与❸可以使用公式返回值，以实现更加灵活的判断。如图 11-77 所示为一个应用示例。

	A	B	C	D	E	F
1	会员姓名	消费金额	是否发放赠品		返回值(6行与1列交叉处)	公式
2	程小丽	13200	无		卢云志	=INDEX(A2:C10,6,1)
3	冠群	6000	发放			
4	姜和成	8400	无			
5	李鹏飞	14400	发放			
6	林玲	4400	无			
7	卢云志	7200	发放			
8	苏丽	6000	无			
9	杨俊成	18000	无			
10	张扬	32400	发放			

图 11-77

例 1：返回指定行列交叉处的值

使用 INDEX 函数可以返回指定行与列交叉的值，行数与列数使用两个参数来指定。

❶ 选中 F2 单元格，在编辑栏中输入公式：**=INDEX(A1:D11,6,1)**，如图 11-78 所示。

❷ 按 Enter 键，即可返回 6 行与 1 列交叉处所在的值，如图 11-79 所示。

SUM　=INDEX(A1:D11,6,1)

	A	B	C	D	E	F
1	员工姓名	消费金额	卡别	是否发放奖品		6行与1列交叉处
2	周磊	14400	VIP卡	发放		K(A1:D11, 6, 1)
3	蒋苗苗	18000	普通卡	无		
4	胡琛琛	5200	VIP卡	发放		
5	刘玲燕	32400	VIP卡	发放		
6	韩要荣	8400	普通卡	无		
7	王昌灵	6000	VIP卡	发放		
8	余永梅	7200	VIP卡	发放		
9	黄伟	13200	普通卡	无		
10	洪新成	4400	VIP卡	无		
11	章晔	6000	普通卡	无		

图 11-78

	A	B	C	D	E	F
1	员工姓名	消费金额	卡别	是否发放奖品		6行与1列交叉处
2	周磊	14400	VIP卡	发放		韩要荣
3	蒋苗苗	18000	普通卡	无		
4	胡琛琛	5200	VIP卡	发放		
5	刘玲燕	32400	VIP卡	发放		
6	韩要荣	8400	普通卡	无		
7	王昌灵	6000	VIP卡	发放		
8	余永梅	7200	VIP卡	发放		
9	黄伟	13200	普通卡	无		
10	洪新成	4400	VIP卡	无		
11	章晔	6000	普通卡	无		

图 11-79

❸ 选中 G2 中，在编辑栏中输入公式：**=INDEX(A1:D11,6,4)**，如图 11-80 所示。

❹ 按 Enter 键，即可返回 6 行与 4 列交叉处所在的值，如图 11-81 所示。

SUM　=INDEX(A1:D11,6,4)

	A	B	C	D	E	F	G
1	员工姓名	消费金额	卡别	是否发放奖品		6行与1列交叉处	6行与4列交叉处
2	周磊	14400	VIP卡	发放		韩要荣	K(A1:D11, 6, 4)
3	蒋苗苗	18000	普通卡	无			
4	胡琛琛	5200	VIP卡	发放			
5	刘玲燕	32400	VIP卡	发放			
6	韩要荣	8400	普通卡	无			
7	王昌灵	6000	VIP卡	发放			
8	余永梅	7200	VIP卡	发放			
9	黄伟	13200	普通卡	无			
10	洪新成	4400	VIP卡	无			
11	章晔	6000	普通卡	无			

图 11-80

	A	B	C	D	E	F	G
1	员工姓名	消费金额	卡别	是否发放奖品		6行与1列交叉处	6行与4列交叉处
2	周磊	14400	VIP卡	发放		韩要荣	无
3	蒋苗苗	18000	普通卡	无			
4	胡琛琛	5200	VIP卡	发放			
5	刘玲燕	32400	VIP卡	发放			
6	韩要荣	8400	普通卡	无			
7	王昌灵	6000	VIP卡	发放			
8	余永梅	7200	VIP卡	发放			
9	黄伟	13200	普通卡	无			
10	洪新成	4400	VIP卡	无			
11	章晔	6000	普通卡	无			

图 11-81

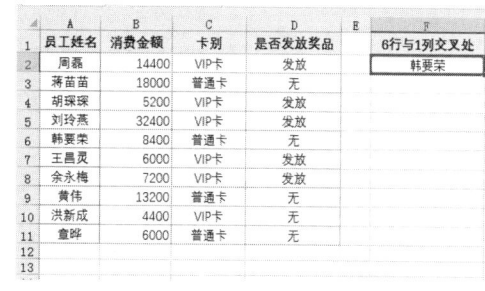

经验之谈

在 INDEX 函数的参数中，如果只是手动地指出返回哪一行与哪一列交叉处的值，也让公式不具备自动查找的能力。因此需要在内部嵌套 MATCH 函数，用这个函数去查找目标值并返回目标值所在位置，外层的 INDEX 函数再返回这个位置上的值就实现了智能查找，只要改变查找对象，就可以实现自动查找。因此，这两个函数是一直搭配使用的函数。带着这个目的再学下面两个实例。

例2：查找指定月份指定人员的销售额

表格中统计了各员工不同月份的销售额，现在需要快速查询任意员工在任意月份的销售额。现在的查询条件有两个，查询对象行的位置与列的位置都要判断，因此需要在 INDEX 函数中嵌套使用两次 MATCH 函数。

❶ 选中 C12 单元格，在编辑栏中输入公式：**=INDEX(B2:C9,MATCH(B12,A2:A9,0), MATCH (A12,B1:C1,0))**，如图 11-82 所示。

❷ 按 Enter 键，即可得出莫云在 1 月的销售额，如图 11-83 所示。

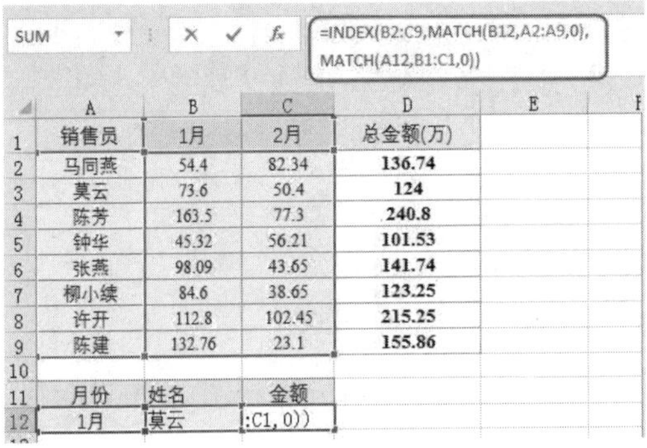

图 11-82

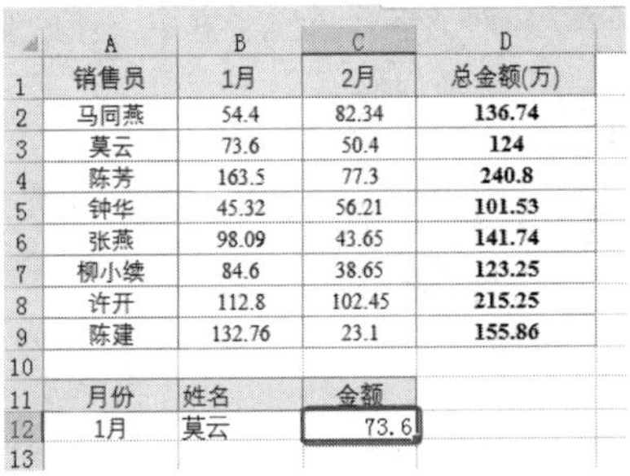

图 11-83

❸ 当需要查询其他员工在指定月份的销售额时，输入月份和姓名，按 Enter 键，即可获得查询结果，如图 11-84 所示。

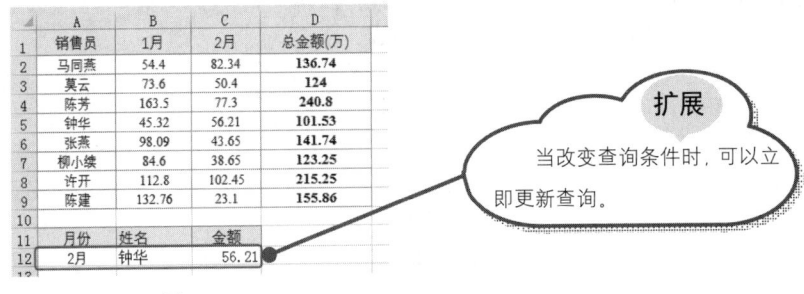

图 11-84

扩展：当改变查询条件时，可以立即更新查询。

公式解析

$$= INDEX(B2:C9,MATCH(B12,A2:A9,0),MATCH(A12,B1:C1,0))$$

① 使用 MATCH 函数在 A2:A9 单元格区域中寻找 B12 单元格中的值，也就是姓名，并返回其位置（位于第几行中），即 2。

② 使用 MATCH 函数在 B1:C1 单元格区域中寻找 A12 单元格中的值，也就是月份，并返回其位置（位于第几列中），即 2。

③ 使用 INDEX 函数返回 B2:C9 单元格区域中①步指定行处与②步结果指定列出（交叉处）的值。也就是第 2 行第 2 列处的值，即 73.6。

例 3：反向查询最高金额的销售员

在工作簿中统计了各员工不同月份的销售额并计算了总销售额，要求快速查询出哪位员工的总销售额最高。

❶ 选中 C11 单元格，在编辑栏中输入公式：**=INDEX(A2:A9,MATCH(MAX(D2:D9), D2:D9,))**，如图 11-85 所示。

❷ 按 Enter 键，即可得出总金额最高所对应的员工姓名，如图 11-86 所示。

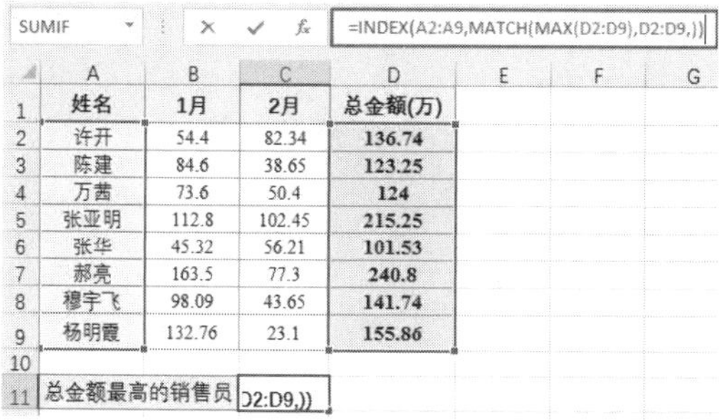

图 11-85 的表格：

	A	B	C	D
				fx =INDEX(A2:A9,MATCH(MAX(D2:D9),D2:D9,))
1	姓名	1月	2月	总金额(万)
2	许开	54.4	82.34	136.74
3	陈建	84.6	38.65	123.25
4	万茜	73.6	50.4	124
5	张亚明	112.8	102.45	215.25
6	张华	45.32	56.21	101.53
7	郝亮	163.5	77.3	240.8
8	穆宇飞	98.09	43.65	141.74
9	杨明霞	132.76	23.1	155.86
10				
11	总金额最高的销售员	D2:D9,))		

图 11-85

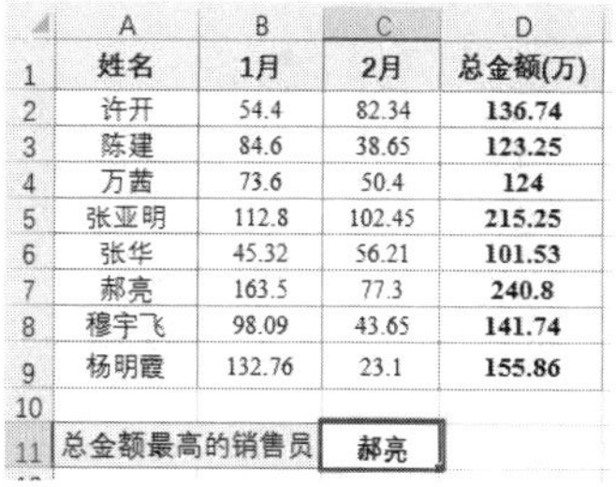

图 11-86 的表格：

	A	B	C	D
1	姓名	1月	2月	总金额(万)
2	许开	54.4	82.34	136.74
3	陈建	84.6	38.65	123.25
4	万茜	73.6	50.4	124
5	张亚明	112.8	102.45	215.25
6	张华	45.32	56.21	101.53
7	郝亮	163.5	77.3	240.8
8	穆宇飞	98.09	43.65	141.74
9	杨明霞	132.76	23.1	155.86
10				
11	总金额最高的销售员	郝亮		

图 11-86

公式解析

$$= INDEX(A2:A9,MATCH(MAX(D2:D9),D2:D9,))$$

① MAX 函数返回 D2:D9 单元格区域中的最大值，即 240.8。

② MATCH 函数返回①步结果在 D2:D9 单元格区域中的位置。

③ INDEX 函数返回 A2:A9 单元格区域中②步结果指定位置处的值。

经验之谈

多条件查找的例子在前面介绍 LOOKUP 函数时也介绍过，它们都可以达到这种目的的筛选。关键是了解了函数属性与用法即可自如设计公式。

另外，对于反向查找，VLOOKUP 函数不容易做到（需要借助于其他函数），LOOKUP 函数很容易做到，例如本例中的公式，也可以使用公式 "=LOOKUP(0,0/(D2:D9=MAX(D2:D9)),A2:A9)" 达到相同的统计结果（注意，仍然是使用 LOOKUP 函数条件判断的标准公式）。

第 12 章

信 息 函 数

```
                            ┌─ 12.1.1 CELL： 返回单元格的信息        例： 解决数据带有单位无法计算问题
         ┌─ 12.1 信息获得函数 ─┤
         │                   └─ 12.1.2 TYPE： 返回单元格内的数值类型    例： 测试数据是否是数值型
         │
         │                                                          ┌─ 例1： 统计停留车辆数
         │                   ┌─ 12.2.1 ISBLANK： 判断测试对象是否为空单元格 ─┤
         │                   │                                     └─ 例2： 将没有成绩的同学统一标注 "缺考"
信息函数 ─┤                   │
         │                   ├─ 12.2.2 ISERROR： 检测一个值是否为错误值    例： 检验数据是否为错误值
         │                   │
         │                   ├─ 12.2.3 ISNA: 检测一个值是否为#N/A错误值   例： 查询编码错误时显示 "编码错误"
         │                   │
         └─ 12.2  IS函数 ─────┤─ 12.2.4 ISNUMBER: 检测一个值是否为数值    例： 快速统计出席人数
                             │
                             ├─ 12.2.5 ISEVEN: 检测一个值是否为偶数     例： 根据员工编号判断其性别
                             │
                             ├─ 12.2.6 ISODD: 检测一个值是否为奇数      例： 分奇偶月计算总销售数量
                             │
                             ├─ 12.2.7 ISTEXT: 检测一个值是否为文本     例： 统计缺席人数
                             │
                             └─ 12.2.8 ISNONTEXT: 检测一个值是否为非文本  例： 快速统计实考人数
```

12.1 信息获得函数

信息获得函数主要归纳了 CELL 函数和 TYPE 函数。CELL 函数用于根据你的指定返回单元格的相关信息，TYPE 函数返回用数字代表的数值类型。

12.1.1 CELL：返回单元格的信息

CELL 函数返回有关单元格的格式、位置或内容的信息。

【函数语法】CELL(info_type, [reference])

● info_type：表示一个文本值，指定要返回的单元格信息的类型。
● reference：可选。需要其相关信息的单元格。

表 12-1 所示为 CELL 函数的 info_type 参数与返回值。

表　12-1

info_type	返 回 值
"address"	左上角单元格的文本地址
"col"	左上角单元格的列号
"color"	负值以不同颜色显示，则为值 1；否则返回 0
"contents"	引用左上角单元格的值，不是公式
"filename"	路径+文件名+工作表名，新文档尚未保存，则返回空文本("")
"format"	与单元格中不同的数字格式相对应的文本值
"parentheses"	正值或所有单元格均加括号，则为值 1；否则返回 0
"prefix"	与单元格中不同的"标志前缀"相对应的文本值。如果单元格文本左对齐，则返回单引号(')；如果单元格文本右对齐，则返回双引号(")；如果单元格文本居中，则返回插入字符(^)；如果单元格文本两端对齐，则返回反斜线(\)；如果是其他情况，则返回空文本("")
"protect"	如果单元格没有锁定，则为值 0；如果单元格锁定，则返回 1
"row"	左上角单元格的行号
"type"	与单元格中的数据类型相对应的文本值。如果单元格为空，则返回 b；如果单元格包含文本常量，则返回 l；如果单元格包含其他内容，则返回 v
"width"	取整后的单元格的列宽

例：解决数据带有单位无法计算问题

如果数据带有单位，则无法在公式中进行大小判断，本例表格中的库存带有"盒"单位，要想使用 IF 函数进行条件判断则无法进行，此时则可以使用 CELL 函数进行转换。

❶ 在表格中将光标定位在单元格 C2 中，输入公式：**=IF(CELL("contents",B2)<= "20","补货","")**，如图 12-1 所示。

SUM		✕ ✓ f_x	=IF(CELL("contents",B2)<= "20","补货","")		

	A	B	C	D	E	F
1	产品名称	库存	补充提示			
2	水库沁肌霜	17盒	"补货",""			
3	保湿化妆水	19盒				
4	美白淡斑面霜	22盒				
5	修复角质凝乳	11盒				
6	润肤精油	13盒				
7	保湿凝乳	18盒				
8	玫瑰喷雾	69盒				
9	薰衣草祛痘膏	16盒				
10	橙花洁面乳	37盒				
11						

图 12-1

❷ 按 Enter 键，则提取 B2 单元格数据并进行数量判断，最终返回是否补货，如图 12-2 所示。

❸ 选中 C2 单元格，向下填充公式到 C10 单元格，一次性判断出其他产品是否需要补货，如图 12-3 所示。

	A	B	C	
1	产品名称	库存	补充提示	
2	水库沁肌霜	17盒	补货	
3	保湿化妆水	19盒		
4	美白淡斑面霜	22盒		
5	修复角质凝乳	11盒		
6	润肤精油	13盒		
7	保湿凝乳	18盒		
8	玫瑰喷雾	69盒		
9	薰衣草祛痘膏	16盒		
10	橙花洁面乳	37盒		
11				

图 12-2

	A	B	C
1	产品名称	库存	补充提示
2	水库沁肌霜	17盒	补货
3	保湿化妆水	19盒	补货
4	美白淡斑面霜	22盒	
5	修复角质凝乳	11盒	补货
6	润肤精油	13盒	补货
7	保湿凝乳	18盒	补货
8	玫瑰喷雾	69盒	
9	薰衣草祛痘膏	16盒	补货
10	橙花洁面乳	37盒	
11			

图 12-3

公式解析

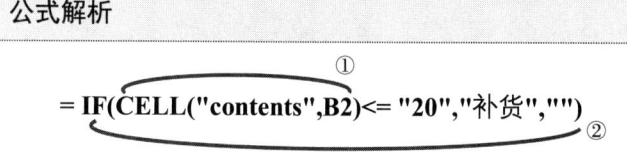

= IF(CELL("contents",B2)<= "20","补货","")
　　　　　　　①　　　　　　　　　　　　　②

① 提取 B2 单元格数据中的数值，也就是库存量。

② 使用 IF 函数判断①步中提取的库存量是否小于等于 20，如果是，则返回"补货"；否则返回空值。

12.1.2　TYPE：返回单元格内的数值类型

TYPE 函数用于返回数据的类型。

【函数语法】 TYPE(value)

value：必需。可以为任意 Microsoft Excel 数值，如数字、文本以及逻辑值等，见表 12-2。

表 12-2

value 类型	函数 TYPE 返回
数字	1
文本	2
逻辑值	4
误差值	16
数组	64

例：测试数据是否是数值型

本例表格中统计了各销售员的销售额，但是在计算总额时发现总计结果不对，因此可以用如下方法来判断数据是否是数值型数字。

❶ 在表格中将光标定位在单元格 C2 中，输入公式：**=TYPE(B2)**，按 Enter 键，返回结果为 2，表示 B2 单元格的数据是文本，如图 12-4 所示。

❷ 选中 C2 单元格，向下填充公式到 C10 单元格，可批量判断出其他数据类型，如图 12-5 所示。

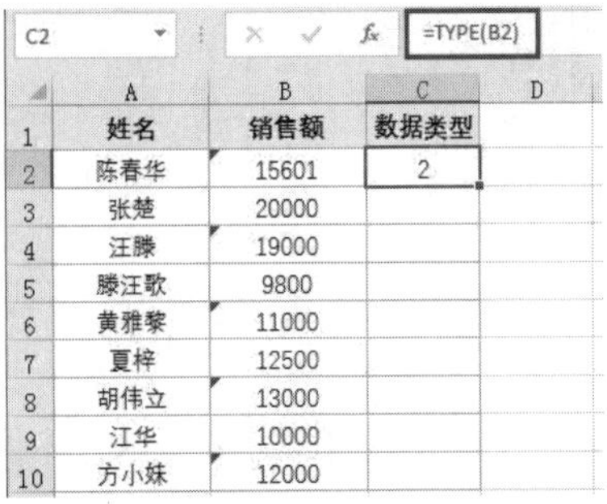

图 12-4

图 12-5

12.2 IS 函数

IS 函数归纳的是以 IS 开头的函数，它主要用于对单元格中数据进行判断，例如判断是否是空单元格、是否是某个指定的错误值、是否是文本等，返回的结果是逻辑值。

12.2.1 ISBLANK：判断测试对象是否为空单元格

ISBLANK 函数用于判断指定值是否为空值。

【函数语法】ISBLANK(value)

value：表示要检验的值。参数 value 可以是空白（空单元格）、错误值、逻辑值、文本、数字、引用值，或者引用要检验的以上任意值的名称。

例1：统计停留车辆数

某停车场采用电子感应器对进入场内的车辆进行时间统计，现在要求根据车辆离开时间统计停留车辆数，其中空单元格表示车辆未离开，使用 ISBLANK 函数配合 SUM 函数可以实现对带有空值的数据计数。

❶ 在表格中将光标定位在单元格 E2 中，输入公式：**=SUM(ISBLANK(C2:C11)*1)**，如图 12-6 所示。

❷ 按 Ctrl+Shift+Enter 组合键，得到统计结果，如图 12-7 所示。

	A	B	C	D	E	F
SUM			fx	=SUM(ISBLANK(C2:C11)*1)		
1	车牌号	进入时间	离开时间		停留车辆	
2	皖A***	7:13	12:08		?:C11)*1)	
3	皖H***	7:52	11:49			
4	皖A***	8:47	12:51			
5	皖A***	7:02	13:03			
6	皖A***	8:57				
7	皖A***	6:01	11:33			
8	皖C***	8:11				
9	苏A***	8:40	12:18			
10	皖A***	9:00				
11	皖H***	10:12	13:21			

图 12-6

	A	B	C	D	E
1	车牌号	进入时间	离开时间		停留车辆
2	皖A***	7:13	12:08		3
3	皖H***	7:52	11:49		
4	皖A***	8:47	12:51		
5	皖A***	7:02	13:03		
6	皖A***	8:57			
7	皖A***	6:01	11:33		
8	皖C***	8:11			
9	苏A***	8:40	12:18		
10	皖A***	9:00			
11	皖H***	10:12	13:21		
12					

图 12-7

公式解析

$$= SUM(ISBLANK(C2:C11)*1)$$
② ③ ①

① 使用 ISBLANK 函数判断 C2:C11 单元格区域中的值是否为空值，如果是返回 TRUE，不是返回 FALSE，返回的是一个数组。

② 用①步结果进行乘1处理，TRUE 值乘1返回1，FALSE 值乘1返回0，返回的是一个数组；这个数组由1和0组成。

③ 使用 SUM 函数对②步数组求和，也就是将所有的0和1相加，得到总数为3。

例2：将没有成绩的同学统一标注"缺考"

现有一份成绩表记录了学生的总成绩，其中有空单元格表示"缺考"，现在要求标明"缺考"字样，使用 ISBLANK 函数可以达到这一目的。

❶ 在表格中将光标定位在单元格 C2 中，输入公式：**=IF(ISBLANK(B2),"缺考","")**，按 Enter 键，得到第一个判断结果，如图 12-8 所示。

❷ 选中 C2 单元格，向下填充公式到 C10 单元格，可批量判断出其他学生是否缺考，如图 12-9 所示。

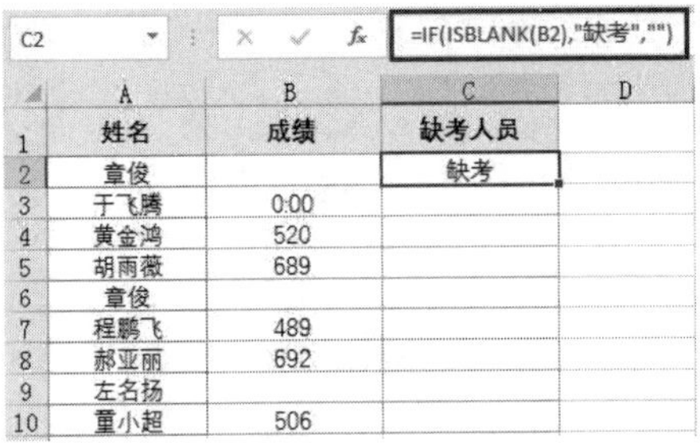

图 12-8

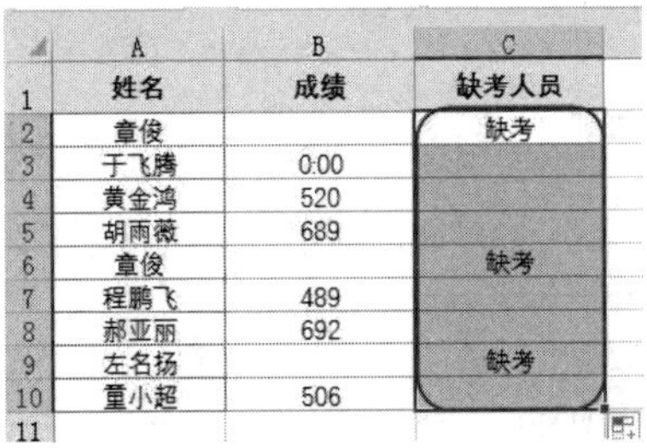

图 12-9

公式解析

= **IF(ISBLANK(B2),"缺考","")** ①
②

① 使用 ISBLANK 函数判断 B2 单元格中的值是否为空值，如果是空值返回 TRUE，否则返回 FALSE。

② 使用 IF 函数判断如果①判定结果为 TRUE，返回"缺考"；否则返回空。

12.2.2　ISERROR：检测一个值是否为错误值

ISERROR 函数用于判断指定数据是否为任何错误值。

【函数语法】ISERROR(value)

value：表示要检验的值。参数 value 可以是空白（空单元格）、错误值、逻辑值、文本、数字、引用值，或者引用要检验的以上任意值的名称。

例：检验数据是否为错误值

在计算比值时，如果除数为 0，则会返回错误值。为了避免出现这种错误值，可以使用 ISERROR 函数来检测，并在外层使用 IF 函数来判断。

---

❶ 在表格中将光标定位在单元格 D2 中，输入公式：**=IF(ISERROR(B2/C2),"",B2/C2)**，按 Enter 键，得到结果如图 12-10 所示。

❷ 选中 D2 单元格，向下填充公式到 D7 单元格，当"B2/C2"返回错误值时，公式最终返回空白；否则返回"B2/C2"的计算结果，如图 12-11 所示。

图 12-10

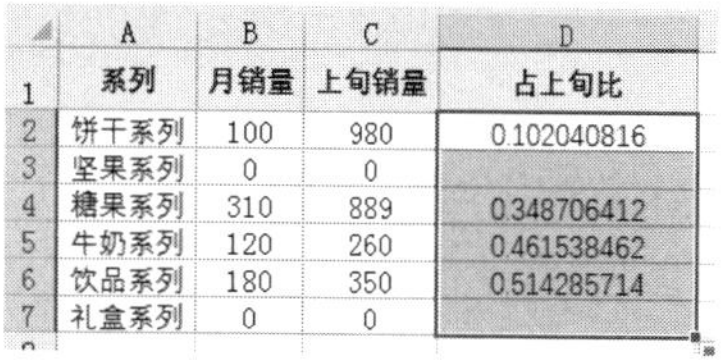

图 12-11

公式解析

=IF(ISERROR(B2/C2),"",B2/C2)

① 使用 ISERROR 函数判断 "B2/C2" 的计算结果是否为错误值，如果是返回 TRUE，不是返回 FALSE。

② 使用 IF 函数判断如果①判定结果为 TRUE，返回空白；如果不是返回 "B2/C2" 的计算结果。

12.2.3 ISNA：检测一个值是否为 "#N/A" 错误值

ISNA 函数用于判断指定数据是否为错误值 "#N/A"。

【函数语法】 ISNA(value)

value：表示要检验的值。参数 value 可以是空白（空单元格）、错误值、逻辑值、文本、数字、引用值，或者引用要检验的以上任意值的名称。

例：查询编码错误时显示 "编码错误"

在进行档案信息或其他信息查询时，如果找不到查询的对象，则会返回 "#N/A" 错误值，现在希望对象找不到时给出 "编码错误" 的提示字样。

❶ 在表格中将光标定位在单元格 D3 中，输入公式：**=IF(ISNA(B3), "编码错误","")**，按 Enter 键，返回 "编码错误" 文字，表示此项查找出现了 "#N/A" 错误值，如图 12-12 所示。

❷ 选中 D3 单元格，向下填充公式到 D11 单元格，一次性查找出其他错误编码，如图 12-13 所示。

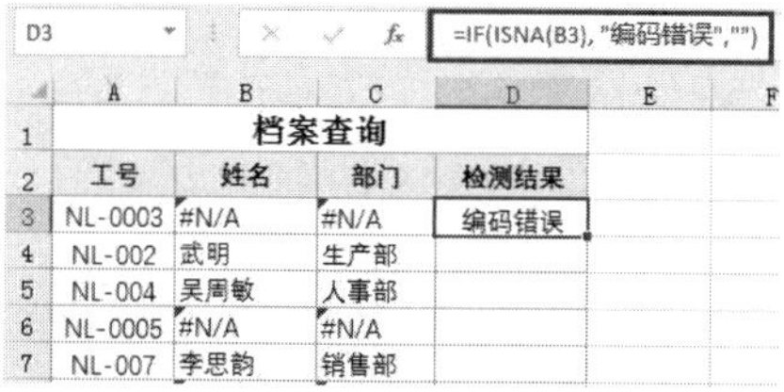

图 12-12

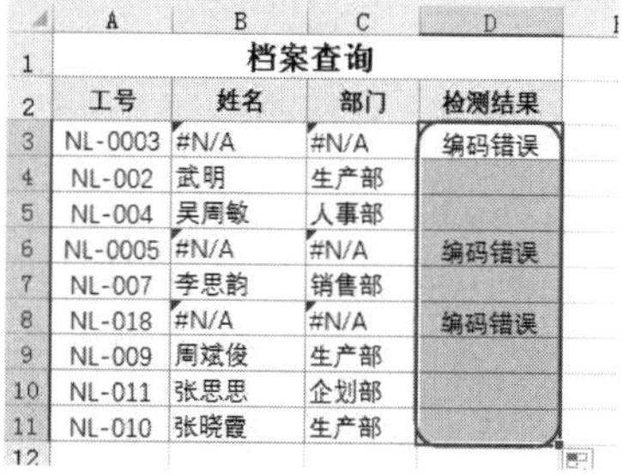

图 12-13

公式解析

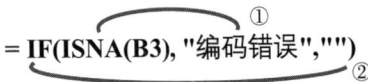

= IF(ISNA(B3), "编码错误","") ①②

① 使用 ISNA 函数判断 B3 单元格的值是否是"#N/A"错误值。

② 如果是，则返回"编码错误"；否则返回空。

12.2.4 ISNUMBER：检测一个值是否为数值

ISNUMBER 函数用于判断指定数据是否为数字。

【函数语法】ISNUMBER(value)

value：表示要检验的值。参数 value 可以是空白（空单元格）、错误值、逻辑值、文本、数字、引用值，或者引用要检验的以上任意值的名称。

例：快速统计出席人数

某会议签到表格记录了每一位签到人员的到场时间，其中未到场的以空白显示，要求按照签到时间统计出出席人数，使用 ISNUMBER 函数配合 SUM 函数可以统计结果。

❶ 在表格中将光标定位在单元格 E2 中，输入公式：**=SUM(ISNUMBER(C2:C13)*1)**，如图 12-14 所示。

❷ 按 Ctrl+Shift+Enter 组合键，得到统计结果，如图 12-15 所示。

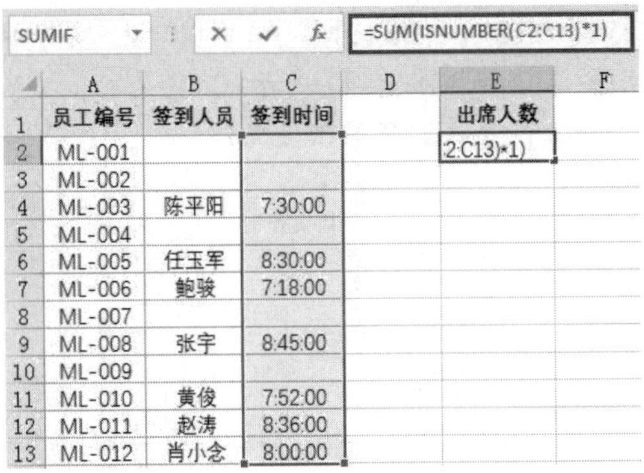

图 12-14

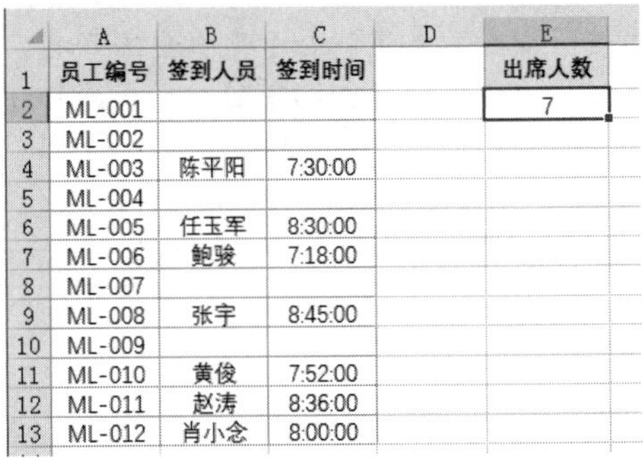

图 12-15

公式解析

=SUM(ISNUMBER(C2:C13)*1)

① 使用 ISNUMBER 函数判断 C2:C13 单元格区域中的值是否为数字(时间值也为数字),如果是返回 TRUE,如果不是返回 FALSE。

② 用①步结果进行乘 1 处理,TRUE 值乘 1 返回 1,FALSE 值乘 1 返回 0,返回的是一个数组。

③ 使用 SUM 函数对②步结果求和。

12.2.5 ISEVEN:检测一个值是否为偶数

ISEVEN 函数用于判断指定值是否为偶数。

【函数语法】ISEVEN(number)

number:为指定的数值,如果 number 为偶数,返回 TRUE;否则返回 FALSE。

例:根据员工编号判断其性别

某公司为有效判断员工性别,规定员工编号上最后一位数如果为偶数表示性别为"男",反之为"女",根据这一规定,可以使用 ISEVEN 函数来判断最后一位数的奇偶性,从而确定员工的性别。

❶ 在表格中将光标定位在单元格 C2 中,输入公式:**=IF(ISEVEN(RIGHT(B2,1)), "男","女")**,按 Enter 键,根据工号判断出第一位员工的性别,如图 12-16 所示。

❷ 选中 C2 单元格,向下填充公式到 C8 单元格,一次性判断出其他员工的性别,如图 12-17 所示。

C2		fx	=IF(ISEVEN(RIGHT(B2,1)),"男","女")	
	A	B	C	D	E
1	姓名	工号	性别		
2	潘鹏	ML-16003	女		
3	马云飞	ML-16004			
4	孙婷	AB-15001			
5	徐春宇	YL-11009			
6	桂湄	AB-09005			
7	胡丽丽	ML-13006			
8	张丽君	YL-15007			
9					

图 12-16

	A	B	C
1	姓名	工号	性别
2	潘鹏	ML-16003	女
3	马云飞	ML-16004	男
4	孙婷	AB-15001	女
5	徐春宇	YL-11009	女
6	桂湄	AB-09005	女
7	胡丽丽	ML-13006	男
8	张丽君	YL-15007	女
9			

图 12-17

公式解析

① 使用 RIGHT 函数从给定字符串的最右侧开始提取 B2 单元格中的一个字符，提取出的数字为 "3"。

② 使用 ISEVEN 函数对①步结果的数据进行奇偶性判断，数字 3 很显然为奇数。

③ 使用 IF 函数判断如果②判断结果为 TRUE，返回 "男"；否则返回 "女"。

12.2.6　ISODD：检测一个值是否为奇数

ISODD 函数用于判断指定值是否为奇数。

【函数语法】 ISODD(number)

number：表示待检验的数值。如果 number 不是整数，则截尾取整。如果参数 number 不是数值型，函数 ISODD 返回错误值 "#VALUE!"。

例：分奇偶月计算总销售数量

ISODD 函数用来检测一个值是否为奇数。下面例子中要求将 12 个月的销量分奇数月与偶数月来分别统计总销售数量。可以使用 ISODD 函数配合 ROW 函数、SUM 函数来进行公式的设置。

❶ 在表格中将光标定位在单元格 C2 中，输入公式：**=SUM(ISODD(ROW(B2:B13))*B2:B13)**，如图 12-18 所示。

❷ 按 Ctrl+Shift+Enter 组合键，得到偶数月的销量合计，如图 12-19 所示。

图 12-18

图 12-19

❸ 在表格中将光标定位在单元格 D2 中，输入公式：**=SUM(ISODD(ROW(B2:B13)-1) *B2:B13)**，如图 12-20 所示。

❹ 按 Ctrl+Shift+Enter 组合键，得到奇数月的销量合计，如图 12-21 所示。

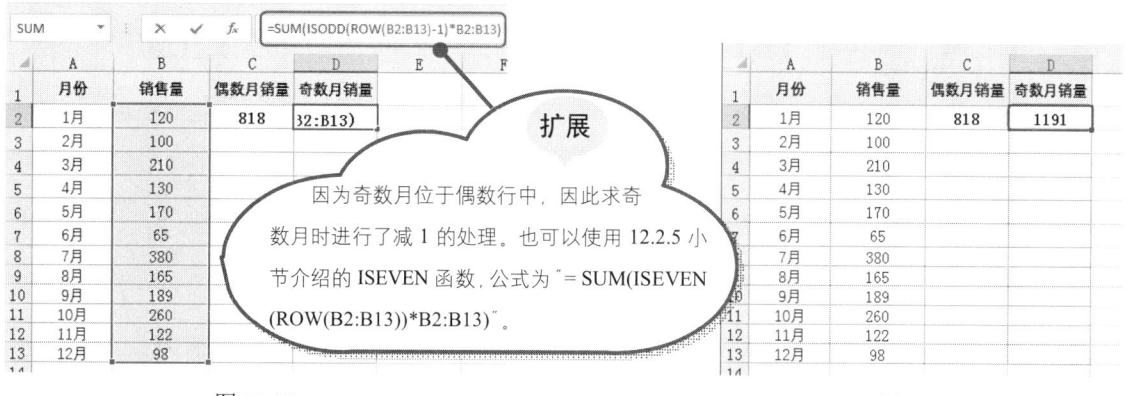

图 12-20　　　　　　　　　　　　　　　　　图 12-21

扩展

因为奇数月位于偶数行中，因此求奇数月时进行了减 1 的处理。也可以使用 12.2.5 小节介绍的 ISEVEN 函数，公式为"= SUM(ISEVEN (ROW(B2:B13))*B2:B13)"。

公式解析

= SUM(ISODD(ROW(B2:B13)–1)*B2:B13)

① 使用 ROW 函数提取 B2:B13 单元格区域的行号，即分别是 2,3,4,5,…,并以此类推。

② 使用 ISODD 函数依次判断①步中提取的行号是否是奇数。

③ 将②步的结果中是奇数的对应在 B2:B13 单元格区域上取值，即提取第 3 行、第 5 行、第 7 行等销售量数据，并进行求和运算。

12.2.7　ISTEXT：检测一个值是否为文本

ISTEXT 函数用于判断指定数据是否为文本。

【函数语法】 ISTEXT(value)

value：表示要检验的值。参数 value 可以是空白（空单元格）、错误值、逻辑值、文本、数字、引用值，或者引用要检验的以上任意值的名称。

例：统计缺席人数

某会议签到表格记录了每一位签到人员的到场时间,其中未到场有的显示"未签"文字，有的显示"缺席"文字，现在想统计缺席人数，可以使用 ISTEXT 函数配合 SUM 函数来设置公式。

Excel 函数与公式从入门到精通（微课视频版）

❶ 在表格中将光标定位在单元格 D2 中，输入公式：**=SUM(ISTEXT(B2:B14)*1)**，如图 12-22 所示。

❷ 按 Ctrl+Shift+Enter 组合键，即可返回缺席人数，如图 12-23 所示。

图 12-22　　　　　　　　　　　　　　图 12-23

公式解析

=SUM(ISTEXT(B2:B14)*1)

① 使用 ISTEXT 函数判断 B2:B14 单元格区域是否是文本，如果是返回 TRUE，如果不是返回 FALSE。

② 用①步结果进行乘 1 处理，TRUE 值乘 1 返回 1，FALSE 值乘 1 返回 0，返回的是一个由 0 和 1 组成的数组。

③ 使用 SUM 函数对②步结果求和。

12.2.8　ISNONTEXT：检测一个值是否为非文本

ISNONTEXT 函数用于判断指定数据是否为非文本。

【函数语法】 ISNONTEXT(value)

value：表示要检验的值。参数 value 可以是空白（空单元格）、错误值、逻辑值、文本、数字、引用值，或者引用要检验的以上任意值的名称。

例：快速统计实考人数

表格中统计了学生的成绩，其中有缺考情况（缺考的显示"缺考"文字），使用 ISNONTEXT 函数配合 SUM 函数可以统计出实考人数。

❶ 在表格中将光标定位在单元格 D2 中，输入公式：**=SUM(ISNONTEXT(B2:B14)*1)**，如图 12-24 所示。

❷ 按 Ctrl+Shift+Enter 组合键，即可返回实考人数，如图 12-25 所示。

	A	B	C	D	E
	SUM		✕ ✓ fx	=SUM(ISNONTEXT(B2:B14)*1)	
1	姓名	总成绩		实考人数	
2	李思	613		XT(B2:B14)*1)	
3	陈欧	缺考			
4	李多多	543			
5	张毅君	596			
6	胡娇娇	缺考			
7	董晓迪	495			
8	张振梅	缺考			
9	张俊	562			
10	桂萍	579			
11	廖凯	588			
12	霍晶	缺考			
13	陈风	601			
14	陈春华	623			

图 12-24

	A	B	C	D
1	姓名	总成绩		实考人数
2	李思	613		9
3	陈欧	缺考		
4	李多多	543		
5	张毅君	596		
6	胡娇娇	缺考		
7	董晓迪	495		
8	张振梅	缺考		
9	张俊	562		
10	桂萍	579		
11	廖凯	588		
12	霍晶	缺考		
13	陈风	601		
14	陈春华	623		
15				

图 12-25

公式解析

$$\underset{③}{=} \text{SUM(ISNONTEXT}\underset{}{(\text{B2:B14})}\overset{①}{}*1\underset{②}{)}$$

① 使用 ISNONTEXT 函数判断 B2:B14 单元格区域是否为非文本,如果是返回 TRUE,如果不是返回 FALSE。

② 用①步结果进行乘 1 处理,TRUE 值乘 1 返回 1,FALSE 值乘 1 返回 0,返回的是一个由 0 和 1 组成的数组。

③ 使用 SUM 函数对②步结果求和。

第13章

函数辅助人事数据的管理

- **13.1 函数辅助建立档案表**
  - 13.1.1 身份证号码提取有效信息
    - 例1：提取出生日期
    - 例2：提取员工性别
    - 例3：计算员工年龄
  - 13.1.2 计算员工工龄

- **13.2 人员结构分析**
  - 13.2.1 统计各部门员工总数、各性别员工人数
  - 13.2.2 统计各部门各学历人数
  - 13.2.3 统计各部门各年龄段人数
  - 13.2.4 统计各部门各工龄段人数

- 函数辅助人事数据管理

- **13.3 员工信息的快速查询**
  - 例1：添加员工工号下拉菜单
  - 例2：使用VLOOKUP函数建立返回档案信息的工具

- **13.4 人员入职培训成绩统计**
  - 13.4.1 计算总成绩、平均成绩、合格情况、名次
  - 13.4.2 筛选查看任意培训者成绩

- **13.5 自动化到期提醒设计**
  - 13.5.1 员工生日提醒
  - 13.5.2 试用期到期提醒
  - 13.5.3 合同到期提醒
  - 13.5.4 退休到期提醒

13.1　函数辅助建立档案表

人事信息数据表是每个公司都必须建立的基本表格，很多项人事数据统计工作都与此表有所关联。完善的人事信息不但便于对一段时期的人事情况进行准确分析（如年龄结构、学历层次等），同时也可以为公司各个岗位提供统一的姓名和标识，保证每位员工的数据都能实现快速查询。

人事信息通常包括员工编号、姓名、性别、所属部门、身份证号、年龄、学历、入职时间、离职时间、出生日期等。在建立人事信息表前需要将该张表格需要包含的要素拟订出来，以完成对表格框架的规划，然后再进行数据的进一步处理（可以利用各种函数公式计算），如图 13-1 所示。

员工编号	员工姓名	入职时间	离职时间	部门	职位	学历	身份证号	出生日期	性别	年龄	工龄
SL-001	李菲菲	2015年2月	2017年5月	生产部	一车间员工	中专	360106199112143256				
SL-002	朱华颖	2014年2月		生产部	一车间员工	高职	340221199101270943				
SL-003	华玉凤	2014年2月		生产部	一车间员工	中专	510100199206071266				
SL-004	李先标	2014年2月		生产部	一车间员工	高职	340400199304193699				
SL-005	张翔	2015年2月		生产部	一车间员工	中专	320400199109122000				
SL-006	邓珂	2014年2月		生产部	一车间员工	高职	360106199002073186				
SL-007	黄欣	2016年7月		生产部	一车间员工	中专	520100199308052386				
SL-008	王彬	2014年2月		生产部	一车间员工	初中	320400198710012364				
SL-009	夏晓辉	2014年2月		生产部	一车间员工	初中	510100199203061246				
SL-010	刘清	2014年2月		生产部	一车间员工	初中	330300199201282416				
SL-011	何娟	2014年3月		生产部	一车间员工	初中	340400199104220249				
SL-012	王倩	2014年3月		生产部	一车间员工	初中	320400199305293358				
SL-013	周磊	2014年3月		生产部	一车间员工	初中	330300199410082466				
SL-014	蒋苗苗	2017年7月		生产部	一车间员工	初中	320400199205252346				
SL-015	胡琛琛	2017年7月		生产部	二车间员工	初中	320400199411092254				
SL-016	刘玲燕	2017年7月		设计部	设计师	中专	340221198108210992				
SL-017	韩要荣	2017年7月	2017年6月	设计部	设计师助理	大专	130100197305202387				
SL-018	王昌灵	2017年7月		设计部	设计师	大专	320400198109022030				
SL-019	余永梅	2017年7月		设计部	设计师	大专	330200198311232357				
SL-020	黄伟	2014年7月		设计部	设计师	大专	320600197002168944				
SL-021	洪新成	2014年7月		设计部	设计师	大专	340400197104122249				

声立信息科技公司人员信息表

图 13-1

13.1.1　身份证号码提取有效信息

身份证号码是人事信息中的一项重要数据，在建表时一般都需要规划此项标识。身份证号码包含了持证人的多项信息，第 7~14 位表示出生年月日，第 17 位表示性别（奇数为男性、偶数则为女性），因此在完善人事信息时，这些数据可以直接使用函数从身份证号码中提取。

例 1：提取出生日期

根据身份证号码中间的八位数字可以提取出员工的出生日期。使用 MID 函数可以实现提取。

❶ 在表格中将光标定位在单元格 I3 中，输入公式：**=CONCATENATE(MID(H3,7,4),"-", MID(H3,11,2), "-",MID(H3,13,2))**，如图 13-2 所示。

| IF | | | | × ✓ fx | =CONCATENATE(MID(H3,7,4),"-",MID(H3,11,2),"-",MID(H3,13,2)) | | | | |

声立信息科技公司人员信息表

员工编号	员工姓名	入职时间	离职时间	部门	职位	学历	身份证号	出生日期	性别
SL-001	李菲菲	2015年2月	2017年5月	生产部	一车间员工	中专	360106199112143256	13, 13, 2))	
SL-002	朱华颖	2014年2月		生产部	一车间员工	高职	340221199101270943		
SL-003	华玉凤	2014年2月		生产部	一车间员工	中专	510100199206071266		
SL-004	李先标	2014年2月		生产部	一车间员工	高职	340400199304193699		
SL-005	张翔	2015年2月		生产部	一车间员工	中专	320400199109122000		
SL-006	邓珂	2014年2月		生产部	一车间员工	中专	360106199002073186		
SL-007	黄欣	2016年7月		生产部	一车间员工	中专	520100199308052386		
SL-008	王彬	2014年2月		生产部	一车间员工	初中	320400198710012364		
SL-009	夏晓辉	2014年2月		生产部	一车间员工	初中	510100199203061246		

图 13-2

❷ 按 Enter 键，即可返回第一位员工的出生日期，如图 13-3 所示。

声立信息科技公司人员信息表

员工编号	员工姓名	入职时间	离职时间	部门	职位	学历	身份证号	出生日期
SL-001	李菲菲	2015年2月	2017年5月	生产部	一车间员工	中专	360106199112143256	1991-12-14
SL-002	朱华颖	2014年2月		生产部	一车间员工	高职	340221199101270943	
SL-003	华玉凤	2014年2月		生产部	一车间员工	中专	510100199206071266	
SL-004	李先标	2014年2月		生产部	一车间员工	高职	340400199304193699	
SL-005	张翔	2015年2月		生产部	一车间员工	中专	320400199109122000	
SL-006	邓珂	2014年2月		生产部	一车间员工	高职	360106199002073186	

图 13-3

❸ 选中 I3 单元格，向下填充公式到 I19 单元格，一次性计算出其他员工的出生日期，如图 13-4 所示。

声立信息科技公司人员信息表

员工编号	员工姓名	入职时间	离职时间	部门	职位	学历	身份证号	出生日期
SL-001	李菲菲	2015年2月	2017年5月	生产部	一车间员工	中专	360106199112143256	1991-12-14
SL-002	朱华颖	2014年2月		生产部	一车间员工	高职	340221199101270943	1991-01-27
SL-003	华玉凤	2014年2月		生产部	一车间员工	中专	510100199206071266	1992-06-07
SL-004	李先标	2014年2月		生产部	一车间员工	高职	340400199304193699	1993-04-19
SL-005	张翔	2015年2月		生产部	一车间员工	中专	320400199109122000	1991-09-12
SL-006	邓珂	2014年2月		生产部	一车间员工	高职	360106199002073186	1990-02-07
SL-007	黄欣	2016年7月		生产部	一车间员工	中专	520100199308052386	1993-08-05
SL-008	王彬	2014年2月		生产部	一车间员工	初中	320400198710012364	1987-10-01
SL-009	夏晓辉	2014年2月		生产部	一车间员工	初中	510100199203061246	1992-03-06
SL-010	刘涛	2014年2月		生产部	一车间员工	初中	330300199201282416	1992-01-28
SL-011	何娟	2014年3月		生产部	一车间员工	初中	340400199104220249	1991-04-22
SL-012	王倩	2014年2月		生产部	一车间员工	初中	320400199305293358	1993-05-29
SL-013	周磊	2017年3月		生产部	一车间员工	初中	330300199410082466	1994-10-08
SL-014	蒋苗苗	2017年6月		生产部	一车间员工	初中	320400199205252346	1992-05-25
SL-015	胡琛深	2017年7月		生产部	二车间员工	初中	320400199411092254	1994-11-09
SL-016	刘玲燕	2017年7月		设计部	设计师	中专	340221198108210992	1981-08-21
SL-017	韩要荣	2014年7月	2017年6月	设计部	设计师助理	大专	130100197305202387	1973-05-20

图 13-4

公式解析

①

=CONCATENATE(MID(H3,7,4),"-",MID(H3,11,2),"-",MID(H3,13,2))
②

① 使用 MID 函数从 H3 单元格的第 7 位开始提取，提取 4 个字符，即"1991"；从 H3 单元格的第 11 位开始提取，提取 2 个字符，即"12"；从 H3 单元格的第 13 位开始提取，提取 2 个字符，即"14"。

② 使用 CONCATENATE 函数分别连接"1991-12-14"，得到完整的出生日期。

例 2：提取员工性别

根据身份证号码第 17 位数字的奇偶性判断员工性别。可以使用 MOD 和 MID 函数提取出性别信息。

❶ 在表格中将光标定位在单元格 J3 中，输入公式：**=IF(MOD(MID(H3,17,1),2)=1,"男","女")**，如图 13-5 所示。

| IF | | | × ✓ fx | =IF(MOD(MID(H3,17,1),2)=1,"男","女") | | | | | |

	B	C	D	E	F	G	H	I	J
1	言息科技公司人员信息表								
2	员工姓名	入职时间	离职时间	部门	职位	学历	身份证号	出生日期	性别
3	李菲菲	2015年2月	2017年5月	生产部	一车间员工	中专	360106199112143256	1991-12-14	"女")
4	朱华颖	2014年2月		生产部	一车间员工	高职	340221199101270943	1991-01-27	
5	华玉凤	2014年2月		生产部	一车间员工	中专	510100199206071266	1992-06-07	
6	李先标	2014年2月		生产部	一车间员工	高职	340400199304193699	1993-04-19	
7	张翔	2015年2月		生产部	一车间员工	中专	320400199109122000	1991-09-12	
8	邓珂	2014年2月		生产部	一车间员工	高职	360106199002073186	1990-02-07	
9	黄欣	2016年7月		生产部	一车间员工	中专	520100199308052386	1993-08-05	
10	王彬	2014年2月		生产部	一车间员工	初中	320400198710012364	1987-10-01	

图 13-5

❷ 按 Enter 键，即可返回第一位员工的性别，如图 13-6 所示。

	B	C	D	E	F	G	H	I	J
1	言息科技公司人员信息表								
2	员工姓名	入职时间	离职时间	部门	职位	学历	身份证号	出生日期	性别
3	李菲菲	2015年2月	2017年5月	生产部	一车间员工	中专	360106199112143256	1991-12-14	男
4	朱华颖	2014年2月		生产部	一车间员工	高职	340221199101270943	1991-01-27	
5	华玉凤	2014年2月		生产部	一车间员工	中专	510100199206071266	1992-06-07	
6	李先标	2014年2月		生产部	一车间员工	高职	340400199304193699	1993-04-19	
7	张翔	2015年2月		生产部	一车间员工	中专	320400199109122000	1991-09-12	

图 13-6

❸ 选中 J3 单元格，向下填充公式到 J25 单元格，一次性提取出其他员工的性别，如图 13-7 所示。

	B	C	D	E	F	G	H	I	J
1	言息科技公司人员信息表								
2	员工姓名	入职时间	离职时间	部门	职位	学历	身份证号	出生日期	性别
3	李菲菲	2015年2月	2017年5月	生产部	一车间员工	中专	360106199112143256	1991-12-14	男
4	朱华颖	2014年2月		生产部	一车间员工	高职	340221199101270943	1991-01-27	女
5	华玉凤	2014年2月		生产部	一车间员工	中专	510100199206071266	1992-06-07	女
6	李先标	2014年2月		生产部	一车间员工	高职	340400199304193699	1993-04-19	女
7	张翔	2015年2月		生产部	一车间员工	中专	320400199109122000	1991-09-12	女
8	邓珂	2014年2月		生产部	一车间员工	高职	360106199002073186	1990-02-07	女
9	黄欣	2016年7月		生产部	一车间员工	中专	520100199308052386	1993-08-05	女
10	王彬	2014年2月		生产部	一车间员工	初中	320400198710012364	1987-10-01	女
11	夏晓辉	2014年2月		生产部	一车间员工	初中	510100199203061246	1992-03-06	男
12	刘清	2014年2月		生产部	一车间员工	初中	330300199201282416	1992-01-28	男
13	何娟	2014年3月		生产部	一车间员工	初中	340400199104220249	1991-04-22	女
14	王倩	2014年3月		生产部	一车间员工	初中	320400199305293358	1993-05-29	男
15	周磊	2014年3月		生产部	一车间员工	初中	330300199400082466	1994-10-08	女
16	蒋苗苗	2017年7月		生产部	一车间员工	初中	320400199205252346	1992-05-25	女
17	胡琛琛	2017年7月		生产部	二车间员工	初中	320400199411092254	1994-11-09	男
18	刘玲燕	2017年7月		设计部	设计师	中专	340221198108210992	1981-08-21	男
19	韩要荣	2014年7月	2017年6月	设计部	设计师助理	大专	130100197305202387	1973-05-20	女
20	王昌灵	2017年7月		设计部	设计师	大专	320400198109022030	1981-09-02	男
21	余永梅	2017年7月		设计部	设计师	大专	330200198311232357	1983-11-23	男
22	黄伟	2014年7月		设计部	设计师	大专	320600197002168944	1970-02-16	女
23	洪新成	2014年7月		设计部	设计师	大专	340400197104122249	1971-04-12	女
24	章晔	2003年6月		销售部	销售总监	本科	510300197504252000	1975-04-25	女
25	姚磊	2005年7月		销售部	销售经理	本科	340700198411112348	1984-11-11	女

图 13-7

公式解析

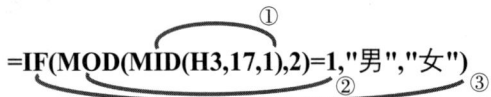

① MID 函数从 H3 单元格中第 17 位数字开始，并提取一位字符。

② MOD 函数将①步中提取的字符与 2 相除得到余数。并判断余数是否等于 1，如果是返回 TRUE，否则返回 FALSE。

③ 函数根据②步值返回最终结果，TRUE 值返回"男"，FALSE 值返回"女"。

例 3：计算员工年龄

根据身份证号码中的年份和系统当前的时间，可以使用 MID、YEAR 和 TODAY 函数提取出年龄。

❶ 在表格中将光标定位在单元格 K3 中，输入公式：**=YEAR(TODAY())–MID(H3,7,4)**，如图 13-8 所示。

❷ 按 Enter 键，即可返回第一位员工的年龄，如图 13-9 所示。

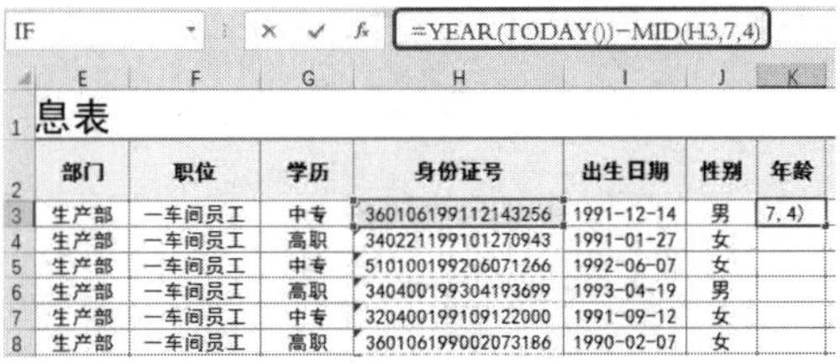

图 13-8

图 13-9

❸ 选中 K3 单元格，向下填充公式到 L21 单元格，一次性计算出其他员工的年龄，如图 13-10 所示。

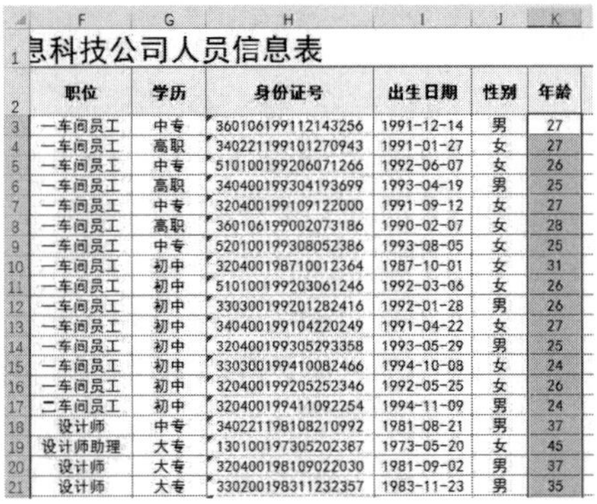

图 13-10

公式解析

=YEAR(TODAY())−MID(H3,7,4)

① TODAY 函数返回系统当前的时间，再使用 YEAR 函数将返回的当前时间提取年份，即 "2018"。

② MID 函数将 H3 单元格的字符从第 7 位开始提取 4 位，也就是 "1991"。

③ 将①值减去②值，即 2018−1991=27。

13.1.2　计算员工工龄

根据已填入的入职时间，还可以使用函数计算出员工的工龄。并且随着时间的推移，工龄也会自动重新统计。

❶ 在表格中将光标定位在单元格 L3 中，输入公式：**IF(D3="",DATEDIF(C3,TODAY(), "Y"), DATEDIF(C3,D3,"Y"))**，如图 13-11 所示。

图 13-11

❷ 按 Enter 键，即可返回第一位员工的工龄，如图 13-12 所示。

图 13-12

❸ 选中 L3 单元格，向下填充公式到 L23 单元格，一次性计算出其他员工的工龄，如图 13-13 所示。

图 13-13

公式解析

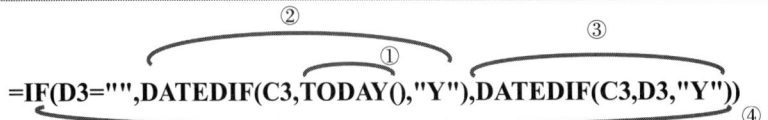

=IF(D3="",DATEDIF(C3,TODAY(),"Y"),DATEDIF(C3,D3,"Y"))

① TODAY 函数返回系统当前的时间。

② DATEDIF 函数将 C3 中的入职年份提取出来，参数"Y"代表按年份提取；将①步中年份和当前步骤中的年份相减得到差值为工龄。

③ DATEDIF 函数将 C3 中的入职年份和 D3 中的离职年份提取出来，并得到差值。

④ IF 函数判断 D3 中的值是否为空，如果为空执行②步中的年份值相减，如果不为空，则执行③步中的年份值相减，得到具体的工龄值。

13.2 人员结构分析

对公司人员结构分析，是对公司人力资源状况的审查，是用来检验人力资源配置与公司业务是否相配合，它是人力资源规划的一项基础工作。人员结构分析可以从性别、学历、年龄、工龄等进行分析。本节会对员工总数、各性别员工人数、不同学历人数、不同年龄段人数以及各工龄段人数进行分析。

按照结构分类建立好统计表格，年龄以 5 岁为区间分组，工龄以 3 年分组。可以使用 SUMPRODUCT 函数完成统计工作。

13.2.1 统计各部门员工总数、各性别员工人数

统计各部门的员工总人数，可以去除离职人员后，再按部门进行统计。由于在数据统计工作需要大量引用"人事信息表"中的数据，为方便对数据的引用，可以先进入"人事信息表"中定义名称。

❶ 创建工作表，在工作表标签上双击鼠标，重新输入名称为"人员结构分析表"，输入标题和列标识，并进行字体、边框、底纹等设置，从而让表格更加易于阅读，如图 13-14 所示。

❷ 切换到"人事信息表"中，选中 A2:L194 单元格区域，在"公式"选项卡的"定义的名称"组中单击"根据所选内容创建"按钮（如图 13-15 所示），打开"根据所选内容创建名称"对话框。

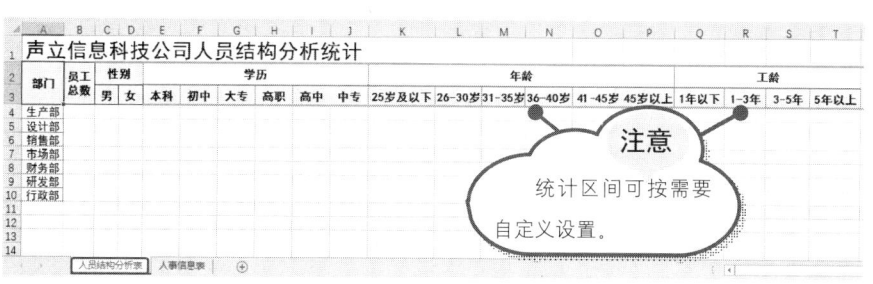

图 13-14

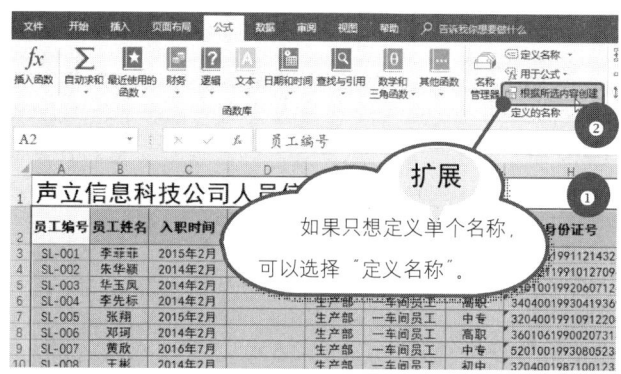

图 13-15

❸ 只勾选"首行"复选框（如图 13-16 所示），单击"确定"按钮即可创建所有名称。打开"名称
管理器"对话框，可以为所有选中的列都各自定义名称，其名称为列标识，如图 13-17 所示。

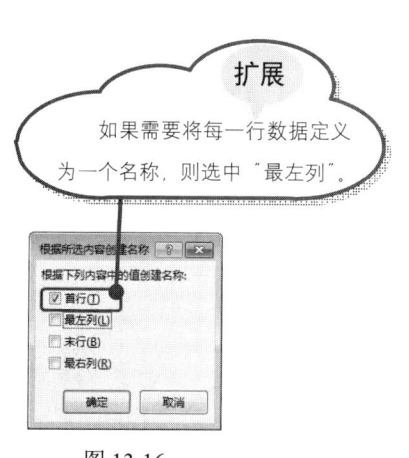

图 13-16

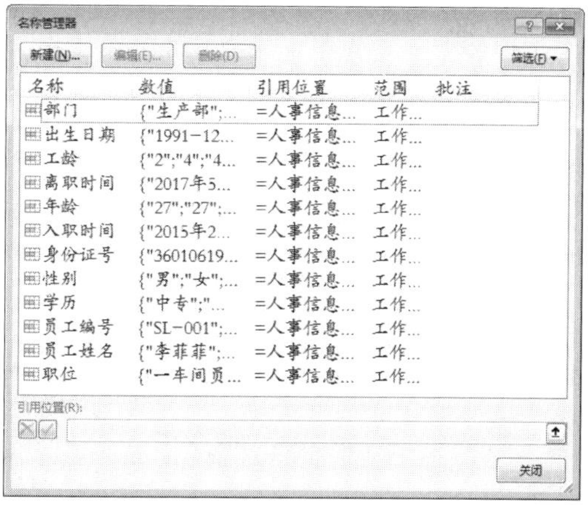

图 13-17

❹ 在表格中选中 B4 单元格，在编辑栏中输入公式：**=SUMPRODUCT((离职时间="")*(部门=A4))**，
按 Enter 键，即可返回"生产部"的员工总人数，如图 13-18 所示。

❺ 选中 B4 单元格，向下填充公式到 B10 单元格，一次性计算出其他部门的员工总人数，如图 13-19

所示。

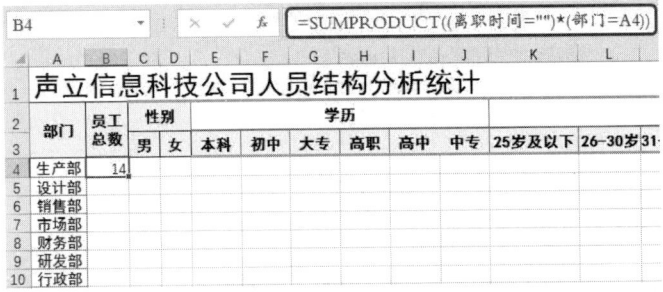

图 13-18

图 13-19

❻ 在表格中选中 C4 单元格，在编辑栏中输入公式：**=SUMPRODUCT((离职时间="")*(部门 =$A4)*(性别=C$3))**，按 Enter 键，即可返回"生产部"的男性员工总人数，如图 13-20 所示。

❼ 选中 C4 单元格，向下填充公式到 C10 单元格，一次性计算出其他部门的男性员工总人数，如 图 13-21 所示。

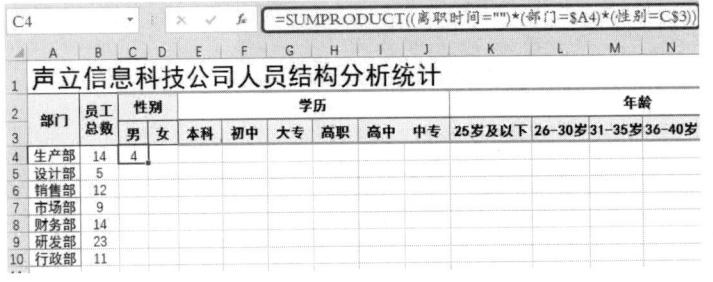

图 13-20

图 13-21

❽ 在表格中选中 D4 单元格，在编辑栏中输入公式：**=SUMPRODUCT((离职时间="")*(部门 =$A4)*(性别=D$3))**，按 Enter 键，即可返回"生产部"的女性员工总人数，如图 13-22 所示。

❾ 选中 D4 单元格，向下填充公式到 D10 单元格，一次性计算出其他部门的女性员工总人数，如 图 13-23 所示。

扩展

通过这些公式可以看到 SUMPRODUCT 函数用于对多条件的计数

图 13-22

图 13-23

公式解析

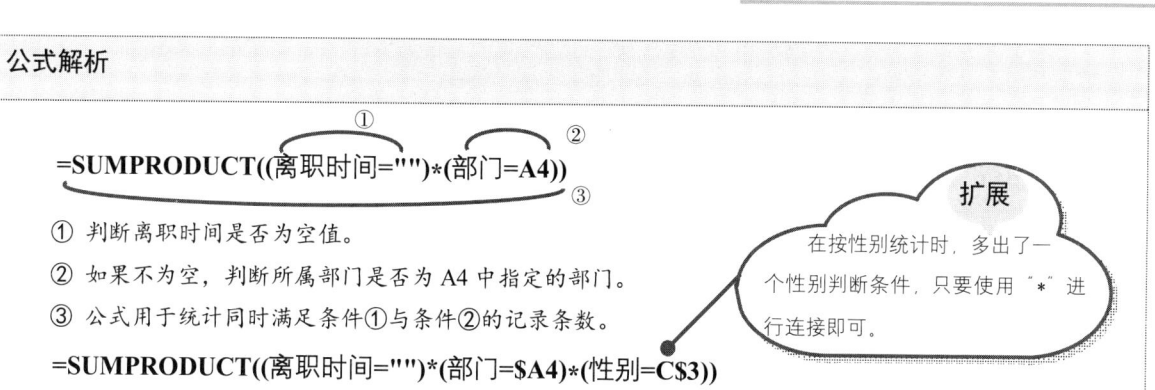

=SUMPRODUCT((离职时间="")*(部门=A4))

① 判断离职时间是否为空值。

② 如果不为空，判断所属部门是否为 A4 中指定的部门。

③ 公式用于统计同时满足条件①与条件②的记录条数。

=SUMPRODUCT((离职时间="")*(部门=$A4)*(性别=C$3))

扩展

在按性别统计时，多出了一个性别判断条件，只要使用"*"进行连接即可。

13.2.2　统计各部门各学历人数

根据"人事信息表"中"学历"列的数据，可以设置公式统计各个学历的总人数。

❶ 在表格中选中 E4 单元格，在编辑栏中输入公式：**=SUMPRODUCT((离职时间="")*(部门=$A4)*(学历=E$3))**，按 Enter 键，即可返回"生产部"的本科员工总人数，如图 13-24 所示。

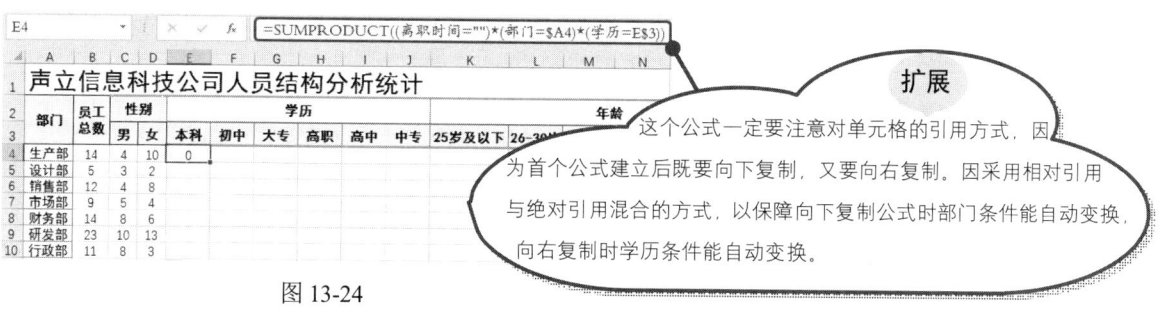

图 13-24

扩展

这个公式一定要注意对单元格的引用方式，因为首个公式建立后既要向下复制，又要向右复制。因采用相对引用与绝对引用混合的方式，以保障向下复制公式时部门条件能自动变换，向右复制时学历条件能自动变换。

❷ 选中 E4 单元格，向下填充公式到 E10 单元格，一次性计算出其他部门的本科员工总人数，如图 13-25 所示。保持单元格选中状态再向右复制公式，依次得到其他部门各学历层次的人数合计，如图 13-26 所示。

图 13-25

图 13-26

公式解析

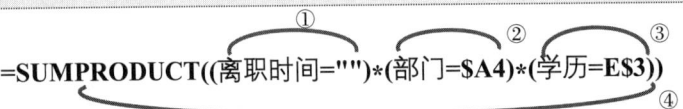

=SUMPRODUCT((离职时间="")*(部门=$A4)*(学历=E$3))

① 判断离职时间是否为空值。

② 判断所属部门是否为 A4 中的行政部。

③ 判断学历是否为 E3 中的本科。

④ 公式用于统计同时满足条件①、条件②与条件③的记录条数。

13.2.3　统计各部门各年龄段人数

根据不同的年龄段，可以使用 SUMPRODUCT 函数将指定部门符合指定年龄段的人数统计出来（不同的年龄段需要在公式中进行指定）。

❶ 在表格中选中 K4 单元格，在编辑栏中输入公式：**=SUMPRODUCT((部门=$A4)*(离职时间="")*(年龄<=25))**，按 Enter 键，即可返回"生产部"的 25 岁及以下员工总人数，如图 13-27 所示。

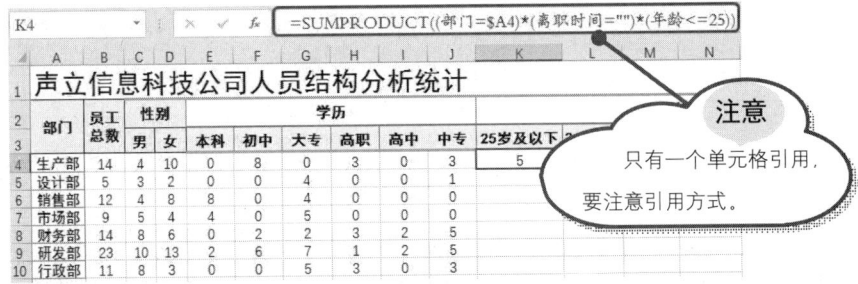

图 13-27

❷ 在表格中分别选中 L4、M4、N4、O4、P4 单元格，并依次输入公式：

=SUMPRODUCT((部门=$A4)*(离职时间="")*(年龄>25)*(年龄<=30))

=SUMPRODUCT((部门=$A4)*(离职时间="")*(年龄>30)*(年龄<=35))

=SUMPRODUCT((部门=$A4)*(离职时间="")*(年龄>35)*(年龄<=40))

=SUMPRODUCT((部门=$A4)*(离职时间="")*(年龄>40)*(年龄<=45))

=SUMPRODUCT((部门=$A4)*(离职时间="")*(年龄>45))

通过这几个公式可以分别统计出"生产部"各年龄段的人数，如图 13-28 所示。

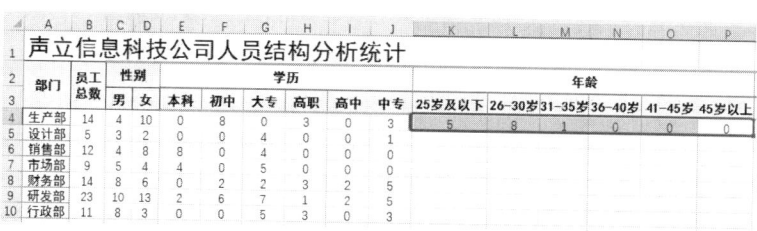

图 13-28

❸ 选中 K4:P4 单元格区域并向下复制公式，快速得出其他部门各年龄段的员工总人数，如图 13-29 所示。

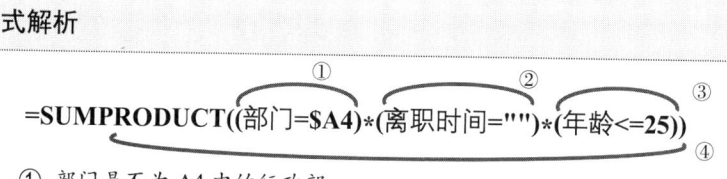

图 13-29

公式解析

=SUMPRODUCT((部门=$A4)*(离职时间="")*(年龄<=25))

① 部门是否为 A4 中的行政部。

② 离职时间是否为空值。

③ 年龄是否小于等于 25 岁。

④ 将①、②、③中符合条件的单元格个数统计求和。

13.2.4　统计各部门各工龄段人数

根据不同的年龄段，可以使用 SUMPRODUCT 函数将指定部门符合指定工龄段的人数合计值统计出来（不同的工龄段需要在公式中进行指定）。

❶ 在表格中选中 Q4 单元格，在编辑栏中输入公式：**=SUMPRODUCT((部门=$A4)*(离职时间="")*(工龄<=1))**，按 Enter 键，即可返回"生产部"工龄 1 年以下的员工总人数，如图 13-30 所示。

❷ 分别选中 R4、S4、T4 单元格并依次输入公式：

=SUMPRODUCT((部门=$A4)*(离职时间="")*(工龄>1)*(工龄<=3))

=SUMPRODUCT((部门=$A4)*(离职时间="")*(工龄>3)*(工龄<=5))

=SUMPRODUCT((部门=$A4)*(离职时间="")*(工龄>5))

图 13-30

通过这几个公式，分别统计出"生产部"各工龄段的人数，如图 13-31 所示。

❸ 选中 Q4:T4 单元格区域并向下复制公式，快速得出其他部门各工龄段的员工总人数，如图 13-32 所示。

图 13-31

图 13-32

公式解析

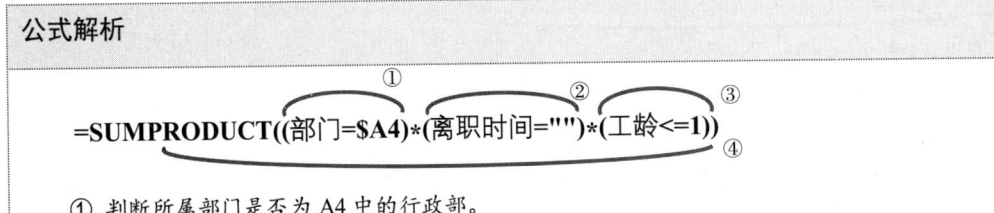

① 判断所属部门是否为 A4 中的行政部。

② 离职时间是否为空值。

③ 工龄是否小于等于 1 年。

④ 将①、②、③中符合条件的单元格个数统计求和。

13.3 员工信息的快速查询

当员工人数较多时，想实现快速查看任意员工的明细档案，可以建立一张查询表，实现只要输入员工的编号或姓名就可以快速查询。当然查询表中需要使用公式来返回数据。

例 1：添加员工工号下拉菜单

本例要以员工编号作为查询标识，可以利用数据验证功能建立一个编号选择序列。

❶ 新建表格命名为"员工信息查询表"，建立表格标识。选中 D2 单元格，在"数据"选项卡的"数据工具"组中单击"数据验证"按钮（如图 13-33 所示），打开"数据验证"对话框。

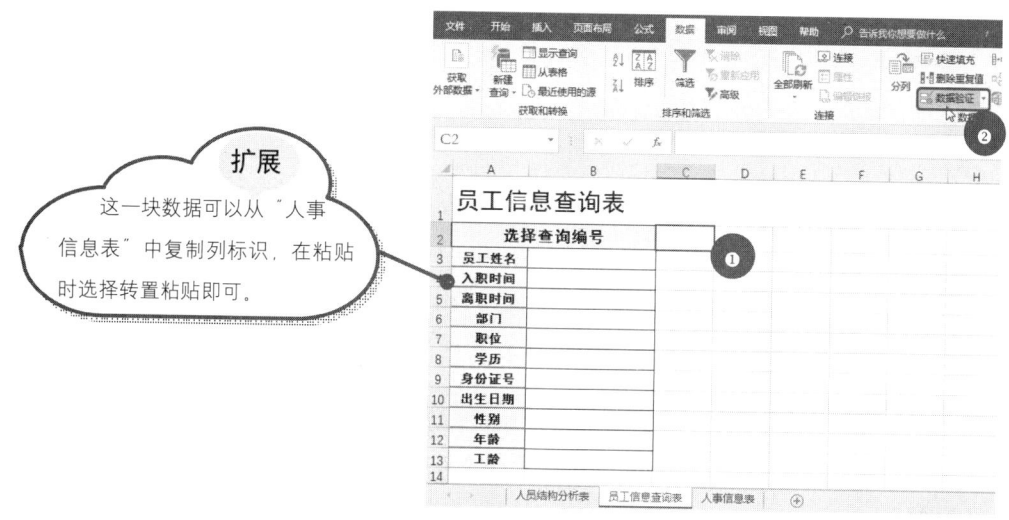

> **扩展**
>
> 这一块数据可以从"人事信息表"中复制列标识，在粘贴时选择转置粘贴即可。

图 13-33

❷ 单击"允许"下拉按钮，在下拉列表中单击"序列"，接着在"来源"设置框中输入"=员工编号"，如图 13-34 所示。

❸ 切换到"输入信息"选项卡，设置选中该单元格时所显示的提示信息（如图 13-35 所示），设置完成后单击"确定"按钮。

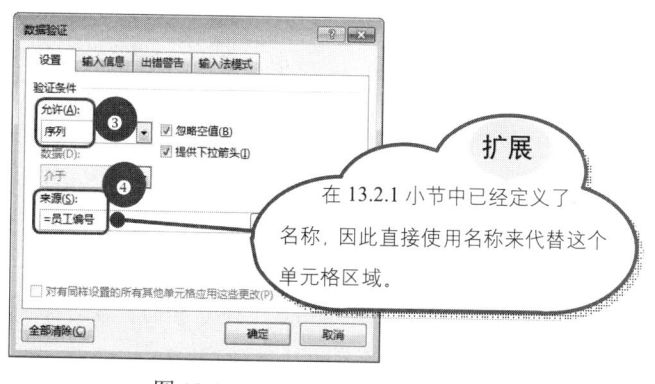

> **扩展**
>
> 在 13.2.1 小节中已经定义了名称，因此直接使用名称来代替这个单元格区域。

图 13-34

图 13-35

❹ 返回工作表中，选中的单元格就会显示提示信息，提示从下拉列表中可以选择员工工号，如图 13-36 所示。

❺ 单击 C2 单元格右侧的下拉按钮，即可在下拉列表中单击员工的工号，如图 13-37 所示。

图 13-36

图 13-37

例2：使用 VLOOKUP 函数建立返回档案信息的工具

VLOOKUP 函数是一个经典的查找函数，可以通过一个查询对象查找匹配的数据。因此，可以使用此函数根据查询编号来匹配其各项明细档案数据。

❶ 在表格中选中 B3 单元格，在编辑栏中输入公式：**=VLOOKUP($C$2,人事信息表!$A$3:$L$100,ROW(A2))**，按 Enter 键，即可返回员工姓名，如图 13-38 所示。

❷ 选中 B3 单元格，向下填充公式到 B13 单元格，一次性返回指定员工编号对应的其他基本信息，如图 13-39 所示。

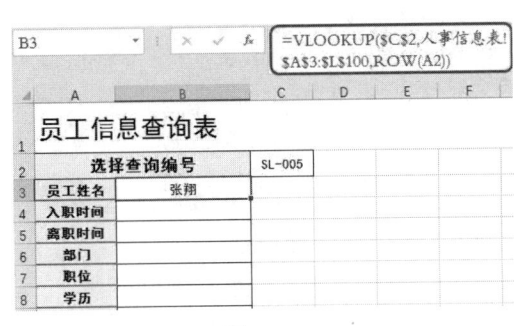

图 13-38

图 13-39

❸ 选中 B4 元格，在"开始"选项卡的"数字"组中单击"数字格式"下拉按钮，在打开的下拉列表中单击"短日期"选项（如图 13-40 所示），即可将其显示为正确的日期格式。

❹ 当在查询其他员工时，只在 C2 单元格更改编号并按下 Enter 键即可实现查询，如图 13-41 所示。

扩展
当在公式计算结果出现序列号形式的日期时，一般根据情况要更改为日期格式或常规格式。
=VLOOKUP($C$2,人事
选择查询编号
SL-005
员工姓名
张翔
入职时间
42058
离职时间
0
部门
生产部
职位
一车间员工
学历
中专
常规
无特定格式
数字
42058.00
货币
¥42,058.00
会计专用
¥42,058.00
短日期
2015/2/23
长日期
2015年2月23日
时间
0:00:00
百分比
4205800.00%
分数
42058

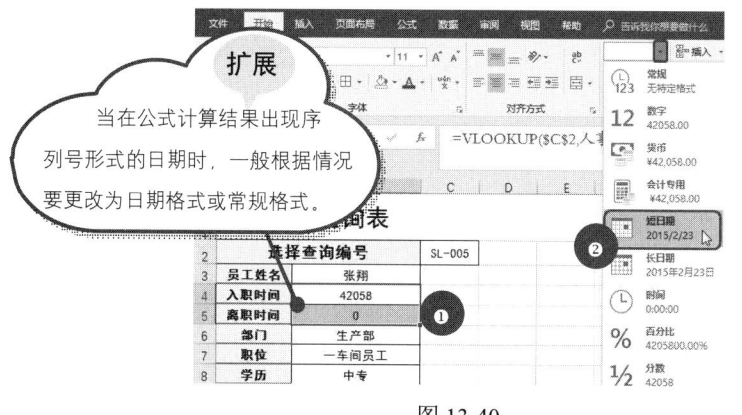

图 13-40

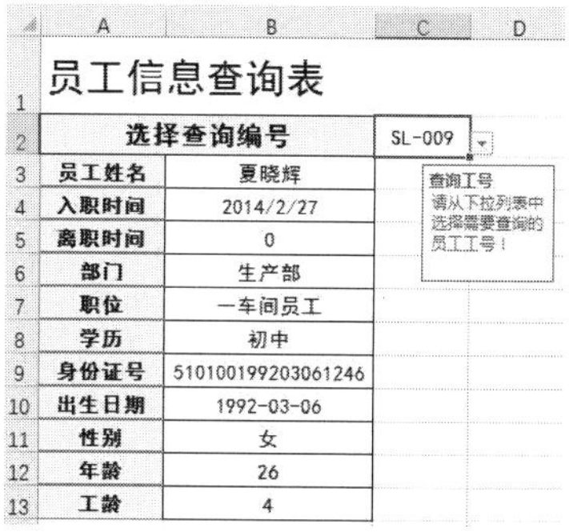

员工信息查询表
选择查询编号
SL-009
员工姓名
夏晓辉
入职时间
2014/2/27
离职时间
0
部门
生产部
职位
一车间员工
学历
初中
身份证号
510100199203061246
出生日期
1992-03-06
性别
女
年龄
26
工龄
4
查询工号
请从下拉列表中选择需要查询的员工工号！

图 13-41

经验之谈

在复制公式时，如果公式中对数据使用的是相对引用方式，则随着公式的复制，引用位置也发生相应的变化；如果不希望数据源区域在公式复制时发生变化，则对其使用绝对引用方式，在单元格的行号列标前添加“$”则表示绝对引用。例如本例的公式则对不需要变化的区域使用了绝对引用，对需要变化的区域使用的则是相对引用。

公式解析

=VLOOKUP($C$2,人事信息表!$A$3:$L$100,ROW(A2))　①②

① 使用 ROW 函数返回 A2 单元格所在的行号，因此当前返回结果为 2。

② VLOOKUP 函数表示在人事信息数据表的$A$3:$L$100 单元格区域的首列中寻找与 C2 单格中相同的工号，找到后返回对应在第 2 列中的值，即对应的姓名。此公式中的查找范围与查找条件都使用了绝对引用方式，即在向下复制公式时都是不改变的，唯一要改变的是用于指定返回“人事信息表中$A$3:$L$100”单元格区域哪一列值的参数，本例中使用“ROW(A2)”来指定，当公式复制到 B5 单元格时，“ROW(A2)”变为“ROW(A3)”，返回值为 3；当公式复制到 B6 单元格时，“ROW(A2)”变为“ROW(A4)”，返回值为 4，以此类推，这样就能依次返回指定编号人员的各项档案信息了。

13.4　人员入职培训成绩统计

培训成绩统计是企业人力资源部门经常要进行的一项工作。那么在统计出数据表格后，少不了要对数据进行计算。

本节中需要根据每位面试人员的各科目成绩（如图 13-42 所示），计算其总成绩、平均成绩，同时还能对其合格情况进行综合性判断，利用 Excel 中提供的函数可以达到这些计算与统计的目的。

编号	姓名	性别	营销策略	沟通与团队	顾客心理	市场开拓	商务礼仪	商务英语	专业技能	总成绩	平均成绩	合格情况	名次
	基本资料		课程得分							统计分析			
SL-093	张慧	男	79	75	74	90	80	84	85				
SL-094	张辉	女	82	83	81	82	81	85	84				
SL-095	张端	女	90	87	87	88	83	85	81				
SL-096	徐寅	男	79	90	88	88	86	85	80				
SL-097	王颖	女	87	85	80	82	80	84	81				
SL-098	王叶婷	女	82	83	81	82	85	85	83				
SL-099	王奎	女	81	82	82	90	81	82	82				
SL-100	王大住	女	82	83	89	82	81	85	83				
SL-101	陶莉莉	女	82	83	81	82	81	85	83				
SL-102	苏诚	男	82	83	88	82	88	85	83				
SL-103	刘瑶	女	90	85	76	87	80	98	83				
SL-104	刘娜娜	男	82	83	81	82	81	85	83				
SL-105	姜云	女	92	78	91	74	85	78	89				
SL-106	江铃	男	90	87	76	87	76	98	88				
SL-107	郝艳艳	女	82	83	83	72	91	81	81				
SL-108	李银	女	85	88	91	91	87	90	79				
SL-109	李欣然	女	82	83	88	82	88	85	83				
SL-110	李君浩	男	92	78	91	74	85	78	89				
SL-111	李佳	男	82	83	81	82	81	85	83				
SL-112	刘丽丽	女	92	90	88	78	85	88	88				
SL-113	刘菲	男	84	76	80	97	84	74	88				
SL-114	刘段	女	82	83	89	82	81	85	83				

表标题：2018年新员工入职培训成绩统计表

图 13-42

13.4.1　计算总成绩、平均成绩、合格情况、名次

利用求和函数 SUM、求平均值函数 AVERAGE 可以实现成绩的总分计算和平均分计算，利用逻辑函数 IF 函数可以实现根据分数判断合格情况。RANK 函数可以统计名次。

❶ 在表格中选中 L4 单元格，在编辑栏中输入公式：**=SUM(E4:K4)**，按 Enter 键，即可返回第一位员工的总成绩，如图 13-43 所示。

L4　　　　fx　=SUM(E4:K4)

编号	姓名	部门	性别	营销策略	沟通与团队	顾客心理	市场开拓	商务礼仪	商务英语	专业技能	总成绩	平
	基本信息			课程得分								
SL-093	刘瑶	设计部	男	79	75	74	90	80	84	85	567	
SL-094	李欣然	财务部	女	82	83	81	82	81	85	84		
SL-095	张辉	财务部	女	90	87	87	88	83	85	81		
SL-096	李银	财务部	男	79	90	88	88	86	85	80		
SL-097	徐寅	研发部	女	87	85	80	82	80	85	81		
SL-098	王颖	设计部	女	82	83	81	82	85	85	83		
SL-099	姜云	研发部	女	81	82	82	90	81	82	82		
SL-100	刘娜娜	销售部	女	82	83	89	82	81	85	83		

表标题：2018年新员工入职培训成绩统计表

图 13-43

❷ 在表格中选中 M4 单元格，在编辑栏中输入公式：**=ROUND(AVERAGE(E4:K4),2)**，按 Enter 键，即可返回第一位员工的平均成绩，如图 13-44 所示。

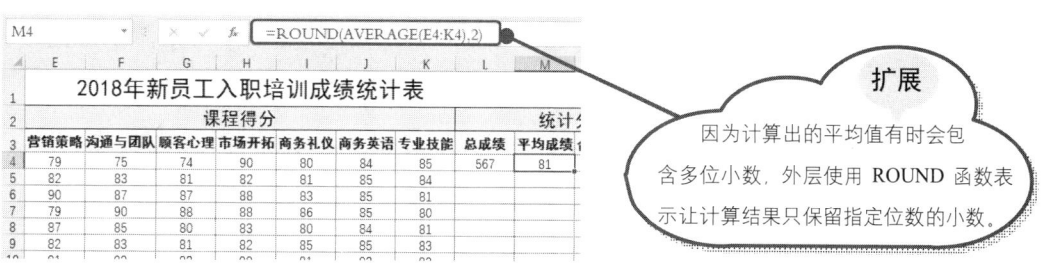

图 13-44

公式解析

①
=ROUND(AVERAGE(E4:K4),2)
②

① AVERAGE 函数求解 E4:K4 区域数据的平均值。

② ROUND 函数将①步中的计算结果保留两位小数。

❸ 在表格中选中 N4 单元格，在编辑栏中输入公式：**=IF(OR(AND(E4>80,F4>80,G4>80,H4>80, I4>80,J4>80,K4>80),L4>600),"合格","二次培训")**，按 Enter 键，即可返回第一位员工的合格情况，如图 13-45 所示。

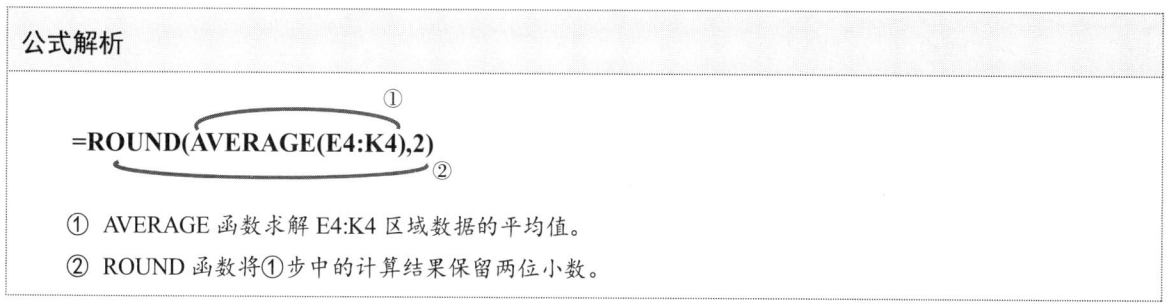

图 13-45

公式解析

①
=IF(OR(AND(E4>80,F4>80,G4>80,H4>80,I4>80,J4>80,K4>80),L4>600),"合格","二次培训")
②   ③

① 判断每门科目是否都大于 80 分。

② 如果不满足①步的条件，再判断总成绩是否大于 600 分。

③ 只要①或②中有一个条件满足，就返回成绩"合格"，否则返回成绩"二次培训"。

❹ 在表格中选中 O4 单元格，在编辑栏中输入公式：**=RANK(L4,$L$4:$L$21)**，按 Enter 键，即可返回第一位员工的名次，如图 13-46 所示。

| O4 | | fx | =RANK(L4,$L$4:$L$21) |

扩展

RANK 函数用来求一组数据集的排名。

	营销策略	沟通与团队	顾客心理	市场开拓	商务礼仪	商务英语	专业技能	总成绩		
	79	75	74	90	80	84	85	567	81	二次培训	18
	82	83	81	82	81	85	84	578	82.57		
	90	87	87	88	83	85	81	601	85.86		
	79	90	88	88	86	85	80	596	85.14		
	87	85	80	83	80	84	81	580	82.86		
	82	83	81	82	85	85	83	581	83		

2018年新员工入职培训成绩统计表 · 课程得分

图 13-46

❺ 选中 L4:O4 单元格区域，向下填充公式到 O21 单元格，一次性计算出其他员工的各项成绩、合格情况以及名次，如图 13-47 所示。

2018年新员工入职培训成绩统计表

营销策略	沟通与团队	顾客心理	市场开拓	商务礼仪	商务英语	专业技能	总成绩	平均成绩	合格情况	名次
79	75	74	90	80	84	85	567	81	二次培训	18
82	83	81	82	81	85	84	578	82.57	合格	14
90	87	87	88	83	85	81	601	85.86	合格	5
79	90	88	88	86	85	80	596	85.14	二次培训	6
87	85	80	83	80	84	81	580	82.86	二次培训	12
82	83	81	82	85	85	83	581	83	合格	11
81	82	82	90	81	82	82	580	82.86	合格	12
82	83	89	82	81	85	83	585	83.57	合格	9
90	85	76	87	80	98	88	604	86.29	合格	3
82	83	81	82	81	85	83	577	82.43	合格	15
92	78	91	74	85	78	89	587	83.86	二次培训	8
90	87	76	87	76	98	88	602	86	合格	4
82	83	83	72	91	81	81	573	81.86	二次培训	17
85	88	91	91	87	90	79	611	87.29	合格	1
82	83	88	82	81	85	90	591	84.43	合格	7
82	83	81	82	81	85	83	577	82.43	合格	15
92	90	88	78	85	88	88	609	87	合格	2
84	76	80	97	84	74	88	583	83.29	二次培训	10

统计分析

图 13-47

13.4.2 筛选查看任意培训者成绩

如果参与培训的员工很多，要想查看任意员工的成绩，可以建立一个查询表，只要输入员工的姓名就可以查询到该员工的各项成绩。

❶ 选中姓名列任意单元格，如 B4，在"数据"选项卡的"排序和筛选"组中单击"降序"按钮（如图 13-48 所示），即可按姓名列执行排序，如图 13-49 所示（因为要按姓名查询各项成绩，使用 LOOKUP 筛选第 1 步必须要排序，否则无法得到正确的查询结果）。

❷ 在表格中将光标定位在单元格 C24 中，输入公式：**=LOOKUP($B$24,$B$3:$B$21, E3:E21)**，如图 13-50 所示。

❸ 按 Enter 键，即可返回该员工的营销策略成绩，如图 13-51 所示。

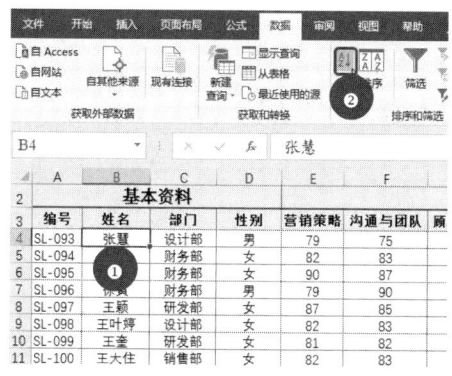

图 13-48

图 13-49

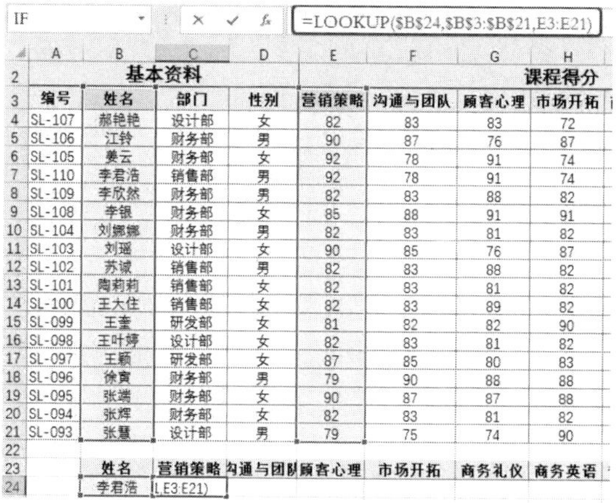

图 13-50

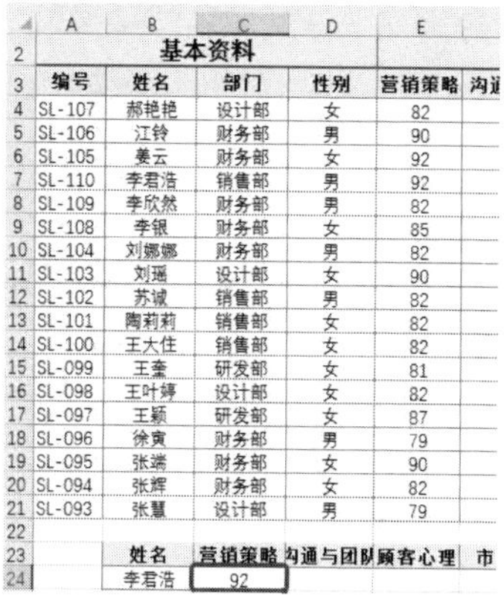

图 13-51

❹ 选中 C24 单元格，向右填充公式到 I24 单元格，依次返回该名员工其他培训科目的成绩，如图 13-52 所示。

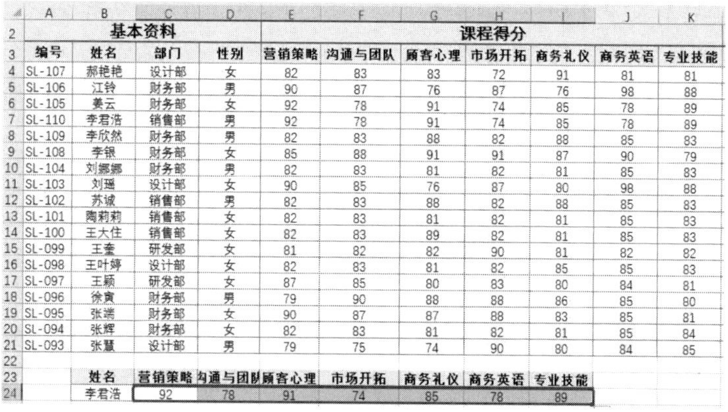

图 13-52

❺ 更改 B24 单元格中的查询姓名，可返回其对应的各科目的成绩，如图 13-53 所示。

编号	姓名	部门	性别	营销策略	沟通与团队	顾客心理	市场开拓	商务礼仪	商务英语	专业技能
	基本资料						课程得分			
SL-107	郝艳艳	设计部	女	82	83	83	72	91	81	81
SL-106	江铃	财务部	男	90	87	76	87	76	98	88
SL-105	姜云	财务部	女	92	78	91	74	85	78	89
SL-110	李君浩	销售部	男	92	78	91	74	85	78	89
SL-109	李欣然	财务部	男	82	88	88	82	88	85	83
SL-108	李银	财务部	男	85	88	91	91	87	90	79
SL-104	刘娜娜	财务部	男	82	83	81	82	81	85	83
SL-103	刘瑶	设计部	女	90	85	76	87	80	98	88
SL-102	苏城	销售部	男	82	83	82	82	88	85	83
SL-101	陶莉莉	销售部	女	82	83	81	82	81	85	83
SL-100	王大住	销售部	男	82	83	89	82	81	85	83
SL-099	王姜	研发部	女	81	82	82	90	81	82	82
SL-098	王叶娉	设计部	女	82	83	81	82	85	85	83
SL-097	王颖	研发部	女	87	85	76	82	80	84	81
SL-096	徐寅	财务部	男	79	90	88	80	86	85	80
SL-095	张端	财务部	男	90	87	87	88	83	85	81
SL-094	张辉	财务部	女	82	83	81	82	81	85	84
SL-093	张慧	设计部	男	79	75	74	90	80	84	85
	姓名	营销策略	沟通与团队	顾客心理	市场开拓	商务礼仪	商务英语	专业技能		
	张慧	79	75	74	90	80	84	85		

图 13-53

公式解析

=LOOKUP($B$24,$B$3:$B$21,E3:E21)

在 $B$3:$B$21 列中查询 $B$24 值，找到后返回对应在 E3:E21 上的值。此公式中 "$B$24" "$B$3:$B$21" 使用的是绝对引用方式，因为无论公式怎么复制，查找对象与用于查找的区域是始终不发生变化。可变区域只有 "E3:E21"，因为这个区域是用于返回值的区域，这个区域是要发生变化的。随着公式向右复制，"E3:E21" 会依次更改为 "F3:F21" "G3:G21" "H3:H21"……，即依次返回 F 列、G 列、H 列……上的值，就是每位培训者的各个项目的成绩。

经验之谈

（1）LOOKUP 函数具有两种语法形式：向量形式和数组形式。向量是只含一行或一列的区域。在单行区域或单列区域（称为"向量"）中查找值，然后返回第 2 个单行区域或单列区域中相同位置的值。本例使用的是向量型语法。

（2）LOOKUP 的数组形式在数组的第 1 行或第 1 列中查找指定的值，并返回数组最后一行或最后一列内同一位置的值。

13.5　自动化到期提醒设计

人事专员工作涉及范畴广，琐碎事物繁多，为避免忽略一些到期事件，可以配合函数与条件格式功能进行自动化到期提醒设计，如员工生日到期提醒、试用期到期提醒、合同到期提醒、退休到期提醒等。这些公式需要使用几个常用的日期函数来设计。

13.5.1　员工生日提醒

　　为体现出企业的人性化管理，人力资源部门通常会在员工生日时需要安排给员工发生日祝福或准备礼物，因此可以通过公式设置实现生日到期提醒。本例公式实现的效果：如果员工在 5 天内过生日，返回"提醒"文字，具体操作如下。

　❶ 在表格中将光标定位在单元格 M3 中，输入公式：**=IF(5−DATEDIF(I3−5,TODAY(),"yd")>=0,**
"提醒","")，如图 13-54 所示。

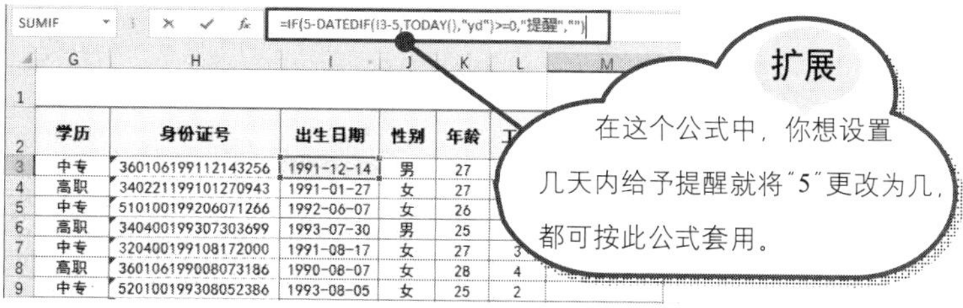

	G	H	I	J	K	L	M
	SUMIF		=IF(5-DATEDIF(I3-5,TODAY(),"yd")>=0,"提醒","")				
1							
2	学历	身份证号	出生日期	性别	年龄		
3	中专	360106199112143256	1991-12-14	男	27		
4	高职	340221199101270943	1991-01-27	女	27	4	
5	中专	510100199206071266	1992-06-07	女	26	4	
6	高职	340400199307303699	1993-07-30	男	25	4	
7	中专	320400199108172000	1991-08-17	女	27	4	
8	高职	360106199008073186	1990-08-07	女	28	4	
9	中专	520100199308052386	1993-08-05	女	25	2	

扩展　在这个公式中，你想设置几天内给予提醒就将"5"更改为几，都可按此公式套用。

图 13-54

　❷ 按 Enter 键，即可判断第一位员工是否在 5 天内过生日，如图 13-55 所示。

	G	H	I	J	K	L	M
1							
2	学历	身份证号	出生日期	性别	年龄	工龄	生日到期提醒
3	中专	360106199112143256	1991-12-14	男	27	2	
4	高职	340221199101270943	1991-01-27	女	27	4	
5	中专	510100199206071266	1992-06-07	女	26	4	
6	高职	340400199307303699	1993-07-30	男	25	4	
7	中专	320400199108172000	1991-08-17	女	27	3	
8	高职	360106199008073186	1990-08-07	女	28	4	
9	中专	520100199308052386	1993-08-05	女	25	2	

图 13-55

　❸ 选中 M3 单元格，向下填充公式一次性判断出其他员工是否快要过生日，如图 13-56 所示。

	F	G	H	I	J	K	L	M	N
1									
2	职位	学历	身份证号	出生日期	性别	年龄	工龄	生日到期提醒	
3	一车间员工	中专	360106199112143256	1991-12-14	男	27	2		
4	一车间员工	高职	340221199101270943	1991-01-27	女	27	4		
5	一车间员工	中专	510100199206071266	1992-06-07	女	26	4		
6	一车间员工	高职	340400199307303699	1993-07-30	男	25	4		
7	一车间员工	中专	320400199108172000	1991-08-17	女	27	3		
8	一车间员工	高职	360106199008073186	1990-08-07	女	28	4	提醒	
9	一车间员工	中专	520100199308052386	1993-08-05	女	25	2		
10	一车间员工	初中	320400198710012364	1987-10-01	女	31	4		
11	一车间员工	初中	510100199208111246	1992-08-11	女	26	4	提醒	
12	一车间员工	初中	330300199201282416	1992-01-28	男	26	4		
13	一车间员工	初中	340400199104220249	1991-04-22	女	27	4		
14	一车间员工	初中	320400199305293358	1993-05-29	男	25	4		
15	一车间员工	初中	330300199410082466	1994-10-08	女	24	1		
16	一车间员工	初中	320400199205252346	1992-05-25	女	26	1		
17	二车间员工	初中	320400199411092254	1994-11-09	男	24	1		
18	设计师	中专	340221198108100992	1981-08-10	男	37	1	提醒	
19	设计师助理	大专	130100197305202387	1973-05-20	男	45	2		
20	设计师	大专	320400198109022030	1981-09-02	男	37	1		
21	设计师	大专	330200198311232357	1983-11-23	男	35	1		
22	设计师	大专	320600197002168944	1970-02-16	女	48	4		
23	设计师	大专	340400197104122249	1971-04-12	女	47	4		

图 13-56

公式解析

=IF(5-DATEDIF(I3−5,TODAY(),"yd")>=0,"提醒","")

① TODAY 函数返回系统当前时间。

② DATEDIF 函数将 I3 中的出生日期减去 5，和当前日期进行比较，因为这里的第 3 个参数为 "yd"，代表 "忽略两个日期的年数，返回之间的天数"。

③ 将 5 减去②步的天数，比较差值是否不小于 0，如果不小于返回 "提醒" 文字，如果小于返回空值。

13.5.2　试用期到期提醒

企业对新进员工都有试用期考核，试用期为 1 个月到 3 个月不等，当试用期到期时可以安排是否转正。因此，人力资源部门可以创建一个试用期到期提醒，对试用期员工进行考核决定转正或是对试用期不合格者予以辞退。

❶ 在表格中将光标定位在单元格 D3 中，输入公式：**=IF(DATEDIF(C3,TODAY(), "D")>60,"到期", "未到期")**，如图 13-57 所示。

▲	A	B	C	D	E	F	G	H	I
1		8月份员工试用期到期提醒							
2	员工姓名	部门	入职时间	是否到试用期					
3	何美丽	设计部	2018/7/19	期","未到期")					
4	于青青	销售部	2018/5/12						
5	吴小华	市场部	2018/5/19						
6	刘平	研发部	2018/5/12						
7	韩列平	研发部	2018/6/9						
8	张成	设计部	2018/4/4						
9	邓宏	财务部	2018/7/8						
10	杨娜	财务部	2018/7/1						

图 13-57

❷ 按 Enter 键，即可判断第一位员工试用期是否到期，如图 13-58 所示。

❸ 选中 D3 单元格，向下填充公式到 D23 单元格，一次性判断出其他员工是否到试用期，如图 13-59 所示。

公式解析

=IF(DATEDIF(C3,TODAY(),"D")>60,"到期","未到期")

① TODAY 函数返回系统当前时间。

② DATEDIF 函数提取 C3 单元格中入职时间的天数，因为这里的第 3 个参数为 "D"，代表 "日"。

③ 将①和②步的天数相减，比较差值是否大于 60 天。

④ 使用 IF 函数根据③步的结果依次返回对应的文字，如果③步差值大于 60 天则返回 "到期"，如果小于 60 天则返回 "未到期"。

	A	B	C	D
1	8月份员工试用期到期提醒			
2	员工姓名	部门	入职时间	是否到试用期
3	何美丽	设计部	2018/7/19	未到期
4	于青青	销售部	2018/5/12	
5	吴小华	市场部	2018/5/19	

图 13-58

	A	B	C	D
1	8月份员工试用期到期提醒			
2	员工姓名	部门	入职时间	是否到试用期
3	何美丽	设计部	2018/7/19	未到期
4	于青青	销售部	2018/5/12	到期
5	吴小华	市场部	2018/5/19	到期
6	刘平	研发部	2018/5/12	到期
7	韩学平	研发部	2018/6/9	未到期
8	张成	设计部	2018/4/4	到期
9	邓宏	财务部	2018/7/8	未到期
10	杨娜	财务部	2018/7/1	未到期
11	邓超超	财务部	2018/6/15	未到期
12	苗兴华	设计部	2018/6/1	未到期
13	包娟娟	财务部	2018/7/14	未到期
14	于涛	销售部	2018/7/1	未到期
15	陈潇	研发部	2018/7/15	未到期
16	张兴	销售部	2018/5/14	到期
17	江雷	研发部	2018/7/1	未到期
18	陈在全	设计部	2018/7/5	未到期
19	廖勇	财务部	2018/5/19	到期
20	程志远	市场部	2018/5/13	到期
21	梅武勇	设计部	2018/5/12	到期
22	鲍亮	研发部	2018/4/25	到期
23	张振梅	研发部	2018/4/4	到期

图 13-59

13.5.3　合同到期提醒

员工正式加入企业后，都会签订劳动合同，本公司通常第 1 次签合同是为期 3 年，3 年之后根据需要续签劳动合同，人力资源部门可以创建合同到期提醒，在合同快到期的时间段里准备新的合同。

❶ 在表格中将光标定位在单元格 F3 中，输入公式：**=IF(D3–TODAY()<=0,"到期", D3–TODAY())**，如图 13-60 所示。

❷ 按 Enter 键，即可返回第一位员工的合同到期提醒结果，如图 13-61 所示。

SUMIF　=IF(D3-TODAY()<=0,"到期",D3-TODAY())

	A	B	C	D	E	F
1	公司员工合同到期提醒					
2	员工编号	员工姓名	合同签订日期	合同到期日期	部门	合同到期提醒
3	SL-001	李菲菲	2016/2/19	2019/2/19	生产部	D3-TODAY())
4	SL-002	朱华颖	2017/2/20	2020/2/20	生产部	
5	SL-003	华玉凤	2017/2/21	2020/2/21	生产部	
6	SL-004	李先标	2014/2/22	2017/2/22	生产部	
7	SL-005	张翔	2015/2/23	2018/2/23	生产部	
8	SL-006	邓珂	2014/2/24	2017/2/24	生产部	
9	SL-007	黄欣	2016/7/1	2019/7/1	生产部	

图 13-60

	A	B	C	D	E	F
1	公司员工合同到期提醒					
2	员工编号	员工姓名	合同签订日期	合同到期日期	部门	合同到期提醒
3	SL-001	李菲菲	2016/2/19	2019/2/19	生产部	196
4	SL-002	朱华颖	2017/2/20	2020/2/20	生产部	
5	SL-003	华玉凤	2017/2/21	2020/2/21	生产部	
6	SL-004	李先标	2014/2/22	2017/2/22	生产部	
7	SL-005	张翔	2015/2/23	2018/2/23	生产部	
8	SL-006	邓珂	2014/2/24	2017/2/24	生产部	
9	SL-007	黄欣	2016/7/1	2019/7/1	生产部	

图 13-61

❸ 选中 F3 单元格，向下填充公式到 F20 单元格，一次性返回其他员工的合同到期提醒结果，如图 13-62 所示。

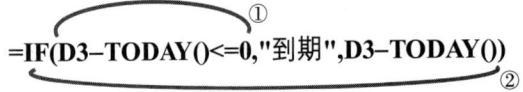

图 13-62

经验之谈

　　签订合同日期是原始基本数据，需要人事专员在签订合同时就予以记录，可以使用单表记录，也可以直接将此数据记入"人事信息表"，分析时可以从"人事信息表"中再提取出来进行分析。本例采用单表记录。

公式解析

=IF(D3−TODAY()<=0,"到期",D3−TODAY())

　　① TODAY 函数返回系统当前时间；将 D3 中的合同到期日期减去当前的时间，判断差值是否小于等于 0。

　　② 如果①步结果成立则显示"到期"，否则显示出 D3 单元格日期减去当前的日期得到距离合同到期的天数。

13.5.4　退休到期提醒

　　国家规定退休年龄为男 60 岁、女 55 岁，如果企业有接近于退休年龄的员工，人力资源部门可以创建退休到期提醒，以及时为将要退休人员办理退休手续。计算退休日期与出生日期有关，因此基本数据可从"人事信息表"中获取。

　❶ 在表格中将光标定位在单元格 F3 中，输入公式：**=EDATE(E3,12*((C3="男")*5+55))+1**，如图 13-63 所示。

❷ 按 Enter 键，即可返回第一位员工的退休日到期提醒（这里返回的是一个日期序列号），如图 13-64 所示。

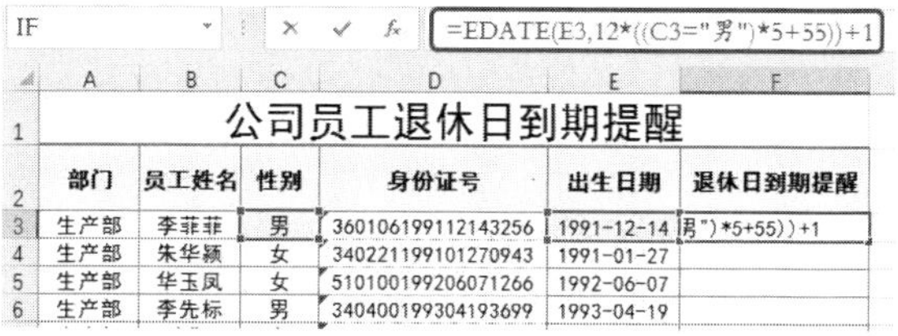

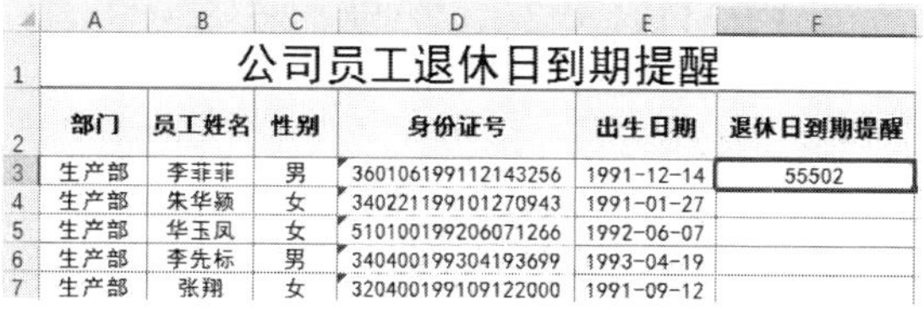

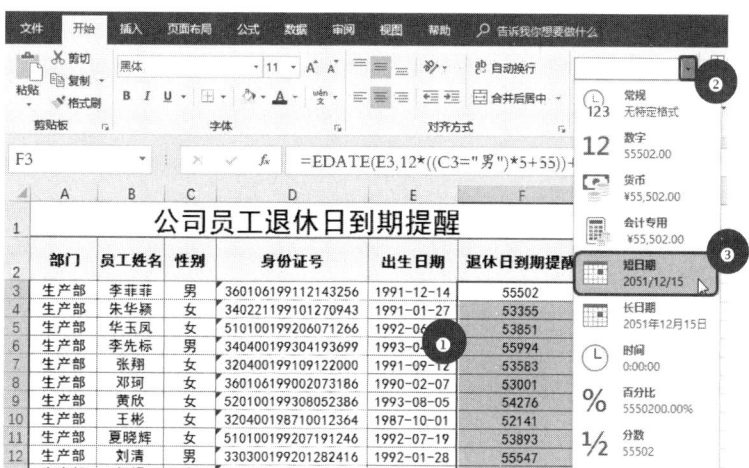

	A	B	C	D	E	F
1	公司员工退休日到期提醒					
2	部门	员工姓名	性别	身份证号	出生日期	退休日到期提醒
3	生产部	李菲菲	男	360106199112143256	1991-12-14	男")*5+55))+1
4	生产部	朱华颖	女	340221199101270943	1991-01-27	
5	生产部	华玉凤	女	510100199206071266	1992-06-07	
6	生产部	李先标	男	340400199304193699	1993-04-19	

图 13-63

	A	B	C	D	E	F
1	公司员工退休日到期提醒					
2	部门	员工姓名	性别	身份证号	出生日期	退休日到期提醒
3	生产部	李菲菲	男	360106199112143256	1991-12-14	55502
4	生产部	朱华颖	女	340221199101270943	1991-01-27	
5	生产部	华玉凤	女	510100199206071266	1992-06-07	
6	生产部	李先标	男	340400199304193699	1993-04-19	
7	生产部	张翔	女	320400199109122000	1991-09-12	

图 13-64

❸ 选中 F3 单元格，向下填充公式到 F16 单元格。选中 F3: F16 单元格区域，在“开始”选项卡的“数字”组中单击“数字格式”下拉按钮，在打开的下拉列表中单击“短日期”选项（如图 13-65 所示），即可将其显示为正确的日期，如图 13-66 所示。

	A	B	C	D	E	F
1	公司员工退休日到期提醒					
2	部门	员工姓名	性别	身份证号	出生日期	退休日到期提醒
3	生产部	李菲菲	男	360106199112143256	1991-12-14	55502
4	生产部	朱华颖	女	340221199101270943	1991-01-27	53355
5	生产部	华玉凤	女	510100199206071266	1992-06	53851
6	生产部	李先标	男	340400199304193699	1993-0	55994
7	生产部	张翔	女	320400199109122000	1991-09-12	53583
8	生产部	邓珂	女	360106199002073186	1990-02-07	53001
9	生产部	黄欣	女	520100199308052386	1993-08-05	54276
10	生产部	王彬	女	320400198710012364	1987-10-01	52141
11	生产部	夏晓辉	女	510100199207191246	1992-07-19	53893
12	生产部	刘清	男	330300199201282416	1992-01-28	55547

图 13-65

	A	B	C	D	E	F
1	公司员工退休日到期提醒					
2	部门	员工姓名	性别	身份证号	出生日期	退休日到期提醒
3	生产部	李菲菲	男	360106199112143256	1991-12-14	2051/12/15
4	生产部	朱华颖	女	340221199101270943	1991-01-27	2046/1/28
5	生产部	华玉凤	女	510100199206071266	1992-06-07	2047/6/8
6	生产部	李先标	男	340400199304193699	1993-04-19	2053/4/20
7	生产部	张翔	女	320400199109122000	1991-09-12	2046/9/13
8	生产部	邓珂	女	360106199002073186	1990-02-07	2045/2/8
9	生产部	黄欣	女	520100199308052386	1993-08-05	2048/8/6
10	生产部	王彬	女	320400198710012364	1987-10-01	2042/10/2
11	生产部	夏晓辉	女	510100199207191246	1992-07-19	2047/7/20
12	生产部	刘清	男	330300199201282416	1992-01-28	2052/1/29
13	生产部	何娟	女	340400199104220249	1991-04-22	2046/4/23
14	生产部	王倩	男	320400199305293358	1993-05-29	2053/5/30
15	生产部	周磊	女	330300199410082466	1994-10-08	2049/10/9
16	生产部	蒋苗苗	女	320400199205252346	1992-05-25	2047/5/26

图 13-66

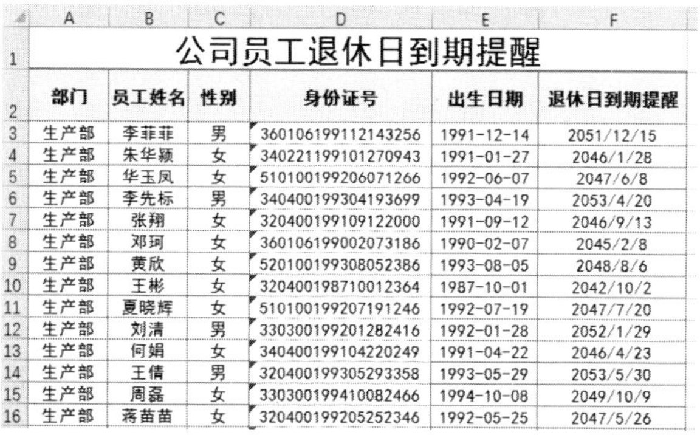

公式解析

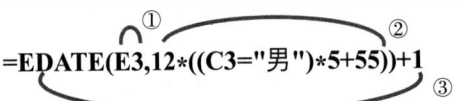

① "E3" 表示员工的出生日期。

② "12* ((C3="男")*5+55))" 表示如果 C3 单元格显示为男性，"C3="男""返回 1，然后退休年龄为 "1*5+55"，如果 C3 单元格显示为女性，"C3="男""返回 0，然后退休年龄为 "1*0+55"，乘以 12 的处理是将前面的返回的年龄转换为月份数。

③ 使用 EDATE 函数返回与出生日期相隔②步返回的月份数的日期值。

第 14 章

加班、考勤数据的核算与统计

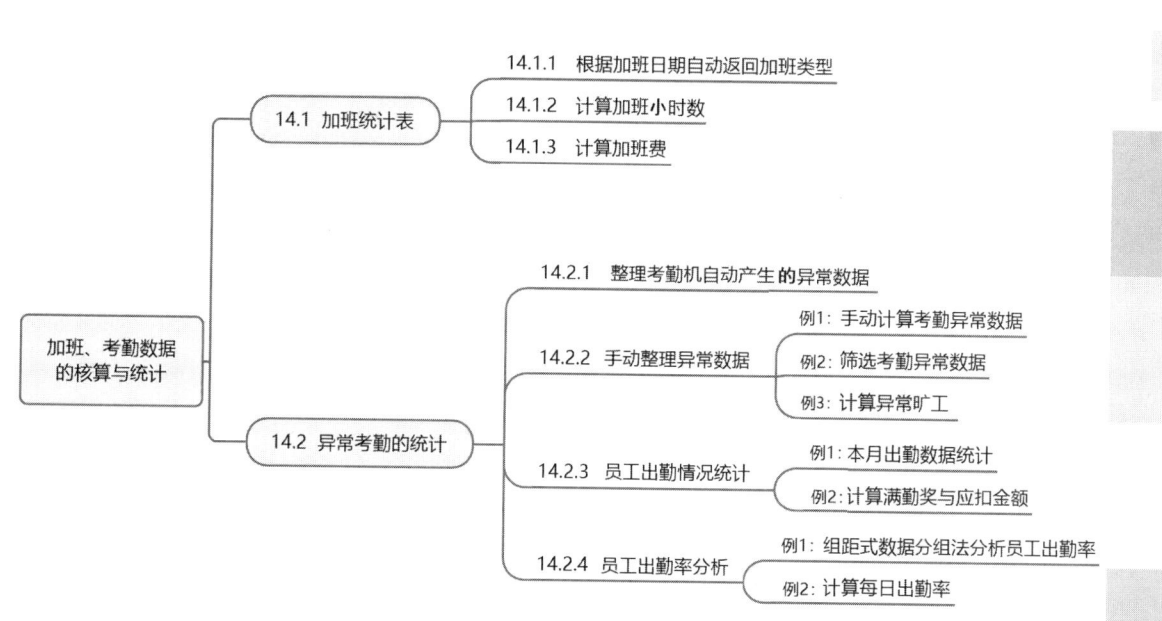

14.1 加班统计表

加班记录表是按加班人、加班开始时间、加班结束时间逐条记录的（如图 14-1 所示）。加班记录表的数据都来源于平时员工填写的加班申请表，在月末时将这些审核无误的审核表汇总到一张 Excel 表格中。利用这些原始数据可以进行加班费的核算。

11月份加班记录表

序号	加班人	加班日期	加班类型	开始时间	结束时间	加班小时数	是否申请	处理结果
1	张翔	2018/11/2		17:30	21:30		是	付加班工资
2	邓珂	2018/11/2		18:00	22:00		是	付加班工资
4	周磊	2018/11/4		17:30	22:00		是	付加班工资
5	韩要荣	2018/11/4		17:30	21:00		是	付加班工资
6	闫绍红	2018/11/5		9:00	17:30		是	补休
7	焦文雷	2018/11/6		9:00	17:30		是	付加班工资
8	魏义成	2018/11/7		17:30	20:00		是	付加班工资
9	莫云	2018/11/8		18:30	22:00		是	付加班工资
10	赵思已	2018/11/9		17:30	22:00		是	付加班工资
11	张翔	2018/11/10		17:30	22:00		是	付加班工资
12	杨娜	2018/11/10		17:30	21:00		是	付加班工资
13	闫绍红	2018/11/11		17:30	21:30		是	付加班工资
14	廖勇	2018/11/12		9:00	17:30		是	补休
15	程志远	2018/11/13		9:00	17:30		是	付加班工资
16	梅武勇	2018/11/14		17:30	20:00		是	付加班工资
17	周磊	2018/11/15		18:00	22:00		是	付加班工资
18	蒋本友	2018/11/15		17:30	22:00		是	付加班工资

图 14-1

本节中统计了公司员工在该月的加班情况。由于平常日和双休日加班的加班费是不一样的，所以需要首先根据加班日期判断其加班类型，再统计出加班小时数，计算出每位加班人员的加班费。

14.1.1 根据加班日期自动返回加班类型

根据每位员工的加班日期，可以设置公式返回加班类型是“平常日”还是“公休日”。

❶ 在表格中将光标定位在单元格 D3 中，输入公式：**=IF(WEEKDAY(C3,2)>=6,"公休日","平常日")**，如图 14-2 所示。

IF =IF(WEEKDAY(C3,2)>=6,"公休日","平常日")

11月份加班记录表

序号	加班人	加班日期	加班类型	开始时间	结束时间	加班小时数	是否申请	处理结果
1	张翔	2018/11/2	,"平常日")	17:30	21:30		是	付加班工资
2	邓珂	2018/11/2		18:00	22:00		是	付加班工资
4	周磊	2018/11/4		17:30	22:00		是	付加班工资
5	韩要荣	2018/11/4		17:30	21:00		是	付加班工资
6	闫绍红	2018/11/5		9:00	17:30		是	补休
7	焦文雷	2018/11/6		9:00	17:30		是	付加班工资
8	魏义成	2018/11/7		17:30	20:00		是	付加班工资
9	莫云	2018/11/8		18:30	22:00		是	付加班工资
10	赵思已	2018/11/9		17:30	22:00		是	付加班工资

扩展

表格中能使用公式返回的不必手工填制。

图 14-2

❷ 按 Enter 键，即可返回第一位员工的加班类型，如图 14-3 所示。

❸ 选中 D3 单元格，向下填充公式到 D32 单元格，一次性返回其他员工的加班类型，如图 14-4 所示。

图 14-3

图 14-4

公式解析

=IF(WEEKDAY(C3,2)>=6,"公休日","平常日")

① "WEEKDAY(C3,2)>=6" 是判断 C3 单元格中的日期数字是否大于等于 6（参数 "2" 代表数字 1 到数字 7，即星期一到星期日）。

② 如果①步中得到的数字大于等于 6 即返回 "公休日"，如果小于 6 则返回 "平常日"。

14.1.2　计算加班小时数

根据每位员工的加班开始时间和结束时间，可以统计出加班小时数。需要使用 HOUR 与 MINUTE 函数来设置公式。

❶ 在表格中将光标定位在单元格 G3 中，输入公式：**=(HOUR(F3)+MINUTE(F3)/60)– (HOUR(E3) +MINUTE(E3)/60)**，如图 14-5 所示。

图 14-5

❷ 按 Enter 键，即可计算出第一位员工的加班小时数，如图 14-6 所示。

	A	B	C	D	E	F	G
1	11月份加班记录表						
2	序号	加班人	加班日期	加班类型	开始时间	结束时间	加班小时数
3	1	张翔	2018/11/2	平常日	17:30	21:30	0:00:00
4	2	邓珂	2018/11/2	平常日	18:00	22:00	
5	4	周磊	2018/11/4	公休日	17:30	22:00	
6	5	韩要荣	2018/11/4	公休日	17:30	21:00	
7	6	闫绍红	2018/11/5	平常日	9:00	17:30	

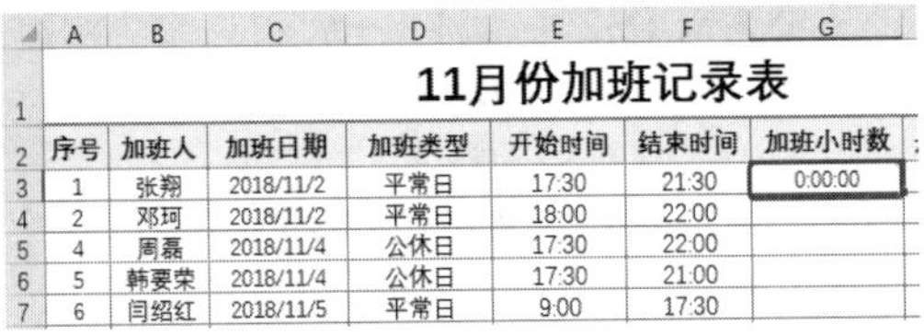

图 14-6

❸ 选中 G3 单元格，向下填充公式到 G32 单元格，一次性计算出其他员工的加班小时数，此时返回的结果是时间格式。

❹ 选中 G3:G32 元格区域，在“开始”选项卡的“数字”组中单击“数字格式”下拉按钮，在打开的下拉列表中单击“常规”选项（如图 14-7 所示），即可将其显示为数字格式，如图 14-8 所示。

扩展

因为时间值在进行计算时返回结果仍然是一个时间值，一般根据情况更改为常规格式即可正确显示。

图 14-7

	A	B	C	D	E	F	G	H	I
1	11月份加班记录表								
2	序号	加班人	加班日期	加班类型	开始时间	结束时间	加班小时数	是否申请	处理结果
3	1	张翔	2018/11/2	平常日	17:30	21:30	4	是	付加班工资
4	2	邓珂	2018/11/2	平常日	18:00	22:00	4	是	付加班工资
5	4	周磊	2018/11/4	公休日	17:30	22:00	4.5	是	付加班工资
6	5	韩要荣	2018/11/4	公休日	17:30	21:00	3.5	是	付加班工资
7	6	闫绍红	2018/11/5	平常日	9:00	17:30	8.5	是	补休
8	7	焦文雷	2018/11/6	平常日	9:00	17:30	8.5	是	付加班工资
9	8	魏义成	2018/11/7	平常日	17:30	20:00	2.5	是	付加班工资
10	9	莫云	2018/11/8	平常日	18:30	22:00	3.5	是	付加班工资
11	10	赵思已	2018/11/9	平常日	17:30	22:00	4.5	是	付加班工资
12	11	刘平	2018/11/10	公休日	17:30	22:00	4.5	是	付加班工资
13	12	杨娜	2018/11/10	公休日	17:30	21:00	3.5	是	付加班工资
14	13	邓超超	2018/11/11	公休日	17:30	21:30	4	是	付加班工资
15	14	廖勇	2018/11/12	平常日	9:00	17:30	8.5	是	补休
16	15	程志远	2018/11/13	平常日	9:00	17:30	8.5	是	付加班工资
17	16	梅武勇	2018/11/14	平常日	17:30	20:00	2.5	是	付加班工资
18	17	陈春华	2018/11/15	平常日	18:00	22:00	4	是	付加班工资
19	18	蒋本友	2018/11/15	平常日	17:30	22:00	4.5	是	付加班工资

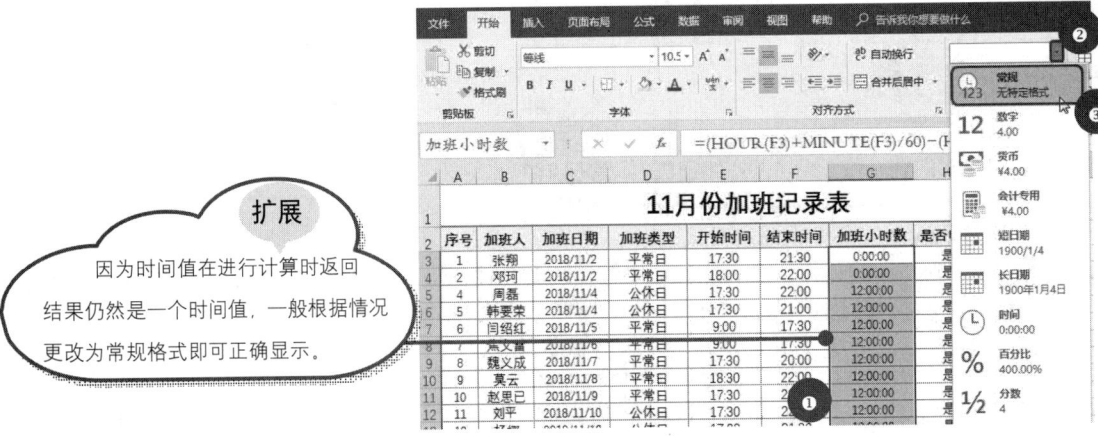

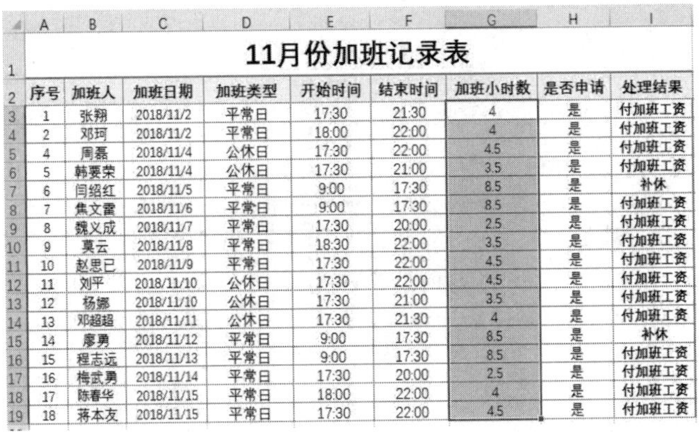

图 14-8

公式解析

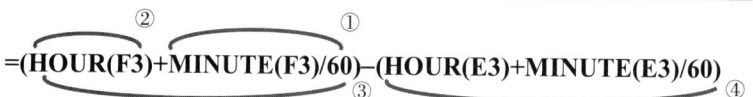

=(HOUR(F3)+MINUTE(F3)/60)－(HOUR(E3)+MINUTE(E3)/60)

① MINUTE 函数提取 F3 单元格内时间的分钟数再除以 60，即转换为小时数。

② HOUR 函数提取 F3 单元格内时间的小时数。

③ ①步与②步结果相加得出 F3 单元格中时间的小时数。

④ 按相同的方法也将 E3 单元格中的时间转换为小时数，然后取它们的差值即为加班小时数。

14.1.3　计算加班费

由于一位员工可能会对应多条加班记录，同时不同的加班类型其对应的加班工资也有所不同。因此，在完成了加班记录表的建立后，可以建立一张表统计各位加班人员的总加班时长并计算出他们的加班费。

❶ 选中 B2:I32 单元格区域，在"公式"选项卡的"定义的名称"组中单击"根据所选内容创建"按钮（如图 14-9 所示），打开"根据所选内容创建名称"对话框。

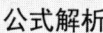

图 14-9

❷ 勾选"首行"复选框（如图 14-10 所示），单击"确定"按钮即可创建所有名称。打开"名称管理器"对话框，可以为所有选中的列都各自定义名称，其名称为列标识，如图 14-11 所示。

❸ 在表格中将光标定位在单元格 C3 中，输入公式：**=SUMIFS(加班小时数,加班类型,"公休日",处理结果,"付加班工资",加班人,B3)**，如图 14-12 所示。

❹ 按 Enter 键，即可返回第一位员工的节假日加班小时数，如图 14-13 所示。

图 14-10

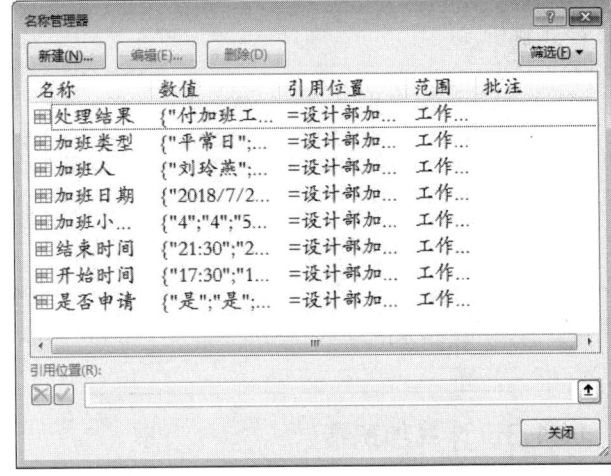

图 14-11

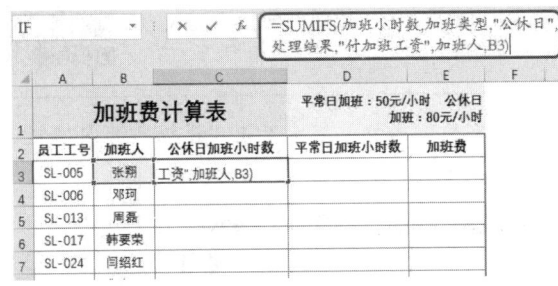

图 14-12

图 14-13

❺ 在表格中将光标定位在单元格 D3 中，输入公式：**=SUMIFS(加班小时数,加班类型,"平常日",处理结果,"付加班工资",加班人,B3)**，如图 14-14 所示。

❻ 按 Enter 键，即可返回第一位员工的工作日加班小时数，如图 14-15 所示。

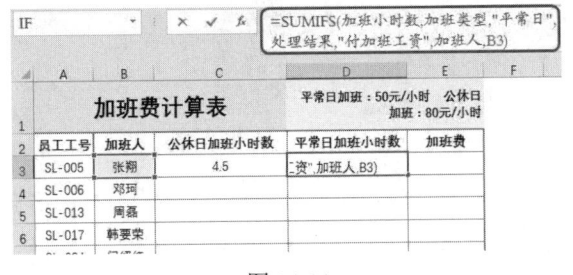

图 14-14

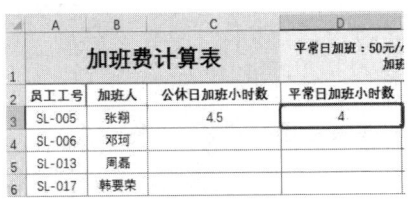

图 14-15

❼ 在表格中将光标定位在单元格 E3 中，输入公式：**=C3*80+D3*50**，如图 14-16 所示。

❽ 按 Enter 键，即可返回第一位员工的加班费，如图 14-17 所示。

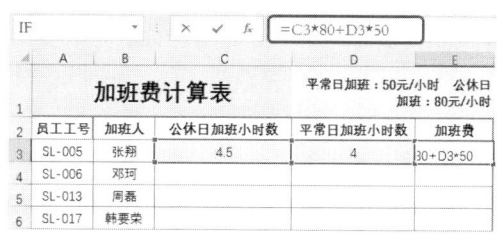

图 14-16　　　　　　　　　　　　　　　　　　图 14-17

❾ 选中 C3:E3 单元格区域，向下填充公式到 E26 单元格，一次性计算出其他员工的节假日加班小时数、工作日加班小时数以及加班费，如图 14-18 所示。

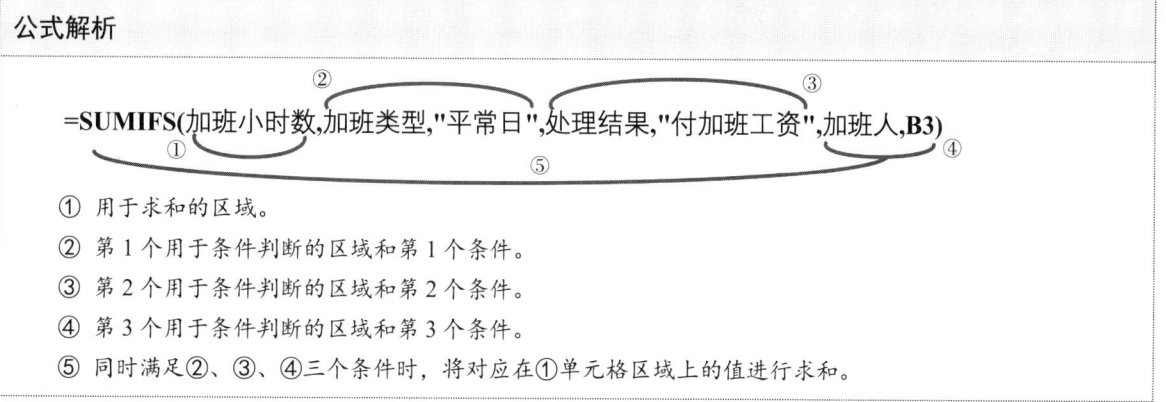

图 14-18

公式解析

=SUMIFS(加班小时数,加班类型,"平常日",处理结果,"付加班工资",加班人,B3)

① 用于求和的区域。

② 第 1 个用于条件判断的区域和第 1 个条件。

③ 第 2 个用于条件判断的区域和第 2 个条件。

④ 第 3 个用于条件判断的区域和第 3 个条件。

⑤ 同时满足②、③、④三个条件时，将对应在①单元格区域上的值进行求和。

14.2　异常考勤的统计

考勤工作是人事部门月月都需要开展的工作。一般在月末时都需要将考勤机数据导入计算机并作为原始数据对本月的考勤情况进行核对、填制、统计，从而制作出本月的考勤数据统计表。本节会介绍如何导入考勤机数据并整理异常数据，根据考勤情况制作月度员工考勤表，并对员工的出勤情况进行统计，在本书的第 16 章中核算工资时还需要用到考勤统计数据来获取每位员工的满勤奖。

考勤机中统计了 11 月份所有公司员工的打卡情况，包括上班和下班时间（如图 14-19 所示为考勤机中导入的考勤数据）。针对考勤机的数据还需要对异常数据进行整理，然后将所有异常数据记录到本月考勤表中去。有些考勤机能自动生成异常数据统计表，这样可以在异常数据统计表中处理。有些考勤表不能自动生成异常数据统计表，这时也可以手动根据原始考勤表来整理异常数据（整理方法将在 14.2.2 小节中介绍）。

	A	B	C	D	E	F
1	员工编号	姓名	部门	刷卡日期	上班卡	下班卡
2	SL-001	李菲菲	生产部	2018/11/1	7:51:52	17:19:15
3	SL-001	李菲菲	生产部	2018/11/2	7:42:23	17:15:08
4	SL-001	李菲菲	生产部	2018/11/5	8:10:40	17:19:15
5	SL-001	李菲菲	生产部	2018/11/6	7:51:52	17:19:15
6	SL-001	李菲菲	生产部	2018/11/7	7:49:09	17:20:21
7	SL-001	李菲菲	生产部	2018/11/8	7:58:11	16:55:31
8	SL-001	李菲菲	生产部	2018/11/9	7:56:53	18:30:22
9	SL-001	李菲菲	生产部	2018/11/12	7:52:38	17:26:15
10	SL-001	李菲菲	生产部	2018/11/13	7:52:21	16:50:09
11	SL-001	李菲菲	生产部	2018/11/14		
12	SL-001	李菲菲	生产部	2018/11/15	7:51:35	17:21:12
13	SL-001	李菲菲	生产部	2018/11/16	7:50:36	17:00:23
14	SL-001	李菲菲	生产部	2018/11/19	7:52:38	17:26:15
15	SL-001	李菲菲	生产部	2018/11/20	7:52:38	19:22:00
16	SL-001	李菲菲	生产部	2018/11/21	7:52:38	17:26:15
17	SL-001	李菲菲	生产部	2018/11/22	7:52:38	17:26:15
18	SL-001	李菲菲	生产部	2018/11/23	7:52:38	17:26:15
19	SL-001	李菲菲	生产部	2018/11/26	7:52:38	17:05:10
20	SL-001	李菲菲	生产部	2018/11/27	7:52:38	17:26:15
21	SL-001	李菲菲	生产部	2018/11/28	8:10:15	17:09:21
22	SL-001	李菲菲	生产部	2018/11/29	7:52:38	17:26:15
23	SL-001	李菲菲	生产部	2018/11/30	7:52:38	17:11:55
24	SL-002	朱华颖	生产部	2018/11/1	8:00:00	17:09:31
25	SL-002	朱华颖	生产部	2018/11/2	7:42:23	17:15:08
26	SL-002	朱华颖	生产部	2018/11/5	7:52:40	18:16:11
27	SL-002	朱华颖	生产部	2018/11/6	7:51:52	17:19:15
28	SL-002	朱华颖	生产部	2018/11/7	7:49:09	17:20:21
29	SL-002	朱华颖	生产部	2018/11/8	7:58:11	17:21:31
30	SL-002	朱华颖	生产部	2018/11/9	7:56:53	17:25:22

考勤机数据

图 14-19

14.2.1 整理考勤机自动产生的异常数据

除了迟到早退外，本例规定：如果员工的迟到或者早退时间超过 40 分钟，就会做旷工半天的处理，因此可以在异常考勤数据中对旷工半天的员工进行标记。

❶ 如图 14-20 所示为考勤机生成的异常数据记录，这里的记录一般是对上班打卡时间晚于设定的上班时间、下班打卡时间早于设定的下班时间，以及未打卡情况进行反馈。

❷ 在表格中将光标定位在单元格 M3 中，输入公式：=IF(OR(K5>40,L5>40),"旷(半)","")，如图 14-21 所示。

❸ 按 Enter 键，即可判断出第 1 条记录是否做旷工半天处理，如图 14-22 所示。

异常统计表

工号	姓名	部门	日期	时间段一 上班	时间段一 下班	时间段二 上班	时间段二 下班	加班时段 签到	加班时段 签退	迟到时间(分钟)	早退时间(分钟)
		统计日期：	2018-11-01 ~ 2018-11-30				制表日期：		2018-11-30		
SL-001	李菲菲	生产部	2018/11/5	8:10:40						10	0
SL-001	李菲菲	生产部	2018/11/8		16:55:31					0	5
SL-001	李菲菲	生产部	2018/11/13		16:50:09					0	10
SL-001	李菲菲	生产部	2018/11/14								
SL-001	李菲菲	生产部	2018/11/28	8:10:15						10	0
SL-004	李先标	生产部	2018/11/1	8:44:00						44	0
SL-005	张翔	生产部	2018/11/12	8:12:00						12	0
SL-005	张翔	生产部	2018/11/29		16:57:15					0	3
SL-006	邓珂	生产部	2018/11/12	8:42:15						42	0
SL-007	黄欣	生产部	2018/11/20		16:55:15					0	5
SL-008	王彬	生产部	2018/11/1	8:05:05						5	0
SL-009	夏晓辉	生产部	2018/11/12	8:12:40						12	
SL-010	刘清	生产部	2018/11/12	8:22:15						22	
SL-012	王倩	生产部	2018/11/12	8:19:00						19	
SL-013	周磊	生产部	2018/11/26	8:10:38						10	
SL-028	焦文全	销售部	2018/11/6		16:15:08						45
SL-030	马同燕	销售部	2018/11/12		16:55:09						5
SL-042	穆宇飞	市场部	2018/11/12	7:52:21	16:50:09						10
SL-044	赵思已	财务部	2018/11/12	8:52:30	17:10:09					52	

考勤机数据　考勤异常 ⊕

图 14-20

=IF(OR(K5>40,L5>40),"旷(半)","")

异常统计表

工号	姓名	部门	日期	时间段一 上班	时间段一 下班	时间段二 上班	时间段二 下班	加班时段 签到	加班时段 签退	迟到时间(分钟)	早退时间(分钟)	旷工半天处理
		统计日期：	2018-11-01 ~ 2018-11-30				制表日期：		2018-11-30			
SL-001	李菲菲	生产部	2018/11/5	8:10:40						10	0	"(半)","")
SL-001	李菲菲	生产部	2018/11/8		16:55:31					0	5	
SL-001	李菲菲	生产部	2018/11/13		16:50:09					0	10	
SL-001	李菲菲	生产部	2018/11/14									

图 14-21

异常统计表

工号	姓名	部门	日期	时间段一 上班	时间段一 下班	时间段二 上班	时间段二 下班	加班时段 签到	加班时段 签退	迟到时间(分钟)	早退时间(分钟)	旷工半天处理
		统计日期：	2018-11-01 ~ 2018-11-30				制表日期：		2018-11-30			
SL-001	李菲菲	生产部	2018/11/5	8:10:40						10	0	
SL-001	李菲菲	生产部	2018/11/8		16:55:31					0	5	
SL-001	李菲菲	生产部	2018/11/13		16:50:09					0	10	
SL-001	李菲菲	生产部	2018/11/14									

图 14-22

❹ 选中 M3 单元格，向下填充公式到 M23 单元格，一次性判断出其他员工是否做旷工半天处理，如图 14-23 所示。

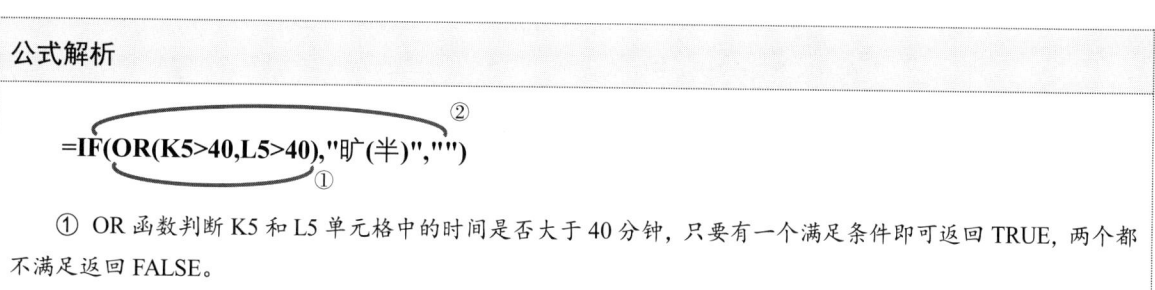

公式解析

=IF(OR(K5>40,L5>40),"旷(半)","")
　　① ②

① OR 函数判断 K5 和 L5 单元格中的时间是否大于 40 分钟，只要有一个满足条件即可返回 TRUE，两个都不满足返回 FALSE。

② IF 函数根据①步结果返回对应内容，如果①步结果为真，则返回"旷(半)"，如果为假，则返回空白值。

	A	B	C	D	E	F	G	H	I	J	K	L	M
1	异常统计表												
2	统计日期：			2018-11-01 ~ 2018-11-30						制表日期： 2018-11-30			
3	工号	姓名	部门	日期	时间段一		时间段二		加班时段		迟到时间（分钟）	早退时间（分钟）	旷工半天处理
4					上班	下班	上班	下班	签到	签退			
5	SL-001	李菲菲	生产部	2018/11/5	8:10:40						10	0	
6	SL-001	李菲菲	生产部	2018/11/8		16:55:31					0	5	
7	SL-001	李菲菲	生产部	2018/11/13		16:50:09					0	10	
8	SL-001	李菲菲	生产部	2018/11/14									
9	SL-001	李菲菲	生产部	2018/11/28	8:10:15						10	0	
10	SL-004	李先标	生产部	2018/11/1	8:44:00						44	0	旷(半)
11	SL-005	张翔	生产部	2018/11/12	8:12:00						12	0	
12	SL-005	张翔	生产部	2018/11/29		16:57:15					0	3	
13	SL-006	邓珂	生产部	2018/11/12	8:42:15						42	0	旷(半)
14	SL-007	黄欣	生产部	2018/11/20		16:55:15					0	5	
15	SL-008	王彬	生产部	2018/11/1	8:05:05						5	0	
16	SL-009	夏晓辉	生产部	2018/11/5	8:12:40						12		
17	SL-010	刘清	生产部	2018/11/12	8:22:15						22		
18	SL-012	王倩	生产部	2018/11/12	8:19:00						19		
19	SL-013	周磊	生产部	2018/11/26	8:10:38						10		
20	SL-028	焦文全	销售部	2018/11/6		16:15:08						45	旷(半)
21	SL-030	马同燕	销售部	2018/11/15		16:55:09						5	
22	SL-042	穆宇飞	市场部	2018/11/12	7:52:21	16:50:09						10	
23	SL-044	赵思已	财务部	2018/11/12	8:52:30	17:10:09					52		旷(半)

扩展

这里的异常数据以及公式返回数据将用于填制考勤表的参考数据。即只要把这表里的异常数据对应填制好（在填制考勤表时需要逐一对照此表），其他就都是正常出勤数据了。

图 14-23

14.2.2 手动整理异常数据

根据所使用的考勤机不同，有些考勤机不一定会生成异常数据。如果考勤机只对上下班的打卡时间进行了记录，那么，也可以按如下方法手动整理异常数据。可以先根据考勤打卡时间判断迟到、早退、旷工等情况，然后再利用筛选功能将所有有异常的数据整理出来形成异常表格。

例 1：手动计算考勤异常数据

在“考勤机数据”表中可以利用公式进行迟到、早退、旷工等的判断，同时当迟到或早退超过 40 分种时还可以利用公式处理为旷工半天。

❶ 在表格中将光标定位在单元格 G2 中，输入公式：**=IF(E2>TIMEVALUE("08:00"),"迟到","")**，如图 14-24 所示。

IF　=IF(E2>TIMEVALUE("08:00"),"迟到","")

	A	B	C	D	E	F	G	H	I
1	员工编号	姓名	部门	刷卡日期	上班卡	下班卡	迟到情况	早退情况	旷工情况
2	SL-001	李菲菲	生产部	2018/11/1	7:51:52	17:19:15	迟到","")		
3	SL-001	李菲菲	生产部	2018/11/2	7:42:23	17:15:08			
4	SL-001	李菲菲	生产部	2018/11/5	8:10:40	17:19:15			
5	SL-001	李菲菲	生产部	2018/11/6	7:51:52	17:19:15			
6	SL-001	李菲菲	生产部	2018/11/7	7:49:09	17:20:21			
7	SL-001	李菲菲	生产部	2018/11/8	7:58:11	16:55:31			
8	SL-001	李菲菲	生产部	2018/11/9	7:56:53	18:30:22			
9	SL-001	李菲菲	生产部	2018/11/12	7:52:38	17:26:15			
10	SL-001	李菲菲	生产部	2018/11/13	7:52:21	16:50:09			
11	SL-001	李菲菲	生产部	2018/11/14					

图 14-24

公式解析

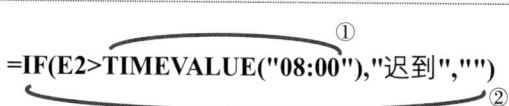

① TIMEVALUE("08:00")返回当前时间的十进制数字。

② 使用 IF 函数判断 E2 单元格的上班时间是否大于①步中的时间，即 8:00。如果是则返回"迟到"，否则返回空值。

❷ 按 Enter 键，即可返回第一位员工的迟到情况，如图 14-25 所示。

	A	B	C	D	E	F	G	H	I
1	员工编号	姓名	部门	刷卡日期	上班卡	下班卡	迟到情况	早退情况	旷工情况
2	SL-001	李菲菲	生产部	2018/11/1	7:51:52	17:19:15			
3	SL-001	李菲菲	生产部	2018/11/2	7:42:23	17:15:08			
4	SL-001	李菲菲	生产部	2018/11/5	8:10:40	17:19:15			
5	SL-001	李菲菲	生产部	2018/11/6	7:51:52	17:19:15			
6	SL-001	李菲菲	生产部	2018/11/7	7:49:09	17:20:21			
7	SL-001	李菲菲	生产部	2018/11/8	7:58:11	16:55:31			
8	SL-001	李菲菲	生产部	2018/11/9	7:56:53	18:30:22			
9	SL-001	李菲菲	生产部	2018/11/12	7:52:38	17:26:15			
10	SL-001	李菲菲	生产部	2018/11/13	7:52:21	16:50:09			

扩展

没有返回值表示是正常出勤，没有出现迟到情况。

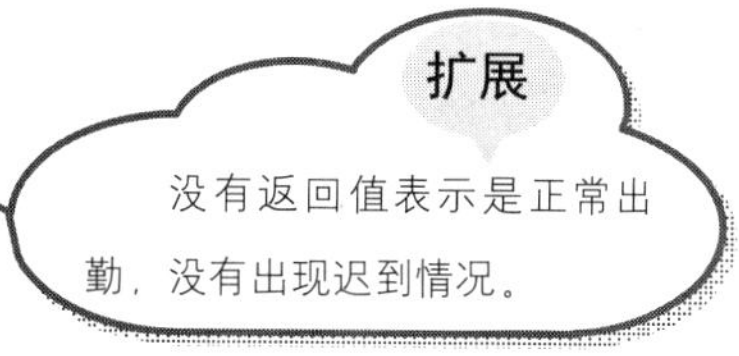

图 14-25

❸ 在表格中将光标定位在单元格 H2 中，输入公式：**=IF(F2="","",IF(F2<TIMEVALUE ("17:00"),"早退",""))**，如图 14-26 所示。

IF				fx	=IF(F2="","",IF(F2<TIMEVALUE("17:00"),"早退",""))				
	A	B	C	D	E	F	G	H	I	J
1	员工编号	姓名	部门	刷卡日期	上班卡	下班卡	迟到情况	早退情况	旷工情况
2	SL-001	李菲菲	生产部	2018/11/1	7:51:52	17:19:15		早退",""))	
3	SL-001	李菲菲	生产部	2018/11/2	7:42:23	17:15:08			
4	SL-001	李菲菲	生产部	2018/11/5	8:10:40	17:19:15			
5	SL-001	李菲菲	生产部	2018/11/6	7:51:52	17:19:15			
6	SL-001	李菲菲	生产部	2018/11/7	7:49:09	17:20:21			
7	SL-001	李菲菲	生产部	2018/11/8	7:58:11	16:55:31			
8	SL-001	李菲菲	生产部	2018/11/9	7:56:53	18:30:22			
9	SL-001	李菲菲	生产部	2018/11/12	7:52:38	17:26:15			
10	SL-001	李菲菲	生产部	2018/11/13	7:52:21	16:50:09			
11	SL-001	李菲菲	生产部	2018/11/14					

图 14-26

公式解析

① 判断 F2 单元格的下班时间是否为空，如果是空则返回空值，如果不是则执行"IF(F2<TIMEVALUE("17:00"),"早退","")"这一部分。

② 当①步结果不为空值，则判断 F2 中的时间是否小于下班时间"17:00"，如果是则返回"早退"，如果不是则返回空值。

❹ 按 Enter 键，即可返回第一位员工的早退情况，如图 14-27 所示。

❺ 在表格中将光标定位在单元格 I2 中，输入公式：**=IF(COUNTBLANK(E2:F2)=2, "旷工","")**，如图 14-28 所示。

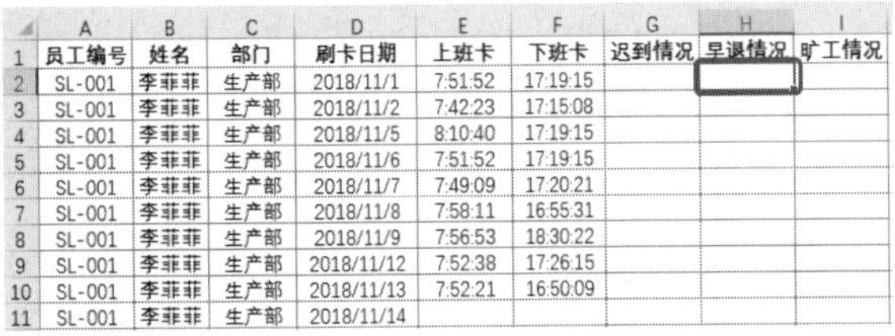

图 14-27

图 14-28

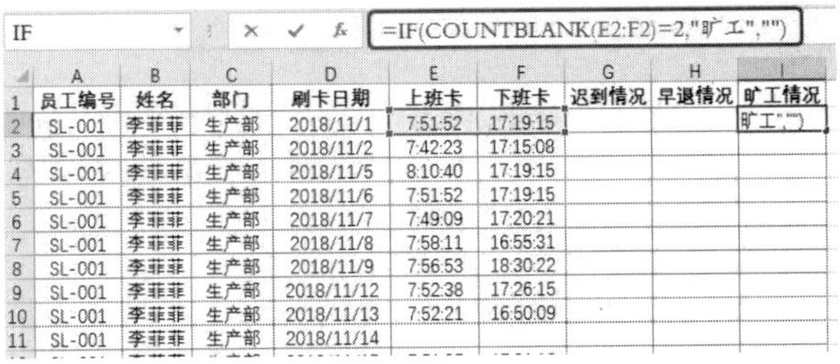

IF   =IF(COUNTBLANK(E2:F2)=2,"旷工","")

❻ 按 Enter 键，即可返回第一位员工的旷工情况，如图 14-29 所示。

图 14-29

❼ 选中 G2:I2 单元格区域，向下填充公式到 I30 单元格，一次性返回其他员工的各项迟到、早退以及旷工情况，如图 14-30 所示。

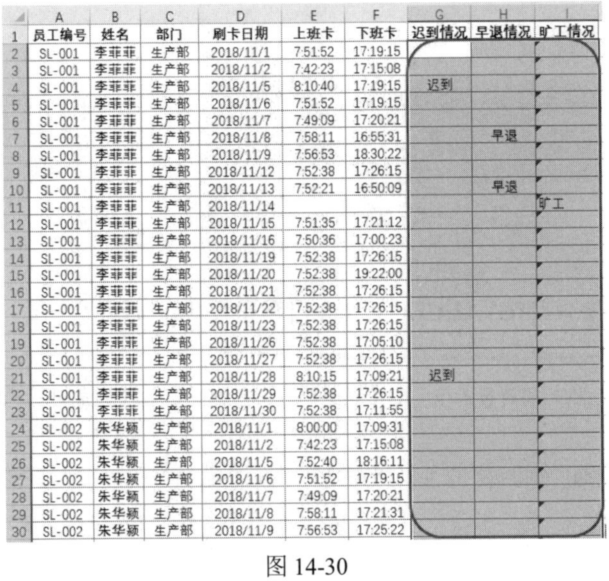

图 14-30

例2：筛选考勤异常数据

由于考勤数据条目众多（整月中每一位员工就有 20 多条考勤记录），因此可以使用筛选功能将所有考勤异常的记录都筛选出来，形成考勤异常表，这样在填制考勤表时，只要把这些异常数据对应填制好，其他数据都填为正常出勤即可。

❶ 新建工作表并在工作表标签上双击鼠标，将其重命名为"考勤异常（手动）"，并在 A1:C4 单元格区域建立筛选条件。

❷ 在"数据"选项卡的"排序和筛选"组中单击"高级"按钮，如图 14-31 所示。打开"高级筛选"对话框。

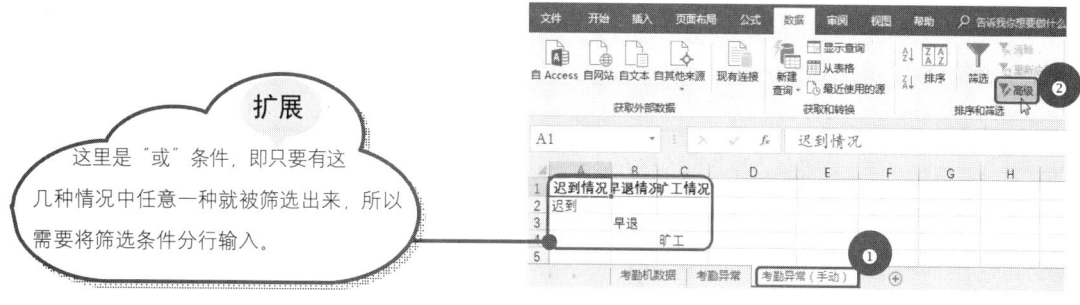

图 14-31

> **扩展**
> 这里是"或"条件，即只要有这几种情况中任意一种就被筛选出来，所以需要将筛选条件分行输入。

❸ 设置筛选方式为"将筛选结果复制到其他位置"，再分别设置列表区域、条件区域和复制到的位置，如图 14-32 所示。

❹ 单击"确定"按钮即可筛选出迟到、早退和旷工的所有记录，如图 14-33 所示。

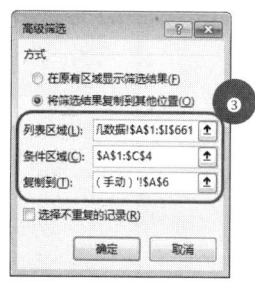

图 14-32

	A	B	C	D	E	F	G	H	I
6	员工编号	姓名	部门	刷卡日期	上班卡	下班卡	迟到情况	早退情况	旷工情况
7	SL-001	李菲菲	生产部	2018/11/5	8:10:40	17:19:15	迟到		
8	SL-001	李菲菲	生产部	2018/11/8	7:58:11	16:55:31		早退	
9	SL-001	李菲菲	生产部	2018/11/13	7:52:21	16:50:09		早退	
10	SL-001	李菲菲	生产部	2018/11/14					旷工
11	SL-001	李菲菲	生产部	2018/11/28	8:10:15	17:09:21	迟到		
12	SL-004	李先标	设计部	2018/11/1	8:44:00	17:09:31	迟到		
13	SL-004	李先标	设计部	2018/11/12	8:12:00	17:09:21	迟到		
14	SL-004	李先标	设计部	2018/11/29	7:52:38	16:57:15		早退	
15	SL-006	邓珂	人事部	2018/11/12	8:42:15	17:09:21	迟到		
16	SL-007	黄欣	市场部	2018/11/20	7:52:38	16:55:15		早退	
17	SL-008	王彬	设计部	2018/11/1	8:05:05	17:09:31	迟到		
18	SL-009	夏晓辉	设计部	2018/11/5	8:12:40	18:16:11	迟到		
19	SL-010	刘清	行政部	2018/11/12	8:22:15	17:09:21	迟到		
20	SL-012	王倩	行政部	2018/11/8	8:19:00	17:09:21	迟到		
21	SL-012	王倩	行政部	2018/11/26	8:10:38	17:26:15	迟到		
22	SL-013	周磊	人事部	2018/11/2	7:42:23	16:17:08		早退	
23	SL-013	周磊	人事部	2018/11/16	7:50:36	16:00:23		早退	
24	NO.013	张燕	人事部	2018/11/20					旷工
25	NO.013	张燕	人事部	2018/11/21					旷工
26	NO.013	张燕	人事部	2018/11/23	8:02:38	17:26:15	迟到		
27	NO.014	柳小缕	研发部	2018/11/15					旷工
28	NO.014	柳小缕	研发部	2018/11/16					旷工
29	NO.015	许开	行政部	2018/11/12	8:00:15	17:09:21	迟到		
30	NO.016	陈建	市场部	2018/11/21					旷工

图 14-33

例3：计算异常旷工

如果超过规定上（下）班时间即是"迟到"或"早退"，但是迟到或早退的时间太多则做异常旷工处理。本例中约定：如果员工迟到的时间或早退的时间超过 40 分钟，则以该名员工"旷工半天"处理，可以使用公式来自动判断。

❶ 在表格中将光标定位在单元格 J7 中，输入公式：**=IF(I7="旷工","",IF(OR (E7−TIMEVALUE ("8:00")>TIMEVALUE("0:40"),TIMEVALUE("17:00")−F7> TIMEVALUE ("0:40")), "旷(半)",""))**，如图 14-34 所示。

❷ 按 Enter 键，即可返回第一位员工的旷工半天处理结果，如图 14-35 所示。

❸ 选中 J7 单元格，向下填充公式到 J29 单元格，一次性判断出是否对其他员工做旷工半天处理，如图 14-36 所示。

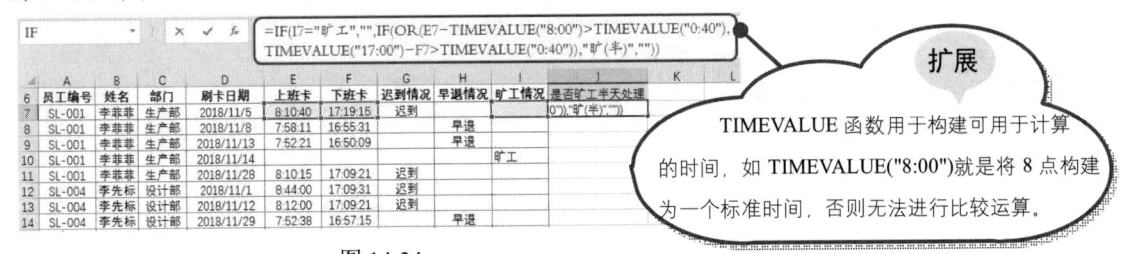

图 14-34

	A	B	C	D	E	F	G	H	I	J
6	员工编号	姓名	部门	刷卡日期	上班卡	下班卡	迟到情况	早退情况	旷工情况	是否旷工半天处理
7	SL-001	李菲菲	生产部	2018/11/5	8:10:40	17:19:15	迟到			
8	SL-001	李菲菲	生产部	2018/11/8	7:58:11	16:55:31		早退		
9	SL-001	李菲菲	生产部	2018/11/13	7:52:21	16:50:09		早退		
10	SL-001	李菲菲	生产部	2018/11/14					旷工	
11	SL-001	李菲菲	生产部	2018/11/28	8:10:15	17:09:21	迟到			

图 14-35

	A	B	C	D	E	F	G	H	I	J
6	员工编号	姓名	部门	刷卡日期	上班卡	下班卡	迟到情况	早退情况	旷工情况	是否旷工半天处理
7	SL-001	李菲菲	生产部	2018/11/5	8:10:40	17:19:15	迟到			
8	SL-001	李菲菲	生产部	2018/11/8	7:58:11	16:55:31		早退		
9	SL-001	李菲菲	生产部	2018/11/13	7:52:21	16:50:09		早退		
10	SL-001	李菲菲	生产部	2018/11/14					旷工	
11	SL-001	李菲菲	生产部	2018/11/28	8:10:15	17:09:21	迟到			
12	SL-004	李先标	设计部	2018/11/1	8:44:00	17:09:31	迟到			旷(半)
13	SL-004	李先标	设计部	2018/11/12	8:12:00	17:09:21	迟到			
14	SL-004	李先标	设计部	2018/11/29	7:52:38	16:57:15		早退		旷(半)
15	SL-006	邓珂	人事部	2018/11/12	8:42:15	17:09:21	迟到			
16	SL-007	黄欣	市场部	2018/11/20	7:52:38	16:55:15		早退		
17	SL-008	王彬	设计部	2018/11/1	8:05:05	17:09:31	迟到			
18	SL-009	夏晓辉	设计部	2018/11/5	8:12:40	18:16:11	迟到			
19	SL-010	刘清	行政部	2018/11/12	8:22:15	17:09:21	迟到			
20	SL-012	王倩	行政部	2018/11/12	8:19:00	17:09:21	迟到			
21	SL-012	王倩	行政部	2018/11/26	8:10:38	17:26:15	迟到			
22	SL-013	周磊	人事部	2018/11/2	7:42:23	16:17:08		早退		旷(半)
23	SL-013	周磊	人事部	2018/11/13	7:50:36	16:00:23		早退		旷(半)
24	NO.013	张燕	人事部	2018/11/20					旷工	
25	NO.013	张燕	人事部	2018/11/21					旷工	
26	NO.013	张燕	人事部	2018/11/23	8:02:38	17:26:15	迟到			
27	NO.014	柳小续	研发部	2018/11/15					旷工	
28	NO.014	柳小续	研发部	2018/11/16					旷工	
29	NO.015	许开	行政部	2018/11/12	8:00:15	17:09:21	迟到			

图 14-36

> **扩展**
> TIMEVALUE 函数用于构建可用于计算的时间，如 TIMEVALUE("8:00")就是将 8 点构建为一个标准时间，否则无法进行比较运算。

公式解析

① ②

=IF(I7="旷工","",IF(OR(E7−TIMEVALUE("8:00")>TIMEVALUE("0:40"),TIMEVALUE

("17:00")−F7>TIMEVALUE("0:40")),"旷(半)",""))

③ ④

① 判断 I7 单元是否为旷工，如果是返回空值，如果不是进入下一个 IF 判断。

② E7 是上班打卡时间，判断这个时间减去上班时间是否大于 40。

③ F7 是下班打卡时间，判断下班时间减去这个时间是否大于 40。

④ 只要②步与③步中两项判断中有一个为真，则返回"旷(半)"，否则返回空。

14.2.3　员工出勤情况统计

"考勤表"里的数据是人事部门的工作人员根据"考勤异常"表的情况手动填入的（如图 14-37 所示），无异常的即为正常出勤，有异常的就手动填写下来。而旷工的产生有的是特殊情况，比如有的是因为事假、病假、出差没有打卡记录时也会返回"旷工"文字，所以可以手动将这些情况下的旷工改为"事假""病假""出差"文字。

	A	B	C	D E F G H I J K L M N O P Q R S T U V W X Y Z AA AB AC AD AE AF AG
1	\multicolumn{3}{l}{**2018年11月份考勤表**}	
2	工号	姓名	部门	1 2 3 4 5 6 7 8 9 10 11 12 13 14 15 16 17 18 19 20 21 22 23 24 25 26 27 28 29 30
3				四 五 六 日 一 二 三 四 五 六 日 一 二 三 四 五 六 日 一 二 三 四 五 六 日 一 二 三 四 五
4	SL-001	李菲菲	生产部	休 休 迟到 早退 休 休 早退 旷工 休 休 休 休 迟到
5	SL-002	朱华颖	生产部	休 休 休 休 休 休 休 休
6	SL-003	华玉凤	生产部	休 休 休 休 休 休 休 休
7	SL-004	李先标	生产部	旷(半) 休 休 休 休 迟到 事假 休 休 早退
8	SL-005	张翔	生产部	休 休 休 休 休 休 休 休
9	SL-006	邓珂	生产部	休 休 休 休 旷(半) 休 休 休 休
10	SL-007	黄欣	生产部	休 休 休 休 休 休 休 休
11	SL-008	王彬	生产部	迟到 休 休 休 休 休 休 休 休
12	SL-009	夏晓辉	生产部	休 休 迟到 休 休 休 休 休 休
13	SL-010	刘清	生产部	休 休 休 休 迟到 休 休 休 休
14	SL-011	何娟	生产部	休 休 休 休 休 休 休 休
15	SL-012	王倩	生产部	休 休 事假 休 休 迟到 休 休 迟到
16	SL-013	周磊	生产部	早退 休 休 休 休 早退 休 休 出差 出差 迟到 休 休
17	SL-014	蒋苗苗	生产部	休 休 休 休 出差 出差 休 休
18	SL-015	胡琛琛	生产部	休 休 迟到 休 休 休 休
19	SL-016	刘玲燕	设计部	休 休 休 休 旷工 旷工 休 休
20	SL-017	韩要荣	设计部	休 休 休 休 病假 休 休
21	SL-018	王昌灵	设计部	休 休 休 休 休 休
22	SL-019	余永梅	设计部	休 休 休 休 休 休
23	SL-020	黄伟	设计部	休 休 休 休 休 休
24	SL-021	洪新成	设计部	迟到 休 休 休 休 休 休
25	SL-022	詹晔	销售部	迟到 休 休 休 休 休 休
26	SL-023	姚磊	销售部	休 休 休 休 休 休
27	SL-024	闫绍红	销售部	旷工 旷工 休 休 休 休 休 休
28	SL-025	焦文雷	销售部	休 休 休 休 休 休
29	SL-026	魏义成	销售部	迟到 休 休 出差 出差 出差 休 休 休 休
30	SL-027	李秀表	销售部	休 休 休 休 休 休

考勤机数据　考勤异常　考勤异常（手动）　考勤表

图 14-37

对员工的本月出勤情况进行统计后，接着需要对当月的考勤数据进行统计分析，如统计各员工本月应当出勤天数、实际出勤天数、请假天数、迟到次数等，最终需要计算出因异常出勤的应扣工资及满勤奖等数据，这些数据在本月进行工资核算时需要使用到。

例 1：本月出勤数据统计

对出勤情况的统计包括应出勤的天数、实际出勤天数、各种假别对应天数。有了这些数据的统计才能实现对应扣工资的统计。

❶ 在表格中选中 D3 单元格，在编辑栏中输入公式：**=NETWORKDAYS(DATE(2018,11,1), EOMONTH(DATE(2018,11,1),0))**，如图 14-38 所示。按 Enter 键，即可返回第一位员工的应该出勤天数。

图 14-38

公式解析

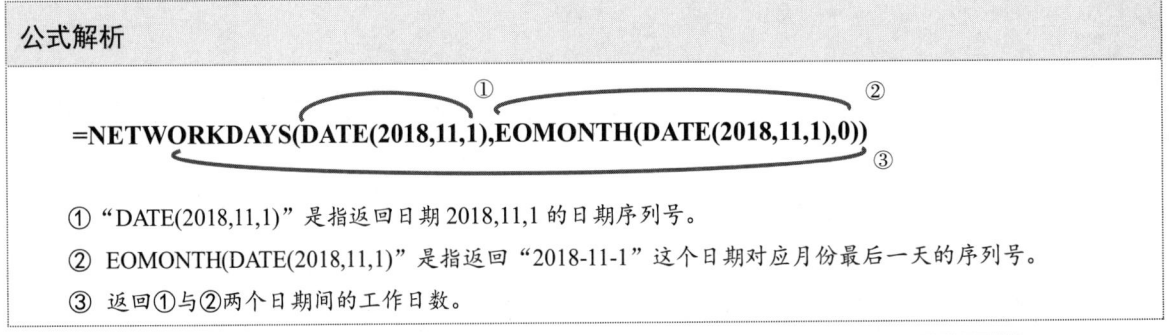

① "DATE(2018,11,1)"是指返回日期 2018,11,1 的日期序列号。

② EOMONTH(DATE(2018,11,1))是指返回"2018-11-1"这个日期对应月份最后一天的序列号。

③ 返回①与②两个日期间的工作日数。

❷ 在表格中选中 E3 单元格，在编辑栏中输入公式：**=COUNTIF(考勤表!D4:AG4,"")**，如图 14-39 所示。按 Enter 键，即可返回第一位员工的实际出勤天数。

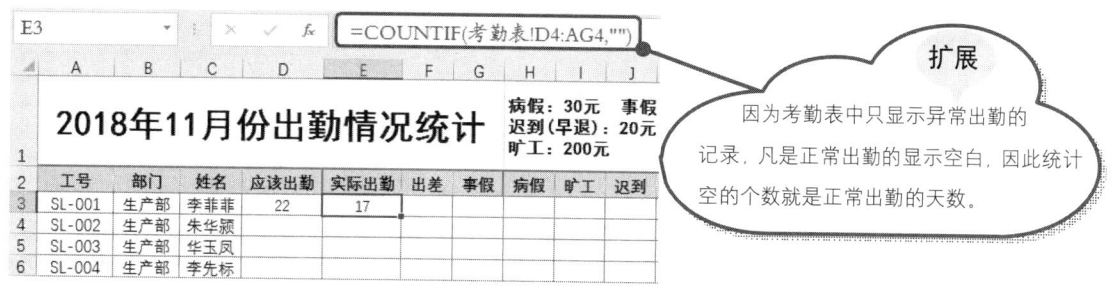

图 14-39

公式解析

=COUNTIF(考勤表!D4:AG4,"")

① 查找范围为考勤表的 D4:AG4 区域。

② 统计出①步中的范围内空白单元格的个数。

❸ 在表格中选中 F3 单元格，在编辑栏中输入公式：**=COUNTIF(考勤表!D4:AG4,$F$2)**，如图 14-40 所示。按 Enter 键，即可返回第一位员工的出差天数。

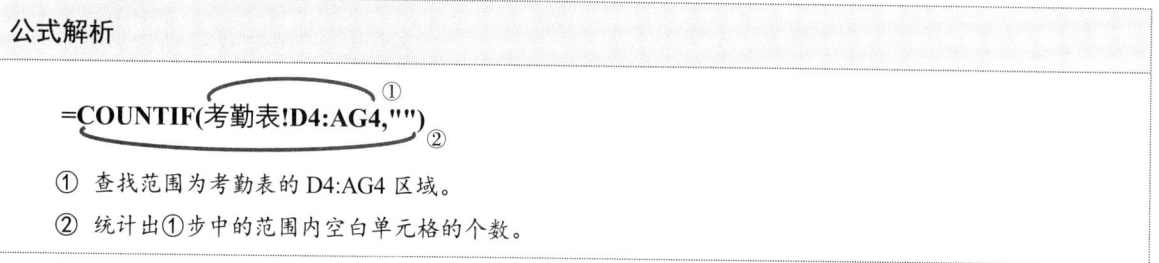

图 14-40

❹ 在表格中选中 G3 单元格，在编辑栏中输入公式：**=COUNTIF(考勤表!D4:AG4,$G$2)**，如图 14-41 所示。按 Enter 键，即可返回第一位员工的事假天数。

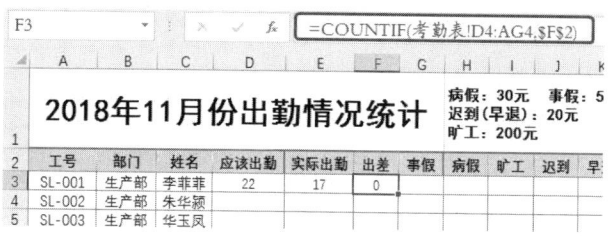

图 14-41

341

❺ 在表格中选中 H3 单元格，在编辑栏中输入公式：**=COUNTIF(考勤表!D4:AG4,$H$2)**，如图 14-42 所示。按 Enter 键，即可返回第一位员工的病假天数。

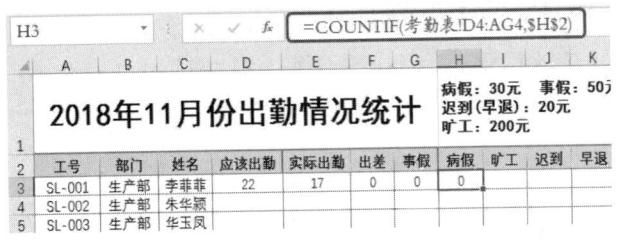

图 14-42

❻ 在表格中选中 I3 单元格，在编辑栏中输入公式：**=COUNTIF(考勤表!D4:AG4,$I$2)**，如图 14-43 所示。按 Enter 键，即可返回第一位员工的旷工天数。

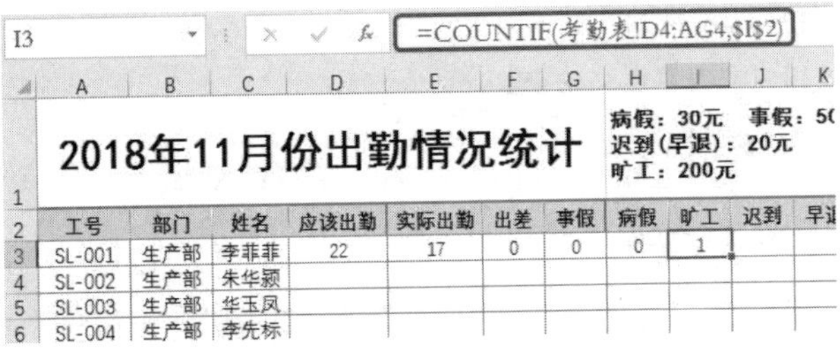

图 14-43

❼ 在表格中选中 J3 单元格，在编辑栏中输入公式：**=COUNTIF(考勤表!D4:AG4,$J$2)**，如图 14-44 所示。按 Enter 键，即可返回第一位员工的迟到次数。

图 14-44

❽ 在表格中选中 K3 单元格，在编辑栏中输入公式：**=COUNTIF(考勤表!D4:AG4,$K$2)**，如图 14-45 所示。按 Enter 键，即可返回第一位员工的早退次数。

❾ 在表格中选中 L3 单元格，在编辑栏中输入公式：**=COUNTIF(考勤表!D4:AG4,$L$2)**，如图 14-46 所示。按 Enter 键，即可返回第一位员工的旷（半）次数。

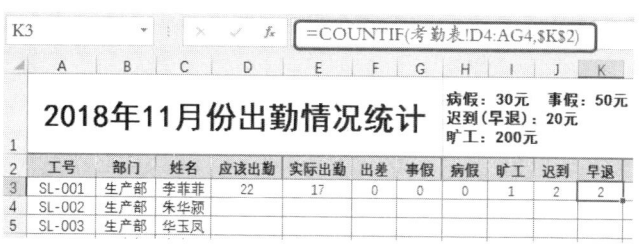

图 14-45

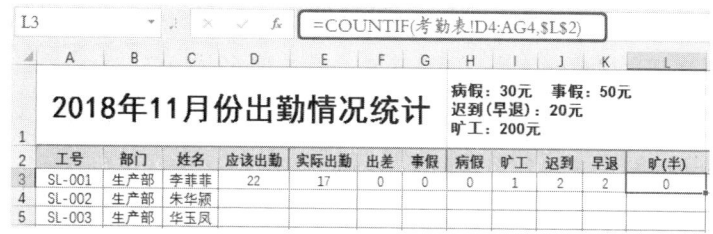

图 14-46

⓾　选中 D3:L3 单元格区域，向下填充公式，一次性返回其他员工的各项假别的天数和次数，如图 14-47 所示。

图 14-47

例 2：计算满勤奖与应扣金额

根据考勤统计结果，可以计算出满勤奖与应扣工资，这一数据是本月财务部门进行工资核算时需要使用的数据。

❶　在表格中将光标定位在单元格 M3 中，输入公式：**=IF(E3=D3,300,"")**，如图 14-48 所示。

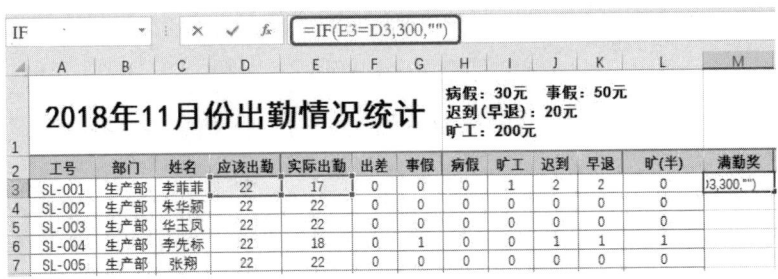

图 14-48

❷ 按 Enter 键，即可返回第一位员工的满勤奖，如图 14-49 所示。

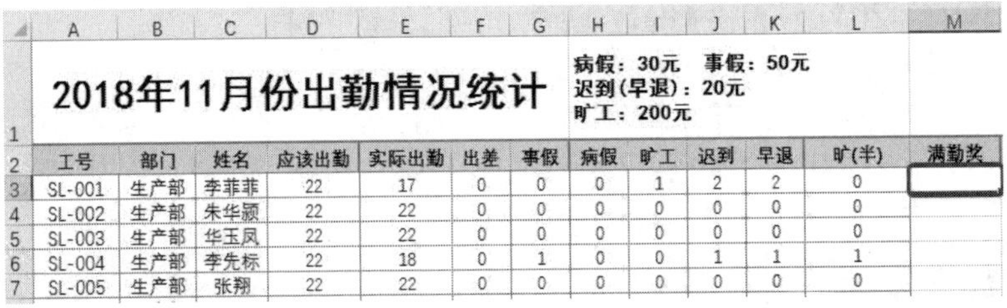

图 14-49

❸ 在表格中将光标定位在单元格 N3 中，输入公式：**=G3*50+H3*30+I3*200+ J3*20+K3*20+L3*100**，如图 14-50 所示。

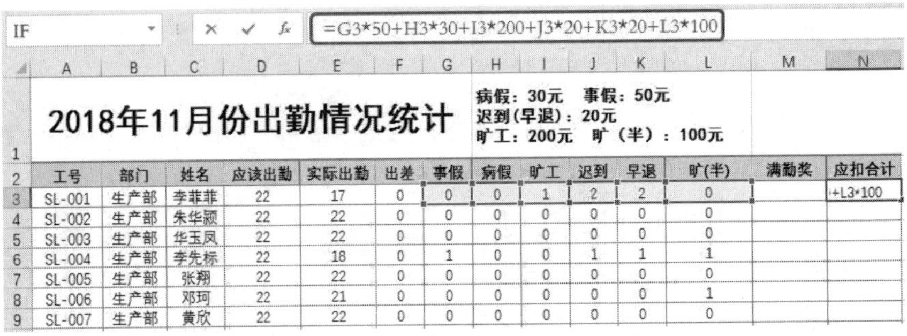

图 14-50

❹ 按 Enter 键，即可返回第一位员工的应扣合计，如图 14-51 所示。

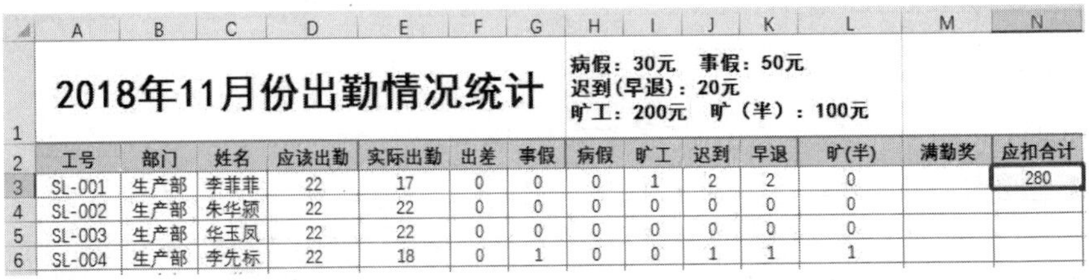

图 14-51

❺ 选中 M3:N3 单元格区域，向下填充公式，一次性返回其他员工的满勤奖和应扣合计金额，如图 14-52 所示。

工号	部门	姓名	应该出勤	实际出勤	出差	事假	病假	旷工	迟到	早退	旷(半)	满勤奖	应扣合计
SL-001	生产部	李菲菲	22	17	0	0	0	1	2	2	0		280
SL-002	生产部	朱华颖	22	22	0	0	0	0	0	0	0	300	0
SL-003	生产部	华玉凤	22	22	0	0	0	0	0	0	0	300	0
SL-004	生产部	李先标	22	18	0	1	0	0	1	1	1		190
SL-005	生产部	张翔	22	22	0	0	0	0	0	0	0	300	0
SL-006	生产部	邓珂	22	21	0	0	0	0	0	0	1		100
SL-007	生产部	黄欣	22	22	0	0	0	0	0	0	0	300	0
SL-008	生产部	王彬	22	21	0	0	0	0	1	0	0		20
SL-009	生产部	夏晓辉	22	21	0	0	0	0	1	0	0		20
SL-010	生产部	刘清	22	21	0	0	0	0	1	0	0		20
SL-011	生产部	何娟	22	22	0	0	0	0	0	0	0	300	0
SL-012	生产部	王倩	22	19	0	1	0	0	2	0	0		90
SL-013	生产部	周磊	22	17	2	0	0	0	1	2	0		60
SL-014	生产部	蒋苗苗	22	20	2	0	0	0	0	0	0		
SL-015	生产部	胡琛琛	22	21	0	0	0	0	1	0	0		20
SL-016	设计部	刘玲燕	22	20	0	0	0	2	0	0	0		400
SL-017	设计部	韩要荣	22	21	0	0	1	0	0	0	0		30
SL-018	设计部	王昌灵	22	22	0	0	0	0	0	0	0		
SL-019	设计部	余永梅	22	22	0	0	0	0	0	0	0	300	0
SL-020	设计部	黄伟	22	22	0	0	0	0	0	0	0	300	0
SL-021	设计部	洪新成	22	21	0	0	0	0	1	0	0		20

(表头上方：病假：30元　事假：50元　迟到(早退)：20元　旷工：200元　旷(半)：100元　标题：2018年11月份出勤情况统计)

图 14-52

公式解析

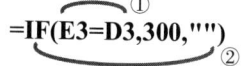

=IF(E3=D3,300,"")

① 判断应该出勤和实际出勤天数是否相同。

② 如果相同则应加满勤奖为 300 元，否则返回空值。

14.2.4　员工出勤率分析

通过分析员工的出勤率，可以了解哪个出勤率对应的人数最高以及了解当月每日的出勤情况，从而方便企业对员工出勤的管理。

例 1：组距式数据分组法分析员工出勤率

在统计出了各个员工当月的考勤情况后，可以对员工的出勤率进行分析。根据员工考勤统计，将员工出勤率分为四组，然后分别统计出各组内的人数情况。

❶ 在"出勤情况统计表格"中将光标定位在单元格 O3 中，输入公式：**=E3/D3**，如图 14-53 所示。

❷ 按 Enter 键，即可返回第一位员工的全月出勤率，如图 14-54 所示。

❸ 选中 O3 单元格，向下填充公式，一次性返回其他员工的当月出勤率，如图 14-55 所示。

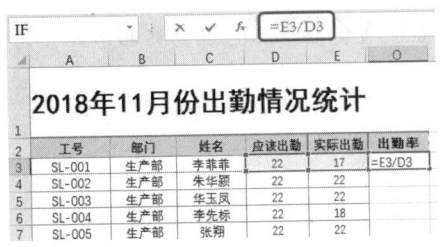

图 14-53

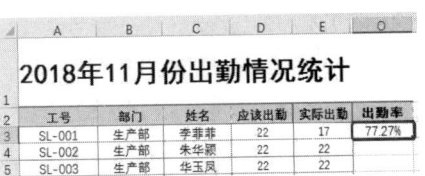

图 14-54

图 14-55

❹ 在表格中选中 R6 单元格，在编辑栏中输入公式：**=COUNTIFS(O3:O300,"=100%")**，如图 14-56 所示。按 Enter 键，即可返回出勤率 100%的人数。

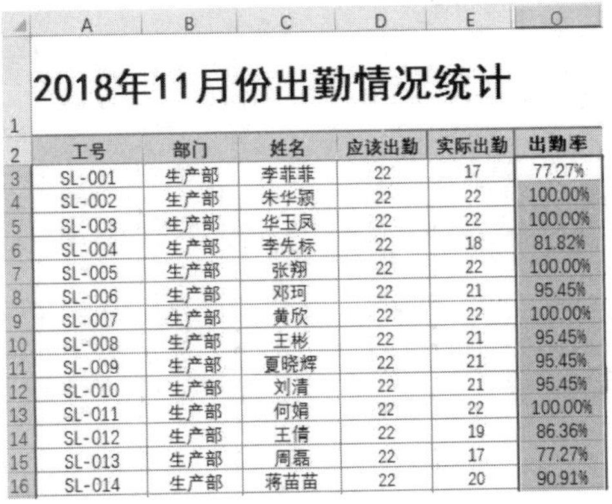

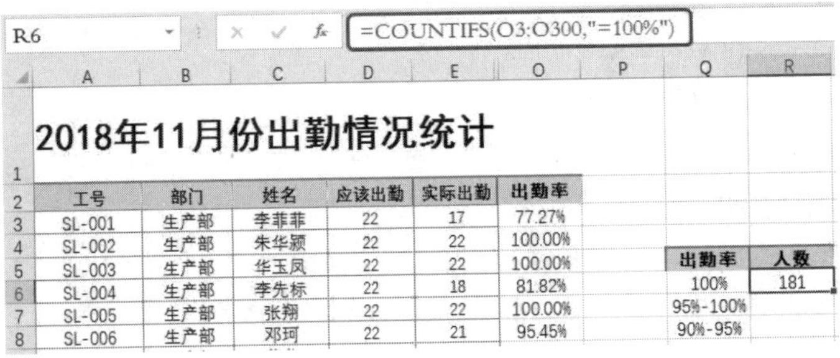

图 14-56

公式解析

COUNTIFS(O3:O300,"=100%")

表示返回 O3:O300 数组区域的等于 100%单元格数据的记录条数。

❺ 在表格中选中 R7 单元格，在编辑栏中输入公式：**=COUNTIFS(O3:O300,"<100%", O3:O300,">=95%")**，如图 14-57 所示。按 Enter 键，即可返回出勤率为 95%～100%的人数。

R7　=COUNTIFS(O3:O300,"<100%",O3:O300,">=95%")

2018年11月份出勤情况统计

工号	部门	姓名	应该出勤	实际出勤	出勤率
SL-001	生产部	李菲菲	22	17	77.27%
SL-002	生产部	朱华颍	22	22	100.00%
SL-003	生产部	华玉凤	22	22	100.00%
SL-004	生产部	李先标	22	18	81.82%
SL-005	生产部	张翔	22	22	100.00%
SL-006	生产部	邓珂	22	21	95.45%
SL-007	生产部	黄欣	22	22	100.00%

出勤率	人数
100%	181
95%-100%	40
90%-95%	
<90%	

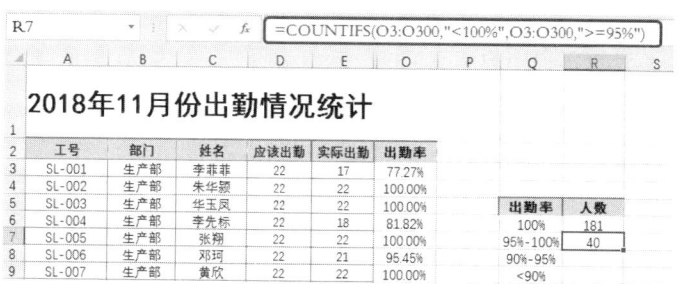

图 14-57

公式解析

=COUNTIFS(O3:O300,"<100%",O3:O300,">=95%")

表示返回 O3:O300 数组区域的小于 100%且大于等于 95%的记录条数。

❻ 在表格中选中 R8 单元格，在编辑栏中输入公式：**=COUNTIFS(O3:O300,"<95%",O3:O300,">=90%")**，如图 14-58 所示。按 Enter 键，即可返回出勤率为 90%～95%的人数。

R8　=COUNTIFS(O3:O300,"<95%",O3:O300,">=90%")

11月份出勤情况统计

部门	姓名	应该出勤	实际出勤	出勤率
生产部	李菲菲	22	17	77.27%
生产部	朱华颍	22	22	100.00%
生产部	华玉凤	22	22	100.00%
生产部	李先标	22	18	81.82%
生产部	张翔	22	22	100.00%
生产部	邓珂	22	21	95.45%
生产部	黄欣	22	22	100.00%

出勤率	人数
100%	181
95%-100%	40
90%-95%	13
<90%	

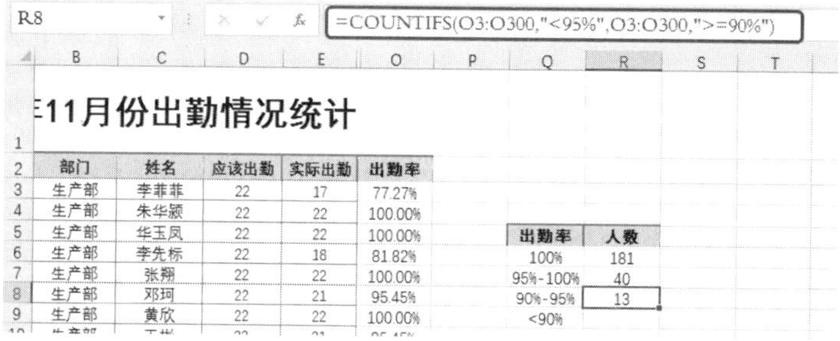

图 14-58

❼ 在表格中选中 R9 单元格，在编辑栏中输入公式：**=COUNTIFS(O3:O300,"<90%")**，如图 14-59 所示。按 Enter 键，即可返回出勤率小于 90%的人数。

R9　=COUNTIFS(O3:O300,"<90%")

2018年11月份出勤情况统计

工号	部门	姓名	应该出勤	实际出勤	出勤率
SL-001	生产部	李菲菲	22	17	77.27%
SL-002	生产部	朱华颍	22	22	100.00%
SL-003	生产部	华玉凤	22	22	100.00%
SL-004	生产部	李先标	22	18	81.82%
SL-005	生产部	张翔	22	22	100.00%
SL-006	生产部	邓珂	22	21	95.45%
SL-007	生产部	黄欣	22	22	100.00%

出勤率	人数
100%	181
95%-100%	40
90%-95%	13
<90%	9

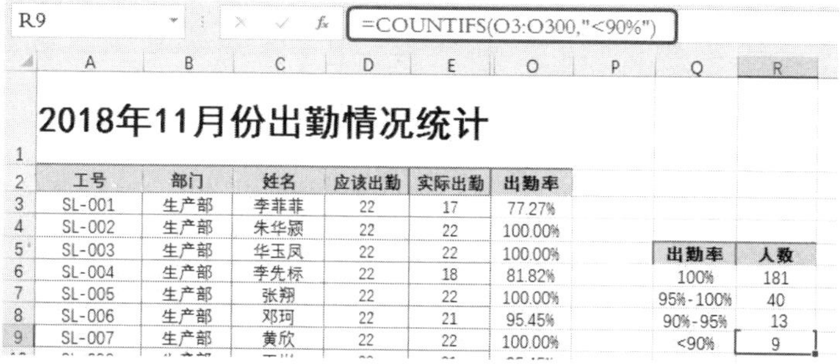

图 14-59

例 2：计算每日出勤率

根据考勤数据，可以使用 COUNTIF 函数计算出员工每日出勤实到人数。根据每日的应到人数和实到人数可以计算出每日的出勤率。

❶ 在表格中选中 B4 单元格，在编辑栏中输入公式：**=COUNTIF(考勤表!D4:D246,"")+COUNTIF(考勤表!D4:D246,"出差")**，如图 14-60 所示。按 Enter 键，即可返回第一日的实到人数。

图 14-60

公式解析

=COUNTIF(考勤表!D4:D246,"")+COUNTIF(考勤表!D4:D246,"出差")

① 统计出 D4:D246 单元格区域中空值的记录数（即正常出勤的记录）。

② 统计出 D4:D246 单元格区域中"出差"的记录数。二者之后为实到天数。

❷ 向右填充此公式，即可得到每日实到员工人数，如图 14-61 所示。

图 14-61

❸ 统计完成后，选中所有周末所在列并右击，在弹出的右键菜单中选择"删除"命令（如图 14-62 所示），即可删除周末没有出勤的数据。

❹ 在表格中选中 B5 单元格，在编辑栏中输入公式：**=B4/B3**，如图 14-63 所示。按 Enter 键，即可返回第 1 日的出勤率。

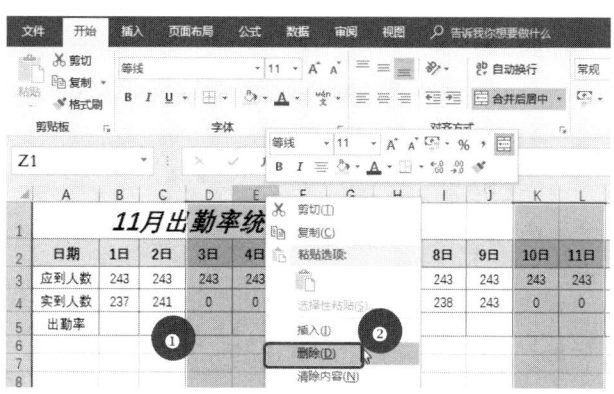

文件
开始
插入
页面布局
公式
数据
审阅
视图
告诉我你想要做什么
剪切
复制
格式刷
剪贴板
字体
自动换行
合并后居中
常规
Z1
11月出勤率统
日期
1日
2日
3日
4日
8日
9日
10日
11日
应到人数
实到人数
出勤率
剪切(T)
复制(C)
粘贴选项:
选择性粘贴(S)...
插入(I)
删除(D)
清除内容(N)

图 14-62

B5
=B4/B3
11月出勤率统计
日期 1日 2日 5日 6日 7日 8日 9日 12日
应到人数 243 243 243 243 243 243 243 243
实到人数 237 241 230 235 243 238 243 233
出勤率 98%

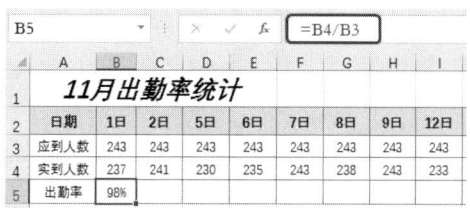

图 14-63

❺ 向右填充公式，即可得到每日员工的出勤率，如图 14-64 所示。

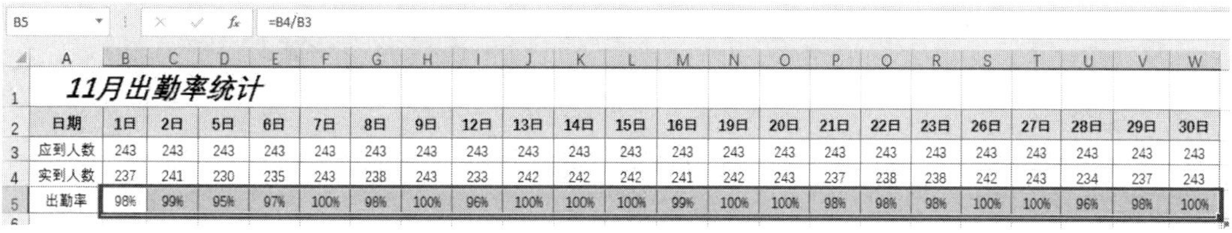

B5
=B4/B3
11月出勤率统计
日期 1日 2日 5日 6日 7日 8日 9日 12日 13日 14日 15日 16日 19日 20日 21日 22日 23日 26日 27日 28日 29日 30日
应到人数 243 243 243 243 243 243 243 243 243 243 243 243 243 243 243 243 243 243 243 243 243 243
实到人数 237 241 230 235 243 238 243 233 242 242 242 241 242 243 237 238 238 242 243 234 237 243
出勤率 98% 99% 95% 97% 100% 98% 100% 96% 100% 100% 100% 99% 100% 100% 98% 98% 98% 100% 100% 96% 98% 100%

图 14-64

第 15 章

应收账款及固定资产
数据的核算与统计

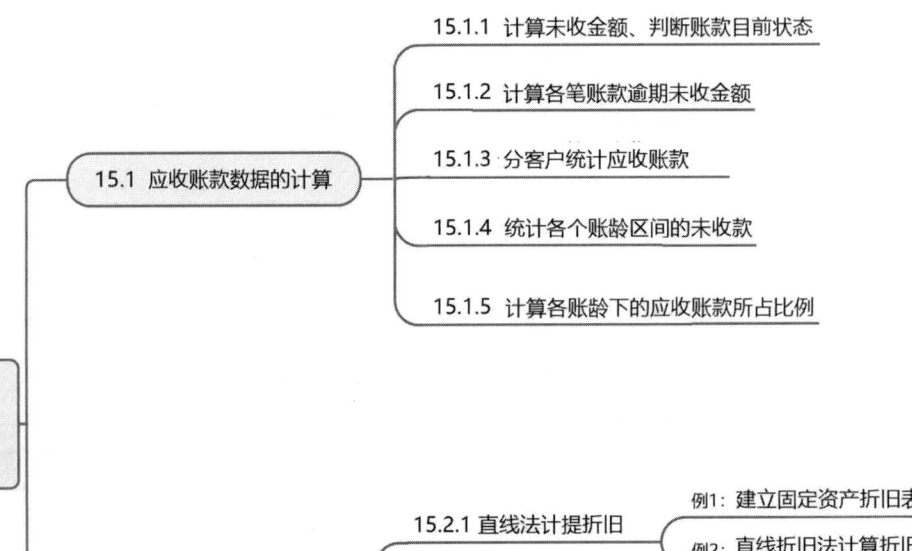

应收账款及固定资产数据的核算与统计

15.1 应收账款数据的计算
- 15.1.1 计算未收金额、判断账款目前状态
- 15.1.2 计算各笔账款逾期未收金额
- 15.1.3 分客户统计应收账款
- 15.1.4 统计各个账龄区间的未收款
- 15.1.5 计算各账龄下的应收账款所占比例

15.2 固定资产折旧计提
- 15.2.1 直线法计提折旧
  - 例1：建立固定资产折旧表
  - 例2：直线折旧法计算折旧额
- 15.2.2 年数总和法计提折旧
- 15.2.3 双倍余额递减法计提折旧

15.1　应收账款数据的计算

应收账款表示企业在销售过程中被购买单位所占用的资金，企业日常运作中产生的每笔应收账款需要记录。企业应及时收回应收账款以弥补企业在生产经营过程中的各种耗费，保证企业持续经营；对于被拖欠的应收账款应采取催收措施。

对于企业产生的每笔应收账款可以建立 Excel 表格来统一管理，并利用函数或相关统计分析工具进行统计分析，从统计结果中进行账龄的分析，从而做出正确的财务决策。

15.1.1　计算未收金额、判断账款目前状态

应收账款记录表应该包括"公司名称""开票日期""应收金额""付款期""是否到期"等信息。未收金额及目前状态可以根据当前应收金额的实际情况用函数公式计算得到。

❶ 新建工作簿，并将其命名为"应收账款管理表"。将 Sheet1 工作表重命名为"应收账款统计表"，建立如图 15-1 所示的列标识。对表格进行内容编辑和格式设置以使其更加便于阅读。

图 15-1

❷ 在表格中选中 F4 单元格，在编辑栏中输入公式：**=D4－E4**，如图 15-2 所示。按 Enter 键，即可返回第 1 条记录的未收金额。

❸ 选中 F4 单元格，向下填充公式到 F21 单元格，一次性计算出其他记录中各款项的未收金额，如图 15-3 所示。

图 15-2

图 15-3

❹ 在表格中选中 H4 单元格，在编辑栏中输入公式：**=IF(D4=E4,"已冲销√", IF((C4+G4) <\$C\$2,"已逾期","未到结账期"))**，如图 15-4 所示。按 Enter 键，即可返回第 1 条记录的逾期状态。

图 15-4

❺ 选中 H4 单元格，向下填充公式到 H21 单元格，一次性计算出其他记录中各款项的逾期状态，如图 15-5 所示。

图 15-5

352

公式解析

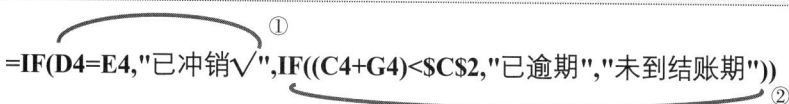

=IF(D4=E4,"已冲销√",IF((C4+G4)<$C$2,"已逾期","未到结账期"))

① 这是一个 IF 函数多层嵌套的公式，首先判断"D4=E4"，如果是返回"已冲销√"。

② 如果不是则进行二次判断，如果"(C4+G4)<$C$2"，返回"已逾期"，否则返回"未到结账期"。

15.1.2 计算各笔账款逾期未收金额

对各笔应收账款的逾期未收金额进行统计（分时段统计），是进行账龄分析的基础。可以利用公式进行计算。

❶ 在"应收账款统计表"的右侧建立账龄分段标识（因为各个账龄段的未收金额的计算源数据来源于"应收账款统计表"，因此将统计表建立在此处更便于对数据的引用），如图 15-6 所示。

	应收金额	已收金额	未收金额	付款期(天)	状态	负责人	逾期未收金额			
							0-30	30-60	60-90	90天以上
4	¥ 22,000.00	¥ 10,000.00	¥ 12,000.00	20	已逾期	苏佳				
5	¥ 10,000.00	¥ 5,000.00	¥ 5,000.00	20	已逾期	刘瑶				
6	¥ 29,000.00	¥ 5,000.00	¥ 24,000.00	60	已逾期	关小伟				
7	¥ 28,700.00	¥ 10,000.00	¥ 18,700.00	20	已逾期	谢军				
8	¥ 15,000.00	¥ 15,000.00	-	15	已冲销√	刘瑶				
9	¥ 22,000.00	¥ 8,000.00	¥ 14,000.00	15	已逾期	乔远				
10	¥ 18,000.00		¥ 18,000.00	90	未到结账期	谢军				
11	¥ 22,000.00	¥ 5,000.00	¥ 17,000.00	20	已逾期	关小伟				
12	¥ 23,000.00	¥ 10,000.00	¥ 13,000.00	40	已逾期	张军				

图 15-6

❷ 在表格中选中 J4 单元格，在编辑栏中输入公式：**=IF(AND($C$2-(C4+G4)>0,$C$2-(C4+G4)<=30),D4-E4,0)**，如图 15-7 所示。按 Enter 键，即可返回 0～30 天的逾期未收金额。

J4 =IF(AND($C$2-(C4+G4)>0,$C$2-(C4+G4)<=30),D4-E4,0)

	公司名称	开票日期	应收金额	已收金额	未收金额	付款期(天)	状态	负责人	逾期未收金额			
2	当前日期	2018/8/31										
3									0-30	30-60	60-90	90天以上
4	声立科技	18/5/4	¥ 22,000.00	¥ 10,000.00	¥ 12,000.00	20	已逾期	苏佳	0			
5	汇达网络科技	18/6/5	¥ 10,000.00	¥ 5,000.00	¥ 5,000.00	20	已逾期	刘瑶				
6	诺力文化	18/6/8	¥ 29,000.00	¥ 5,000.00	¥ 24,000.00	60	已逾期	关小伟				
7	伟伟科技	18/6/10	¥ 28,700.00	¥ 10,000.00	¥ 18,700.00	20	已逾期	谢军				
8	声立科技	18/6/10	¥ 15,000.00	¥ 15,000.00	-	15	已冲销√	刘瑶				
9	云端科技	18/6/22	¥ 22,000.00	¥ 8,000.00	¥ 14,000.00	15	已逾期	乔远				
10	伟伟科技	18/6/28	¥ 18,000.00		¥ 18,000.00	90	未到结账期	谢军				
11	诺力文化	18/7/2	¥ 22,000.00	¥ 5,000.00	¥ 17,000.00	20	已逾期	关小伟				

图 15-7

❸ 在表格中选中 K4 单元格，在编辑栏中输入公式：**=IF(AND($C$2-(C4+G4)>30,$C$2-(C4+G4)<=60),D4-E4,0)**，如图 15-8 所示。按 Enter 键，即可返回 30～60 天的逾期未收金额。

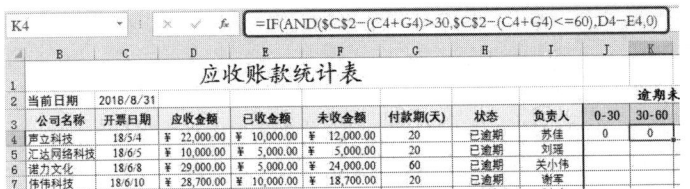

图 15-8

❹ 在表格中选中 L4 单元格，在编辑栏中输入公式：**=IF(AND($C$2–(C4+G4)>60,$C$2–** **(C4+G4)<=90),D4–E4,0)**，如图 15-9 所示。按 Enter 键，即可返回 60~90 天的逾期未收金额。

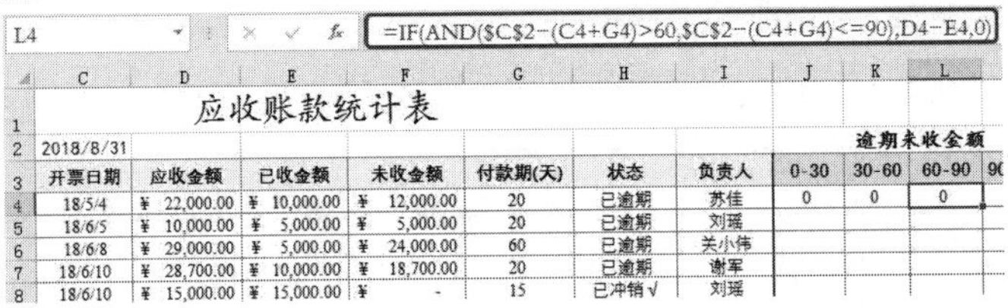

图 15-9

❺ 在表格中选中 M4 单元格，在编辑栏中输入公式：**=IF($C$2–(C4+G4)>90,D4–E4,0)**，如图 15-10 所示。按 Enter 键，即可返回 90 天以上的逾期未收金额。

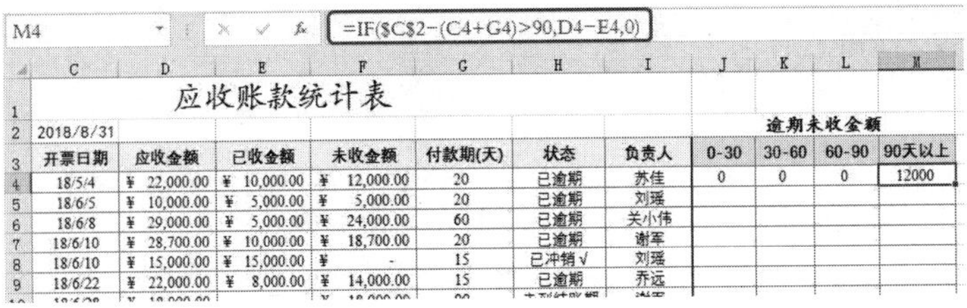

图 15-10

❻ 选中 J4:M4 单元格区域，向下填充公式至 M21 单元格，即可得到所有账款记录下不同账龄期间的逾期未收金额，如图 15-11 所示。

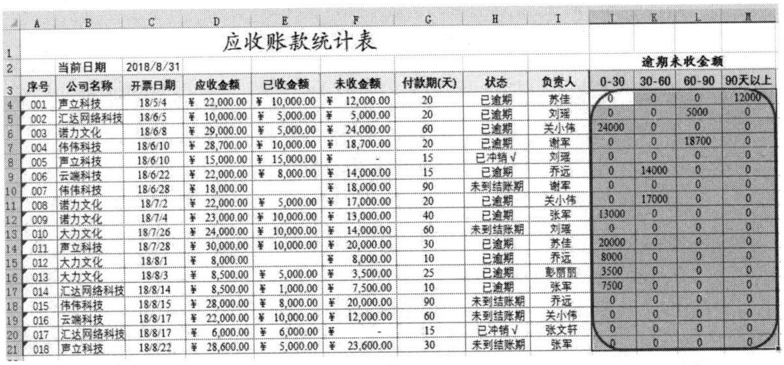

图 15-11

公式解析

=IF(AND($C$2–(C4+G4)>0,$C$2–(C4+G4)<=30),D4–E4,0)

① "C4+G4" 求取的是开票日期与付款期的和，即到期日期，用 C2 单元格为当前日期与到期日期求差值表得到的是逾期天数。

② 这一部分是 AND 函数判断 "$C$2–(C4+G4)>0" "$C$2–(C4+G4)<=30" 这两个条件是否同时满足，当同时满足时返回 "D4–E4" 的值，否则返回 0。

经验之谈

上面几个单元格的公式都是使用 IF 与 AND 函数的组合对不同逾期天数区间进行判断，理解起来并不难，可以查看公式解析进行理解。

15.1.3　分客户统计应收账款

统计出各客户信用期内及各个账龄区间的未收金额，可以让财务人员清楚地了解哪些客户是企业的重点债务对象。统计各客户在各个账龄区间的未收款主要使用 SUMIF 函数进行按条件求和运算。

❶ 插入新工作表，将工作表标签重命名为"分客户分析逾期未收金额"。输入各项列标识（按账龄区间显示）、公司名称并对表格进行格式设置，如图 15-12 所示。

	A	B	C	D	E	F
1	公司名称	0-30	30-60	60-90	90天以上	合计
2	声立科技					
3	汇达网络科技					
4	诺力文化					
5	伟伟科技					
6	云端科技					
7	大力文化					
8	合计					

应收账款统计表　　分客户分析逾期未收金额　　⊕

图 15-12

❷ 在表格中选中 B2 单元格，在编辑栏中输入公式：**=SUMIF(应收账款统计表!$B$4:$B$21, $A2,应收账款统计表!J$4:J$21)**，如图 15-13 所示。按 Enter 键，即可返回第 1 条记录中的应收账款。

❸ 选中 B2 单元格，向右填充公式到 E2 单元格，一次性计算出其他账龄中的应收账款金额，如图 15-14 所示。

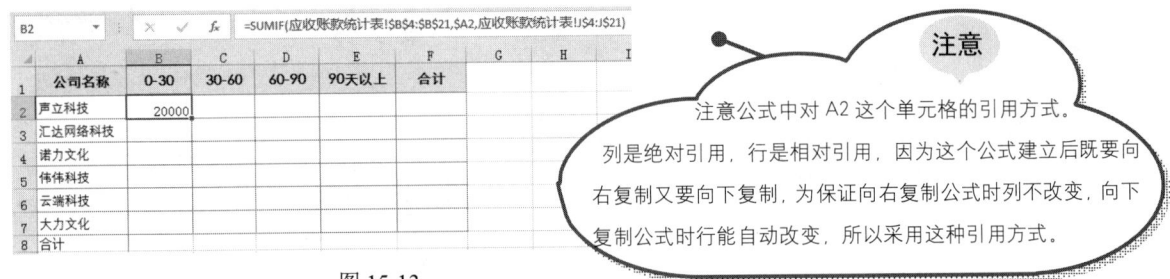

图 15-13

❹ 选中 B2:E2 单元格区域，向下填充公式至 E7 单元格，即可快速统计出各客户信用期内各个账龄区间的金额，如图 15-15 所示。

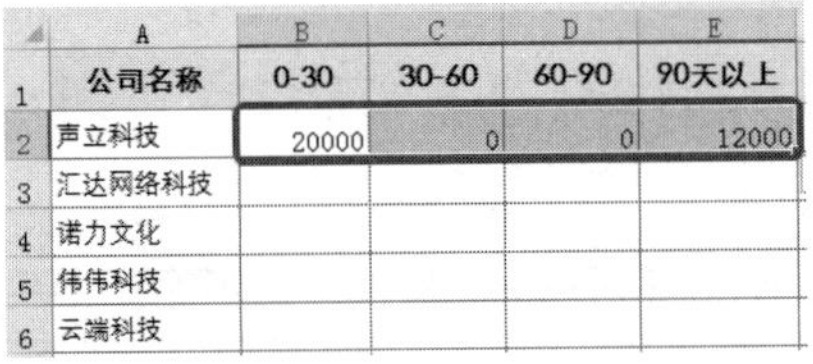

公司名称	0-30	30-60	60-90	90天以上
声立科技	20000	0	0	12000
汇达网络科技				
诺力文化				
伟伟科技				
云端科技				

图 15-14

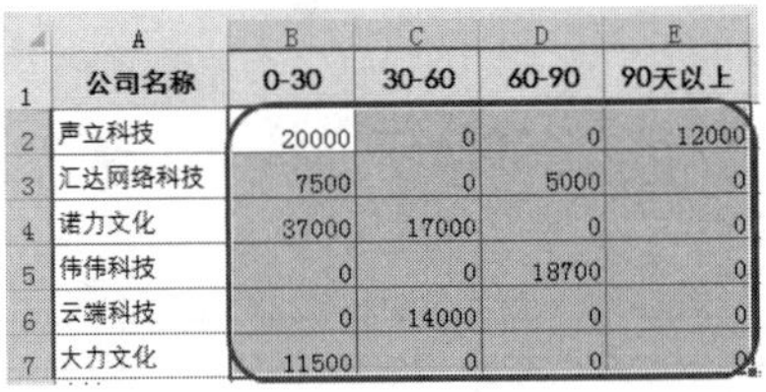

公司名称	0-30	30-60	60-90	90天以上
声立科技	20000	0	0	12000
汇达网络科技	7500	0	5000	0
诺力文化	37000	17000	0	0
伟伟科技	0	0	18700	0
云端科技	0	14000	0	0
大力文化	11500	0	0	0

图 15-15

经验之谈

由于在"应收账款统计表"中，"0～30""30～60""60～90""90 天以上"几列是连续显示的，所以在设置了 B2 单元格的公式后，可以利用复制公式的方法快速完成其他单元格公式的设置，然后再向下复制公式，则又批量求出了各个公司在各个账龄期间的总额。

实现这种既向右复制公式又向下复制公式的操作，对于单元格引用方式的设置是极为重要的，即要使用混合引用的方式。

"应收账款统计表!$B$4:$B$21"：无论公式向右复制还是向下复制，此区域为条件判断的区域，所以始终不变。

$A2：公式向右复制时，列不能变，即这一行中始终判断 A2 单元格；而公式向下复制时，则要依次判断 A3、A4……，因此对列采用绝对引用，对行采用相对引用。

"应收账款统计表!J$4:J$21"：公式向右复制时，用于求值的区域要依次改变列为 K、L、M，所以对列要使用相对引用。

❺ 选中 F2 单元格，在"公式"选项卡的"函数库"组中单击"自动求和"按钮（如图 15-16 所示），此时函数根据当前选中单元格左右的数据默认参与运算的单元格区域。

❻ 按 Enter 键，即可返回第 1 条记录中的合计值，再向下填充公式至 F7 单元格，依次得到其他合计值，如图 15-17 所示。

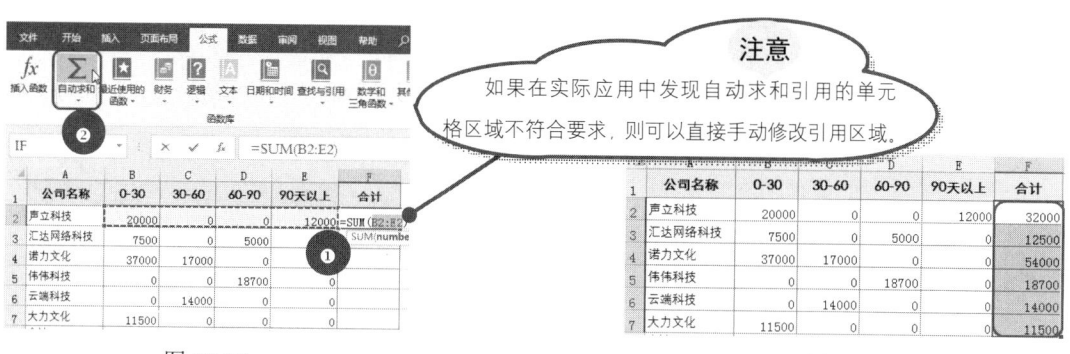

注意

如果在实际应用中发现自动求和引用的单元格区域不符合要求，则可以直接手动修改引用区域。

图 15-16

图 15-17

公式解析

=SUMIF(应收账款统计表!$B$4:$B$21,$A2,应收账款统计表!J$4:J$21)

公式表示先判断"应收账款统计表!$B$4:$B$21"中哪些单元格为 A2 指定的公司名称，然后将对应于"应收账款统计表!J$4:J$21"上的值求和。

15.1.4　统计各个账龄区间的未收款

账龄分析是有效管理应收账款的基础，是确定应收账款管理重点的依据。对应收账款进行账龄分析，可以真实地反映出企业实际的资金流动情况，从而也能对难度较大的应收账款早做准备，同时对逾期较长的款项采取相应的催收措施。

❶ 在"分客户分析逾期未收金额"表格中，对各个账龄下的账款进行求和统计。选中 B8 单元格，在"公式"选项卡的"函数库"组中单击"自动求和"按钮，此时函数根据当前选中单元格左右的数据默认参与运算的单元格区域，如图 15-18 所示。

❷ 按 Enter 键，即可返回第一条记录中的合计值，再向右填充公式至 F8 单元格，依次得到其他合计值，如图 15-19 所示。

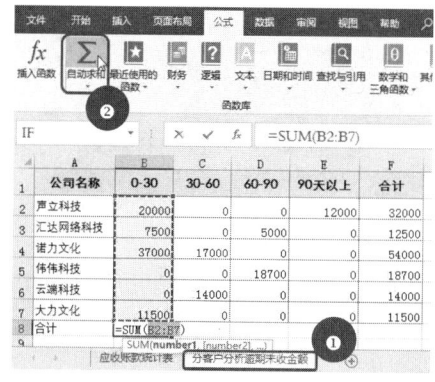

图 15-18

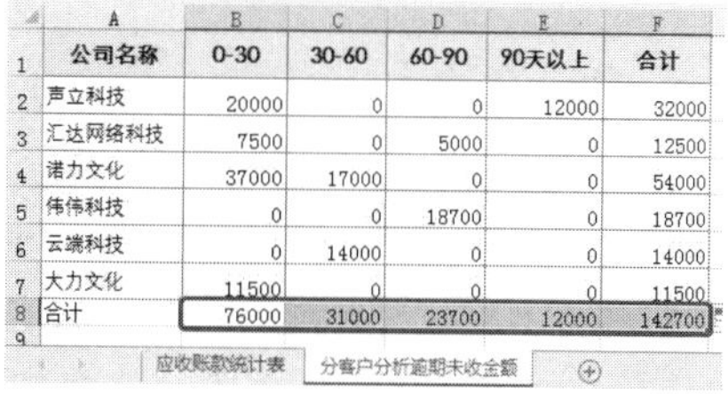

	公司名称	0-30	30-60	60-90	90天以上	合计
2	声立科技	20000	0	0	12000	32000
3	汇达网络科技	7500	0	5000		12500
4	诺力文化	37000	17000	0		54000
5	伟伟科技	0	0	18700		18700
6	云端科技	0	14000			14000
7	大力文化	11500		0		11500
8	合计	76000	31000	23700	12000	142700

图 15-19

❸ 新建工作表并命名为"应收账款账龄分析表"，如图 15-20 所示。

❹ 切换至"分客户分析逾期未收金额"工作表，选中 B1:F1 单元格区域，按 Ctrl+C 组合键执行复制，如图 15-21 所示。

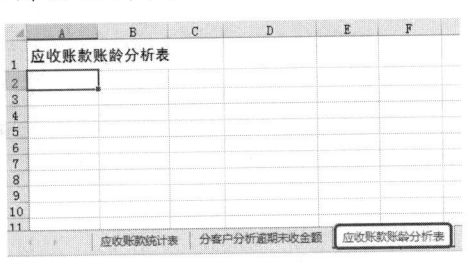

图 15-20　　　　　　　　　　　　　　　图 15-21

❺ 再切换至"应收账款账龄分析表"工作表，选中 A3 单元格并右击，在弹出的右键菜单中选择"转置"命令，如图 15-22 所示。此时可以看到账龄列标识转换为行标识显示在 A3:A7 单元格区域，如图 15-23 所示。

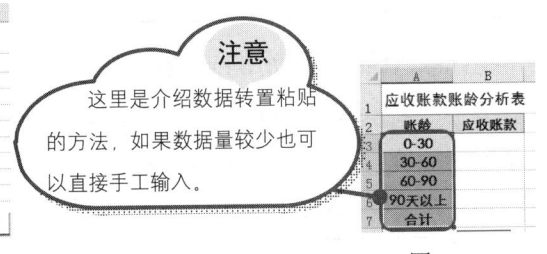

图 15-22　　　　　　　　　　　　　　　图 15-23

❻ 切换至"分客户分析逾期未收金额"工作表，选中 B8:F8 单元格区域，按 Ctrl+C 组合键执行复制，如图 15-24 所示。

❼ 再切换至"应收账款账龄分析表"工作表，选中 B3 单元格并右击，在弹出的右键菜单中选择"选择性粘贴"命令（如图 15-25 所示），打开"选择性粘贴"对话框。

图 15-24　　　　　　　　　　　　　　　图 15-25

❽ 分别单击"数值"选项并勾选"转置"复选框即可（如图 15-26 所示），单击"确定"按钮，即可将数据粘贴至 B3:B7 单元格区域，得到各个账龄的未收款，如图 15-27 所示。

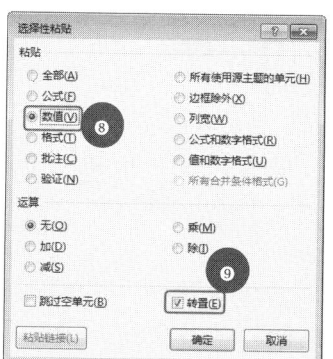

图 15-26

图 15-27

15.1.5　计算各账龄下的应收账款所占比例

计算出各个账龄段的应收账款后，可以对它们占总应收账款的比例进行计算。

❶ 新建"占比"列，在表格中将光标定位在单元格 C3 中，输入公式：**=B3/$B$7**，如图 15-28 所示。

❷ 按 Enter 键，即可返回账龄在 0～30 天之间应收账款的比例值，如图 15-29 所示。

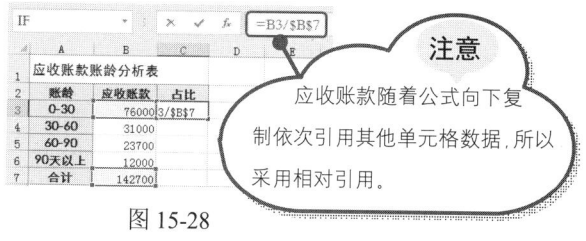

注意

应收账款随着公式向下复制依次引用其他单元格数据，所以采用相对引用。

图 15-28

图 15-29

❸ 选中 C3 单元格，在"开始"选项卡的"数字"组中单击"数字格式"右侧的向下按钮，在下拉菜单中单击"百分比"选项（如图 15-30 所示），此时即可将数字格式转换为百分比。

❹ 选中 C3 单元格，向下填充公式至 C7 单元格，依次得到其他账龄应收账款的比值，如图 15-31 所示。

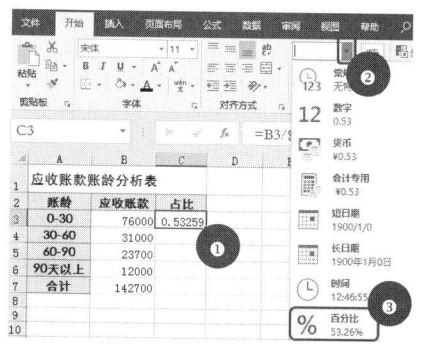

图 15-30

图 15-31

15.2　固定资产折旧计提

固定资产是指企业为生产产品、提供劳务、出租或者经营管理而持有的、使用时间超过 12 个月的、价值达到一定标准的非货币性资产，包括房屋、建筑物、机器、机械、运输工具以及其他与生产经营活动有关的设备、器具、工具等。

而折旧是固定资产使用过程中因逐渐耗损则转移到产品或劳务中的价值。企业的固定资产都需要计算折旧，折旧的金额大小一定程度上影响到产品的价格和企业的利润。因此企业应当对所有的固定资产计提折旧，一般是按月计提折旧，当月增加的固定资产不计提折旧；当月减少的固定资产仍然计提当月折旧，从下月开始不再计提；提前报废的固定资产也不再计提折旧。

15.2.1　直线法计提折旧

直线法计提折旧又称为平均年限法，是指将固定资产按预计使用年限平均计算折旧均衡地分摊到各期的一种方法。采用这种方法计算的每期（年、月）折旧额都是相等的。

直线折旧法是在不考虑减值准备的情况下，其计算公式如下：

固定资产年折旧率=(1-预计净残值率)/预计使用寿命（年）

固定资产月折旧率=年折旧率/12

固定资产月折旧额=固定资产原值×月折旧率

例 1：建立固定资产折旧表

为了正确计算每一项固定资产的折旧额，需要建立固定资产折旧表计算每一项固定资产的预计净残值和已使用月数，从而计算出每项固定资产每月的折旧额。

❶ 新建工作簿并命名为"固定资产管理"，将 Sheet1 工作表命名为"固定资产折旧"，再设置表格标题和各项列标识，输入资产名称、新增日期、使用年限、原值以及净残值率，如图 15-32 所示。

❷ 在表格中选中 G3 单元格，在编辑栏中输入公式：**=E3*F3**，如图 15-33 所示。按 Enter 键，即可返回第一项固定资产的净残值。

❸ 在表格中选中 H3 单元格，在编辑栏中输入公式：**=INT(DAYS360(C3,$E$1)/30)**，如图 15-34 所示。按 Enter 键，即可返回第一项固定资产的已计提月数。

❹ 选中 G3:H3 单元格区域，并向下填充公式，即可依次得到每项固定资产的净残值和已计提月数，如图 15-35 所示。

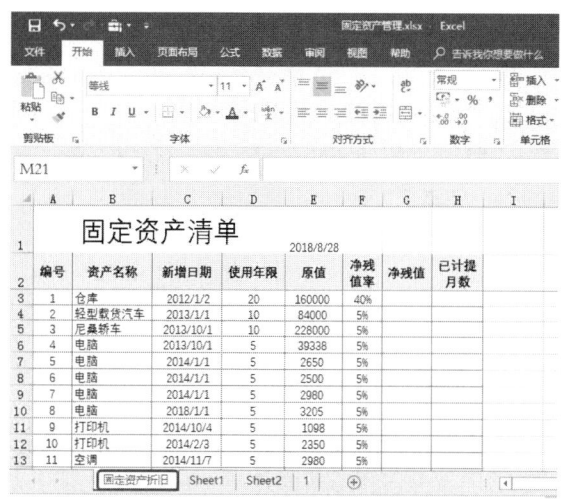

图 15-32

图 15-33

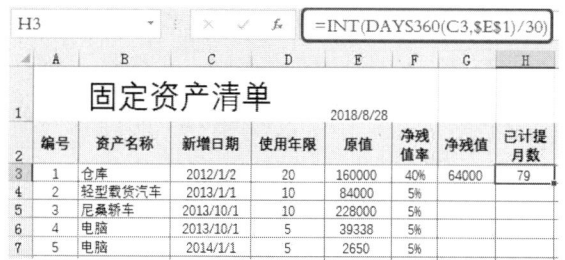

图 15-34

图 15-35

例 2：直线折旧法计算折旧额

在 Excel 中有专门用于计算折旧额的函数，SLN 函数就是用于计算某项资产在一个期间中的线性折旧值。要使用直线折旧法计算折旧额，可按如下操作设置公式。

❶ 建立"直线折旧法计提折旧额"计算列，在表格中将光标定位在单元格 I3 中，输入公式：**=SLN(E3,G3,D3*12)**，如图 15-36 所示。

❷ 按 Enter 键，即可返回第一项固定资产的折旧额，如图 15-37 所示。

❸ 选中 I3 单元格，向下填充公式到 I20 单元格，一次性计算出其他固定资产的折旧额，如图 15-38 所示。

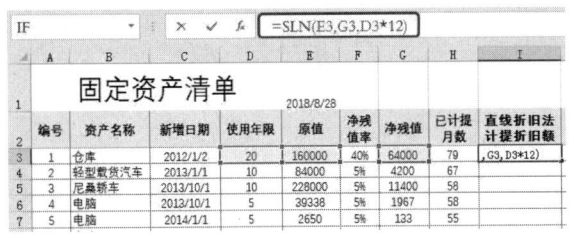

IF　=SLN(E3,G3,D3*12)

固定资产清单　2018/8/28

编号	资产名称	新增日期	使用年限	原值	净残值率	净残值	已计提月数	直线折旧法计提折旧额
1	仓库	2012/1/2	20	160000	40%	64000	79	,G3,D3*12)
2	轻型载货汽车	2013/1/1	10	84000	5%	4200	67	
3	尼桑轿车	2013/10/1	10	228000	5%	11400	58	
4	电脑	2013/10/1	5	39338	5%	1967	58	
5	电脑	2014/1/1	5	2650	5%	133	55	

图 15-36

固定资产清单　2018/8/28

编号	资产名称	新增日期	使用年限	原值	净残值率	净残值	已计提月数	直线折旧法计提折旧额
1	仓库	2012/1/2	20	160000	40%	64000	79	400
2	轻型载货汽车	2013/1/1	10	84000	5%	4200	67	
3	尼桑轿车	2013/10/1	10	228000	5%	11400	58	
4	电脑	2013/10/1	5	39338	5%	1967	58	

图 15-37

固定资产清单　2018/8/28

编号	资产名称	新增日期	使用年限	原值	净残值率	净残值	已计提月数	直线折旧法计提折旧额
1	仓库	2012/1/2	20	160000	40%	64000	79	400
2	轻型载货汽车	2013/1/1	10	84000	5%	4200	67	665
3	尼桑轿车	2013/10/1	10	228000	5%	11400	58	1805
4	电脑	2013/10/1	5	39338	5%	1967	58	623
5	电脑	2014/1/1	5	2650	5%	133	55	42
6	电脑	2014/1/1	5	2500	5%	125	55	40
7	电脑	2014/1/1	5	2980	5%	149	55	47
8	电脑	2018/1/1	5	3205	5%	160	7	51
9	打印机	2014/10/4	5	1098	5%	55	46	17
10	打印机	2014/2/3	5	2350	5%	118	54	37
11	空调	2014/11/7	5	2980	5%	149	45	47
12	空调	2015/6/5	5	5800	5%	290	38	92
13	冷暖空调机	2015/6/22	4	2200	5%	110	38	44
14	饮水机	2014/11/5	4	378	2%	8	45	8
15	饮水机	2016/6/5	4	378	2%	8	26	8
16	饮水机	2016/6/5	4	378	2%	8	26	8
17	uv喷绘机	2015/5/1	10	98000	10%	9800	39	735
18	印刷机	2016/4/10	5	3080	5%	154	28	49

图 15-38

15.2.2　年数总和法计提折旧

年数总和法又称总和年限法、折旧年限积数法、年数比率法、级数递减法，是固定资产加速折旧法的一种。它是将固定资产的原值减去残值后的净额乘以一个逐年递减的分数计算确定固定资产折旧额的一种方法。

SYD 函数是用于返回某项资产按年限总和折旧法计算的指定期间的折旧值。

逐年递减分数的分子代表固定资产尚可使用的年数，分母代表使用年数的逐年数字之总和，假定使用年限为 n 年，分母即为 $1+2+3+\cdots+n=n(n+1)\div 2$，相关计算公式如下：

年折旧率=尚可使用年数/年数总和×100%

年折旧额=(固定资产原值−预计净残值)×年折旧率

月折旧率=年折旧率/12

月折旧额=(固定资产原值−预计净残值)×月折旧率

年数总和法主要用于以下两个方面的固定资产。

- 由于技术进步，产品更新换代较快的。
- 常年处于强震动、高腐蚀状态的。

❶ 建立“年数总和法计提折旧额”计算列，在表格中将光标定位在单元格 J3 中，输入公式：**=SYD(E3,G3,D3*12,H3)**，如图 15-39 所示。

❷ 按 Enter 键，即可返回第 1 项固定资产的折旧额，如图 15-40 所示。

IF　=SYD(E3,G3,D3*12,H3)

固定资产清单　2018/8/28

编号	资产名称	新增日期	使用年限	原值	净残值率	净残值	已计提月数	直线折旧法计提折旧额	年数总和法计提折旧额
1	仓库	2012/1/2	20	160000	40%	64000	79	400	,D3*12,H3)
2	轻型载货汽车	2013/1/1	10	84000	5%	4200	67	665	
3	尼桑轿车	2013/10/1	10	228000	5%	11400	58	1805	
4	电脑	2013/10/1	5	39338	5%	1967	58	623	
5	电脑	2014/1/1	5	2650	5%	133	55	42	

图 15-39

固定资产清单　2018/8/28

编号	资产名称	新增日期	使用年限	原值	净残值率	净残值	已计提月数	直线折旧法计提折旧额	年数总和法计提折旧额
1	仓库	2012/1/2	20	160000	40%	64000	79	400	538
2	轻型载货汽车	2013/1/1	10	84000	5%	4200	67	665	
3	尼桑轿车	2013/10/1	10	228000	5%	11400	58	1805	
4	电脑	2013/10/1	5	39338	5%	1967	58	623	
5	电脑	2014/1/1	5	2650	5%	133	55	42	

图 15-40

❸ 选中 J3 单元格，向下填充公式到 J20 单元格，一次性计算出其他固定资产的折旧额，如图 15-41 所示。

固定资产清单　2018/8/28

编号	资产名称	新增日期	使用年限	原值	净残值率	净残值	已计提月数	直线折旧法计提折旧额	年数总和法计提折旧额
1	仓库	2012/1/2	20	160000	40%	64000	79	400	538
2	轻型载货汽车	2013/1/1	10	84000	5%	4200	67	665	594
3	尼桑轿车	2013/10/1	10	228000	5%	11400	58	1805	1880
4	电脑	2013/10/1	5	39338	5%	1967	58	623	61
5	电脑	2014/1/1	5	2650	5%	133	55	42	8
6	电脑	2014/1/1	5	2500	5%	125	55	40	8
7	电脑	2014/1/1	5	2980	5%	149	55	47	9
8	电脑	2018/1/1	5	3205	5%	160	7	51	90
9	打印机	2014/10/4	5	1098	5%	55	46	17	9
10	打印机	2014/2/3	5	2350	5%	118	54	37	9
11	空调	2014/11/7	5	2980	5%	149	45	47	25
12	空调	2015/6/5	5	5800	5%	290	38	92	69
13	冷暖空调机	2015/6/22	4	2200	5%	110	38	44	20
14	饮水机	2014/11/5	4	378	2%	8	45	8	1
15	饮水机	2016/6/5	4	378	2%	8	26	8	7
16	饮水机	2016/6/5	4	378	2%	8	26	8	7
17	uv喷绘机	2015/5/1	10	98000	10%	9800	39	735	996
18	印刷机	2016/4/10	5	3080	5%	154	28	49	53
19	覆膜机	2016/10/1	10	35500	8%	2840	22	272	445
20	平板彩印机	2017/2/2	10	42704	8%	3416	18	327	557

图 15-41

公式解析

=SYD(E3,G3,D3*12,H3)

D3*12 表示将年限值转换为月数，即 20×12 总共 240 个月。

15.2.3　双倍余额递减法计提折旧

双倍余额递减法是一种加速计提固定资产折旧的方法。双倍余额递减法是在不考虑固定资产残值的情况下，根据每期期初固定资产账面余额和双倍的直线法折旧率计算固定资产折旧的一种方法。DDB 函数用于采用双倍余额递减法计算一笔资产在给定期间内的折旧值。

双倍余额递减法的相关计算公式如下：

年折旧率=2/预计使用年限×100%

年折旧额=该年年初固定资产账面净值×年折旧率

月折旧额=年折旧额/12

由于采用双倍余额递减法在确定固定资产折旧率时，不考虑固定资产的净残值因素，因此在连续计算各年折旧额时，如果发现使用双倍余额递减法计算的折旧额小于采用直线法计算的折旧额时，就应改用直线法计算提折旧。

❶ 建立“余额递减法计提折旧额”计算列，在表格中将光标定位在单元格 K3 中，输入公式：**=DDB(E3,G3,D3*12,H3)**，如图 15-42 所示。

IF　=DDB(E3,G3,D3*12,H3)

固定资产清单　2018/8/28

编号	资产名称	新增日期	使用年限	原值	净残值率	净残值	已计提月数	直线折旧法计提折旧额	年数总和法计提折旧额	余额递减法计提折旧额
1	仓库	2012/1/2	20	160000	40%	64000	79	400	538	,D3*12,H3)
2	轻型载货汽车	2013/1/1	10	84000	5%	4200	67	665	594	
3	尼桑轿车	2013/10/1	10	228000	5%	11400	58	1805	1880	
4	电脑	2013/10/1	5	39338	5%	1967	58	623	61	
5	电脑	2014/1/1	5	2650	5%	133	55	42	8	
6	电脑	2014/1/1	5	2500	5%	125	55	40	8	
7	电脑	2014/1/1	5	2980	5%	149	55	47	9	

图 15-42

❷ 按 Enter 键，即可返回第 1 项固定资产的折旧额，如图 15-43 所示。

固定资产清单　2018/8/28

编号	资产名称	新增日期	使用年限	原值	净残值率	净残值	已计提月数	直线折旧法计提折旧额	年数总和法计提折旧额	余额递减法计提折旧额
1	仓库	2012/1/2	20	160000	40%	64000	79	400	538	694
2	轻型载货汽车	2013/1/1	10	84000	5%	4200	67	665	594	
3	尼桑轿车	2013/10/1	10	228000	5%	11400	58	1805	1880	
4	电脑	2013/10/1	5	39338	5%	1967	58	623	61	

图 15-43

❸ 选中 K3 单元格，向下填充公式到 K22 单元格，一次性计算出其他固定资产的折旧额，如图 15-44 所示。

固定资产清单　2018/8/28

编号	资产名称	新增日期	使用年限	原值	净残值率	净残值	已计提月数	直线折旧法计提折旧额	年数总和法计提折旧额	余额递减法计提折旧额
1	仓库	2012/1/2	20	160000	40%	64000	79	400	538	694
2	轻型载货汽车	2013/1/1	10	84000	5%	4200	67	665	594	462
3	尼桑轿车	2013/10/1	10	228000	5%	11400	58	1805	1880	1468
4	电脑	2013/10/1	5	39338	5%	1967	58	623	61	190
5	电脑	2014/1/1	5	2650	5%	133	55	42	8	14
6	电脑	2014/1/1	5	2500	5%	125	55	40	8	13
7	电脑	2014/1/1	5	2980	5%	149	55	47	9	16
8	电脑	2018/1/1	5	3205	5%	160	7	51	90	87
9	打印机	2014/10/4	5	1098	5%	55	46	17	9	8
10	打印机	2014/2/3	5	2350	5%	118	54	37	9	13
11	空调	2014/11/7	5	2980	5%	149	45	47	25	22
12	空调	2015/6/5	5	5800	5%	290	38	92	69	55
13	冷暖空调机	2015/6/22	4	2200	5%	110	38	44	20	19
14	饮水机	2014/11/5	4	378	2%	8	45	8	1	2
15	饮水机	2016/6/5	4	378	2%	8	26	8	7	5
16	饮水机	2016/6/5	4	378	2%	8	26	8	7	5
17	uv喷绘机	2015/5/1	10	98000	10%	9800	39	735	996	862
18	印刷机	2016/4/10	5	3080	5%	154	28	49	53	41
19	覆膜机	2016/10/1	10	35500	8%	2840	22	272	445	416
20	平板彩印机	2017/2/2	10	42704	8%	3416	18	327	557	535

图 15-44

第 16 章

函数辅助建立工资核算系统

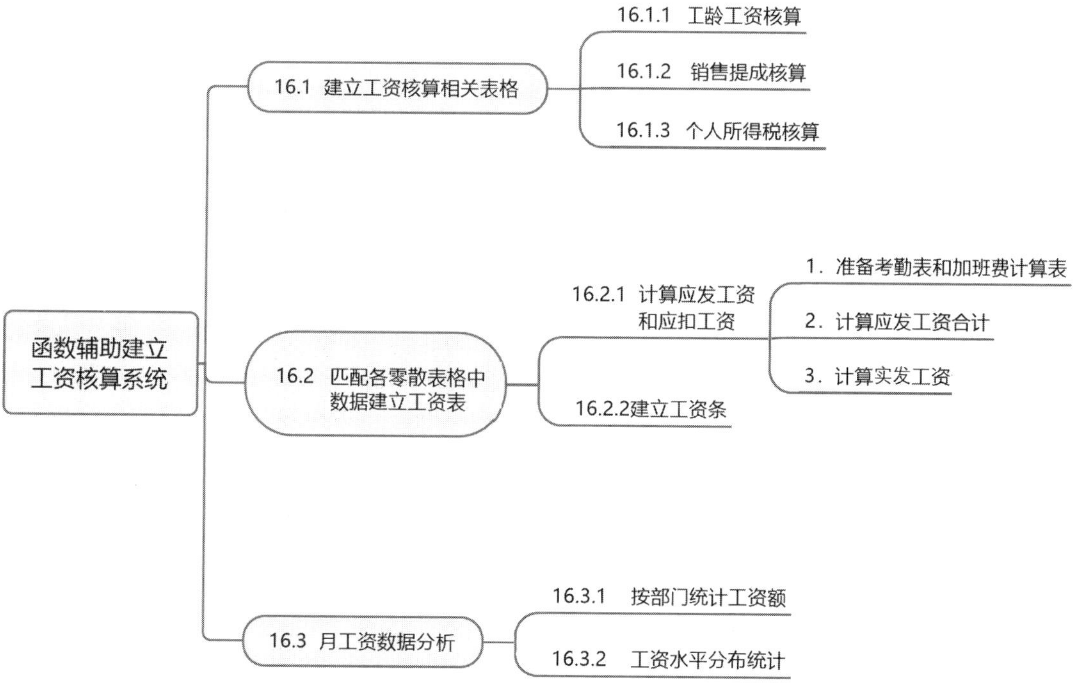

```
                                            ┌─ 16.1.1  工龄工资核算
                    ┌─ 16.1 建立工资核算相关表格 ─┼─ 16.1.2  销售提成核算
                    │                           └─ 16.1.3  个人所得税核算
                    │
                    │                                          ┌─ 1．准备考勤表和加班费计算表
函数辅助建立        │                       ┌─ 16.2.1  计算应发工资 ─┼─ 2．计算应发工资合计
工资核算系统 ───────┼─ 16.2 匹配各零散表格中 ─┤        和应扣工资    └─ 3．计算实发工资
                    │       数据建立工资表     │
                    │                       └─ 16.2.2 建立工资条
                    │
                    │                       ┌─ 16.3.1  按部门统计工资额
                    └─ 16.3 月工资数据分析 ───┤
                                            └─ 16.3.2  工资水平分布统计
```

16.1 建立工资核算相关表格

员工薪酬核算是财务部门每月必须要展开的工作。薪酬的管理，要结合员工各项应得工资（如基本工资、销售提成、考勤的满勤奖等），以及应扣除项目（考勤扣款、个人所得税等），合计后才能得到最终的工资额。这些数据都需要创建表格来管理，然后在月末将其汇总到工资表中，从而得出最终的应发工资。并且在 Excel 中的这种工资核算方式相当于建立了一个小型的工资管理系统，一次建立后，以后各个月份的工资表只要少量修改数据即可快速生成。

工资表生成后，还可以使用函数从不同角度分析员工的薪资情况，如部门工资合计统计、查看不同工资区间的人数分布等。

16.1.1 工龄工资核算

工龄工资是工资核算的一部分，因此可以建立一张表来管理员工的基本工资与工龄工资，由于工龄工资核算时需要"入职时间"数据，因此可从人事部门获取员工的档案数据作为本表的基本数据。本例中规定：一年以下的员工，工龄工资为 0，一年以上的工龄，每一年增加 100 元的工龄工资。

❶在表格中将光标定位在单元格 G3 中，输入公式：**IF(E3<=1,0,(E3-1)*100)**，如图 16-1 所示。

	A	B	C	D	E	F	G
	SUMIF		✕ ✓ fx	=IF(E3<=1,0,(E3-1)*100)			
1	基 本 工 资 管 理 表						
2	员工工号	姓名	部门	入职时间	工龄	基本工资	工龄工资
3	SL-001	李菲菲	生产部	2014年2月	5	7700	E3-1)*100)
4	SL-002	朱华颖	生产部	2017年7月	2	9000	
5	SL-003	华玉凤	生产部	2019年6月	0	4500	
6	SL-004	李先标	生产部	2018年7月	1	5000	
7	SL-005	张翔	生产部	2014年3月	5	9500	
8	SL-006	邓珂	生产部	2019年1月	0	6500	
9	SL-007	黄欣	生产部	2014年2月	5	8000	

图 16-1

❷ 按 Enter 键，即可返回第一位员工的工龄工资，如图 16-2 所示。

❸ 选中 G3 单元格，向下填充公式即可一次性计算出其他员工的工龄工资，如图 16-3 所示。

图 16-2

图 16-3

公式解析

=IF(E3<=1,0,(E3−1)∗100)

① 函数判断 E3 中的工龄是否小于等于 1，如果是则返回工龄工资为 0，否则执行(E3-1)*100。

② 如果工龄大于 1 年，则将其减去 1 后，再乘以 100，即为工龄工资。

16.1.2 销售提成核算

除了基本工资和工龄工资外，对于公司销售部的销售人员来说，绩效奖金也是工资中最重要的一部分，因此，对员工的绩效奖金也需要建立一张表格来独立管理。在进行工资核算时，也会引用此表中的数据。绩效表格包括员工工号、姓名、部门、销售业绩以及业绩提成额。

例如在本例中企业规定不同销售额对应的提成比例如下：当销售金额小于20000 元时，提成比例为 3%；当销售金额为 20000~50000 元时，提成比例为 5%；当销售金额大于 50000 元时，提成比例为 8%。

❶在表格中将光标定位在单元格 E3 中，输入公式：**IF(D3<=20000,D3*0.03,IF(D3<=50000,D3*0.05, D3*0.08))**，如图 16-4 所示。

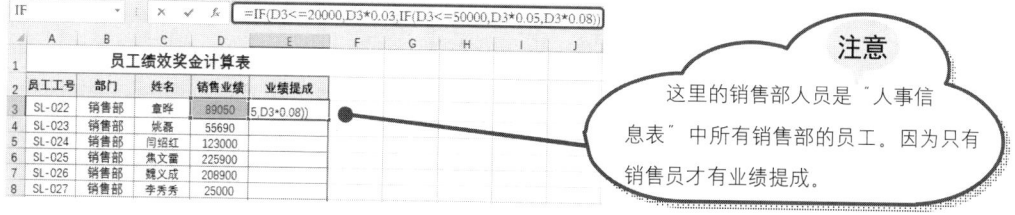

图 16-4

❷ 按 Enter 键，即可返回第一位员工的业绩提成额，如图 16-5 所示。

❸ 选中 E3 单元格，向下填充公式到 E14 单元格，一次性计算出其他销售部员工的业绩提成额，如图 16-6 所示。

员工绩效奖金计算表				
员工工号	部门	姓名	销售业绩	业绩提成
SL-022	销售部	章晔	89050	7124
SL-023	销售部	姚磊	55690	
SL-024	销售部	闫绍红	123000	
SL-025	销售部	焦文雷	225900	
SL-026	销售部	魏义成	208900	
SL-027	销售部	李秀秀	25000	
SL-028	销售部	焦文全	32000	

图 16-5

员工绩效奖金计算表				
员工工号	部门	姓名	销售业绩	业绩提成
SL-022	销售部	章晔	89050	7124
SL-023	销售部	姚磊	55690	4455.2
SL-024	销售部	闫绍红	123000	9840
SL-025	销售部	焦文雷	225900	18072
SL-026	销售部	魏义成	208900	16712
SL-027	销售部	李秀秀	25000	1250
SL-028	销售部	焦文全	32000	1600
SL-029	销售部	郑立媛	9800	294
SL-030	销售部	马同燕	90600	7248
SL-031	销售部	莫云	220000	17600
SL-032	销售部	陈芳	265000	21200
SL-033	销售部	钟华	235000	18800

图 16-6

公式解析

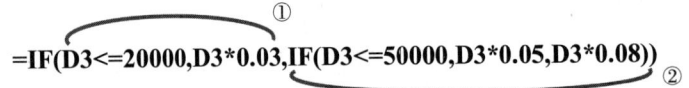

=IF(D3<=20000,D3*0.03,IF(D3<=50000,D3*0.05,D3*0.08))

① 判断 D3 单元格中的业绩是否小于等于 20000 元，如果是则执行 D3*0.03，否则执行 IF(D3<=50000,D3*0.05,D3*0.08)。

② IF 函数判断 D3 中的业绩是否小于等于 50000 元，且大于等于 20000 元，如果是则将其乘以提成率 0.05；如果业绩大于 50000 元，则将其乘以提成率 0.08 即可。

16.1.3 个人所得税核算

由于个人所得税的计算要根据应发工资先计算税率、速算扣除数才能得出最终的缴税额，计算步骤较多，因此可以单独建一张表格来进行计算，最终计算得到应缴所得税额，再将这个应缴所得税额匹配到最终的工资表中即可。

用 IF 函数配合其他函数计算个人所得税。相关规则如下：

● 起征点为 5000 元。

● 税率及速算扣除数如表 16-1 所示（本表是按月将超出起征点的工资计算个税）：

表 16-1

应纳税所得额（元）	税率（%）	速算扣除数（元）
不超过 3000	3	0
3001～12000	10	210
12001～25000	20	1410
25001～35000	25	2660
35001～55000	30	4410
55001～80000	35	7160
超过 80001	45	15160

❶ 创建"所得税计算表"，建立表格标识，包括"姓名""应发工资""应缴税所得额""税率""速算扣除数""应缴所得税"等标识。在表格中将光标定位在单元格 E3 中，输入公式：**=IF(D3<5000,0, D3-5000)**，如图 16-7 所示。

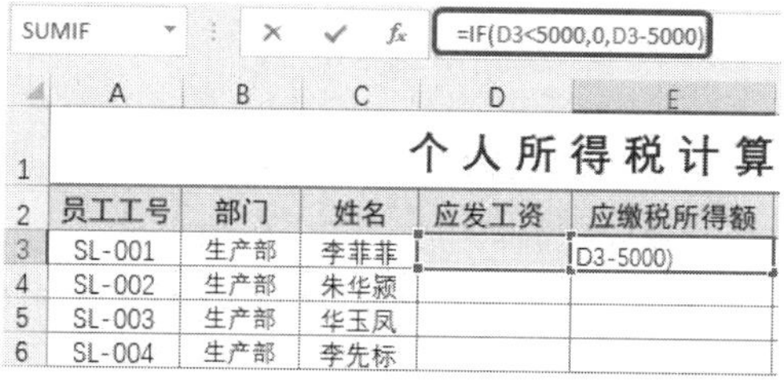

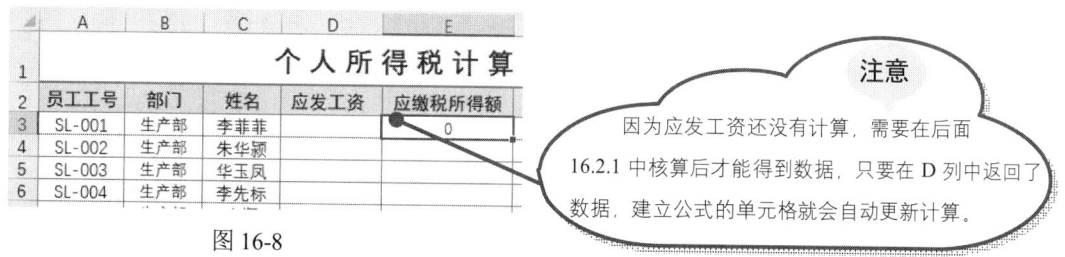

图 16-7

❷ 按 Enter 键，即可返回第一位员工的应缴所得税，如图 16-8 所示。

图 16-8

注意

因为应发工资还没有计算，需要在后面 16.2.1 中核算后才能得到数据，只要在 D 列中返回了数据，建立公式的单元格就会自动更新计算。

❸ 将光标定位在单元格 F3 中，输入公式：**=IF(E3<=3000,0.03,IF(E3<=12000,0.1,IF (E3<=25000,0.2, IF(E3<= 35000,0.25,IF(E3<=55000,0.3,IF(E3<=80000,0.35,0.45))))))**，如图 16-9 所示。

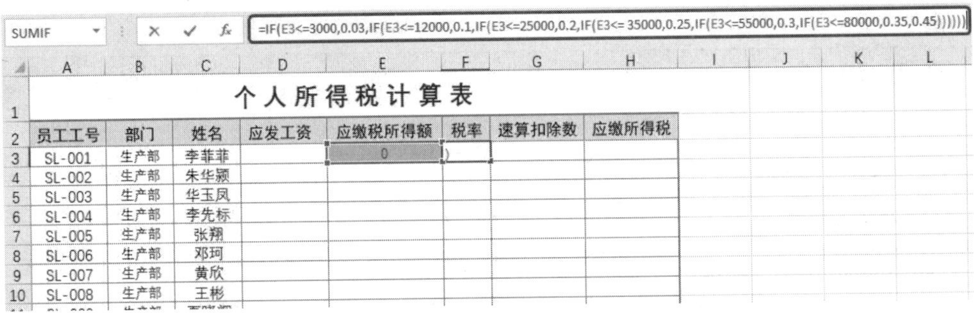

图 16-9

公式解析

=IF(E3<=3000,0.03,IF(E3<=12000,0.1,IF(E3<=25000,0.2,IF(E3<=35000,0.25,IF(E3<=55000,0.3,IF(E3<=80000,0.35,0.45))))))

这是一个 IF 函数多层嵌套的例子，因为判断条件较多所以应用了多层嵌套，实际理解起来并不难。例如首先判断 E3 中的应缴税所得额是否小于等于 3000，如果是则返回税率为 0.03；否则进入下一层 IF 判断，判断 "E3<=12000"（也就是是否在 3000～12000 元之间）是否成立，如果成立返回 0.1；否则再进入下一层 IF 判断，按照此规律直到写入所有判断条件。

❹ 按 Enter 键，即可返回第一位员工的税率，如图 16-10 所示。

❺ 在表格中将光标定位在单元格 G3 中，输入公式：**VLOOKUP(F3,{0.03,0;0.1,210;0.2,1410;0.25,2660;0.3,4410;0.35,7160;0.45,15160},2,)**，如图 16-11 所示。

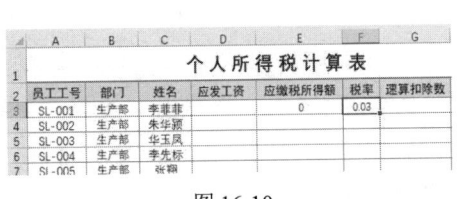

图 16-10

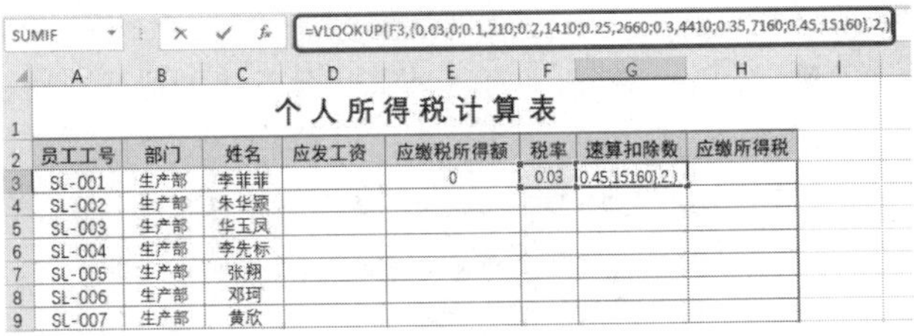

图 16-11

公式解析

=VLOOKUP(F3,{0.03,0;0.1,210;0.2,1410;0.25,2660;0.3,4410;0.35,7160;0.45,15160},2,)

这是 VLOOKUP 函数参数另一种写法，大括号内代表两列数据，逗号间隔的是两列，分号间隔的是两列中的各个值，然后在首列中查找，找到满足条件的返回对应在第二列上的值。即查找数据为 F3 中的税率，如果税率是 0.03 则返回速算扣除数为 0；如果税率是 0.1 则返回速算扣除数为 210；后面以此类推。

❻ 按 Enter 键，即可返回第一位员工的速算扣除数，如图 16-12 所示。

❼ 在表格中选中 H3 单元格，在编辑栏中输入公式：**=E3*F3-G3**，按 Enter 键，即可返回第一位员工的应缴所得税，如图 16-13 所示。

图 16-12

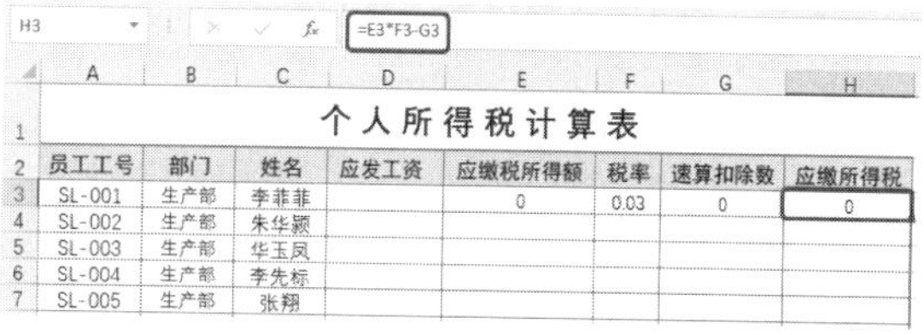

图 16-13

❽ 选中 E3:H3 单元格区域，向下填充公式一次性计算出其他员工的"应缴税所得额""税率""速算扣除数""应缴所得税"，如图 16-14 所示（注意，当前只是完成公式的建立）。

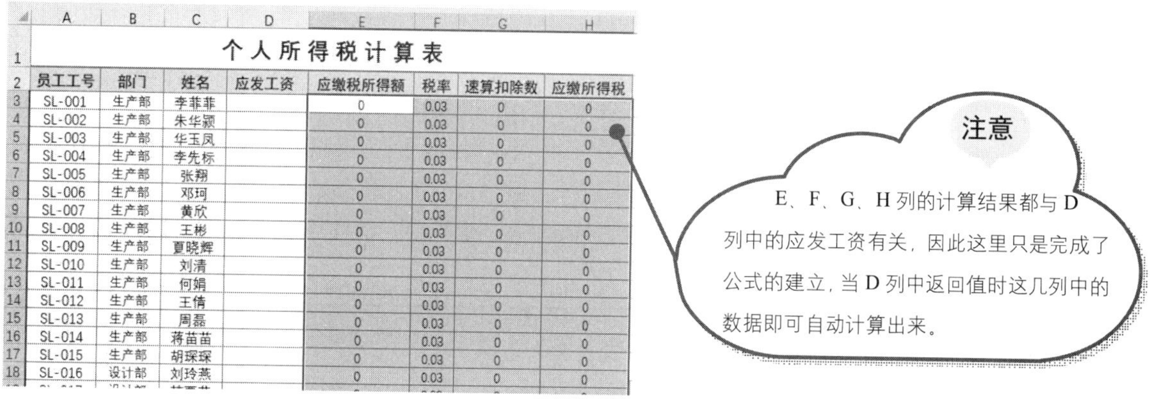

	A	B	C	D	E	F	G	H
1			个 人 所 得 税 计 算 表					
2	员工工号	部门	姓名	应发工资	应缴税所得额	税率	速算扣除数	应缴所得税
3	SL-001	生产部	李菲菲		0	0.03	0	0
4	SL-002	生产部	朱华颖		0	0.03	0	0
5	SL-003	生产部	华玉凤		0	0.03	0	0
6	SL-004	生产部	李先标		0	0.03	0	0
7	SL-005	生产部	张翔		0	0.03	0	0
8	SL-006	生产部	邓珂		0	0.03	0	0
9	SL-007	生产部	黄欣		0	0.03	0	0
10	SL-008	生产部	王彬		0	0.03	0	0
11	SL-009	生产部	夏晓辉		0	0.03	0	0
12	SL-010	生产部	刘清		0	0.03	0	0
13	SL-011	生产部	何娟		0	0.03	0	0
14	SL-012	生产部	王倩		0	0.03	0	0
15	SL-013	生产部	周磊		0	0.03	0	0
16	SL-014	生产部	蒋苗苗		0	0.03	0	0
17	SL-015	生产部	胡琛琛		0	0.03	0	0
18	SL-016	设计部	刘玲燕		0	0.03	0	0

注意

E、F、G、H 列的计算结果都与 D 列中的应发工资有关，因此这里只是完成了公式的建立，当 D 列中返回值时这几列中的数据即可自动计算出来。

图 16-14

❾ 在表格中选中 D3 单元格，在编辑栏中输入公式：**=员工月度工资表!K3**，按 Enter 键，即可返回第一位员工的应发工资（由于"员工月度工资表"还未建立，所以返回应发工资为 0），如图 16-15 所示。

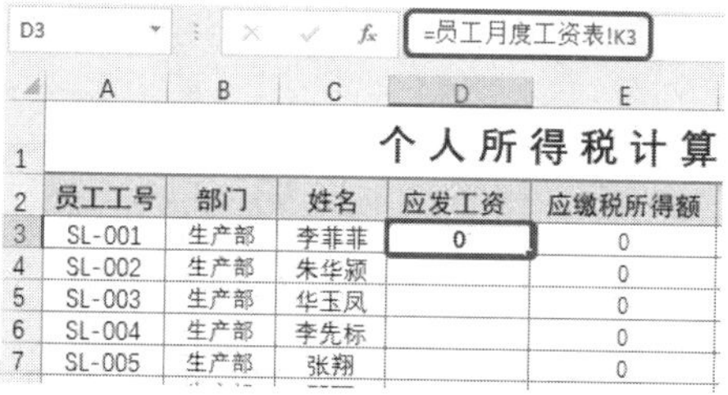

	A	B	C	D	E
1			个 人 所 得 税 计 算		
2	员工工号	部门	姓名	应发工资	应缴税所得额
3	SL-001	生产部	李菲菲	0	0
4	SL-002	生产部	朱华颖		0
5	SL-003	生产部	华玉凤		0
6	SL-004	生产部	李先标		0
7	SL-005	生产部	张翔		0

图 16-15

❿ 选中 D3 单元格向下填充公式，如图 16-16 所示。

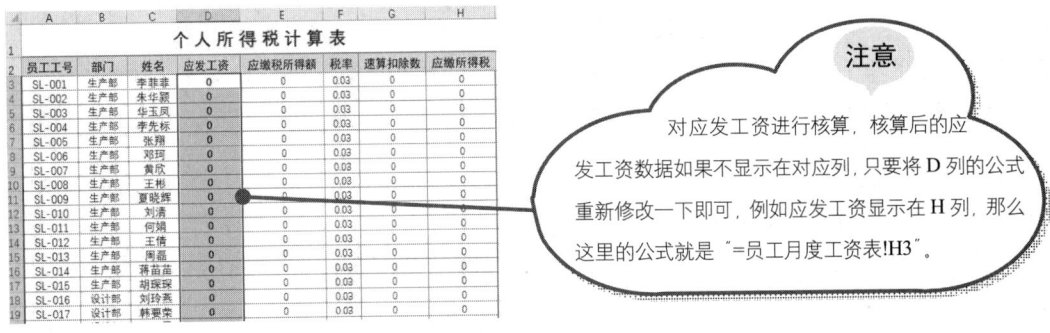

图 16-16

16.2 匹配各零散表格中数据建立工资表

月度薪酬核算时需要使用到考勤扣款数据及满勤奖数据，因此当人事部门建立了考勤统计表后（本书在第 14 章已做介绍），可以将需要的表格复制到当前工作簿中来，以便于在工资核算时使用。

16.2.1 计算应发工资和应扣工资

工资表中数据包含应发合计和个人应缴所得税两部分，准备好工资核算的相关表格后，就可以进行工资的核算了。

1. 准备考勤表和加班费计算表

打开第 14 章的数据源表格，把"加班费计算表"和"出勤情况统计表"复制到当前的"工资核算"工作簿中备用。

图 16-17 为"加班费计算表"，图 16-18 为"出勤情况统计表"。

图 16-17

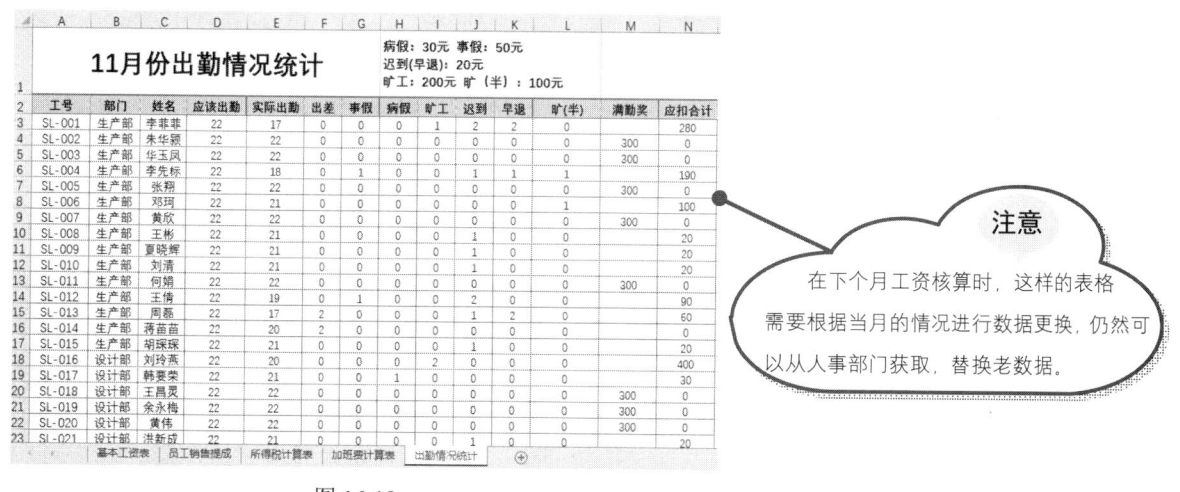

图 16-18

2. 计算应发工资合计

员工月度工资表中将对每位员工工资的各个明细项进行核算。因此首先要合理规划此表应包含的元素。在员工月度工资统计表中，需要从之前建立的工资核算的相关表格中依次匹配返回各项明细数据，如"基本工资""工龄工资"来自于"基本工资表"，"绩效奖金"来自于"员工销售提成"，"加班工资"来自于"加班费计算表"等。

❶ 在表格中选中 A3 单元格，在编辑栏中输入公式：**=基本工资表!A3**，如图 16-19 所示。按 Enter 键，即可返回员工工号，如图 16-20 所示。

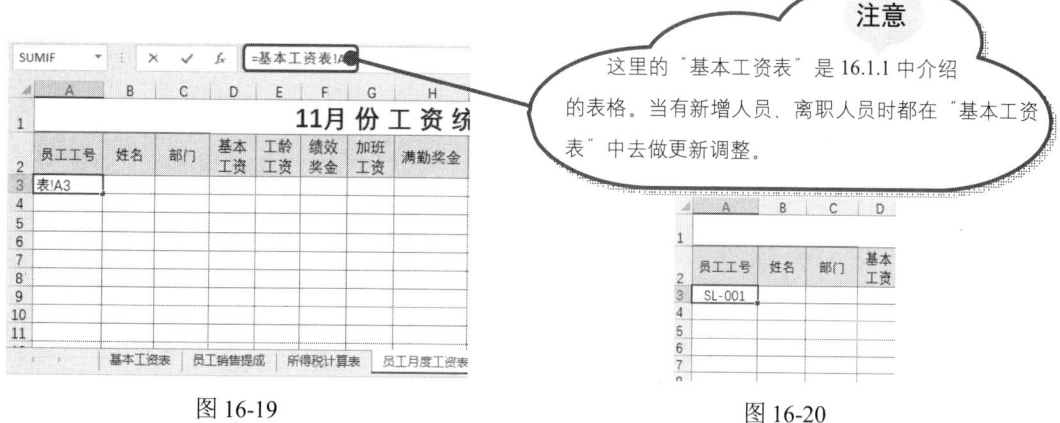

图 16-19

图 16-20

❷ 选中 A3 单元格，先向右填充公式至 C3 单元格，再选中 A3:C3 单元格区域，向下填充公式至最后一条条目，依次返回员工工号、姓名和部门，如图 16-21 所示。

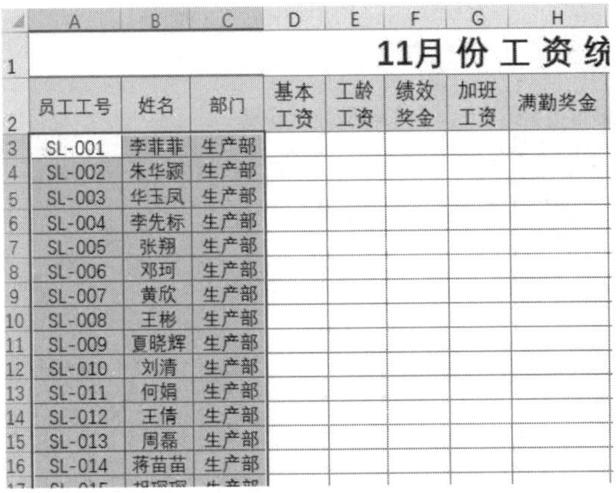

	A	B	C	D	E	F	G	H
1	11月份工资统							
2	员工工号	姓名	部门	基本工资	工龄工资	绩效奖金	加班工资	满勤奖金
3	SL-001	李菲菲	生产部					
4	SL-002	朱华颍	生产部					
5	SL-003	华玉凤	生产部					
6	SL-004	李先标	生产部					
7	SL-005	张翔	生产部					
8	SL-006	邓珂	生产部					
9	SL-007	黄欣	生产部					
10	SL-008	王彬	生产部					
11	SL-009	夏晓辉	生产部					
12	SL-010	刘清	生产部					
13	SL-011	何娟	生产部					
14	SL-012	王倩	生产部					
15	SL-013	周磊	生产部					
16	SL-014	蒋苗苗	生产部					

图 16-21

❸ 在表格中选中 D3 单元格，在编辑栏中输入公式：**=VLOOKUP(A3,基本工资表!$A$2:$G$300,6,FALSE)**，如图 16-22 所示。按 Enter 键，即可返回第一位员工的基本工资。

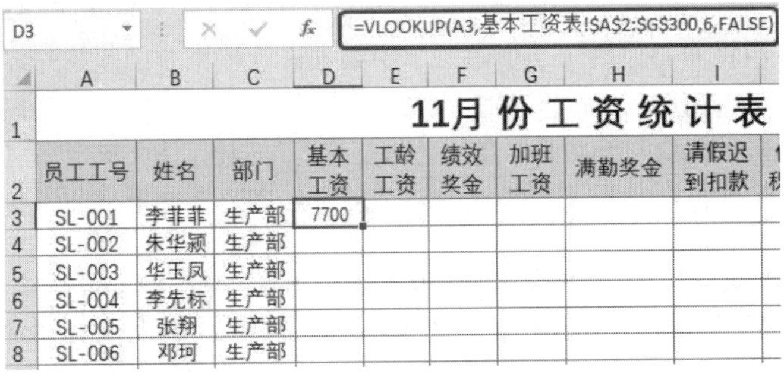

	A	B	C	D	E	F	G	H	I
1	11月份工资统计表								
2	员工工号	姓名	部门	基本工资	工龄工资	绩效奖金	加班工资	满勤奖金	请假迟到扣款
3	SL-001	李菲菲	生产部	7700					
4	SL-002	朱华颍	生产部						
5	SL-003	华玉凤	生产部						
6	SL-004	李先标	生产部						
7	SL-005	张翔	生产部						
8	SL-006	邓珂	生产部						

图 16-22

❹ 在表格中选中 E3 单元格，在编辑栏中输入公式：**=VLOOKUP(A3,基本工资表!$A$2:$G$300,7,FALSE)**，如图 16-23 所示。按 Enter 键，即可返回第一位员工的工龄工资。

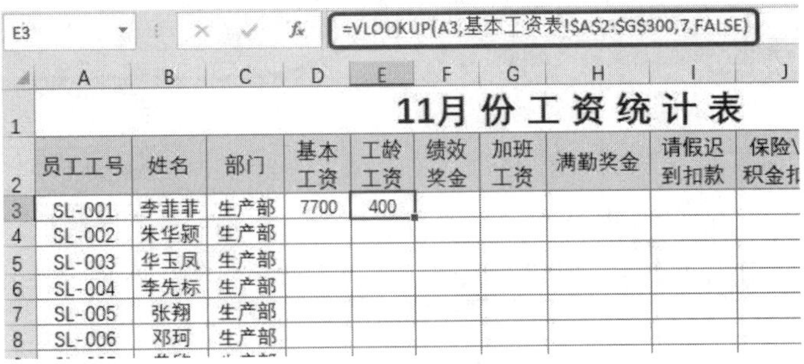

	A	B	C	D	E	F	G	H	I	J
1	11月份工资统计表									
2	员工工号	姓名	部门	基本工资	工龄工资	绩效奖金	加班工资	满勤奖金	请假迟到扣款	保险\积金扣
3	SL-001	李菲菲	生产部	7700	400					
4	SL-002	朱华颍	生产部							
5	SL-003	华玉凤	生产部							
6	SL-004	李先标	生产部							
7	SL-005	张翔	生产部							
8	SL-006	邓珂	生产部							

图 16-23

公式解析

=VLOOKUP(A3,基本工资表!\$A\$2:\$G\$300,7,FALSE)

在"基本工资表!\$A\$2:\$G\$300"单元格区域的首列中查找与 A3 匹配的编号，找到后返回该区域中对应在第 7 列上的值，即工龄工资。

❺ 在表格中选中 F3 单元格，在编辑栏中输入公式：**=IFERROR(VLOOKUP(A3,员工销售提成!\$A\$2:\$E\$14,5,FALSE),"")**，如图 16-24 所示。按 Enter 键，即可返回第一位员工的绩效奖金。

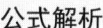

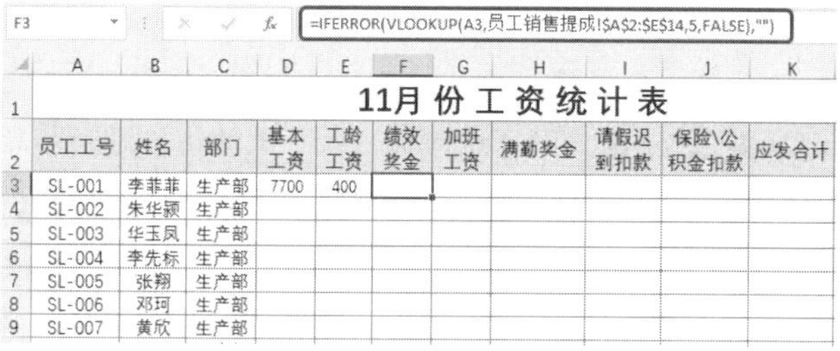

图 16-24

公式解析

=IFERROR(VLOOKUP(A3,员工销售提成!\$A\$2:\$E\$14,5,FALSE),"")

这个公式如果去掉外层的 IFERROR 部分则与前面的 VLOOKUP 函数使用方法一样。但因为"员工销售提成"中并不是所有的员工都存在（一般只存在于销售部的人中），所以会出现找不到的情况，当 VLOOKUP 函数找不到时将会返回错误值。为避免错误值显示在单元格，则在外套 IFERROR 函数。此函数套在 VLOOKUP 函数的外面，起到的作用是判断 VLOOKUP 返回值是否为任意错误值，如果是，则返回空白。

❻ 在表格中选中 G3 单元格，在编辑栏中输入公式：**=IFERROR(VLOOKUP(A3,加班费计算表!\$A\$2:\$E\$16,5,FALSE),"")**，如图 16-25 所示。按 Enter 键，即可返回第一位员工的加班工资。

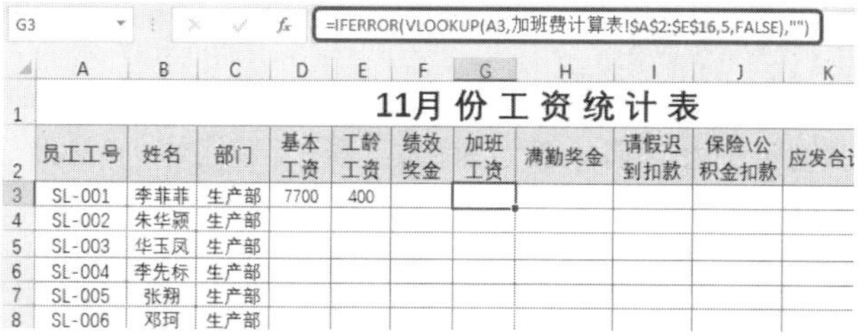

图 16-25

❼ 在表格中选中 H3 单元格，在编辑栏中输入公式：**=VLOOKUP(A3,出勤情况统计!A2:N300,13,FALSE)**，如图 16-26 所示。按 Enter 键，即可返回第一位员工的满勤奖金。

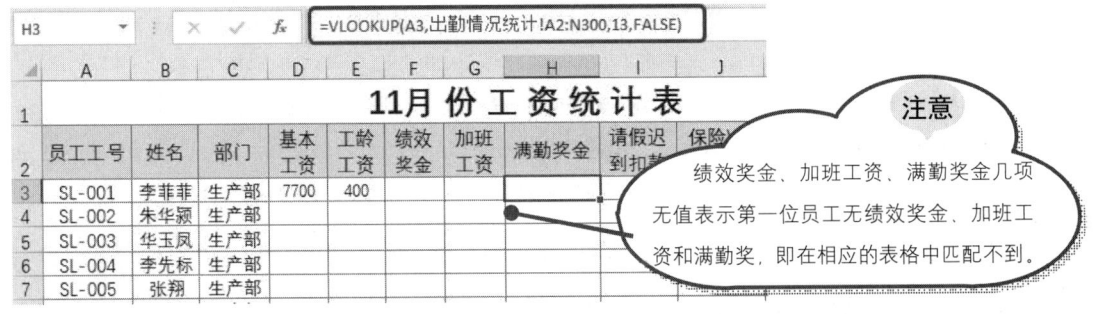

图 16-26

❽ 在表格中选中 I3 单元格，在编辑栏中输入公式：**=VLOOKUP(A3,出勤情况统计!A2:N300,14, FALSE)**，如图 16-27 所示。按 Enter 键，即可返回第一位员工的请假迟到扣款金额。

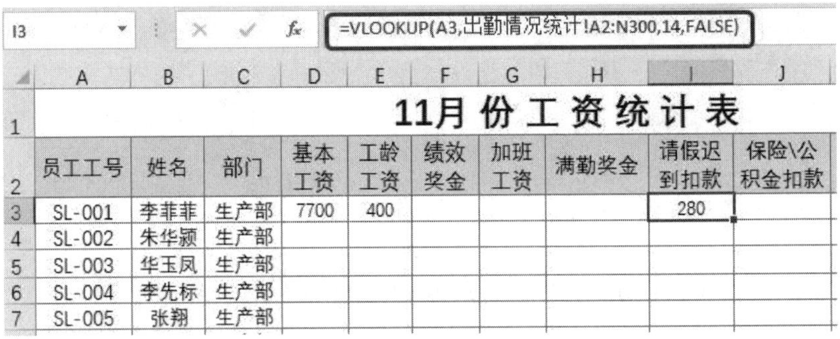

图 16-27

公式解析

=VLOOKUP(A3,出勤情况统计!A2:N300,14,FALSE)

A3 是查询的员工编号，查询范围是在 "出勤情况统计!A2:N300"，对应查询范围的数据范围是第 14 列，即请假迟到扣款金额。

其中保险及公积金扣款约定如下。

● 养老保险个人缴纳比例为：（基本工资+岗位工资+工龄工资）*10%。

● 医疗保险个人缴纳比例为：（基本工资+岗位工资+工龄工资）*2%。

● 住房公积金个人缴纳比例为：（基本工资+岗位工资+工龄工资）*8%。

❾ 在表格中选中 J3 单元格，在编辑栏中输入公式：**=IF(E3=0,0,(D3+E3)*0.08+(D3+E3)*0.02+ (D3+E3)*0.1)**，按 Enter 键，即可返回第一位员工的保险/公积金扣款金额，如图 16-28 所示。

J3					fx	=IF(E3=0,0,(D3+E3)*0.08+(D3+E3)*0.02+(D3+E3)*0.1)		

	A	B	C	D	E	F	G	H	I	J
1	**11月份工资统计表**									
2	员工工号	姓名	部门	基本工资	工龄工资	绩效奖金	加班工资	满勤奖金	请假迟到扣款	保险\公积金扣款
3	SL-001	李菲菲	生产部	7700	400				280	1620
4	SL-002	朱华颖	生产部							
5	SL-003	华玉凤	生产部							
6	SL-004	李先标	生产部							
7	SL-005	张翔	生产部							

图 16-28

❿ 在表格中选中 K3 单元格，在编辑栏中输入公式：**=SUM(D3:H3)-SUM(I3:J3)**，如图 16-29 所示。按 Enter 键，即可返回第一位员工的应发工资合计。

K3					fx	=SUM(D3:H3)-SUM(I3:J3)		

	A	B	C	D	E	F	G	H	I	J	K
1	**11月份工资统计表**										
2	员工工号	姓名	部门	基本工资	工龄工资	绩效奖金	加班工资	满勤奖金	请假迟到扣款	保险\公积金扣款	应发合计
3	SL-001	李菲菲	生产部	7700	400				280	1620	6200
4	SL-002	朱华颖	生产部								
5	SL-003	华玉凤	生产部								
6	SL-004	李先标	生产部								
7	SL-005	张翔	生产部								
8	SL-006	邓珂	生产部								

图 16-29

3. 计算实发工资

已知应发工资合计值和个人所得税后，可以将两者相减得到员工的最终实发工资额。

❶ 在表格中选中 L3 单元格，在编辑栏中输入公式：**=VLOOKUP(A3,所得税计算表!A2:H300,8, FALSE)**，如图 16-30 所示。按 Enter 键，即可返回第一位员工的个人所得税。

L3					fx	=VLOOKUP(A3,所得税计算表!A2:H300,8,FALSE)		

	A	B	C	D	E	F	G	H	I	J	K	L
1	**11月份工资统计表**											
2	员工工号	姓名	部门	基本工资	工龄工资	绩效奖金	加班工资	满勤奖金	请假迟到扣款	保险\公积金扣款	应发合计	个人所得税
3	SL-001	李菲菲	生产部	7700	400				280	1620	6200	36
4	SL-002	朱华颖	生产部									
5	SL-003	华玉凤	生产部									
6	SL-004	李先标	生产部									
7	SL-005	张翔	生产部									
8	SL-006	邓珂	生产部									

图 16-30

> **公式解析**
>
> **=VLOOKUP(A3,所得税计算表!A2:H300,8,FALSE)**
>
> A3 是查询的员工编号，查询范围是在"所得税计算表!A2:H300"，对应查询范围的数据范围是第 8 列，即个人所得税额。

❷ 在表格中选中 M3 单元格，在编辑栏中输入公式：**=K3-L3**，如图 16-31 所示。按 Enter 键，即可返回第一位员工的实发工资。

M3			×	✓	f_x	=K3-L3						
	A	B	C	D	E	F	G	H	I	J	K	L	M
1					**11月份工资统计表**								
2	员工工号	姓名	部门	基本工资	工龄工资	绩效奖金	加班工资	满勤奖金	请假迟到扣款	保险\公积金扣款	应发合计	个人所得税	实发工资
3	SL-001	李菲菲	生产部	7700	400				280	1620	6200	36	6164
4	SL-002	朱华颖	生产部										
5	SL-003	华玉凤	生产部										
6	SL-004	李先标	生产部										
7	SL-005	张翔	生产部										
8	SL-006	邓珂	生产部										

图 16-31

❸ 选中 D3:M3 单元格区域，并向下填充公式至 N300 单元格，即可一次性得到所有员工的各项工资明细数据，如图 16-32 所示。

	A	B	C	D	E	F	G	H	I	J	K	L	M
1					**11月份工资统计表**								
2	员工工号	姓名	部门	基本工资	工龄工资	绩效奖金	加班工资	满勤奖金	请假迟到扣款	保险\公积金扣款	应发合计	个人所得税	实发工资
3	SL-001	李菲菲	生产部	7700	400				280	1620	6200	36	6164
4	SL-002	朱华颖	生产部	9000	100			300	0	1820	7580	77.4	7502.6
5	SL-003	华玉凤	生产部	4500	0			300	0	0	4800	0	4800
6	SL-004	李先标	生产部	5000	0				190	0	4810	0	4810
7	SL-005	张翔	生产部	9500	400		560	300	0	1980	8780	168	8612
8	SL-006	邓珂	生产部	6500	0		200		100	0	6600	48	6552
9	SL-007	黄欣	生产部	8000	400			300	0	1680	7020	60.6	6959.4
10	SL-008	王彬	生产部	4500	100				20	920	3660	0	3660
11	SL-009	夏晓辉	生产部	5500	0				20	0	5480	14.4	5465.6
12	SL-010	刘清	生产部	5000	400				20	1380	5500	15	5485
13	SL-011	何娟	生产部	8500	400			300	0	1780	7420	72.6	7347.4
14	SL-012	王倩	生产部	1200	1500				90	540	2070	0	2070
15	SL-013	周磊	生产部	3000	400		560		60	680	3220	0	3220
16	SL-014	蒋苗苗	生产部	2500	400				0	580	2320	0	2320
17	SL-015	胡琛琛	生产部	2500	400				20	580	2300	0	2300
18	SL-016	刘玲燕	设计部	6900	300				400	1440	5360	10.8	5349.2
19	SL-017	韩要荣	设计部	6900	400		280		30	1460	6090	32.7	6057.3
20	SL-018	王昌灵	设计部	6900	400			300	0	1460	6140	34.2	6105.8
21	SL-019	余永梅	设计部	6900	200			300	0	1420	5980	29.4	5950.6

图 16-32

16.2.2 建立工资条

工资表做好以后，一方面用作存档，另一方面还需要打印工资条发给员工，它是员工领取工资的一个详单，便于员工详细地了解本月应发工资明细与应扣工资明细。工资条的数据主要引用的是工资表的数据，通过建立公式可快速生成员工工资条。

❶ 首先在"员工月度工资表"中选中所有数据区域，然后在左上角的名称框内输入"工资表"，即可将数据区域定义为指定名称，如图 16-33 所示。

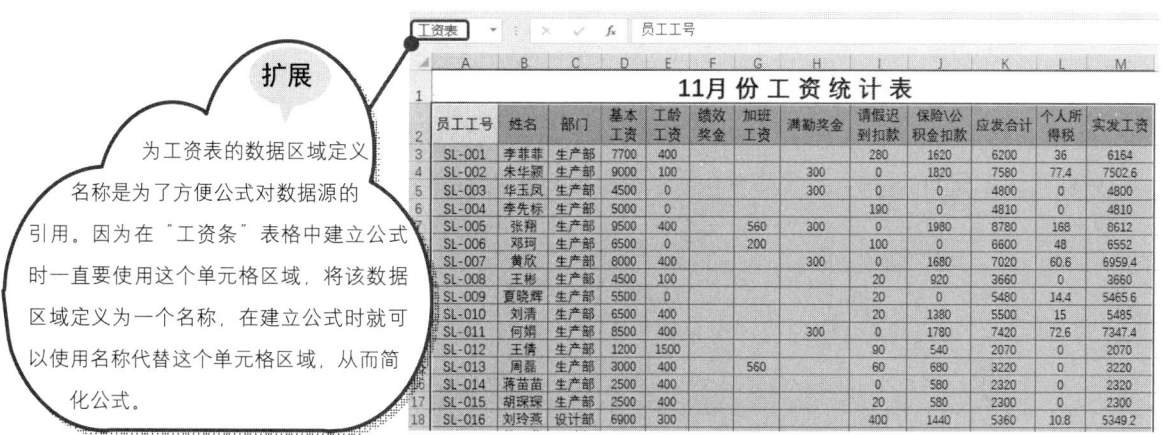

扩展

为工资表的数据区域定义名称是为了方便公式对数据源的引用。因为在"工资条"表格中建立公式时一直要使用这个单元格区域，将该数据区域定义为一个名称，在建立公式时就可以使用名称代替这个单元格区域，从而简化公式。

图 16-33

❷ 建立"工资条"表格，在表格中选中 D2 单元格，在编辑栏中输入公式：**=VLOOKUP(B2,工资表,2,FALSE)**，如图 16-34 所示。按 Enter 键，即可返回指定员工工号对应的员工姓名。

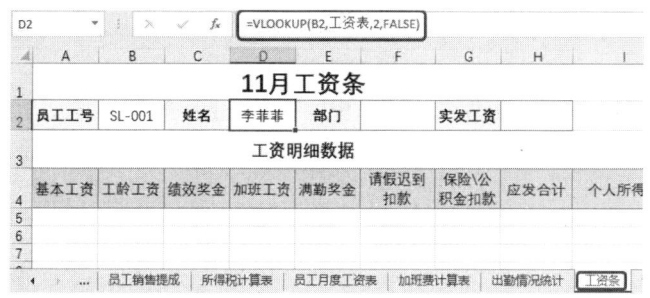

图 16-34

❸ 在表格中选中 F2 单元格，在编辑栏中输入公式：**=VLOOKUP(B2,工资表,3,FALSE)**，如图 16-35所示。按 Enter 键，即可返回该员工所属的部门。

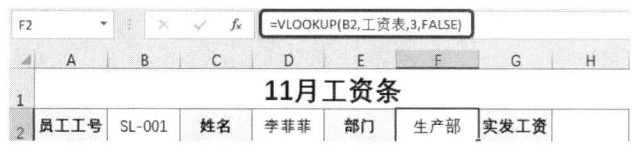

图 16-35

❹ 在表格中选中 H2 单元格，在编辑栏中输入公式：**=VLOOKUP(B2,工资表,13,FALSE)**，如图 16-36所示。按 Enter 键，即可返回该员工的实发工资额。

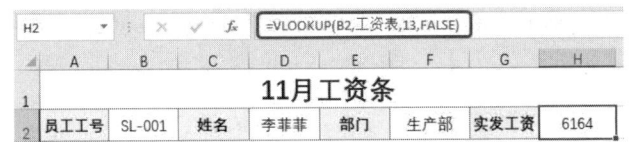

图 16-36

❺ 在表格中选中 A5 单元格，在编辑栏中输入公式：**=VLOOKUP($B2,工资表,COLUMN(D1))**，如图 16-37 所示。按 Enter 键，即可返回该员工的基本工资。

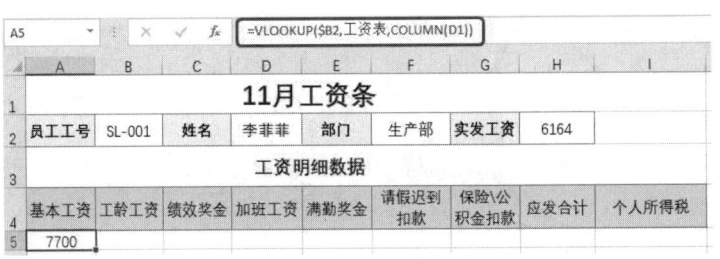

图 16-37

❻ 选中 A5 单元格，向右填充公式到 I5 单元格，一次性计算出该名员工的工资明细数据，如图 16-38 所示。

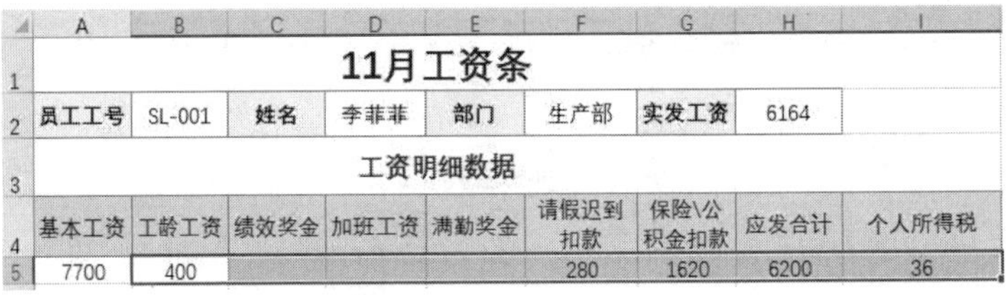

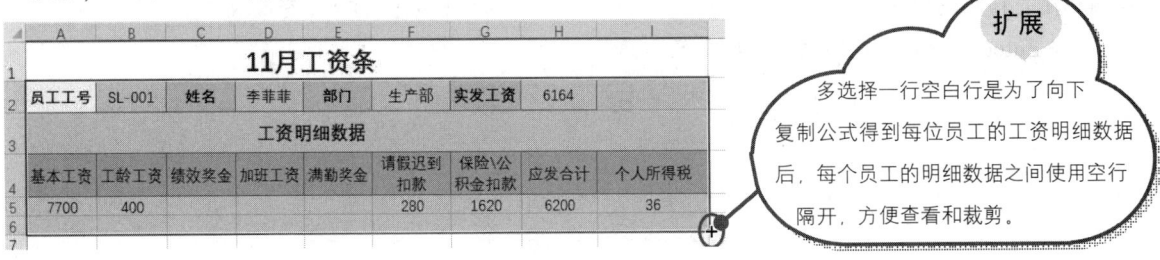

图 16-38

❼ 选中 A2:I6 单元格区域（如图 16-39 所示），向下填充公式，即可一次性得到所有员工的工资明细数据，如图 16-40 所示。

图 16-39

扩展

多选择一行空白行是为了向下复制公式得到每位员工的工资明细数据后，每个员工的明细数据之间使用空行隔开，方便查看和裁剪。

图 16-40

公式解析

=VLOOKUP($B2,工资表,COLUMN(D1))

　　COLUMN(D1)返回值为 4，而"应发合计"正处于"工资表"（之前定义的名称）单元格区域的第 4 列中。之所以这样设置，是为了接下来复制公式的方便，当复制 A5 单元格的公式到 B5 单元格中时，公式更改为：=VLOOKUP($B2,工资表,COLUMN(E1),FALSE)，COLUMN(E1)返回值为 5，而"请假迟到扣款"正处于"工资表"单元格区域的第 5 列中，以此类推。如果不采用这种办法来设置公式，则需要依次手动更改 VLOOKUP 函数的第 3 个参数，即指定要返回哪一列上的值。

16.3　月工资数据分析

　　员工月度工资表创建完成后，可以按部门汇总工资总额，也可以使用相关函数公式计算不同工资区间的人数，了解公司员工工资分布水平。

16.3.1　按部门统计工资额

　　要按部门统计工资合计额，可以使用 SUMIF 函数来进行统计。

　　❶ 建立部门列和工资合计列，在表格中将光标定位在单元格 P6 中，输入公式：**=SUMIF($C$3:$C$94, O6,$M$3:$M$94)**，如图 16-41 所示。

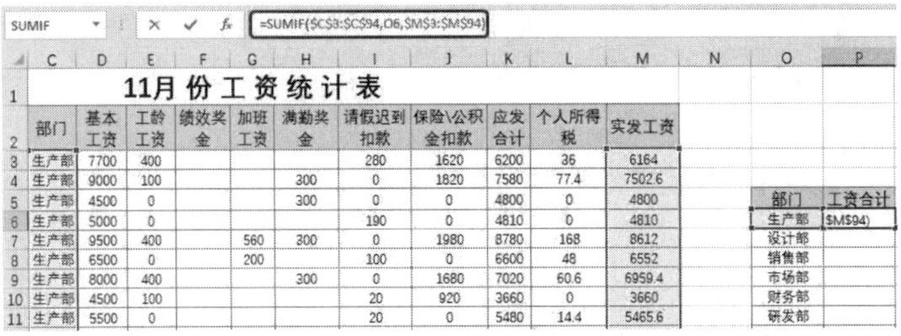

SUMIF =SUMIF($C$3:$C$94,O6,$M$3:$M$94)

	C	D	E	F	G	H	I	J	K	L	M	N	O	P
1	11月份工资统计表													
2	部门	基本工资	工龄工资	绩效奖金	加班工资	满勤奖金	请假迟到扣款	保险\公积金扣款	应发合计	个人所得税	实发工资			
3	生产部	7700	400				280	1620	6200	36	6164			
4	生产部	9000	100			300	0	1820	7580	77.4	7502.6			
5	生产部	4500	0			300	0	0	4800	0	4800		部门	工资合计
6	生产部	5000	0				190	0	4810	0	4810		生产部	$M$94)
7	生产部	9500	400		560	300	0	1980	8780	168	8612		设计部	
8	生产部	6500	0		200		100	0	6600	48	6552		销售部	
9	生产部	8000	400			300	0	1680	7020	60.6	6959.4		市场部	
10	生产部	4500	100				20	920	3660	0	3660		财务部	
11	生产部	5500	0				20	0	5480	14.4	5465.6		研发部	

图 16-41

❷ 按 Enter 键，即可返回“生产部”的工资合计值，如图 16-42 所示。

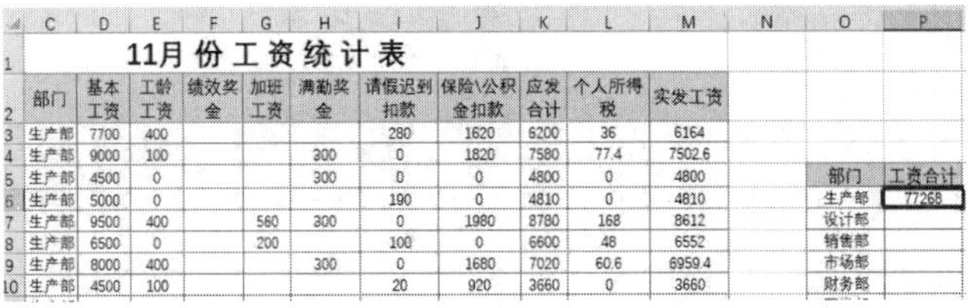

	C	D	E	F	G	H	I	J	K	L	M	N	O	P
1	11月份工资统计表													
2	部门	基本工资	工龄工资	绩效奖金	加班工资	满勤奖金	请假迟到扣款	保险\公积金扣款	应发合计	个人所得税	实发工资			
3	生产部	7700	400				280	1620	6200	36	6164			
4	生产部	9000	100			300	0	1820	7580	77.4	7502.6			
5	生产部	4500	0			300	0	0	4800	0	4800		部门	工资合计
6	生产部	5000	0				190	0	4810	0	4810		生产部	77268
7	生产部	9500	400		560	300	0	1980	8780	168	8612		设计部	
8	生产部	6500	0		200		100	0	6600	48	6552		销售部	
9	生产部	8000	400			300	0	1680	7020	60.6	6959.4		市场部	
10	生产部	4500	100				20	920	3660	0	3660		财务部	

图 16-42

❸ 选中 P6 单元格，向下填充公式到 P9 单元格中，即可一次性计算出其他各个部门的工资合计值，如图 16-43 所示。

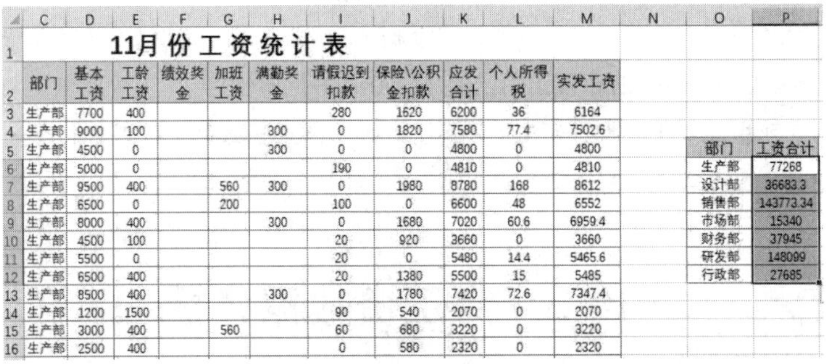

	C	D	E	F	G	H	I	J	K	L	M	N	O	P
1	11月份工资统计表													
2	部门	基本工资	工龄工资	绩效奖金	加班工资	满勤奖金	请假迟到扣款	保险\公积金扣款	应发合计	个人所得税	实发工资			
3	生产部	7700	400				280	1620	6200	36	6164			
4	生产部	9000	100			300	0	1820	7580	77.4	7502.6			
5	生产部	4500	0			300	0	0	4800	0	4800		部门	工资合计
6	生产部	5000	0				190	0	4810	0	4810		生产部	77268
7	生产部	9500	400		560	300	0	1980	8780	168	8612		设计部	36683.3
8	生产部	6500	0		200		100	0	6600	48	6552		销售部	143773.34
9	生产部	8000	400			300	0	1680	7020	60.6	6959.4		市场部	15340
10	生产部	4500	100				20	920	3660	0	3660		财务部	37945
11	生产部	5500	0				20	0	5480	14.4	5465.6		研发部	148099
12	生产部	6500	400				20	1380	5500	15	5485		行政部	27685
13	生产部	8500	400			300	0	1780	7420	72.6	7347.4			
14	生产部	1200	1500				90	540	2070	0	2070			
15	生产部	3000	400		560		60	680	3220	0	3220			
16	生产部	2500	400				0	580	2320	0	2320			

图 16-43

公式解析

①　②　③

=SUMIF($C$3:$C$94,O6,$M$3:$M$94)

① 条件判断区域为$C$3:$C$94。

② 求和条件为 O6 中的部门名称。

③ 求和区域为$M$3:$M$94。即在$C$3:$C$94 单元格区域判断是否满足 O6 中的条件，将满足条件的对应在$M$3:$M$94 单元格区域中的值取出并进行求和计算。

16.3.2　工资水平分布统计

根据不同的工资段，可以使用 COUNTIFS 函数来对工资水平的分布情况进行统计。

❶ 在表格中选中 P6 单元格，在编辑栏中输入公式：**=COUNTIFS(M3:M300,">5000")**，如图 16-44 所示。按 Enter 键，即可返回工资在 5000 元以上的人数。

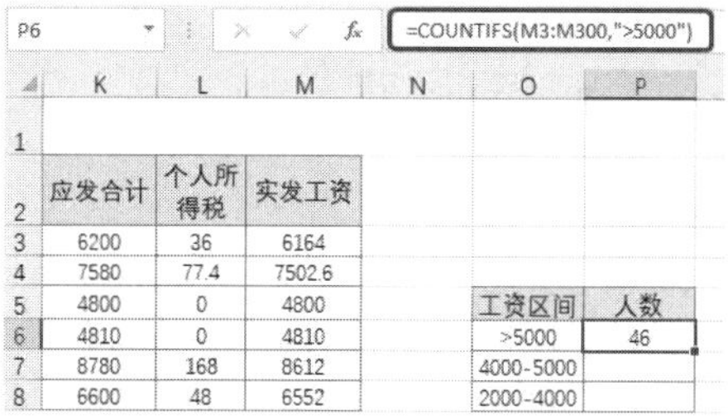

图 16-44

❷ 在表格中选中 P7 单元格，在编辑栏中输入公式：**=COUNTIFS(M3:M300,"<5000",M3:M300, ">=4000")**，如图 16-45 所示。按 Enter 键，即可返回工资在 4000～5000 元之间的人数。

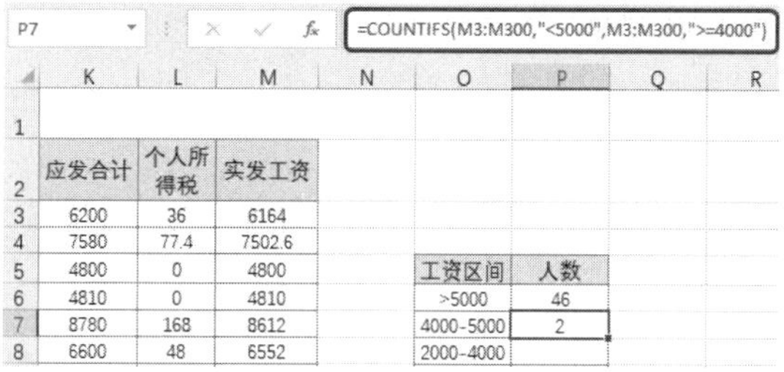

图 16-45

❸ 在表格中选中 P8 单元格，在编辑栏中输入公式：**=COUNTIFS(M3:M300,"<4000",M3:M300, ">2000")**，如图 16-46 所示。按 Enter 键，即可返回工资在 2000～4000 元之间的人数。

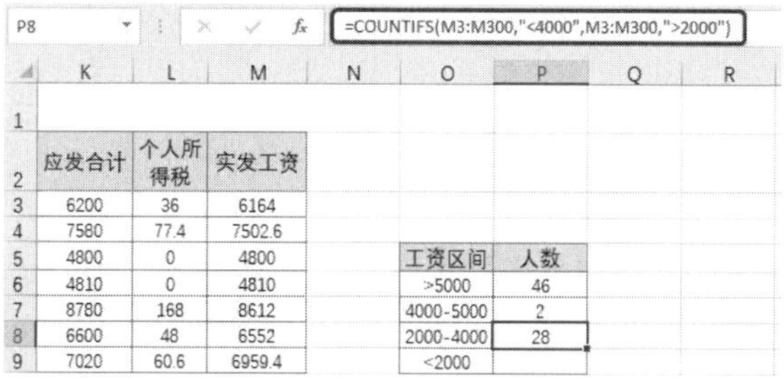

图 16-46

❹ 在表格中选中 P9 单元格，在编辑栏中输入公式：**=COUNTIFS(M3:M300,"<2000")**，如图 16-47 所示。按 Enter 键，即可返回工资在 2000 元以下的人数。

P9		f_x	=COUNTIFS(M3:M300,"<2000")		

	K	L	M	N	O	P	Q
1							
2	应发合计	个人所得税	实发工资				
3	6200	36	6164				
4	7580	77.4	7502.6				
5	4800	0	4800		工资区间	人数	
6	4810	0	4810		>5000	46	
7	8780	168	8612		4000-5000	2	
8	6600	48	6552		2000-4000	28	
9	7020	60.6	6959.4		<2000	16	

图 16-47

公式解析

=COUNTIFS(M3:M300,"<4000",M3:M300,">2000")

表示返回 M3:M300 数组区域中金额在 2000-4000 之间的单元格数据的记录条数。

借款时间	金额		时长	数量
16/7/4	20000		12月以内的账款	¥ 40,000.00
17/1/5	13000		12月以上的账款	¥ 120,000.00
16/7/8	30000			
17/1/10	45000			
17/2/20	20000			
17/10/22	19000			
17/9/30	21000			

▲ 统计大于 12 个月的账款

城市	配送费	燃油附加费	总费用
北京	500	燃油附加费45.5	545.5
上海		燃油附加费29.8	449.8
青岛	400	燃油附加费32	412
南京	380	燃油附加费32	412
杭州	380	燃油附加费42.5	422.5
福州	440	燃油附加费32	472
芜湖	350	燃油附加费38.8	388.8

▲ 从文字与金额合并显示的字符串中提取金额数据

规格	厚度	价格
LPE-W12-2.2cm	2.2	55
LPE-W12-2.4cm	2.4	62
LPE-W12-2.6cm	2.6	69
LPE-W12-2.8cm	2.8	76
LPE-W12-3.0cm	3.0	83
LPE-W12-3.2cm	3.2	90
LPE-W12-3.4cm	3.4	97

▲ 提取出产品的类别编码

品名	一店价格	二店价格	比较
老百年	155.2	155.2	TRUE
三星迎驾	123.56	124	FALSE
五粮春	133	146	FALSE
新地球	156	156	TRUE
四开国缘	171.4	156.2	FALSE
新月亮	116	116	TRUE

▲ 比较商品在两个店铺售价是否相同

舞种（dance）	舞种（DANCE）
中国舞（Chinese Dance）	中国舞（CHINESE DANCE）
芭蕾舞（Ballet）	芭蕾舞（BALLET）
爵士舞（Jazz）	爵士舞（JAZZ）
踢踏舞（Tap dance）	踢踏舞（TAP DANCE）

▲ 将文本转换为大写形式

花圃编号	半径（米）	周长	需材料长度
01	10	31.415926	31.5
02	15	47.123889	47.2
03	18	56.5486668	56.6
04	20	62.831852	62.9
05	17	53.4070742	53.5

▲ 计算材料长度（材料只能多不能少）

日期	名称	销售额	单日最大销售额
2018/9/1	圆钢	9750	19284
2018/9/1	圆钢	10227	
2018/9/3	角钢	9854	
2018/9/3	角钢	9534	
2018/9/2	角钢	8873	
2018/9/1	圆钢	9683	
2018/9/2	圆钢	9108	
2018/9/3	圆钢	8980	

▲ 计算出单日最高的销售额

日期	名称	销售额	日期	销售记录数
2018/9/1	圆钢	9750	2018/9/1	1
2018/9/2	角钢	10227	2018/9/2	2
2018/9/3	圆钢	9854	2018/9/3	1
2018/9/3	角钢	9534		
2018/9/2	角钢	8873		
2018/9/1	圆钢	9683		
2018/9/2	圆钢	9108		
2018/9/3	角钢	8980		
2018/9/3	角钢	9750		

▲ 统计指定产品每日的销售记录数

品名规格	重量	规格
黄塑纸945_70	743	黄塑纸945*70
白塑纸945_80	772	白塑纸945*80
牛硅纸116_45	340	牛硅纸116*45
牛塑纸130_70	735	牛塑纸130*70
白硅纸130_80	724	白硅纸130*80
黄硅纸940_80	965	黄硅纸940*80

▲ 快速更改产品名称的格式

公司名称	订购数量	地市
达尔利精密电子（南京）有限公司	2200	南京
达尔利精密电子（济南）有限公司	3350	济南
信瑞精密电子（德州）有限公司	2670	德州
信华科技集团精密电子分公司（杭州）	2000	杭州
亚东科技机械有限责任公司（台州）	1900	台州

▲ 提取括号内的字符串

E3 = COUNTIF(B2:B13,">="&D3)

姓名	工资		工资	人数
江华	3940		3000	2
方小坤	2730		8000	4
陈友	3560			
王莹	2850			
任玉军	4500			
鲍骏	9500			
李竟亮	5400			
张伊鹏	8200			
刘梦凡	9870			
刘雨	3300			
张梦云	4220			
张春阳	8087			

▲ 统计工资额大于（小于）指定值的人数

	达标值	86.00%
姓名	完成量	奖金
古晨	89.50%	800
王先仁	87.60%	400
章华	82.40%	0
潘美玲	87.21%	200
程菊	89.52%	800
李汪洋	84.70%	0
刘慧	92.52%	1400
陈章阳	87.50%	400

▲ 为超出完成量的计算奖金

部门	姓名	业绩		部门	业绩高于2200元的人数
销售1部	金骁忠	12000		销售1部	2
销售2部	赵楠	21000		销售2部	1
销售1部	方海波	32000		销售3部	1
销售3部	刘飞	20000			
销售2部	李孟	25000			
销售1部	黄晓明	18000			
销售3部	张振	23000			
销售1部	张进	25000			

▲ 用 SUMPRODUCT 函数实现满足多条件的计数运算

姓名	部门	工龄	奖金
张俊	研发部	5	1500
桂萍	研发部	7	1500
古晨	研发部	4	1200
王先仁	研发部	5	1500
章华	企划部	3	400
潘美玲	企划部	5	800
杨世成	企划部	4	600
李再成	企划部	2	200
刘威	企划部	3	400

▲ 根据部门与工龄计算应发奖金

序号	通话秒数	计费单位/6秒
1	79	0.98
2	250	2.94
3	45	0.56
4	201	2.38
5	358	4.2
6	93	1.12

▲ 按指定计价单位计算总话费

A	B
年贴现率	7.90%
初期投资	-15000
第1年收益	6000
第2年收益	7900
第3年收益	9800
投资净现值（年末发生）	¥4,770.57
投资净现值（年初发生）	¥5,147.45

▲ 计算一笔投资的净现值

公司名称	0-30	30-60	60-90	90天以上	合计
声立科技	20000			12000	32000
汇达网络科技	7500		5000		12500
诺力文化	37000	17000			54000
伟伟科技			18700		18700
云淡科技		14000			14000
大力文化	11500				11500

▲ 分客户统计应收账款

D2 = OR(B2>70000,C2>5)

姓名	业绩	工龄	是否涨工资
章华	100000	7	TRUE
潘美玲	50000	3	
程菊	35000	2	

▲ 判断是否为销售员涨工资

本书精彩案例欣赏

姓名	职位	工龄	基本工资	调薪幅度
何志新	设计员	1	4000	不变
周志鹏	研发员	3	5000	5500
夏楚奇	会计	5	3500	不变
周金星	设计员	4	5000	不变
张明宇	研发员	2	4500	5000
赵思飞	测试员	4	3500	不变
韩佳人	研发员	6	6000	7000
刘莉莉	测试员	8	5000	不变
吴世芳	研发员	3	5000	5500

▲ 根据员工的职位和工龄调整工资

姓名	成绩	缺考人员
章俊		缺考
于飞腾	0:00	
黄金鸿	520	
胡雨薇	689	
章俊		缺考
程鹏飞	489	
郝亚丽	692	
左名扬		缺考
董小超	506	

▲ 将没有成绩的同学统一标注“缺考”

销售员	1月	2月	总金额(万)
马同燕	54.4	82.34	136.74
莫云	73.6	50.4	124
陈芳	163.5	77.3	240.8
钟华	45.32	56.21	101.53
张燕	98.09	43.65	141.74
柳小续	84.6	38.65	123.25
许开	112.8	102.45	215.25
陈建	132.76	23.1	155.86

月份	姓名	金额
2月	钟华	56.21

▲ 查找指定月份指定人员的销售额

加班人员	日期	星期数
石小波	2018/5/6	星期日
杨恩	2018/5/17	星期四
王伟	2018/5/28	星期一
胡组丽	2018/5/4	星期五
苗新军	2018/5/10	星期四
张轩	2018/5/31	星期四
夏褚	2018/5/12	星期六
顾玉凤	2018/5/18	星期五

▲ 返回加班日期对应的星期数

姓名	性别	产量
林洋	男	470
李金	男	415
刘小慧	女	319
周金星	女	328
张明宇	男	400
赵思飞	男	375
赵新芳	女	402
刘莉莉	女	365
吴世芳	女	322
杨传霞	女	345
顾心怡	女	378
侯诗奇	男	464

女职工最高产量
402

▲ 返回车间女职工的最高产量

序号	报名时间	姓名	所报课程	学费
1	2018/7/2	陆路	轻粘土手工	780
2	2018/7/1	陈小旭	线描画	980
3	2018/7/6	李林杰	剪纸手工	1080
4	2018/7/7	李成曦	轻粘土手工	780
5	2018/7/7	罗成佳	水墨画	980
6	2018/7/8	姜旭旭	剪纸手工	1080
7	2018/7/15	崔心怡	水墨画	780
8	2018/7/1	吴可佳	轻粘土手工	780
9	2018/7/1	蔡晶	线描画	980
10	2018/7/2	张云翔	水墨画	980
11	2018/7/4	刘成瑞	轻粘土手工	780
12	2018/7/5	张凯	水墨画	980
13	2018/7/5	刘梦凡	线描画	980
14	2018/7/9	刘萌	水墨画	980
15	2018/7/9	张梦云	水墨画	980
16	2018/7/9	张春阳	剪纸手工	1080
17	2018/7/11	杨一帆	轻粘土手工	780

轻粘土手工报名人数
5

▲ 统计某课程的报名人数

姓名	工号	生产件数	奖金
廖凯	102300123	2500	11300
霍晶	102300124	2600	11800
陈风	102300125	2410	10850
陈春华	102300126	2510	11350
张楚	102300127	2658	12050
汪滕	102300128	2740	12500
滕汪歌	102300129	1235	4950

▲ 计算计件工资中的奖金

机号	上机时间	下机时间	应付金额
1号	19:20:21	21:21:24	20
2号	20:26:57	21:26:39	8
3号	19:27:05	23:31:17	36
4号	20:24:16	22:02:13	16
5号	14:20:08	21:24:13	60
6号	8:24:27	15:10:58	56
7号	16:39:04	22:20:12	48

▲ 计算上网费用

等级分布

分数	等级
0	E
60	D
70	C
80	B
90	A

成绩统计表

姓名	部门	成绩	等级评定
彭国华	销售部	93	A
吴子进	客服部	84	B
赵小军	客服部	78	C
扬帆	销售部	58	E
邓鑫	客服部	90	A
王达	销售部	55	E
苗振乐	销售部	89	B
汪梦	客服部	90	A
张杰	客服部	76	C

▲ 代替 IF 函数的多层嵌套(模糊匹配)

赠品发放规则

金卡		银卡	
0	电水壶	0	雨伞
2999	空调扇	2999	空气净化器
3999	微波炉	3999	茶具套

用户ID	消费金额	卡种	赠品
SL10800101	2689	金卡	电水壶
SL20800212	3680	金卡	空调扇
SL20800002	5210	金卡	微波炉
SL20800469	2100	银卡	雨伞
SL10800567	2300	金卡	电水壶
SL10800325	5200	银卡	茶具套
SL20800722	2145	银卡	雨伞
SL20800321	4562	银卡	茶具套
SL10800711	5800	金卡	微波炉
SL20800798	7142	银卡	茶具套

▲ 根据多条件派发赠品

员工信息查询表

选择查询编号	SL-009
员工姓名	夏晓辉
入职时间	2014/2/27
离职时间	0
部门	生产部
职位	一车间员工
学历	初中
身份证号	510100199203061246
出生日期	1992-03-06
性别	女
年龄	26
工龄	4

查询工号
请从下拉列表中选择需要查询的员工工号！

▲ 使用 VLOOKUP 函数建立返回档案信息的工具

姓名	1月	2月	总金额(万)
许开	54.4	82.34	136.74
陈建	84.6	38.65	123.25
万茜	73.6	50.4	124
张亚明	112.8	102.45	215.25
张华	45.32	56.21	101.53
郝亮	163.5	77.3	240.8
穆宇飞	98.09	43.65	141.74
杨明霞	132.76	23.1	155.86

总金额最高的销售员	郝亮

▲ 反向查询最高金额的销售员

编号	采购产品	发票金额	货币金额
001	投影仪	4900	¥4,900.00
002	复印机	2452	¥2,452.00
003	书架	396	¥396.00
004	显示器	7166	¥7,166.00
005	其他办公用品	1300	¥1,300.00

▲ 将数字转换为人民币格式

所属部门	姓名	性别	职位	产量
一车间	林洋	男	高级技工	380
二车间	李金	男	高级技工	415
一车间	刘小慧	女	初级技工	319
一车间	周金星	女	初级技工	328
一车间	张明宇	男	高级技工	400
一车间	赵思飞	男	初级技工	375
二车间	赵新芳	女	高级技工	402
一车间	刘莉莉	女	初级技工	365
二车间	吴世芳	女	初级技工	322
二车间	杨传霞	女	初级技工	345
二车间	顾心怡	女	初级技工	378
二车间	侯诗奇	男	初级技工	374

车间	初级工总产量
一车间	1387
二车间	1419

▲ 用 SUMPRODUCT 函数实现满足多条件的求和运算

序号	物品重量（公斤）	费用
1	2.2	14
2	1.52	12
3	1.36	10
4	3.6	20
5	0.9	8
6	2.22	14
7	5.23	26

▲ 计算物品的快递费用

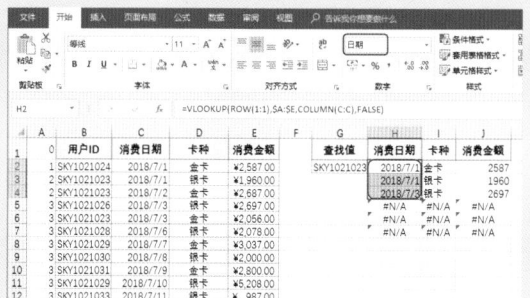

▲ 查找并返回符合条件的多条记录

▲ 计算员工年龄

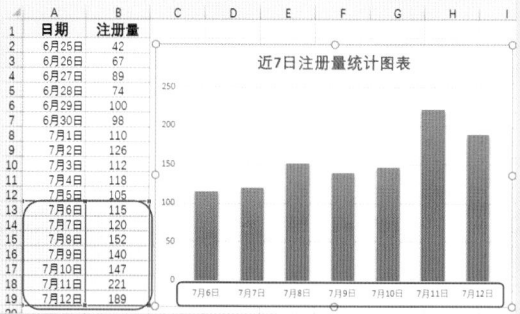

▲ OFFSET 用于创建动态图表的数据源

▲ 退休到期提醒

▲ 统计指定店面中指定品牌的销售总金额

▲ LOOKUP 筛选查看任意培训者成绩

▲ 筛选考勤异常数据

▲ 员工生日提醒

本 书 精 彩 案 例 欣 赏

▲ 个税速算扣除数计算

▲ 保险及公积金扣款

▲ 个税税率计算

▲ 工龄工资核算

▲ 个人所得税计算

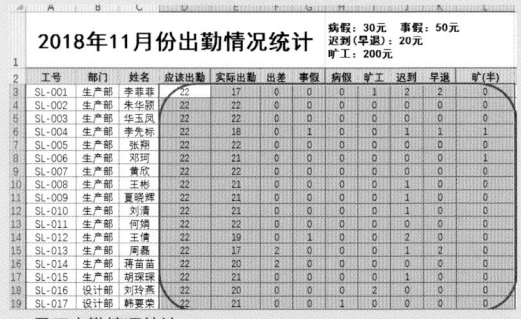

▲ 员工出勤情况统计

▲ 年数总和法计提折旧

▲ 员工出勤率分析

▲ 工资水平分布统计